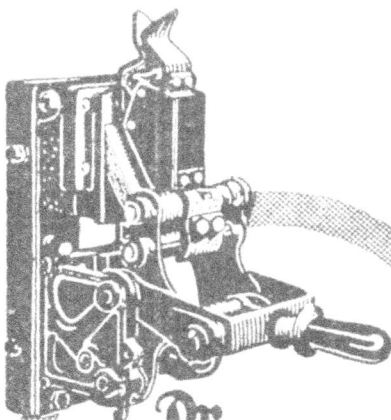

Dr. Paul Meyer
A.-G. Berlin
Spezialfabrik
elektrischer
Schaltanlagen,
Meßgeräte u.
Apparate

Taschenbuch

für

Monteure elektrischer Beleuchtungsanlagen

unter Mitwirkung von

Gottlob Lux und Dr. C. Michalke

bearbeitet und herausgegeben

von

S. Frhr. v. Gaisberg

———

Sechsundfünfzigste Auflage
umgearbeitet und erweitert

———

Mit 223 Abbildungen

München und Berlin 1918

Druck und Verlag von R. Oldenbourg

By

Aus dem Vorwort zur ersten Auflage.

Die Monteure besitzen in der Regel Anweisungen der Fabriken für das Aufstellen der Maschinen, Lampen und sonstigen Einrichtungen, aber selten eine Anleitung für die übrigen Arbeiten sowie für das Inbetriebsetzen und Instandhalten der Anlagen. Diese Lücke soll das vorliegende Werkchen ausfüllen, indem es in erster Linie dafür bestimmt ist, Anfänger in die Arbeiten einzuführen und sie in der Fähigkeit zu selbständigem Arbeiten zu fördern.

Die Besteller und Inhaber elektrischer Anlagen werden an der Hand der gegebenen Regeln ein Urteil über die in Frage kommenden Arbeiten gewinnen und den Betrieb ihrer Anlagen überwachen können.

Maschinenwärter, die sich die nötigen Anleitungen hier holen wollen, werden vor unüberlegten Versuchen gewarnt, wozu sie durch die für sie zu weitgehenden Abhandlungen geführt werden können. In fraglichen Fällen ist es ratsamer, einen bewährten Fachmann beizuziehen, als durch unkundige Selbsthilfe eine Anlage in Gefahr zu bringen.

An die mit dem Herstellen elektrischer Einrichtungen beschäftigten Fachgenossen sei die Bitte gerichtet, dem Verfasser über Mängel in dem Werkchen und über gewünschte Ergänzungen Mitteilung zu machen, um es ihm zu ermöglichen, bei einer Neuauflage die Anforderungen der Praxis tunlichst zu berücksichtigen.

München, 18. November 1885.

Aus dem Vorwort zur fünfzigsten Auflage.

Beim ersten Erscheinen des Buches im Jahr 1886 beschränkte sich der Inhalt, wie der unverändert beibehaltene Titel besagt, in der Hauptsache auf Beleuchtungsanlagen, weil die übrige Anwendung der Starkstromtechnik damals noch wenig Bedeutung hatte. Der Entwicklung der Starkstromtechnik folgend wurde der Inhalt durch Umarbeiten in ungefähr zweijährigen Zeitabschnitten ausgebaut, wobei immer nur das für den Praktiker Notwendigste gebracht und dadurch der Umfang des Buches der Übersichtlichkeit wegen so klein wie möglich gehalten wurde; trotzdem war ein Anwachsen des ursprünglichen Buchumfangs annähernd auf das Vierfache nicht zu vermeiden. Mancher von Freunden des Buches gegebene Wink förderte das Anpassen des Inhalts an die Forderungen der Praxis, fernere Unterstützung in diesem Sinne wird mit bestem Dank für die bisherige Hilfe erbeten.

Hamburg, 18. November 1915.

Vorwort zur sechsundfünfzigsten Auflage.

Beim Neubearbeiten des Buches war es vor allem notwendig, die Anleitungen für das Verwenden der Ersatzmetalle und Ersatzisolierungen den inzwischen vom Verband Deutscher Elektrotechniker herausgegebenen weiteren Bestimmungen und den im Betrieb gemachten Erfahrungen anzupassen. Es erschien das um so bedeutsamer, als manche der Ersatzeinrichtungen sich so gut bewährt haben, daß sie voraussichtlich auch unter geregelten Verhältnissen werden beibehalten werden.

Im übrigen waren Ergänzungen des Buchinhalts, namentlich durch das Anwachsen der allgemeinen Versorgungsnetze, bedingt. Die demzufolge sich mehrenden Arbeiten an Hochspannungsanlagen wurden berücksichtigt, indem unter anderem auf die Bedeutung der Durchschlagfestigkeit für Hochspannungseinrichtungen neben dem auch für Niederspannungseinrichtungen in Betracht kommenden Isolationswiderstand hingewiesen wurde. Der durch den Anschluß bestehender Gleichstromnetze an Wechselstromnetze oft gebrauchte Kaskadenumformer wurde an Hand eines Schaltbildes beschrieben, ebenso der gleichen Zwecken dienende Quecksilberdampf-Gleichrichter. Zur Förderung sparsamer Ausnutzung des Füllöles für Transformator-Kessel u. dgl. wurde eine Abhandlung über das Ölreinigen eingefügt. Das beim Parallelschalten von Wechselstrommaschinen angewendete Synchronoskop wurde beschrieben. Die Anforderungen an die elektrischen Einrichtungen für landwirtschaftliche Betriebe sind mit besonderem Hinweis auf die Notwendigkeit dauerhafter Ausführung zusammengestellt. In die Anleitungen über Bleikabel wurde eine kurze Anleitung zum Kabelverlegen in Schächten aufgenommen. Angaben über die zulässige Erwärmung der Teile elektrischer Maschinen sind als Anhalt für Belastungsprüfungen bestimmt. Die Anleitung zum behelfsweisen Herstellen von Belastungswiderständen für Probebetriebe wurde erweitert. Die Regeln für das Herstellen von Gebäudeblitzableitern sind durch eine Anleitung für das Auswechseln der Leiter aus Kupfer gegen Eisen ergänzt worden.

Hamburg, im Januar 1918.

v. Gaisberg.

Inhaltsverzeichnis.

Tabellen-Verzeichnis.

Allgemeine Vorkenntnisse.

1. Zeichen für technische Einheiten, die im Taschen-buch häufiger angewendet werden:

A = Ampere	kW = Kilowatt
V = Volt	kWh = Kilowattstunde
W = Watt	PS = Pferdestärke
	HK = Hefnerkerze

Kilowatt und Pferdestärke (vgl. 8—10) sind gleich-artige Größen, wie im Längenmaßsystem Zentimeter und Zoll.

2. Gleichstrom. Der Strom fließt in gleicher Rich-tung und bei gleichbleibendem äußeren Widerstand in gleicher Stärke.

3. Wechselstrom. Der Strom wechselt in kurzen Zeiträumen Richtung und Stärke, wie an der Wellen-linie in Abb. 1 für E i n - p h a s e n s t r o m gezeigt ist. Von Null bei a steigt der Strom zum positiven Höchstwerte an und er-

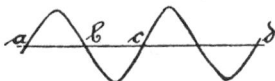

Abb. 1.

reicht bei b wieder den Nullwert, um zwischen b und c gleicherweise in negativem Sinne zu verlaufen.

M e h r p h a s e n s t r o m entsteht durch die Ver-kettung von Einphasenströmen. Am gebräuchlich-sten ist der Dreiphasenstrom »D r e h s t r o m«, indem drei Wechselströme in zeit-licher Folge gegeneinan-der verschoben sind. Die Ströme verlaufen in drei oder vier Leitungen, die vierte Leitung dient dabei als Rückleitung (Nulleitung)

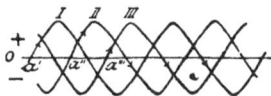

Abb. 2.

für die drei Stromkreise. Der Verlauf der drei Ströme im Drehstromsystem ist in Abb. 2 dargestellt. Der Zeit nach geht zuerst der Strom I in a' von der — Richtung durch 0 in die +Richtung über, später der Strom *II* in *a''* und dann der Strom *III* in *a'''*. Der Strom *II* erhält den Zustand »die Phase« von *I* später, noch später folgt der Strom *III*, so daß die Phasen der drei Ströme gegeneinander verschoben sind.

a) Periode. Der Verlauf der Wellenlinie *a* bis *c* (Abb. 1) heißt Periode; in ihr wechselt der Strom zweimal das Vorzeichen.

b) Frequenz (Pulszahl). Die Anzahl der Perioden (Pulse) in der Sekunde heißt Frequenz oder Pulszahl. Die Zahl der Wechsel in der Stromrichtung ist gleich der zweifachen Frequenzzahl. Bezeichnet *n* die Drehzahl in der Minute und *z* die Anzahl der Pole einer Maschine, so ist die Frequenz $\frac{n \cdot z}{120}$.

Die in Deutschland für Lichtbetrieb oder für Licht- und Kraftbetrieb gebauten Maschinen haben meistens eine Frequenz gleich 50 oder, mit anderen Worten, 50 Pulse. Ausschließlich für Kraftbetrieb bestimmte Maschinen haben häufig 25 Pulse, die Pulszahl für Bahnbetrieb ist gewöhnlich $16^2/_3 \left(= \frac{50}{3}\right)$.

c) Synchronismus. Zwei Maschinen laufen synchron, wenn sie genau gleiche Frequenz haben, wenn also die Produkte von Drehzahl und Polzahl bei beiden Maschinen gleich sind. Z. B. laufen eine 6polige und eine 4polige Maschine synchron, wenn erstere 1000, letztere 1500 Umläufe in der Minute macht. Laufen Maschinen synchron, so sagt man auch, sie sind »im Tritt«.

d) Schlüpfung. Induktionsmotoren (vgl. 55) laufen nicht synchron mit dem zugehörigen Drehstromerzeuger, bleiben vielmehr hinter dem Synchronismus etwas zurück. Das Zurückbleiben eines Motors in der Drehzahl heißt »Schlüpfung«. Ein vierpoliger Drehstrominduktionsmotor macht z. B. bei der Frequenz 50 nicht 1500 Umläufe, wie es dem Synchronismus entsprechen würde, sondern nur etwa 1480 Umläufe in der Minute.

4. Stromstärke. Die Einheit der Stromstärke ist das Ampere. Z. B. braucht die am häufigsten angewendete 25kerzige Metalldrahtlampe etwa 0,3 A bei einer Leitungsspannung von 110 V.

5. Spannung. Die Einheit der Spannung ist das Volt. Etwas mehr als 1 V besitzen die für den Klingelbetrieb benutzten galvanischen Elemente. Für

Lichtbetrieb sind 110 und 220 V am gebräuchlichsten.

6. **Niederspannungsanlagen** sind auf Grund der
vom Verband Deutscher Elektrotechniker herausgegebenen Vorschriften[1]) Starkstromanlagen, bei denen die
Gebrauchsspannung zwischen irgendeiner Leitung und
Erde 250 V nicht überschreiten kann. Eine Dreileiter-
anlage für 2 · 220 V Netzspannung, wobei der Mittelleiter geerdet ist, gilt demnach als Niederspannungsanlage, ebenso eine Drehstromanlage mit geerdetem
Nulleiter der in Stern geschalteten Maschinen (vgl. 23 b),
wenn die Sternspannung 250 V nicht überschreitet,
wie es für Drehstrom-Vierleiteranlagen mit 380/220 V
bei geerdetem vierten Leiter zutrifft. Bei Akkumulatoren ist die Entladespannung maßgebend.

7. **Hochspannungsanlagen** sind alle Starkstromanlagen, bei denen die unter 6 bezeichnete Spannungs-
grenze überschritten wird.

8. **Leistung** (Energie). Die Bezeichnung »Leistung« gebraucht man für abgegebene Nutzleistung
»Abgabe« und außerdem allgemein, ohne zu unterscheiden, ob es sich um Abgabe oder Aufnahme
(vgl. 9) handelt. Einheit ist das Watt (W). Wird
vom Leistungsfaktor bei Wechselstrombetrieb (vgl. 12)
abgesehen, so ergeben sich die Watt aus dem Produkt
von Spannung und Stromstärke »Volt mal Ampere«.
Gewöhnlich wird mit dem tausendfachen Wert, dem
»Kilowatt« (kW), gerechnet.

Bei Drehstrom (Dreiphasenstrom) wird die Gesamtleistung erhalten, wenn man das Produkt aus der
Spannung zwischen je zwei Leitungen und der Stromstärke in einer der Leitungen, außer mit dem Leistungsfaktor (vgl. 12), mit 1,73 multipliziert. Dabei ist gleiche
Belastung der drei Leitungen vorausgesetzt.

9. **Verbrauch** gleich »Aufnahme« ist eine zugeführte Leistung. Einheit ist ebenfalls (vgl. 8) das
Watt (W) und im praktischen Gebrauch das Kilowatt (kW). Von Verbrauch spricht man, wenn z. B.
Watt von einer Lichtanlage oder von einem Elektromotor aufgenommen werden.

---

[1]) Die vom Verband Deutscher Elektrotechniker herausgegebenen V o r s c h r i f t e n f ü r d i e E r r i c h t u n g und den
B e t r i e b e l e k t r i s c h e r S t a r k s t r o m a n l a g e n (Verlag
von Julius Springer, Berlin) bilden in Deutschland die Grundlage
für das Herstellen, Bedienen und Unterhalten der Anlagen. Die
Vorschriften müssen jedem Monteur und Maschinisten, der sich
mit solchen Arbeiten befaßt, zum mindesten in dem für ihn
in Frage kommenden Umfang bekannt sein. In einigen andern
Ländern bestehen ähnliche Vorschriften.

10. Mechanische Leistung. Es sind zwei Einheiten im Gebrauch, erstens im Bestreben nach allgemeiner Einbürgerung, die gleiche Einheit wie für elektrische Leistung und elektrischen Verbrauch (vgl. 8 u. 9), das »Kilowatt«, und zweitens die alte Einheit, die »Pferdestärke« (PS). Letztere ist bei verlustlos vorausgesetzter Umwandlung von mechanischer in elektrische Leistung gleich 736 Watt = 0,736 Kilowatt.

Bei Angaben über die Leistung von Maschinen muß zum Vermeiden von Irrtümern gesagt werden, wo die Leistung gemessen gedacht ist. Sagt man z. B.: »eine Dampfturbine leistet 1000 kW $\left(= \dfrac{1000}{0,736} = \text{rd.} \right.$

$\left. 1400\,\text{PS} \right)$«, so ist die Leistung an der Welle der Dampfturbine gemeint, nicht die Leistung an den Klemmen eines von ihr etwa angetriebenen Stromerzeugers.

11. Wirkungsgrad ist das Verhältnis der abgegebenen zur aufgenommenen Leistung $\dfrac{\text{»Abgabe«}}{\text{Aufnahme«}}$. Der Wirkungsgrad elektrischer Maschinen beträgt je nach ihrer Art und Größe 0,85—0,9. Kleine Maschinen haben einen geringeren Wirkungsgrad als große. Man berechnet:

a) den Verbrauch (Aufnahme) aus der bekannten Leistung (Abgabe) durch Dividieren mit dem Wirkungsgrad,

b) die Leistung (Abgabe) aus dem bekannten Verbrauch (Aufnahme) durch Multiplizieren mit dem Wirkungsgrad.

Beispiel zu a). Ein 20 kW-Motor, d. h. ein Motor, der an seiner Welle oder Riemscheibe 20 kW oder $\dfrac{20}{0,736} = \text{rd. 27 PS}$ abgibt, hat beim Wirkungsgrad gleich 0,9 einen Verbrauch (Aufnahme) an den Klemmen von $\dfrac{20}{0,9} = \text{rd. 22 kW}$.

zu b). Mit einer Dampfturbine von 1000 kW Leistung erhält man an den Klemmen eines angetriebenen Stromerzeugers, der also an seiner Welle 1000 kW aufnimmt, beim Wirkungsgrad gleich 0,9 eine Leistung (Abgabe) von 1000 · 0,9 = 900 kW.

Häufig wird der Wirkungsgrad in Prozenten, d. h. mit dem 100fachen vorgenannten Wert, angegeben. Ist der Wirkungsgrad z. B. mit 90% angegeben, so ist

die in die Rechnung einzuführende Zahl, wie oben,
gleich $\dfrac{90}{100} = 0,9$.

12. Leistungsfaktor. Im Wechselstrombetrieb mit induktivem Anschluß findet zwischen Spannung und Strom eine Phasenverschiebung statt. Die Spannung eilt dem Strom in Phase (vgl. 3) voraus, so daß das Produkt aus Spannung und Stromstärke, »Voltampere«, größer ist als die wahre Leistung in Watt. Um die wahre Leistung zu erhalten, multipliziert man die Voltampere mit dem

Leistungsfaktor (cos φ, sprich »cosinus phi«), d. h. mit dem Verhältnis:

$$\dfrac{\text{Zahl der Watt}}{\text{Zahl der Voltampere.}}$$

Das Produkt Spannung mal Strom, »Voltampere«, gibt die wahre Leistung nur bei Gleichstrom und bei Wechselstrom für induktionsfreien Anschluß, d. h. bei reinem Lichtbetrieb ohne Drosselspulen. Sind in Wechselstrombetrieben Motoren an das Leitungsnetz angeschlossen, so unterscheidet man zwischen »wahrer Leistung«, gemessen in »Watt« oder »Kilowatt«, und »scheinbarer Leistung«, gemessen in »Voltampere« oder »Kilovoltampere«. Es ist z. B. die Abgabe eines Wechselstromtransformators von 100 kVA nur dann gleich 100 kW, wenn der Leistungsfaktor für die Stromverbraucher gleich 1 ist. Die Abgabe beträgt nur 80 kW, wenn der Leistungsfaktor 0,8 ist.

Die Größe des Leistungsfaktors ist vom Verhältnis des an das Leitungsnetz angeschlossenen Licht- und Motorenbetriebes abhängig, er ist um so kleiner, je mehr die Elektromotorenbelastung überwiegt. Sein Wert ist bei reiner Motorenbelastung, je nachdem die Motoren mit voller oder geringer Belastung laufen, 0,7 0,9 und bei reiner Glühlichtbelastung angenähert 1. Wird der Leistungsfaktor kleiner, so verringert sich die Leistungsfähigkeit der Maschinen eines Kraftwerks. Von einzelnen Elektrizitätswerken ist daher der Mindestwert des Leistungsfaktors für anzuschließende Motoren festgesetzt. Ähnliches gilt für anzuwendende Bogenlampen-Drosselspulen (vgl. 162).

13. Leistungsschild. Die in Deutschland für den Verkauf dortselbst gebauten Maschinen und Transformatoren werden fast ausnahmslos mit einem sog. Leistungsschild versehen, auf dem die Leistung, Spannung, Drehzahl usw. angegeben sind. Für diese An-

gaben gelten die vom Verband Deutscher Elektrotechniker aufgestellten »Normalien für Bewertung und Prüfung von elektrischen Maschinen und Transformatoren«. Auf Grund der Normalien unterscheidet man:
a) Dauerbetrieb, bei dem die angegebene Belastung der Maschine oder des Transformators beliebig lange fortgesetzt werden kann, ohne daß die für die Wickelung zulässige Temperatur überschritten wird.

b) Kurzzeitiger Betrieb, bei dem die angegebene Belastung nur während einer auf dem Schild ebenfalls bezeichneten kurzen Zeitdauer innegehalten werden darf, wenn sich die Wickelung nicht über das zulässige Maß erwärmen soll.

Die auf dem Schild angegebenen Werte besagen nicht, daß die bezeichnete Belastung einer Maschine nie überschritten werden darf. Überschreiten der angegebenen Belastung in angemessener Grenze und Zeitdauer ist zulässig, solange die Temperatur der Wickelung die zulässige Grenze nicht überschreitet.

14. Elektrizitätsmenge. Einheit der Elektrizitätsmenge ist bei Gleichstrombetrieb die Amperestunde. Sie entsteht, wenn 1 A in gleicher Richtung eine Stunde lang fließt.

15. Elektrische Arbeit. Einheit ist die Wattstunde. Das ist die Arbeit, die von einem Watt während der Dauer einer Stunde geleistet wird. In der Regel rechnet man mit dem tausendfachen Wert, mit der Kilowattstunde (kWh).

16. Widerstand. Die Einheit des Widerstandes ist das Ohm. Über den Widerstand von Leitungen vgl. 185.

17. Leitfähigkeit ist die Eigenschaft eines Körpers, den elektrischen Strom in bestimmtem Grade zu leiten. Leitfähigkeit und Widerstand (vgl. 16) stehen im umgekehrten Verhältnis zueinander, d. h. je besser ein Körper leitet, um so geringer ist sein Widerstand.

18. Isolationswiderstand und Durchschlagfestigkeit. Um das Entweichen von Strom aus Maschinen, Apparaten und Leitungen oder das Überschlagen der Spannung und damit verbundene gefährliche Lichtbogenbildung zu vermeiden, müssen alle spannungführenden Teile gut isoliert sein. Als Maß für die Isolation gilt in fertigen Anlagen gewöhnlich der Isolationswiderstand (vgl. 252), d. i. der Widerstand zwischen den spannungführenden Teilen und Erde. Bei Niederspannung genügt im allgemeinen das Einhalten des durch die Bestimmungen des Verbandes deutscher Elektrotechniker festgelegten Isolationswiderstandes.

Bei Hochspannung ist dagegen die Durchschlagfestigkeit der Isolierstoffe wichtiger als der Isolationswiderstand. Viele isolierende Stoffe, wie Öl und die
Isoliermaße von Kabeln, zeigen bei zunehmender Erwärmung abnehmenden Isolationswiderstand, während
die Durchschlagfestigkeit, d. h. die Sicherheit gegen
ein Überschlagen der Spannung durch die Isolationsschicht, zunimmt. Beim Ausführen von Hochspannungsanlagen muß daher auf die Eigenschaften der die
Metallteile umgebenden Isolierstoffe, wie Luft, Fiber,
Gummi u. dgl., Rücksicht genommen und danach der
Abstand der spannungführenden Leitungen sowohl
gegenseitig wie von geerdeten Metallteilen bemessen
werden.

Die Durchschlagfestigkeit ist abhängig bei ebenen
Flächen von der Dicke der isolierenden Schicht,
außerdem von der Art und dem Zustand der isolieren-
den Stoffe (Luft, Öl, Glimmer, Papier, Gummi, Por-
zellan, Marmor), bei nicht ebenen Flächen von der
Gestaltung der durch die Isolation zu schützenden
Metallteile. Die Isolierfähigkeit der Luft wird durch
Feuchtigkeit wenig beeinflußt, sie nimmt mit steigender
Temperatur und mit fallendem Luftdruck ab; auf
hohen Bergen genügen daher die unten in der Ebene
für die Isolierung ausreichenden Leiterabstände nicht.
Die festen Isolierstoffe büßen durch Aufnahme von
Feuchtigkeit an Isolierfähigkeit ein, ebenso durch
Verunreinigung. Die Gestaltung der zu isolierenden
Metallteile beeinflußt die Beanspruchung der Isolierstoffe auf Durchschlagfestigkeit an den verschiedenen
Stellen. Im allgemeinen gilt die Regel, daß die Beanspruchung des Isolierstoffes auf Durchschlagfestigkeit um so größer ist, je mehr der isolierte Metallteil
gekrümmt ist; die Bruchgrenze für den Durchschlag
wird also durch starke Krümmung des spannungführenden Metallteils früher erreicht. Dünne Drähte
lassen sich daher schwerer gegen Durchschlag sichern,
als dicke Drähte. Bei Hochspannung müssen auch
alle scharfen Kanten, Ecken und Spitzen vermieden
werden, das Verstärken des Isolierstoffes hilft in solchen Fällen meistens nicht. Auch geerdete Metallteile
in der Nähe von Hochspannung führenden Teilen
dürfen diesen keine scharfen Kanten zuweisen.

Wird der Isolierstoff überanstrengt, so treten zunächst Gleitfunken auf (Glimmentladung), die durch
Wärmewirkung, durch Ozonbildung, sowie durch Entwicklung salpetriger Säure den Isolierstoff allmählich
zerstören und so einen vollkommen Durchschlag ein-

leiten können. Streicht Luft an blanken Metallteilen dauernd vorbei, so wird die schädliche Einwirkung des Glimmlichtes durch die Lufterneuerung aufgehoben. Sind dagegen Luftblasen in die Isolierung eingeschlossen, so können die in ihnen auftretenden Glimmentladungen die Isoliermasse langsam zerstören, wie es zutrifft, wenn die Hülsen von Hochspannungsspulen mangelhaft mit Isoliermasse ausgegossen sind.

Ferner beachte man, daß auf der Oberfläche des Isolierstoffes, von den unter Spannung stehenden Metallteilen ausgehend, K r i e c h w e g e für den elektrischen Strom entstehen, wodurch die Oberfläche des Isolierstoffes verkohlen und leitend gemacht werden kann. Die Isolierstoffe zeigen in dieser Hinsicht verschiedenartiges Verhalten. Vermieden werden die Gleitfunken im wesentlichen durch Reinheit und Trockenheit der Isolierstoff-Oberfläche.

Da die Beanspruchung des Isolierstoffes auf Durchschlag von der Gestaltung der zu schützenden Metallteile und damit vom Spannungsgefälle in der Nähe der Metallteile abhängt, so sind allgemein gültige Angaben über die erforderlichen Luftabstände und die Dicke der Isolierschicht nicht möglich. Nur unter Annahme e b e n e r F l ä c h e n kann nachstehend vergleichsweise die Durchschlagfestigkeit einiger Isolierstoffe angegeben werden.

D u r c h s c h l a g f e s t i g k e i t b e i e b e n e r F l ä c h e :
Luft . . . .   20 kV für 1 cm Abstand,
Mineralöl . . 100 »   » 1   »   »
Hartgummi   1 Mill. kV für 1 cm Abstand,
Porzellan . . 100 »   »   » 1 »   »
Mikanit . . 160 »   »   » 1 »   »
Hartpapier . 200 »   »   » 1 »   »
Bei Apparaten u. dgl. muß wegen der nicht ebenen Flächen das 10- bis 20 fache der angegebenen Abstände genommen werden. Die Abstände müssen größer sein, wenn, wie bei Ölschaltern, ein Lichtbogen betriebsmäßig in der Ölschicht auftritt. Zur Wahl der richtigen Abmessungen ist das Urteil eines erfahrenen Fachmanns notwendig.

19. **Ohmsches Gesetz.** Es stellt die Abhängigkeit zwischen Stromstärke, Spannung und Widerstand dar. Die Spannung an den Enden eines induktionsfreien Widerstandes ist gleich dem Produkt aus dem Widerstand und dem ihn durchfließenden Strom.

Über das Berechnen von Stromstärke und Spannung bei gegebenen induktionsfreien und induktiven Widerständen vgl. 187, Tabelle B.

20. **Stromrichtung.** Bei Gleichstrom läßt sich die Stromrichtung mit Hilfe einer freischwingenden Magnetnadel erkennen, indem ihr Nordpol durch den die Nadel umfließenden Strom nach links abgelenkt wird, wenn sich der Beobachter in der Stromrichtung schwimmend denkt. Hält man einen Kompaß unter die von Strom durchflossene Leitung (Abb. 3) und stellt man sich so vor den Kompaß, daß der Nordpol links liegt, so hat der Strom die gleiche Richtung, die der Beobachter in der Leitung schwimmend einschlagen würde.

Da der Kompaß durch Einwirken elektrischer Maschinen ummagnetisiert werden kann, so muß

Abb. 3.

die Richtigkeit seiner Angabe vor der Benutzung geprüft werden. Man sehe nach, ob sich die dunkel gefärbte Spitze der Magnetnadel bei fehlender Stromwirkung gegen die nördliche Himmelsrichtung einstellt.

21. **Polbezeichnung.** An Gleichstromerzeugern wird derjenige Pol als positiv (+) bezeichnet, von dem der Strom ausgehend den äußeren Stromkreis durchfließt; der entgegengesetzte Pol ist der negative (—). An den Stromverbrauchern, z. B. an den Gleichstrombogenlampen, sind die Klemmen so bezeichnet, wie sie mit dem Leitungsnetz verbunden werden müssen. Die + Klemme einer Bogenlampe muß also mit dem + Pol des Leitungsnetzes verbunden werden.

In Wechselstromanlagen kommen die Bezeichnungen + und — nicht vor. Dagegen ist es in Anlagen mit parallel geschalteten mehrphasigen Maschinen und Transformatoren der Übersichtlichkeit halber zweckmäßig, die miteinander zu verbindenden gleichphasigen Klemmen mit gleichen Buchstaben zu bezeichnen (vgl. 141).

Das Bestimmen der Polzeichen eines Gleichstromnetzes, wenn man Akkumulatoren laden, Bogenlampen anschließen will od. dgl., geschieht am einfachsten mit Hilfe der meist zur Verfügung stehenden Meßgeräte, die durch ihren Ausschlag die Polarität erkennen lassen. Außerdem kann man die nachbezeichneten auf chemischer Wirkung beruhenden Verfahren benutzen:

An die spannungführenden Leitungen werden zwei Kupferdrähte angeschlossen und mit den freien Enden in verdünnte Schwefelsäure (etwa 9 Maßteile Wasser und 1 Maßteil Säure) oder in Salzwasser getaucht. Dabei zeigt sich an dem mit dem − Pol verbundenen Drahtende lebhafte Gasentwicklung, während das mit dem +Pol verbundene Drahtende sich mit einer schwarzen Kupferoxydschicht überzieht.

Berührt man mit den vorbezeichneten Drahtenden angefeuchtetes, mit Jodkalium-Lösung getränktes Papier (in jeder Apotheke zu erhalten), so ergibt sich am +Pol ein schwarzer Fleck. Das ebenso zu handhabende Wilkesche Polreagenzpapier bezeichnet den − Pol durch einen roten Fleck.

Bei diesen Untersuchungen, die nur bei ungefährlicher Spannung statthaft sind, beachte man zum Verhüten von Kurzschluß, daß sich die Drahtenden nicht berühren dürfen. Empfehlenswert ist es, in einen der beiden zur Untersuchung dienenden Drähte eine Glühlampe einzuschalten.

22. Gleichstrom- und Einphasenstromschaltungen.
a) Reihenschaltung. Die Stromverbraucher, Lampen u. dgl. bilden durch Verbinden der aufeinander folgenden Klemmen eine Reihe (Abb. 4); alle werden vom gleichen Strom durchflossen.

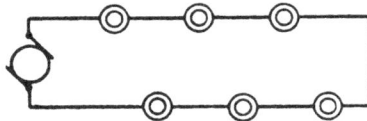

Abb. 4.

b) Parallelschaltung: Die Klemmen der Stromverbraucher stehen mit zwei gemeinsamen Leitungen in Verbindung (Abb. 5). Der in den Hauptleitungen P und N verlaufende Strom verzweigt sich in die Lampen G.

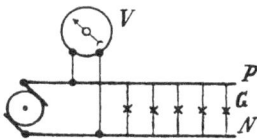

Abb. 5.

c) Nebenschluß-schaltung: Unter Nebenschluß versteht man eine Zweigleitung, die einen Teil des Stromes der Hauptleitung aufnimmt. Das ist gleichbedeutend mit Parallelschalten; man kann sagen, der Apparat V (Abb. 5) ist parallel zu den Glühlampen *G* geschaltet, oder der Apparat *V* liegt im Nebenschluß zum Glühlampen-stromkreis.

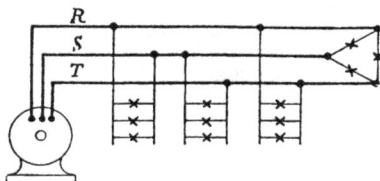

Abb. 6.

23. Drehstromschaltungen.

a) Dreieckschaltung (übliches Zeichen △): Die Lampen und Apparate werden einzeln oder in Gruppen zwischen die Leitungen (Abb. 6) geschaltet, also zwischen *R* und *S*, *S* und *T*, *R* und *T*. Die in den Leitungen *R*, *S*, *T* fließenden Ströme verzweigen sich in die Lampenanschlüsse. Die Spannung an den Lampen ist gleich der Phasenspannung, d. h. gleich der Spannung zwischen je zwei Maschinenklemmen, ver-mindert um den Spannungsverlust in den Leitungen.

b) Sternschaltung (übliches Zeichen ⋏): Die Lampen, Spulen von Motoren usw. (Abb. 7) sind nur mit einer Klemme an die Hauptleitungen angeschlossen und mit der anderen Klemme in einem gemeinsamen Nullpunkt oder Nulleiter vereinigt. Der Nulleiter 0 kann bis zum neutralen Punkt der Maschine geführt

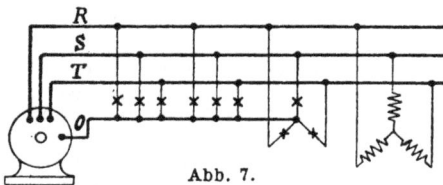

Abb. 7.

werden. Die Sternspannung, d. h. die Spannung zwi-schen 0 und *R*, 0 und *S*, 0 und *T*, ist gleich

$$\frac{\text{Phasenspannung}}{1{,}73}.$$

Die Sternschaltung mit viertem Leiter hat im Ver-gleich zur Dreieckschaltung den Vorzug, daß bei ungleicher Belastung der drei Zweige ein Stromausgleich durch den Nulleiter eintritt, so daß die Spannung weniger schwankt.

24. **Schaltbild.** In den vorstehenden Skizzen (Abb. 4—7) wurden die Leitungen zum Erläutern der Schaltgrundsätze in allen Polen und Phasen gezeichnet. Setzt man das Schaltverfahren als bekannt voraus, so genügt einpoliges Darstellen der Leitungen. Die Leitungszahl wird dann durch eine entsprechende Zahl

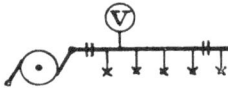   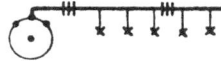

Abb. 5a.   Abb. 6a.

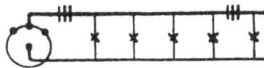

Abb. 7a.

von Querstrichen auf der Leitungslinie oder auf den übrigen Zeichen, die nach den Regeln des Verbandes Deutscher Elektrotechniker zum Darstellen dienen, kenntlich gemacht.

Derart vereinfacht sind die oben mit Bezug auf Abb. 5—7 beschriebenen Schaltungen in Abb. 5a—7a wiederholt. Gleiche Darstellungsweise ist für das größere Schaltbild in Abb. 161 angewendet.

Maschinenanlage.

25. **Maschinenraum.** Der Standort der elektrischen Maschinen soll trocken und möglichst staubfrei, ferner zur Förderung sorgfältigen Reinigens der Maschinen hell sein. Wenn eine Zerstörung der Maschinen und Apparate durch Feuchtigkeitsniederschlag zu befürchten ist, so kann durch Warmhalten der Räume, nötigenfalls durch Heizen abgeholfen werden. Ansammlung explosibler Gase darf im Maschinenraum nicht vorkommen. Im Maschinenraum oder wenigstens in der Nähe der elektrischen Maschinen ist es nicht statthaft, Metall zu meißeln oder zu feilen. Auch zum Aufbewahren von elektrischen Maschinen und von Reserveteilen sind trockene Räume notwendig.

Durch Lüftung des Maschinenraumes muß für Abkühlung der Maschinen gesorgt werden können. Genügen die vorhandenen Fenster nicht, so baut man einen Ventilator ein, der entweder Frischluft ansaugt oder warme Luft hinausdrückt. Die Lüftungsöffnungen sollten so angeordnet werden, daß die unten ein- und oben ausströmende Luft tunlichst den ganzen Raum durchzieht. Die zugeführte Luft muß möglichst staubfrei sein.

Als Fußbodenbelag sind Platten zu empfehlen, Ziegel- oder Zementfußboden ist wegen der damit verbundenen Staubbildung unzweckmäßig.

Läßt sich das Aufstellen elektrischer Maschinen in feuchten Räumen oder in Räumen, die ätzende Dünste enthalten, nicht vermeiden, so sorge man für eine den jeweiligen Anforderungen angepaßte Sonderisolation der Maschinen oder für Anwendung gekapselter Maschinen mit Luftzuführung von außen (vgl. 41, dritter Abs.).

26. **Kraftmaschine.** Erste Bedingung für störungsfreien elektrischen Betrieb, insbesondere für eine in der Lichtstärke nicht schwankende Beleuchtung, sind gleichmäßig laufende Kraftmaschinen. In den großen Elektrizitätswerken sind die dahingehenden Forderungen erfüllt, nicht immer in Einzelanlagen. Hier muß vor allem verlangt werden, daß die Kraftmaschine ausschließlich dem elektrischen Betrieb dient und gleichzeitiger Antrieb viel Kraft verbrauchender, zeitweise auszurückender Arbeitsmaschinen unterbleibt.

27. **Fundament.** Verlässige Fundamentierung ist eines der wichtigsten Erfordernisse beim Aufstellen elektrischer Maschinen. Keinesfalls darf die Maschine durch die in der Regel hohe Ankerdrehzahl in Schwingungen versetzt werden. Zu diesem Zweck muß die Fundamentmasse groß und die Maschinenverankerung kräftig sein. Besondere Sorgfalt erfordert die Fundamentierung für große, rasch laufende Maschinen (Turbogeneratoren).

Bei hohen Spannungen muß das Maschinengestell gut geerdet werden (vgl. 150). Das Isolieren des Maschinengestells gegen das Fundament wird nur ausnahmsweise angewendet; dabei muß die Maschine mit einem isolierten Gang umgeben werden.

Die Oberfläche des Fundaments für eine elektrische Maschine soll im allgemeinen mindestens 20 cm über dem Fußboden liegen. Einesteils ermöglicht das größere Reinlichkeit, andernteils werden dadurch die bei kleinen Maschinen tief liegenden Lager zum Zwecke leichterer Bedienung höher gestellt.

Läßt sich das wenig zweckmäßige Aufstellen der
Maschinen unter bewohnten Räumen nicht vermeiden,
so sorge man dafür, daß das durch den Maschinenbetrieb verursachte Geräusch und die Erschütterungen
nach oben nicht übertragen werden. Die Maschinen stellt
man auf schalldämpfende Unterlagen, oder es werden
in die Fundamentmauer schalldämpfende Zwischenlagen eingelegt. Die Fundamente errichte man ohne
Zusammenhang mit der Gebäudemauer. Das Pflaster
im Maschinenraum wird entweder von den Fundamenten oder von der Gebäudemauer ferngehalten, indem man an den Fundamenten oder an der Gebäudemauer einen Streifen von 2—4 cm Breite ohne Pflaster
läßt. Die Zwischenräume überdeckt man mit Leisten.

Bei Riemen- oder Seilantrieben sind Riemen- oder
Seilspannschlitten für die elektrischen Maschinen erforderlich.

Vor dem Aufmauern des Fundaments müssen die
Stellen für die Fundamentbolzen aufgemessen werden. In kleine Fundamente werden die Bolzen ein-
gemauert; in größeren Fundamenten läßt man Aussparungen, indem man runde oder quadratische Hölzer
einmauert und hernach herauszieht. Die Hölzer
müssen oben etwas dicker sein als unten, damit sie,
trotz des Aufquellens durch Feuchtigkeitsaufnahme,
später herausgezogen werden können. Vor dem vollständigen Erhärten des Mauerwerks, etwa 24 Stunden
nach dem Errichten des Fundaments, zieht man die
Hölzer heraus, weil sie andernfalls fest im Mauerwerk
haften. Die Aussparungen für die Fundamentbolzen
dürfen nicht zu knapp bemessen werden, damit nach
dem Einsetzen der Bolzen kleine Verschiebungen der
Maschine oder der Spannschlitten behufs Ausrichtens
möglich sind.

Für die Maschinenkühlung im Fundamentkeller
etwa erforderliche Frischluftkanäle dürfen, zur Vermeidung eines Anwärmens der Luft, nicht zu nahe an
Dampfleitungen liegen.

a) Beton-Fundament: Es werden unter all-
mählichem Wasserzusatz innig gemischt 1 Teil Portlandzement, 3 Teile körniger, nicht lehmhaltiger Sand
und 5 Teile Schotter. Der Beton wird schichtweise
in den durch Schalbretter begrenzten Fundamentraum
eingestampft. Für das Binden des Betons rechnet man
14 Tage.

b) Ziegelstein-Fundament: Es werden hart-
gebrannte, hohlklingende Ziegelsteine, nachdem sie ge-
näßt sind, mit Mörtel aus 1 Teil Portlandzement und

3 Teilen körnigem, nicht lehmhaltigem Sand vermauert. Das Binden des Mauerwerks erfordert mindestens 3 Tage.

c) Behelfs-Fundamente werden, wenn die für das Abbinden normaler Fundamente nötige Zeit fehlt, unter Zuhilfenahme von Gips oder Metallzement aufgemauert, oder man befestigt die Maschinen auf genügend starken, verankerten Balkenrahmen.

Zum Ausgießen der Bolzenlöcher und zum Untergießen der Fundamentplatte nach vollendetem Ausrichten der Maschine dient dünnflüssiger Zementmörtel im Mischungsverhältnis 1 Teil Zement auf 1 Teil fein gesiebten Sand. Die Fundamentplatte wird zu diesem Zweck mit einer Lehmwulst umgeben.

Elektromotoren, abgesehen von sehr großen Maschinen, erhalten in der Regel kein eigentliches Fundament. Der Motor wird meistens auf vorhandener Unterlage oder am Gestell der anzutreibenden Arbeitsmaschine festgeschraubt.

28. Antriebscheiben. Die Scheibendurchmesser sollen wegen guten Durchziehens der Riemen möglichst groß sein. Die Scheiben müssen genau zentriert und sorgfältig abgedreht sein. Die Scheibenbreite nimmt man 2—3 cm größer als die Riemenbreite. Die treibende ·Scheibe soll für Riementrieb flach (zylindrisch), die getriebene schwach ballig (gewölbt) sein.

Die Übersetzung ins Langsame, d. h. von einer kleinen Scheibe auf eine große, wie es bei Elektromotoren vorkommt, verlangt einen nicht allzu kleinen Durchmesser für die treibende, hier die kleine Scheibe, weil das gespannte Riementrumm ungünstig beansprucht wird, wenn es einer zu kleinen Scheibe folgen muß. Ist das Vergrößern der Scheibendurchmesser nicht zulässig, so müssen die Scheiben breiter genommen werden, damit ein breiter und demnach wenig beanspruchter Riemen aufgelegt werden kann. Das Übersetzungsverhältnis zwischen zwei Scheiben soll im allgemeinen 1 : 6 nicht überschreiten.

Beim Berechnen der Scheibendurchmesser muß der Übertragungsverlust im Riemen berücksichtigt werden, weil er eine Geschwindigkeitsverminderung zwischen der treibenden und getriebenen Scheibe von $1,5—2\%$ verursacht. In diesem Verhältnis nimmt man beim Berechnen der Scheibendurchmesser die Drehzahl der anzutreibenden Welle höher an, als in Wirklichkeit erforderlich ist. Für die Rechnung bezeichne d den Riemscheibendurchmesser der treibenden Welle in mm und n ihre Drehzahl, ferner d' und n' die ent-

sprechenden Größen für die anzutreibende Welle. Da
die Scheibendurchmesser im umgekehrten Verhältnis
zu den Drehzahlen stehen, so ergibt sich die Gleichung:

$$d : d' = n' : n, \text{ folglich: } d = \frac{n'}{n} \cdot d'.$$

Beispiel: Für eine mit Elektromotor anzutreibende
Maschine seien 300 Umdrehungen vorgeschrieben; mit
Rücksicht auf den Übertragungsverlust im Riemen er-
höht man diese Zahl um 2%.

$$\left(300 \cdot \frac{2}{100} = 6\right), \text{ daher: } n' = 306;$$

$n = 1000$ Drehzahl des Elektromotors,
$d' = 700$ mm Scheibendurchmesser der anzutreibenden Maschine.

Scheibendurchmesser d für den Elektromotor:

$$d = \frac{n'}{n} \cdot d' = \frac{306}{1000} \cdot 700 = 214, \text{ rd. } 215 \text{ mm.}$$

29. **Lederriemen.** Für den Antrieb von elektrischen Maschinen und, was häufiger verlangt wird, von
Arbeitsmaschinen durch Elektromotoren verwende
man, soweit verfügbar, Lederriemen erster Güte. Über
die nötigenfalls anzuwendenden Riemen aus Ersatz-
stoff vgl. 31.

a) Aufpassen und Instandhalten der Riemen.
Die rasch laufenden Riemen müssen endlos verleimt
werden, weil in anderer Weise hergestellte Stoßstellen
Erschütterungen verursachen und dadurch die Maschinenlager stark abnutzen. Kann der Riemen nicht
endlos verleimt von der Fabrik bezogen werden, so
wird das Leimen an Ort und Stelle nach den Angaben der Riemenfabrik mit den von ihr gelieferten
Stoffen besorgt. Die Riemenlänge bestimmt man am
sichersten nach dem Aufstellen der Maschinen mit
einer gut ausgereckten, über die Riemscheiben gespannten Schnur derart, als sollten die Riemenenden
stumpf gestoßen werden. Den Zuschlag an Länge für
die Überlappung muß die Fabrik geben. Soll der
Riemen nach dem Aufstellen der Maschine betriebs-
fertig bereit liegen, so wird die Länge genommen gleich:
2 mal Achsenabstand + ½ Umfang der treibenden
Scheibe + ½ Umfang der getriebenen Scheibe + Zuschlag für das Ermöglichen des Riemenauflegens. Ist
ein Spannschlitten vorhanden, so wird die Riemenlänge für den kürzesten Achsenabstand genommen.

Am besten ziehen horizontale Riemen, wobei für
schmale Riemen, bis 100 mm Breite, ein Achsenabstand
von nicht unter 5 m und für breitere Riemen bis zu
10 m erforderlich ist. Liegt der Gipfel (höchste Punkt)
der getriebenen Scheibe tiefer als bei der treibenden (Abb. 8), so läßt man zweckmäßiger das obere
Riementrumm ziehen. Nimmt man hier das untere
Riementrumm ziehend, so tritt auf der getriebenen
Scheibe leicht Geräusch ein. Liegt der Gipfel der
getriebenen Scheibe höher (Abb. 9) oder in gleicher
Höhe mit der treibenden Scheibe, so ist besser das
untere Riementrumm ziehend.

Der Riemen muß mit der Fleischseite, es ist das
die rauhe Seite, so auf die Scheiben gelegt werden, daß
die Enden der Stoßstellen nicht gegen die Scheiben
laufen. Abb. 8 zeigt bei a die richtige und bei b die
falsche Lage einer Stoßstelle. Mit Spannschlitten
versehene Maschinen schiebt man beim Auflegen des
Riemens möglichst weit zurück.

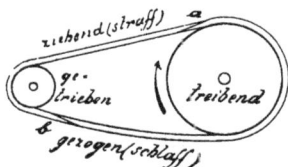 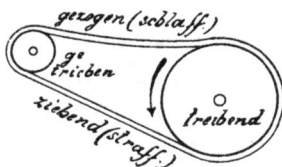

Abb. 8.   Abb. 9.

Neu in Betrieb genommene Riemen spanne man
allmählich und mäßig nach, um übermäßiger Erwärmung der Wellenlager vorzubeugen. Fehlt ein Spannschlitten, so bemühe man sich, den Riemen zum Zweck
des Kürzens nicht zu häufig aufzuschneiden. Das
Durchziehen des Riemens läßt sich durch Einfetten
mit reinem Rindstalg fördern, indem dabei eine Kür-
zung des Riemens bis zu 2% seiner Länge erreichbar ist. Im übrigen fördert zeitweises Einfetten die
Dauerhaftigkeit des Riemens. Der Talg wird in kleinen
Stückchen beim Auflauf zwischen Riemen und Scheibe
geworfen, oder man trägt den flüssig gemachten Talg
während des Laufes mit einem Pinsel auf. Im ersten
Augenblick gleitet der gefettete Riemen; die sich dabei entwickelnde Wärme macht das Fett flüssig und
begünstigt dessen Aufsaugen durch den Riemen. Das
Einfetten sollte bei entlasteter Maschine vorsichtig ge-

schehen, um einem Abfallen des Riemens bei dem anfangs auftretenden Gleiten vorzubeugen. Mit Harz und anderen Klebemitteln läßt sich das Riemendurchziehen auf die Dauer nicht verbessern. Diese Mittel sind wegen der schädigenden Einwirkung auf die Riemen verwerflich. Mineralöl, das die Riemen zerstört, muß ebenfalls ferngehalten werden.

Zu kleine Riemscheiben bedingen übermäßigen Riemenzug und führen dadurch zu Lagererwärmung. Erforderlichenfalls nimmt man eine Holzscheibe, auf der der Riemen besser haftet, als auf einer Eisenscheibe.

Die an den Riementrieben nötigen Schutzvorrichtungen müssen den Forderungen der Gewerbeinspektion genügen.

b) Bereohnen der Riemenbreite. Die Riemenbreite ist von der zu übertragenden Zugkraft, von der Riemengeschwindigkeit und vom Durchmesser der kleinen Scheibe abhängig. In der nachstehenden Tabelle ist die auf das Zentimeter Riemenbreite zulässige Zugkraft in Kilogramm für verschiedene Geschwindigkeiten und Scheibendurchmesser unter Annahme günstiger Übertragungsverhältnisse, d. i. annähernd horizontaler Antrieb und nicht zu kleiner Scheibendurchmesser, angegeben.

Zugkraft in kg auf 1 cm Riemenbreite.

Durchmesser der kleinen Scheibe	3	5	10	15	20	30	40	50 m	sekundl. Geschwindigkeit
100 mm	2	2,5	3	3	3,5	3,5	3,5	3,5 kg	
200 »	3	4	5	5,5	6	6,5	6,5	6,5 »	
500 »	6	7	8	9	10	11	11,5	12 »	
1000 »	9	10	11	12	13	14	14,5	15 »	

Zum Ermitteln der Riemenbreite mit Hilfe der Tabelle müssen berechnet werden:

1. Die sekundliche Geschwindigkeit v des Riemens, die sich ergibt aus dem Produkt des Riemscheibenumfangs u mal minutlicher Drehzahl n der Riemscheibe geteilt durch 60.

Der Scheibenumfang ist gleich dem Scheibendurchmesser d mal 3,14.

Sekundliche Geschwindigkeit $v = \dfrac{u \cdot n}{60}$.

2. Die Zugkraft z in Kilogramm, die der Riemen zu übertragen hat, wird berechnet aus der zu übertragenden Leistung l, ausgedrückt in m kg/s (Meter-Kilogramm in der Sekunde), geteilt durch die Geschwindigkeit v.

$$\text{Zugkraft } z = \frac{l}{v}.$$

Beispiel I, die zu übertragende Leistung, gegeben in Kilowatt, sei gleich 5 kW (1 kW = rd. 102 m kg/s). Durchmesser der kleinen Scheibe d = 200 mm = 0,2 m Drehzahl der Riemscheibe . . . n = 1000

Berechnet wird:

Scheibenumfang $u = d \cdot 3,14 = 0,2 \cdot 3,14 = 0,628$ m, sekundliche Geschwindigkeit

$$v = \frac{u \cdot n}{60} = \frac{0,628 \cdot 1000}{60} = \frac{628}{60} = \text{rd. } 10,5 \text{ m},$$

zu übertragende Leistung l = 5 kW · 102 = 510 m kg/s,

$$\textbf{Zugkraft } z = \frac{l}{v} = \frac{510}{10,5} = \text{rd. } 49 \text{ kg.}$$

Nach der Tabelle kann ein einfacher Riemen bei dem gegebenen Durchmesser der kleinen Scheibe von 200 mm und der errechneten Geschwindigkeit von rd. 10 m auf 1 cm Breite eine Zugkraft von 5 kg übertragen. Der errechneten Zugkraft von 49 kg entspricht demnach eine Riemenbreite von $\frac{49}{5}$ = rd. 10 cm.

Beispiel II, die Leistung sei bekannt in Pferdestärken.

Zu übertragende Leistung 10 PS
(1 PS = 75 m kg/s),

im übrigen sollen die gleichen Werte gelten wie für Beispiel I.

Zu übertragende Leistung l = 10 PS · 75 = 750 m kg/s.

$$\text{Zugkraft } z = \frac{l}{v} = \frac{750}{10,5} = \text{rd. } 72 \text{ kg.}$$

Wie unter I können, bei dem Scheibendurchmesser von 200 mm und der Geschwindigkeit von 10 m, auf 1 cm Riemenbreite 5 kg übertragen werden. Bei der Zugkraft von 72 kg muß daher der Riemen breit genommen werden: $\frac{72}{5}$ = 14,4 rd. 15 cm.

30. Riementrieb bei kleinem Achsenabstand.

Um bei kleinem Abstand zwischen Elektromotor
und angetriebener Scheibe das Riemengleiten zu verhüten, wird der Motor auf eine Wippe gesetzt, die den
Riemen durch Federkraft gespannt hält, oder es wird
eine Riemenspannrolle verwen-
det. Die Spannrolle (S Abb. 10)
wird nahe an der kleinen Scheibe,
also am Lager des Elektromotors, derart angebracht, daß
das schlaffe Riementrumm
über die Spannrolle läuft. Die
in einem drehbaren Arm gelagerte Spannrolle wird durch Federkraft oder Gegengewicht gegen
den Riemen gedrückt, so daß
die Riemenscheibe in größerem
Umfang umspannt und dadurch die übertragbare
Leistung erhöht wird.

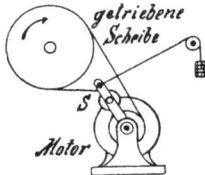

Abb. 10.

31. Riemen aus Ersatzstoff.
Kann man keine
Lederriemen, gute Kamelhaarriemen o. dgl. bekommen,
so nimmt man zum Ersatz Zellstoffriemen. Sie
erfordern nicht zu kleine Scheibendurchmesser, nicht
unter 250 mm, und breite Scheiben, damit breite,
gering belastete Riemen aufgelegt werden können.
Als Höchstbelastung auf 1 cm Riemenbreite werden
6 kg gerechnet. Die sekundliche Riemengeschwindigkeit darf 15 bis höchstens 30 m betragen. Die
Riemenverbindungen müssen, der Riemenart angepaßt, nach Angabe der Fabrik hergestellt werden.
Große Sorgfalt erfordert das mit Hilfe eines Riemen-
spanners zu bewirkende Auflegen der Riemen, um zu
verhüten, daß die Riemenkanten einreißen. Die Haltbarkeit der Riemen kann durch Einfetten der Lauf-
seite, das in geeigneten Zeitabschnitten wiederholt
werden muß, erhöht werden.

Elektrische Maschine.

32. Erläuterungen.

a) Die Bezeichnung »elektrische Maschine« oder
kurz »Maschine« umfaßt je nach dem Zusammenhang:

I. Stromerzeuger (Generator oder Dynamo)
ist jede umlaufende Maschine, die mechanische in
elektrische Leistung verwandelt.

II. Motor ist jede umlaufende Maschine, die elektrische in mechanische Leistung verwandelt.

III. Motorgenerator ist eine Doppelmaschine, bestehend aus einem Motor und einem Stromerzeuger, die unmittelbar miteinander gekuppelt sind, behufs Umformung einer Stromart in eine andere.

IV. Umformer ist eine Maschine, bei der die vorbezeichnete Umformung einer Stromart in eine andere in einem Anker erfolgt.

b) Anker ist der Teil einer elektrischen Maschine, in dem durch Umlauf in einem magnetischen Felde elektromotorische Kräfte erzeugt werden. Bei Gleichstrommaschinen dreht sich der mit der Welle verbundene Anker zwischen den Magnetpolen. Der in den Ankerspulen fließende Strom wird durch die Bürsten dem äußeren Stromkreis zugeführt. Bei Wechselstrommaschinen steht meist der Anker fest, während sich die Magnetschenkel mit der Welle drehen.

c) Schenkel. Darunter versteht man die Magnete der Maschine, durch deren Induktionswirkung auf die Ankerspulen bei umlaufender Maschine die elektromotorischen Kräfte erzeugt werden.

d) Bei Wechselstrom - Induktionsmotoren unterscheidet man den Ständer (Stator), d. i. der feststehende Teil, und den Läufer (Rotor), d. i. der umlaufende Teil. Gewöhnlich wird dem Ständer Drehstrom aus dem Leitungsnetz zugeführt, wodurch im Läufer infolge von Transformatorwirkung Ströme entstehen.

Stromerzeuger.

Schaltung der Maschinenwickelungen.

33. **Gleichstrommaschinen.** In den folgenden Schaltbildern wurden die vom Verband Deutscher Elektrotechniker angenommenen »Normalien für die Bezeichnung von Klemmen bei Maschinen, Anlassern, Regulatoren und Transformatoren« zugrunde gelegt. Es sind bezeichnet:

Ankerklemmen . . . . mit A—B
Klemmen der Nebenschlußwickelung » C—D
Klemmen der Hauptstromwickelung » E—F

a) Maschine mit Hauptstromwickelung. Als Maschinenklemmen in der durch Abb. 11 dargestellten Schaltung ergeben sich einerseits die Ankerklemme A, anderseits die Klemme F der Hauptstrom-

wickelung. Der im Anker erzeugte Strom durchfließt
die Schenkelwickelung sowie den an die Klemmen A
und F angeschlossenen äußeren Stromkreis in gleicher
Stärke.

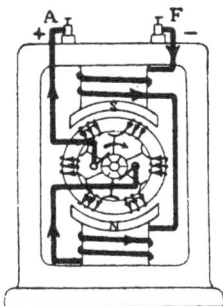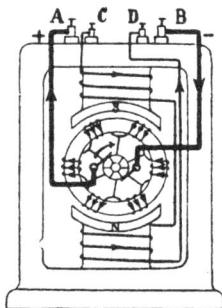

Abb. 11.   Abb. 12.

b) Maschine mit Nebenschlußwickelung
(Abb. 12). Die Schenkelwickelung liegt im Nebenschluß
zur Ankerwicklung. Der Maschine ist meistens ein
hinter die Nebenschlußwickelung geschalteter Regulierwiderstand beigegeben zum
Regeln des Schenkelstromes
und dadurch der Klemmen-
spannung. Der Regulierwiderstand wird zwischen die eine
Hauptklemme, etwa die Klemme A, und die zugehörige Nebenschlußklemme C geschaltet.
Die andere Nebenschlußklemme
D wird mit der Hauptklemme B
verbunden, falls diese Verbindung unter Fortfall der Klemme D nicht fest hergestellt ist.

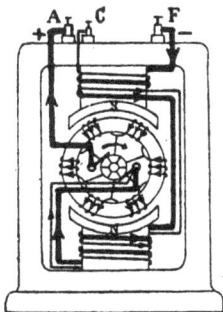

Abb. 13.

Die Nebenschlußmaschine
wird am häufigsten angewendet.
Für Betriebe mit Akkumulatoren sowie für die Erzeugung gal-
vanischer Metallniederschläge
besitzt sie den Vorzug, daß die Gegenstromwirkung der
Akkumulatoren oder der galvanischen Bäder unter
normalen Verhältnissen keine Polumkehr in der Maschine bewirken kann.

c) **Maschine mit gemischter Wickelung —
Compoundwickelung** (Abb. 13). Die Schaltung ist
aus den vorbezeichneten Schaltungen zusammengesetzt
und bezweckt gleichbleibende Klemmenspannung bei
wechselnder Belastung.

Die Schenkel der Maschine erhalten eine Wickelung mit dickem und eine mit dünnem Draht. Die
erstere ist in den Hauptstromkreis geschaltet, die
letztere liegt im Nebenschluß an den Bürsten, seltener
an den Klemmen der Maschine. In die Nebenschlußwickelung wird in der Regel ein Regulierwiderstand
geschaltet, wie unter b) näher angegeben ist.

d) **Mehrpolige Maschine.** Im Gegensatz zu
den oben durch Abb. 11, 12 und 13 dargestellten Maschinen mit zwei magnetischen Feldern bezeichnet
man Maschinen, die deren vier, sechs usw. besitzen,
als mehrpolige Maschinen.

Abb. 14 und 15 zeigen die Ankerschaltung für
eine vierpolige Maschine. Die Anzahl der Bürsten entspricht im allgemeinen der Anzahl der Magnetfelder.
Die gleichnamigen Bürsten werden parallel geschaltet
(Abb. 14). Besitzen diese Maschinen nur zwei Bürsten
(Abb. 15), so sind die symmetrisch zum Magnetfeld
liegenden Ankerspulen oder die zugehörigen Kommutatorlamellen parallel geschaltet.

 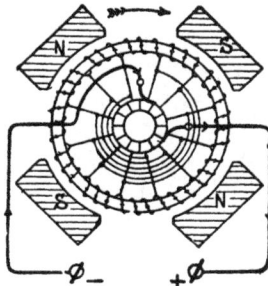

Abb. 14.   Abb. 15.

e) **Maschine mit Wendepolen.** Zwischen den die
Erregerwickelung tragenden Magnetschenkeln *N* und *S*
(Abb. 16) sind Hilfspole »Wendepole« *s* und *n* angeordnet, deren Wickelung vom Hauptstrom durchflossen wird. Die Wendepole bezwecken Verringern
der Funken am Kommutator, sie werden vornehmlich

bei Maschinen mit hoher Drehzahl und bei Nebenschlußmotoren verwendet, wenn bei den letzteren
eine weitgehende Drehzahländerung durch Regeln des
die Hauptschenkel durchfließenden Stromes verlangt

wird. Wendepole sind ferner
von Bedeutung für funken-
losen Drehrichtungswechsel
bei Elektromotoren (Rever-
siermotoren).

Die Bürsten der Wende-
polmaschinen müssen in der
von der Fabrik angegebenen
Stellung bleiben, bei Be-
lastungsänderungen erübrigt
sich eine Bürstenverschie-
bung. Bei Stromerzeugern
folgt, in der Drehrichtung betrachtet, auf einen Nord-

Abb. 16.

Hauptpol ein Süd-Wendepol, bei Motoren auf einen
Nord-Hauptpol ein Nord-Wendepol.

Um mit Hilfe der Wendepole günstigste Kommu-
tierung zu erreichen, ist es unter Umständen notwendig,
die Wendepolwirkung zu verstärken, indem man an
der Verschraubung der Wendepolkerne mit dem Maschinengestell Bleche einlegt, oder die Wendepolwirkung
zu schwächen durch Parallelschalten von Widerstand

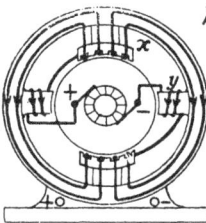
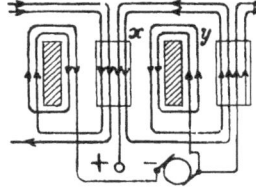

Wickelung, in eine Ebene ausgelegt

Abb. 17.

zur Wendepolwicklung. In welchem Umfang beides
zu geschehen hat, muß erprobt werden.

f) Kompensationswickelung, in Nuten der
Schenkelpole eingelegt (Abb. 17), wird zum Zweck
funkenlosen Ganges bei Gleichstrommaschinen mit
sehr hoher Drehzahl, vornehmlich bei Turbogeneratoren, und bei Hochspannungsmaschinen neben den
Wendepolen benutzt, wenn starke Belastungsschwan-

kungen zu erwarten sind. Die Kompensationswickelung x, die Wendepolwickelung y und der dicke
Draht einer auf den Magnetschenkeln etwa angewendeten Compoundwickelung sind in Reihe geschaltet vom Hauptstrom durchflossen.

34. Wechselstrommaschinen. Sie gliedern sich in
Einphasen-, Zweiphasen- und Drehstrommaschinen (Dreiphasenstrommaschinen).

Wechselstrommaschinen werden in der Regel mehrpolig gebaut. Die Enden der Schenkelwickelung sind
mit Schleifringen verbunden, durch die der Erregerstrom aus einer Gleichstromquelle zugeführt wird.

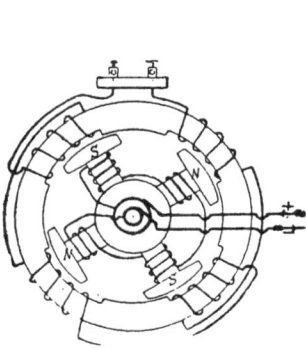 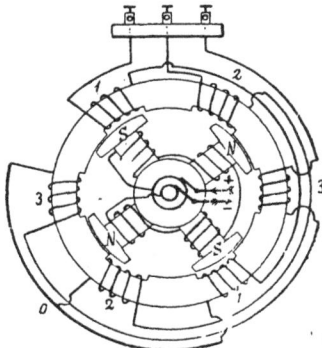

Abb. 18.   Abb. 19.

Jedem Polpaar des Schenkelkreuzes entsprechen
bei Einphasenstrommaschinen (Abb. 18) eine oder
zwei, bei Drehstrommaschinen (Abb. 19) drei oder
sechs Wickelungsabteilungen des Ankers. Die zusammengehörigen Wickelungsabteilungen sind parallel
oder in Reihe geschaltet. Die Einphasenmaschine
in Abb. 18 ist vierpolig; die Enden der in Reihe
geschalteten Abteilungen führen zu den beiden festen
Klemmen. Die Drehstrommaschine (Abb. 19) hat
$2 \cdot 3$ Spulen. Die Spulen gleicher Phase »1,1—2,2
—3,3« sind in Reihe geschaltet; die drei Anfänge
der Wickelungsabteilungen sind mit den drei Klemmen, die drei Enden durch die Leitung O verbunden.
Die Maschine ist also in Stern geschaltet.

Gewöhnlich wird die Wickelung nicht, wie in
Abb. 18 und 19 schematisch dargestellt ist, als Ring-

wickelung auf den Anker aufgebracht, sondern in
Ankernuten eingelegt. Eine solche Wickelung ist für
eine Drehstrommaschine in Abb. 20 mit offenen
Nuten und in Abb. 21 mit teilweise geschlossenen
Nuten dargestellt. Im ersten Fall können die mittels Schablonen fertig gewickelten Spulen isoliert in
die Nuten eingelegt werden, im zweiten Fall werden
die Windungen einzeln eingezogen. Für jeden Pol

Abb. 20.

und jede Phase kann eine Nut (Abb. 20) oder es
können zwei (Abb. 21) oder mehrere Nuten genommen
werden.

Asynchrone Stromerzeuger sind wie asynchrone
Motoren (vgl. 55) gebaut. Sie haben ebenfalls keine
Gleichstromerregung, brauchen für den Parallellauf
nicht synchronisiert zu werden und können mit asynchronen wie synchronen Maschinen parallel laufen.
Eine von den parallel geschalteten Maschinen muß,
wenn nicht besondere Vorkehrungen getroffen sind,

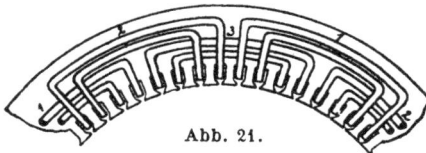

Abb. 21.

als Pulsgeber (vgl. 3 b) ein synchroner Stromerzeuger
mit Gleichstromerregung sein.

Für das Kuppeln mit Dampfturbinen werden
Wechselstrommaschinen, auch für hohe Leistungen,
wegen der hohen Drehzahl zweipolig gebaut.

Die Phasenfolge in den drei Leitungen der Drehstrommaschine hängt vom Anschluß der drei Wickelungsabteilungen an die Maschinenklemmen und von
der Drehrichtung der Maschine ab.

35. Ändern der Drehrichtung.

a) Bei Gleichstrommaschinen: Soll eine Maschine mit anderer Drehrichtung laufen, als das bei der Lieferung durch die Fabrik vorgesehen war, so sind Änderungen an der Maschinenschaltung und im allgemeinen auch an der Bürstenstellung notwendig.

Schräg anliegende Bürsten müssen im Sinne der neuen Drehrichtung eingestellt werden.

Die Schaltungsänderung besteht bei Nebenschlußmaschinen im Vertauschen der Anschlüsse der Nebenschlußwickelung (vgl. Abb. 22 und 23). Bei Maschinen

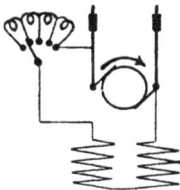
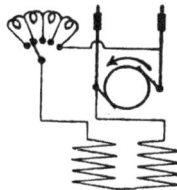

Abb. 22.   Abb. 23.

mit gemischter Wickelung (vgl. Abb. 24 und 25) werden am einfachsten die Anschlüsse an den Bürsten umgeschaltet.

Die Polzeichen der Maschinen bleiben bei diesen Schaltungsänderungen unverändert.

b) Bei Wechselstrommaschinen: Für Einphasenstrommaschinen ist die Drehrichtung gleichgültig. Bei Drehstrommaschinen wird durch Ändern der Drehrichtung die zeitliche Phasenfolge und dadurch die Drehrichtung der angeschlossenen Drehströmmotoren geändert. Um bei der Umkehr der Drehrichtung einer Maschine die Phasenfolge in den Leitungen unverändert zu lassen, müssen zwei beliebige Leitungsanschlüsse an der Maschine vertauscht werden.

36. Stromerzeuger als Motor verwendet oder umgekehrt kommt vornehmlich bei Gleichstrom-Nebenschlußmaschinen in Frage. Bei gleicher Drehrichtung bleibt dabei die Schaltung der Maschinenwickelung unverändert, gleichgültig ob die Maschine als Stromerzeuger oder als Motor läuft. Nur die Bürsten müssen verschoben werden, weil die günstigste Bürstenstellung beim Stromerzeuger in der Drehrichtung etwas vor der neutralen Zone und beim Motor hinter der neu-

tralen Zone liegt. Bei einem Stromerzeuger, der als
Motor laufen soll, werden demnach die Bürsten entgegen der Maschinendrehrichtung zurückgeschoben und
bei einem Motor, der als Stromerzeuger laufen soll, vorgeschoben. Eine etwa vorhandene gemischte Wickelung muß durch Vertauschen der Leitungsanschlüsse
der dicken Wickelung umgeschaltet werden, so daß
der durch die dicke Wickelung der Schenkel fließende
Strom die magnetisierende Wirkung der Nebenschluß-
windungen verstärkt. Ist ein Wechsel in der Drehrichtung beim Verwenden eines Stromerzeugers als
Motor oder umgekehrt verlangt, so muß die Strom-

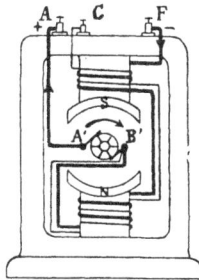 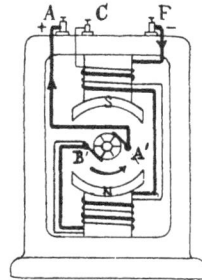

Abb. 24.   Abb. 25.

richtung in der Schenkelnebenschlußwickelung uir-
gekehrt werden.

Im übrigen beachte man, daß ein Stromerzeuger,
der als Motor laufen soll, bei gleicher Erregung etwa
20 % weniger Umdrehungen macht und daß ein Motor,
der als Stromerzeuger verwendet wird, eine um 20 %
höhere Drehzahl oder, wenn es möglich ist, eine entsprechende Steigerung der Erregung erfordert, um die
gleiche Spannung zu geben, mit der er als Motor betrieben wird.

Parallelschalten von Maschinen.

37. Parallelschalten von Gleichstrommaschinen.
Der Gesamtstrom parallel geschalteter Maschinen ist
gleich der Summe der Stromstärken der einzelnen
Maschinen. Die Spannung ändert sich durch das
Parallelschalten nicht, wenn die Einzelspannungen der
Maschinen vor dem Parallelschalten übereinstimmen.

a) Parallelschalten von Nebenschlußmaschinen: Ein Parallelschalten mit geringstem Appa-
rataufwand ist in Abb. 26 dargestellt. Die gleichnamigen Bürsten A^1) der Maschinen I und II werden
mit der Sammelschiene P und die entgegengesetzten
Bürsten B mit der Sammelschiene N verbunden. In
die Maschinenhauptleitung wird ein Schalter x, ein
Stromzeiger S und in jede Leitung eine Schmelzsiche-
rung s eingeschaltet. Zweckmäßig verwendet man

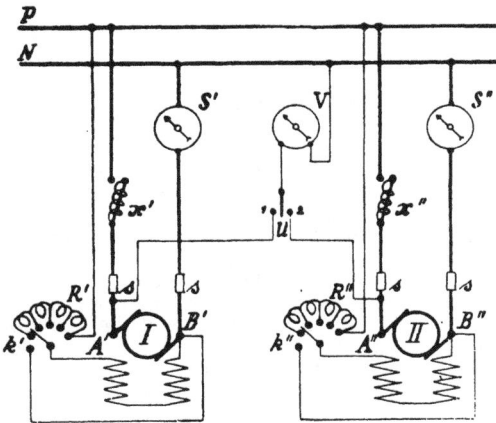

Abb. 26.

Nullstrom-Selbstschalter x (Abb. 26) oder vereinigte
Überstrom- und Rückstromschalter. Die ersteren
schalten die Maschine ab, wenn der Strom auf etwa 5%
des Nennwertes, d. h. des Stromes, für den die Maschine
gebaut ist, sinkt, die letzteren bewirken das Abschalten,
wenn der Strom ein bestimmtes Maß übersteigt und
wenn der Strom Null wird, oder die Stromrichtung sich
umkehrt (vgl. 132). Werden Höchststromschalter eingebaut, so sind Schmelzsicherungen in den gleichen Leitungen entbehrlich. Die Nebenschlußwickelungen der
Maschinen sind einerseits mit den Bürsten B und an-

---

¹) Diese Bezeichnungen, ohne Index gebraucht, beziehen
sich in gleicher Weise auf sämtliche parallel geschaltete Maschinen, unter A sind z. B. die Maschinenklemmen A' und A"
(Abb. 26) zu verstehen.

derseits unter Zwischenschaltung der Regulierwiderstände *R* mit der Sammelschiene *P* verbunden. Die
Schenkelerregung von den Sammelschienen aus gewährt
den Vorteil, daß ein Umpolarisieren der Maschinen
nicht möglich ist. Die Regulierwiderstände erhalten
Kurzschlußkontakte *k*, die bewirken, daß die Nebenschlußwickelung im Augenblick des Abschaltens von
den Sammelschienen in sich geschlossen wird und dadurch Induktionsströme, die die Maschinenisolation gefährden, vermieden werden. Der Spannungszeiger *V*
wird mit der einen Klemme an die Sammelschiene *N*
und mit der anderen mittels Umschalters *U* an die mit
den Bürsten *A* verbundenen Maschinenleitungen angeschlossen.

Zum Zweck des Parallelschaltens einer Maschine,
z. B. von Maschine II mit der in Betrieb befindlichen
Maschine I, bringt man die erstere auf normale Drehzahl und mit Hilfe des Regulierwiderstandes *R″* auf
die gleiche oder um weniges höhere Spannung wie
an Maschine I besteht, indem man den zuvor mit
Maschine I verbundenen und dabei abgelesenen Spannungszeiger *V* auf Maschine II umschaltet. Ist Über-
einstimmung in den beiderseitigen Spannungen
erreicht, so wird der Schalter *x″* geschlossen. Unmittelbar nach dem Einschalten soll die Maschine II
keinen oder nur wenig Strom abgeben. Allmählich
werden dann die Regulierwiderstände unter Vor-
schieben der Kurbel des Widerstandes *R″* und Zurück-
ziehen derjenigen des Widerstandes *R′* so eingestellt,
daß beide Maschinen ihrer Größe entsprechend belastet
sind und die normale Spannung erhalten bleibt. Im
weiteren Betrieb wird die verlangte Spannung durch
Bedienen der beiden Regulierwiderstände aufrecht-
erhalten. Die selbsttätigen Nullstromschalter müssen
erforderlichenfalls nach dem Schließen des Stromkreises mit der Hand festgehalten werden, bis die
Stromstärke so weit angestiegen ist, daß ein Schalter-
Zurückfallen nicht mehr zu befürchten ist. Fehlerhaft
wäre es, die selbsttätigen Schalter festzubinden oder
in anderer Weise festzustellen.

Beim Einschalten einer weiteren Maschine können
die Regulierwiderstände der im Betrieb befindlichen
Maschinen wie ein einziger Widerstand behandelt
werden, indem man ihre Kurbeln gleichmäßig verstellt. Die Stromleistung soll in der Regel auf die im
Betrieb befindlichen Maschinen ihrer Größe entsprechend verteilt sein. Ist die Stromstärke einer Maschine

zu niedrig, so wird die Kurbel des zugehörigen Regulierwiderstandes so lange vorgeschoben, d. h. Widerstand ausgeschaltet, bis die Stromstärke die gewünschte
Höhe erreicht hat, einem Ansteigen der Spannung
wird dabei durch gleichzeitiges Zurückstellen der
Regulierkurbeln der übrigen Maschinen vorgebeugt.
Bei häufigen Schwankungen in der Stromabgabe ist
es rätlich, die größere Zahl der Maschinen dauernd
gleichmäßig und eine oder wenige Maschinen, der
Stromabgabe entsprechend, mehr oder weniger zu
belasten, um das Nachregulieren der Kraftmaschinen
auf wenige Maschinen zu beschränken.

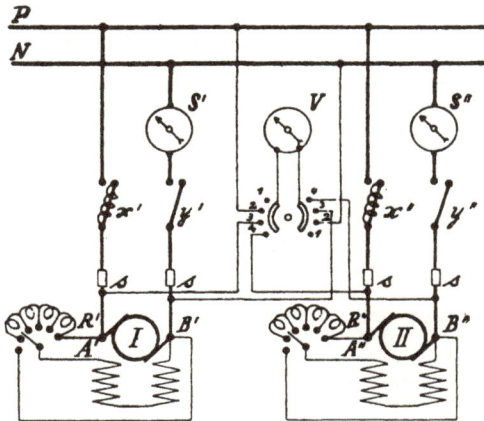

Abb. 27.

Zum Zweck des Ausschaltens einer Maschine, etwa
von Maschine II, wird die Kurbel des Regulierwiderstandes R'' allmählich zurückgestellt, so daß der
Strom der Maschine verringert und nahezu gleich Null
wird. Gleichzeitig verstellt man den Regulierwiderstand R', beziehentlich die Widerstände der übrigen
Maschinen derart, daß die vorgeschriebene Spannung
erhalten bleibt. Ist die Maschine II nahezu ohne
Strom, so wird der Schalter x'' geöffnet und dann die
Kurbel des Widerstandes R'' auf den Kurzschluß-
kontakt k geschoben, worauf die Maschine abgestellt
werden kann. Beim Verwenden selbsttätiger Ausschalter (vgl. oben a, Abs. 1) bietet jedes Ausschalten

einer Maschine Gelegenheit, die Wirksamkeit des Null-
strom-Selbstschalters zu prüfen.

Eine Schaltung mit weiteren Vorsichtsmaßnahmen
ist in Abb. 27 dargestellt. Es sind dort in beiden
Maschinenpolen Schalter, so daß die Maschinen
beim Reinigen und Instandsetzen vollständig vom
Leitungsnetz getrennt werden können. Der eine
Schalter y ist ein Handschalter und der andere x ein
selbsttätiger Schalter. Die Nebenschlußwickelungen
der Magnete sind im Gegensatz zu Abb. 26 unmittelbar
an die mit den Bürsten der Maschinen verbundenen
Hauptleitungen angeschlossen, so daß die Maschinen
selbständig, d. h. ohne Stromentnahme von den
Sammelschienen erregt werden. Dabei muß man
sich vor dem Einschalten der Maschinen überzeugen,
daß keine Polumkehr stattgefunden hat. Das kann
mit Hilfe eines Spannungszeigers geschehen, der
bei entgegengesetzter Stromrichtung einen entgegengesetzten Ausschlag gibt. Der Spannungszeiger V
ist bei der Schaltung in Abb. 27 an einen doppelpoligen Umschalter angeschlossen, der vier Kontakt-
stellungen besitzt:

    1. Nullstellung,
    2. Sammelschienenspannung,
    3. Spannung der Maschine I,
    4. Spannung der Maschine II.

In ausgedehnten Anlagen wird zweckmäßig ein
dauernd mit den Sammelschienen verbundener Spannungszeiger außerdem verwendet.

Beim Einschalten einer Maschine wird zuerst der
Handschalter y und dann der selbsttätige Ausschalter x geschlossen. Beim Ausschalten läßt man
zuerst den selbsttätigen Ausschalter wirken und öffnet
dann den Handschalter.

Damit sich die Belastung auf die parallel geschalteten Maschinen richtig verteilt, müssen die Maschinen
bei steigender Belastung, aber unveränderter Erregung
einen bestimmten Spannungsabfall haben. Zu diesem
Zweck erhalten die Maschinen erforderlichenfalls eine
der Nebenschlußmagnetisierung entgegenwirkende
Hauptstromwickelung von wenigen Windungen.

b) Parallelschalten von Maschinen mit gemischter Wickelung: Die Schaltung in Abb. 28
weicht von den vorstehend beschriebenen Schaltungen
insbesondere dadurch ab, daß die Bürsten B, von
denen die Hauptstromwickelungen der Magnete aus-
gehen, durch die Ausgleichleitung L miteinander ver-

bunden werden. Der Ausgleichleitung gibt man mindestens den gleichen Querschnitt wie den Verbindungsleitungen der Maschinen mit den Sammelschienen. Bei zu schwachem Querschnitt der Ausgleichleitung können Kurzschlüsse, wie sie z. B. beim Betrieb elektrischer Bahnen nicht selten sind, das Umpolarisieren einzelner Maschinen herbeiführen. Wird Wert darauf gelegt, die Maschinen beim Reinigen ganz vom Leitungsnetz zu trennen, so ist für die Leitung L ein Schalter notwendig. Dieser wird zweckmäßig zwangläufig mit den Schaltern y verbunden, so daß gleich-

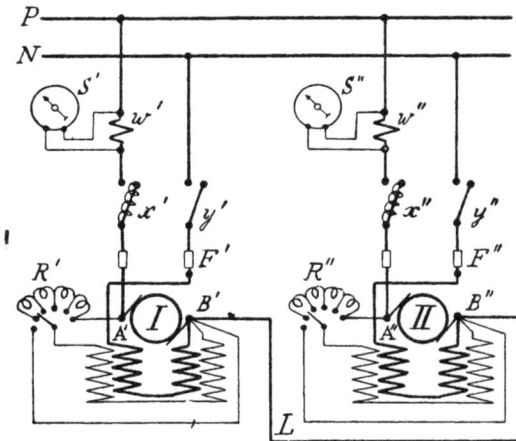

Abb. 28.

zeitig mit dem Schließen z. B. des Schalters y' die Bürste B' an die Ausgleichleitung gelegt wird. Damit verhütet man, daß vor dem Einschalten einer Maschine das Schließen der Verbindungsleitung L vergessen wird und die Maschinen umpolarisiert werden. Die Handschalter y werden mit den Hauptstrom-Schenkelklemmen und die selbsttätigen Schalter x mit den Bürstenklemmen verbunden. Die Stromzeiger S schaltet man in die von den Bürsten A ausgehenden, mit den selbsttätigen Schaltern versehenen Verbindungsleitungen mit den Sammelschienen. Im Gegensatz zu den Abb. 26 und 27 sind die Stromzeiger nicht unmittelbar in die zugehörigen Stromkreise, sondern in den

Nebenschluß zu Meßwiderständen w geschaltet. Der Spannungszeiger wird ebenso geschaltet, wie in Abb. 27 angegeben ist. Er muß so eingerichtet sein, daß er bei einem Wechsel der Stromrichtung entgegengesetzt ausschlägt und dadurch eine Polumkehr, die bei Maschinen mit gemischter Wickelung leichter als bei Maschinen mit Nebenschlußwickelung vorkommt, vor dem Zuschalten einer Maschine erkennen läßt.

Die Wickelungen parallel zu schaltender Maschinen ungleicher Größe oder nicht gleichartiger Wickelung müssen gegeneinander abgestimmt sein, damit sich die Belastungen richtig auf die Maschinen verteilen. Bei Maschinen mit gemischter Wickelung kann ungleicher Belastungsverteilung unter Umständen durch Einbauen von Parallelwiderständen zu den Hauptstromwickelungen etwas entgegengewirkt werden.

Um Kurzschlüssen beim etwaigen Umpolarisieren der Maschinen vorzubeugen, ist sicheres Wirken der Nullstrom-Selbstschalter notwendig; erforderlichenfalls werden außerdem Überstrom-Selbstschalter angewendet oder Schalter beider Art in einem Apparat vereinigt.

Beim Zuschalten einer Maschine zu den schon im Betrieb befindlichen Maschinen, wobei im allgemeinen nach den vorstehenden Regeln verfahren wird, beachte man folgendes: Schaltet man z. B. Maschine II mit der belasteten Maschine I parallel, so sind nach dem Schließen des Schalters y'' die Hauptwickelungen beider Maschinen parallel geschaltet, was eine Schwächung der Schenkelerregung von Maschine I und demzufolge einen kleinen Spannungsabfall bewirkt. Das läßt sich durch Ausschalten eines Teils des Regulierwiderstandes R' ausgleichen. Dementsprechend muß beim Ausschalten einer Maschine, z. B. von Maschine II, gleichzeitig mit dem Öffnen des Schalters y'' an dem zu Maschine I gehörigen Regulierwiderstand R' die Kurbel zurückgestellt, d. h. Widerstand eingeschaltet werden, zum Ausgleich der dann eintretenden, stärkeren Erregung der letzteren Maschine durch die Hauptwickelung.

c) **Parallelschalten von Maschinen mit Wendepolen.** Es wird nach den unter a) gegebenen Regeln verfahren, indem man den Anker und die Wendepolwickelung (vgl. 33e) als ein unveränderliches Ganzes betrachtet; Gleiches gilt für das Hinzukommen einer Kompensationswickelung (vgl. 33f). Haben die Maschinen auch gemischte Wickelung, so ist die in Abb. 28 angegebene Ausgleichleitung L erforderlich.

38. Parallelschalten von Wechselstrommaschinen.
Das Parallelschalten von Wechselstrommaschinen bietet
wegen der Möglichkeit des Außertrittfallens der Maschinen größere Schwierigkeiten als das Parallelschalten von Gleichstrommaschinen. Man läßt möglichst nur gleich gebaute Maschinen parallel arbeiten.
Andernfalls überdecken sich auch bei gleicher mittlerer Spannung die Spannungskurven (Abb. 1 u. 2)
nicht in jedem Zeitpunkt, wodurch das Außertritt-
fallen der Maschinen begünstigt wird. Besitzen die
Maschinen Riemen- oder Seilantrieb, oder sind sie
mit Turbinen gekuppelt, so ist das Parallelarbeiten
sicherer als bei starrer Kuppelung mit Kolbendampf-
maschinen oder Gaskraftmaschinen. Die namentlich
in letzterem Falle störende Ungleichförmigkeit im Gang
der Kraftmaschinen kann man durch große Schwungmassen vermindern. Große, gut parallel laufende Maschinen können unter Umständen kleinere, schlechter
laufende Maschinen mit durchziehen, d. h. deren Außer-
trittfallen verhindern.

Die Einwirkung der Ungleichförmigkeit im Gang
der Kraftmaschinen läßt sich teilweise aufheben, wenn
man bei gleicher Kurbelstellung und bei Gaskraftmaschinen bei Zündungssynchronismus parallel schaltet. Weitere Mittel sind Dämpfungswickelungen
auf dem Schenkelkreuz und das Einschalten von
Drosselspulen in die Stromkreise der einzelnen
Maschinen.

Bei parallel geschalteten Wechselstrommaschinen
ist der Gesamtstrom nur dann gleich der Summe der
Stromstärken der einzelnen Maschinen, wenn sie Ströme
gleicher Phase liefern, d. i. wenn die Erregungen den
Belastungen entsprechen. Andernfalls treten zwischen
den Maschinen Ausgleichströme auf, die zwar die
Kraftmaschinen nur unmerklich belasten, aber eine
unnütze (wattlose) Strombelastung der elektrischen
Maschinen herbeiführen.

Für das Parallelschalten von Wechselstrommaschinen ist, gleiche Phasenfolge vorausgesetzt, erforderlich, daß

1. die Drehzahl der Maschinen der normalen
Periodenzahl genau angepaßt wird — Einstellung auf
Synchronismus (gleichen Tritt),

2. die Spannungen der Maschinen übereinstimmen,

3. die Maschinen in gleicher Phase laufen.

Treffen diese Bedingungen zu, so besteht zwischen
den zusammengehörigen Kontakten des noch geöff-

3*

neten Hauptausschalters keine Spannung, der Schalter kann dann geschlossen werden.

Die Belastung parallel geschalteter Wechselstrommaschinen wird durch Regulieren der Kraftmaschinen, bei Dampfmaschinen also durch vermehrte oder verminderte Dampfzufuhr (Ändern der Füllung) geregelt. Zuweilen geschieht das durch einen mit der Reguliervorrichtung verbundenen kleinen Elektromotor, der von der Schalttafel aus gesteuert wird. Durch Regulieren der Erregung allein kann die Belastung nicht geändert werden. Die Erregung muß der Belastung der Maschinen angepaßt werden, weil sonst ein hoher wattloser Strom auftritt, d. h. ein Strom mit großer Phasenverschiebung gegenüber der Spannung. Zum Beobachten der Phasenverschiebung dient der Phasenzeiger (vgl. 118). Ausgleichströme zwischen den Maschinen werden vermieden, wenn die parallel arbeitenden Maschinen Strom gleicher Phasenverschiebung führen, wenn also der Zahlenwert ›Leistung dividiert durch Strom‹ für alle Maschinen gleich ist. Hat jede Maschine einen Phasenzeiger, so müssen alle Phasenzeiger gleich zeigen. Will man bei Parallelbetrieb von Maschinen die Netzspannung ändern, so muß man die Erregung sämtlicher Maschinen ändern.

Bei richtig gewählten Verhältnissen bleiben die Wechselstrommaschinen durch die auftretenden synchronisierenden Kräfte im Tritt, d. h. die Schenkelsterne drehen sich im gleichen Takt. Ungleichförmigkeiten treten auf durch die Eigenschwingungen der Maschinen, durch den Ungleichförmigkeitsgrad der Kraftmaschinen und durch unempfindliche Dampfregler, bei Antrieb durch Explosionsmotoren auch infolge von Fehlzündungen. Das hierdurch bewirkte Pendeln der Maschinen wird an den Meßgeräten um so mehr bemerkt, je weniger deren Zeigerbewegung gedämpft ist. Stimmen die Zeitdauer der Eigenschwingung der Wechselstrommaschinen und die Stöße der Kraftmaschinen überein (Resonanz), so verstärkt sich das Pendeln, und die Maschinen fallen unter Umständen außer Tritt. Zuweilen kann man das gefährliche Pendeln durch Ändern der Drehzahl der Maschinen vermindern. Wird die Gefahr des Außertrittfallens an den Schwankungen des Strom- oder Leistungszeigers erkannt, so muß die Maschine abgeschaltet werden.

Soll eine der parallel laufenden Maschinen abgeschaltet werden, so entlastet man sie bis der

Leistungszeiger auf Null zeigt, und die Stromstärke auf Null gebracht ist. Ersteres geschieht durch Regulieren der Kraftmaschine, z. B. Abdrosseln der Dampfzufuhr, letzteres durch Verändern der Erregung. Das Abschalten der Maschinen kann man sich erleichtern, wenn man die dem Leerlauf entsprechenden Kurbelstellungen der Regulierwiderstände durch Marken bezeichnet und beim Abschalten einer Maschine den Regulierwiderstand demgemäß einstellt. Desgleichen empfiehlt es sich, die dem Leerlauf entsprechenden Regulatorstellungen der Kraftmaschinen sich zu merken.

a) **Parallelschalten von Einphasenstrommaschinen:** In Abb. 29 ist das Schaltbild für zwei Niederspannungsmaschinen angegeben. Zum Verbinden der Maschinen mit den Sammelschienen dienen die doppelpoligen Schalter E. In die Anschlußleitungen jeder Maschine sind ein Leistungszeiger L, ein Stromzeiger S und Sicherungen s geschaltet. Von jeder Maschine führen Verbindungsleitungen nach dem zweipoligen Umschalter U. In den Leitungen vom Umschalter nach den Sammelschienen liegen die Phasenglühlampen g; zu der einen Glühlampe ist, als empfindlicherer Phasenvergleicher, der Spannungszeiger P parallel geschaltet. Außerdem ist vom Umschalter U ein Spannungszeiger Vm abgezweigt zum Messen der Spannung an der jeweilig einzuschaltenden Maschine. Ein weiterer Spannungszeiger Vs ist an die Sammelschienen angeschlossen. Die Phasenglühlampen müssen in der Spannung so gewählt werden, daß sie in Reihenschaltung bei der doppelten Maschinenspannung nicht durchbrennen. Erforderlichenfalls werden mehrere Lampen in Reihe geschaltet. Bei einer Maschinenspannung von 110 V muß jede der in Abb. 29 angegebenen zwei hintereinander geschalteten Phasenlampen für 110 V genommen werden.

Die Phasenlampen sind in Abb. 29 so geschaltet, daß sie bei Phasengleichheit dunkel sind. Zuweilen wird so geschaltet, daß die Phasenlampen bei Phasengleichheit am hellsten leuchten und der Phasenvergleicher P den größten Ausschlag ergibt. Dies würde bei der Schaltung in Abb. 29 erreicht werden, wenn man die beiden Anschlußleitungen der Glühlampen g an den Sammelschienen oder am Umschalter U vertauscht. Fehlerhaft wäre es, beide Lampen g in die gleiche Leitung zu legen wegen der dann möglichen Kurzschlüsse. Ist der Phasenvergleicher richtig angeschlossen, so zeigt er bei verstärkter Maschinenerregung mehr

voreilenden und bei verminderter Erregung mehr nach-
eilenden Strom an. Als Phasenvergleicher werden zuweilen Frequenzmesser (vgl. 120) verwendet, obwohl ihr
Anzeigen zufolge der Trägheit der schwingenden Zungen
etwas ungenauer ist. Auch durch Einbauen eines Syn-
chronoskops (vgl. 119) kann erkannt werden, ob eine
angelassene, auf Spannung gebrachte Maschine zu
schnell oder zu langsam läuft.

Sind die Maschinen für hohe Spannung gebaut,
so wird nicht die Maschinenspannung, sondern eine
durch Meßtransformatoren verminderte Spannung den
Spannungszeigern, Phasenzeigern usw. zugeführt.

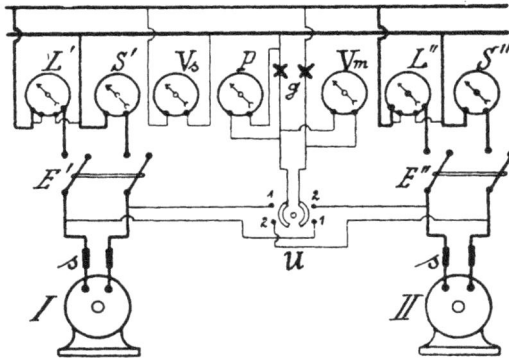

Abb. 29.

Soll Maschine II zu der im Betrieb befindlichen
Maschine I (Abb. 29) parallel geschaltet werden, so wird
der Umschalter *U* auf die Kontakte 2 gestellt. Solange
die Drehzahlen der Maschinen sich nicht entsprechen,
leuchten die Lampen *g* des Phasenvergleichers gleichzeitig auf und erlöschen wieder, und zwar um so
rascher, je weniger die Drehzahlen sich entsprechen.
Mit dem Aufleuchten und Erlöschen der beiden Lampen ändert sich auch die Einstellung des Phasenvergleichers *P*. Stimmen die Umdrehungen beider Maschinen infolge Regulierens der Kraftmaschine II
so weit, daß die Phasenlampen *g* ihre Lichtstärke
nur langsam ändern, so vergleicht man an den beiden
Spannungszeigern *Vs* und *Vm* die Sammelschienenspannung mit der Spannung der zuzuschaltenden
Maschine II und stellt durch Ändern der Erregung

von Maschine II auf gleiche Spannung ein. Bleiben
dann die Glühlampen *g* einige Sekunden dunkel
oder, was schärfer zu beobachten ist, bleibt der als
Phasenvergleicher dienende Spannungszeiger *P* einige
Sekunden in der Nullstellung, so kann der doppelpolige Schalter *E″* geschlossen werden. Hat man
beim Einschalten einer Maschine den richtigen Zeitpunkt getroffen, d. h. waren im Augenblick des
Schließens des Schalters die Spannungen gleich und
die Phasenlampen einige Sekunden dunkel, so ist keine
Spannungsschwankung im Netz wahrzunehmen. Die
zugeschaltete Maschine liefert in diesem Falle noch
keinen Strom, leistet also auch keine Arbeit. Beim Belasten der zugeschalteten Maschine muß darauf geachtet werden, daß das Verhältnis von Stromstärke
und Leistung das gleiche ist, wie bei den übrigen Maschinen. Die Belastung der zuzuschaltenden Maschine
wird durch Regulieren der Kraftmaschinen herbeigeführt, indem man die Kraftzufuhr für die zugeschaltete
Maschine vermehrt und diejenige der teilweise zu ent-
lastenden Maschine verringert. Entsprechend der Be-
lastungsaufnahme durch die eine Maschine und der Ent-
lastung der anderen Maschine müssen die Erregungen
geändert werden. Durch Ändern der Erregungen
ohne gleichzeitiges Regulieren der Kraftmaschinen würde nur der wattlose Strom beeinflußt, die Belastung dagegen nicht geändert.

Um große Maschinen gegen die Wirkung fehlerhaften Parallelschaltens zu schützen, werden in einzelnen Fällen in ihre Verbindungen mit den Sammelschienen Drosselspulen geschaltet. Das Öffnen des Schalters bei einer fehlerhaft eingeschalteten Maschine muß
mit größter Vorsicht geschehen, indem man bei dem
periodisch ansteigenden und abfallenden Strom den
Augenblick abpaßt, in dem der Maschinenstrom gering ist.

b) Parallelschalten von Drehstrommaschinen:

I. Niederspannungsmaschinen: Die Schaltung (Abb. 30) entspricht im allgemeinen der vorstehend beschriebenen Schaltung von Einphasenstrommaschinen. Die Maschinenschalter *E* sind dreipolig;
für den Anschluß an den Phasenvergleicher werden
nur zwei Klemmen der Drehstrommaschinen benutzt.
Wie die Phasenvergleicher müssen die Stromzeiger
und Leistungszeiger an gleiche Phasen angeschlossen
werden.

Beim Ausführen der Leitungsverbindungen achte
man darauf, nur phasengleiche Maschinenklemmen zu
verbinden. Bei der demzufolge vor dem erstmaligen
Parallelschalten von Maschinen erforderlichen Untersuchung verfährt man wie folgt: Soll Maschine II
(Abb. 30) zu Maschine I hinzugeschaltet werden, so
schaltet man zwischen den Klemmen des Schalters E''
in jedem der drei Stromkreise so viele Glühlampen G
vorübergehend für die Untersuchung hintereinander,
daß sie 15% mehr aushalten als die Maschinenspan-

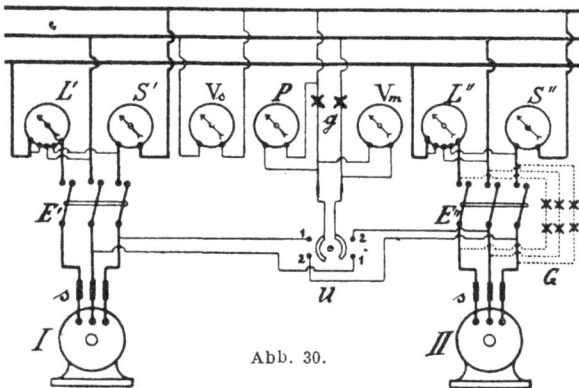

Abb. 30.

nung. Beträgt z. B. die Maschinenspannung 500 Volt
und stehen Lampen für 120 V zur Verfügung, so
müssen in jedem Kreis $\dfrac{500 \cdot 1{,}15}{120}$, also 5 Lampen
hintereinander geschaltet werden. Die Maschine II
wird, wie unter a) beschrieben, bei geöffnetem Schalter E'' auf gleiche oder bei ungleichen Maschinen auf
entsprechende Drehzahl (Synchronismus) und gleiche
Spannung mit Maschine I gebracht. Sind die Leitungen von Maschine II in der richtigen Phasenfolge
angeschlossen, so leuchten die Lampen G in den drei
Stromkreisen gleichzeitig auf und erlöschen gleichzeitig.
Werden dagegen die Lampen abwechselnd hell und
dunkel, so vertauscht man an Maschine II zwei beliebige Leitungen. Sind die Glühlampen G dunkel, so
müssen auch die Lampen g des Phasenvergleichers
dunkel bleiben und der Spannungszeiger P auf Null
zeigen. Ist das nicht der Fall, so ist der Phasen-

vergleicher falsch angeschlossen; die zugehörigen Leitungsanschlüsse müssen dann vertauscht werden. Um das bei hoher Spannung lästige Inreiheschalten vieler Glühlampen zu vermeiden, kann man bei der Prüfung die Maschinenspannungen durch Einschalten von Widerstand in die Erregerkreise erniedrigen; haben die Maschinen nahezu gleiche Remanenzspannung, so kann die Erregung abgeschaltet bleiben. Sind Drehstrommotoren an das Leitungsnetz angeschlossen, so kann die Phasenfolge der parallel zu schaltenden Maschinen auch dadurch geprüft werden, daß man die Maschinen einzeln auf das Netz schaltet und einen Drehstrommotor anlaufen läßt. Bei gleicher Phasenfolge der Maschinen läuft der Motor, wenn er nacheinander an die verschiedenen Maschinen angeschlossen wird, stets im gleichen Drehsinn.

Sind die phasengleichen Maschinenklemmen ausgesucht und dementsprechend verbunden, so gelten für das dann erst zulässige Parallelschalten der Drehstrommaschinen die oben für die Einphasenstrommaschinen gegebenen Regeln.

In· Abb. 30 sind, wie in Abb. 29, die Phasenlampen g so geschaltet, daß sie bei Phasengleichheit erlöschen (Dunkelschalten). Werden die Anschlußleitungen für die Lampen an den Sammelschienen oder am Umschalter U vertauscht, so leuchten die Lampen bei Phasengleichheit mit höchster Lichtstärke (Hellschalten).

II. Hochspannungsmaschinen: Das Parallelschalten von Hochspannungsmaschinen unterscheidet sich von der für Niederspannung angewendeten Schaltung (Abb. 30) im wesentlichen nur dadurch, daß die Meßinstrumente unter Zwischenschalten von Transformatoren vom Hochspannungsstromkreis getrennt sind. Beim Verwenden von Meßtransformatoren muß dafür gesorgt werden, daß die vom Netz getrennten Maschinen beim Umschalten der Meßstromkreise nicht Hochspannung erhalten und dadurch die Maschinenwärter gefährden.

39. Apparat zum selbsttätigen Parallelschalten von Wechselstrommaschinen. In Anlagen mit großen Maschinensätzen werden für das Parallelschalten der Maschinen zuweilen selbsttätig wirkende Apparate eingebaut. Dadurch soll das Überwachen und Bedienen der Anlage erleichtert, keineswegs aber entbehrlich werden. Der Apparat enthält einen Elektromagnet, der von der Phasendifferenz der parallel zu schaltenden

Maschinen beeinflußt wird. Beim Höchst- oder Nullwert
des Magnetismus (je nach der Schaltung »Hell- oder
Dunkelschaltung«) wird ein Zeitrelais betätigt, das
den Hauptschalter der einzuschaltenden Maschine
schließt, sobald die Phasengleichheit genügend lang
anhält. Durch passendes Einstellen des Zeitrelais können
die Anforderungen an die Periodengleichheit gesteigert
werden. Mit einem weiter angegliederten Apparat kann
die Spannung der zuzuschaltenden Maschine auf die
Netzspannung eingestellt werden.

40. Erregen der Wechselstrommaschinen. Zum
Zweck der Schenkelerregung ist entweder eine gesonderte Gleichstrommaschine auf die Welle der Wechselstrommaschine montiert, oder es wird eine getrennte
Stromquelle benutzt. In großen Anlagen sind dafür meist eigene Gleichstrommaschinen in Verbindung
mit Akkumulatoren vorhanden, wenn der Erregerstrom nicht aus einer auch anderen Zwecken dienenden
Gleichstromanlage entnommen werden kann.

Um ein Unterbrechen des Erregerstromes aus-
zuschließen, müssen die Erregerleitungen mit besonderer Sorgfalt und ohne Zwischenschalten von
Schmelzsicherungen montiert werden, wie es auch für
die Erregerleitungen von Gleichstromerzeugern und
-Motoren gilt. Für die Isolation des Erregerstrom-
kreises ist ein Abschalten unter voller Erregung gefährlich. Vor dem Abschalten muß der Erregerstrom
durch vorgeschaltete Widerstände geschwächt oder es
muß ein induktionsfreier Widerstand parallel zur Er-
regerwicklung geschaltet werden.

Wenn Wechselstrommaschinen auf ein ausgedehn-
tes Leitungsnetz, Freileitungs- oder Kabelnetz arbeiten,
insbesondere wenn hohe Spannungen in Betracht
kommen, so fließen auch ohne Nutzbelastung starke
Ströme — Kapazitätsströme — in das Leitungsnetz.
Da diese Ströme die Spannung des Stromerzeugers erhöhen, so muß genügender Regulierbereich vorhanden
sein, um den Stromerzeuger auf niedrige Anfang-
spannung — Leerlaufspannung — zu bringen.

Elektromotor.

41. Allgemeines. Die Motoren brauchen während
des belasteten Anlaufs höhere Stromstärke als im
regelrechten Betrieb. Das muß namentlich beim Bemessen der Sicherungen beachtet werden, indem man
für den Anlauf mindestens das $1\frac{1}{2}$fache des im regel-

rechten Betrieb gebrauchten Stromes rechnet. Die
Leitungsquerschnitte müssen so stark sein, daß sie
durch die verstärkten Sicherungen geschützt werden.
Im übrigen ist die nur kurz dauernde höhere Strombelastung für das Leitungsberechnen ohne Einfluß,
wenn nicht durch den auftretenden Spannungsverlust
die Zugkraft des Motors übermäßig geschwächt wird.
Besteht Gefahr, daß die Motoren überlastet werden,
so wird zum Beobachten der Stromstärke ein Stromzeiger erforderlich.

Die Motoren mit zugehörigen Leitungen und Apparaten müssen derart ausschaltbar sein, daß hinter dem
geöffneten Schalter kein Teil unter Spannung bleibt.
Mehrere Motoren können einen gemeinsamen allpoligen
Schalter erhalten und beim An- und Abstellen der
angetriebenen Maschinen mit Hilfe der Anlasser einpolig geschaltet werden. Werden fest montierte Motoren an Straßenbahnnetze angeschlossen, so kann
die Verbindung mit dem als Rückleitung dienenden
Straßenbahngeleise unisoliert bleiben, wenn die in der
Erde liegende Anschlußleitung nur wenige Meter lang
ist, andernfalls müssen die Leitungen beider Pole
isoliert verlegt werden.

Die Bauart des Motors muß den durch die Art
des Betriebes und Aufstellungsortes bestehenden Anforderungen angepaßt werden. Dabei handelt es sich
um die Frage, ob der Motor angewendet werden soll:
offen oder gekapselt (in letzterem Falle unter Umständen mit Kühlluftzuführung aus dem Freien oder
aus einem Nachbarraum), mit Schutz gegen mechanische Beschädigung, gegen das Berühren stromführen-
der Teile, gegen Feuchtigkeit, Tropf- und Schwitzwasser oder gegen explosible Gase. Werden gekapselte Motoren in stauberfüllten Räumen aufgestellt,
so kommt es vor, daß nach dem Abschalten des
Motors und der folgenden Abkühlung staubhaltige
Luft durch die Lager hindurch angesaugt wird. Wegen
des damit verbundenen Verschmutzens der Lager
sind offene Motoren zweckmäßiger, wenn man für
häufiges Reinigen (Ausblasen) der Motoren sorgt.
Außerdem haben offene Motoren bessere Kühlung;
sie können daher für die gleiche Leistnng kleiner
genommen werden als gekapselte Motoren ohne gesonderte Luftzuführung. Bei kleinen Motoren, die
durch Zahnradtrieb mit den Arbeitsmaschinen verbunden sind, kann man das mit dem Zahnradtrieb
verbundene Geräusch durch Verwenden von Rohhaut-
ritzeln vermindern.

Im allgemeinen werden Motoren mit horizonta
liegender Fundamentplatte verwendet. Sollen sie
konsolartig an der Wand oder Decke hängend montiert
werden, so müssen Motoren geeigneter Bauart von
der Fabrik eingefordert werden.

Sollen in stauberfüllten Räumen stehende Arbeitsmaschinen elektromotorisch angetrieben werden, so
kann man den Motor vor übermäßigem Verstauben
dadurch schützen, daß man ihn in einem Nachbarraum aufstellt und seine verlängerte, mit der Riemenscheibe versehene Welle durch die Mauer führt. Die
verlängerte Welle muß dann außerhalb des Motor-
raums Stützlager erhalten. Fehlerhaft wäre es, den
Antriebsriemen durch Schlitze in der Mauer zu führen,
weil durch den Riemenlauf Staub in den Motorraum
gezogen würde. Aus dem gleichen Grund ist in staub-
erfülltem Raume ein Schutzkasten über dem Motor
zwecklos, wenn man den Antriebsriemen in den Schutzkasten hineinführt.

**42. Kraftbedarf von Werkzeugmaschinen in Ge-
werbebetrieben,** für deren Antrieb Motoren häufig
verlangt werden:

	kW	PS
a) **Metallbearbeitung:**		
Bohrmaschinen	0,08—1,1	0,1—1,5
Hobelmaschinen	0,75—7	1—10
Blechscheren	0,4—9	0,5—12
Fräsmaschinen	0,08—4	0,1—5
Drehbänke	0,3—2	0,4—3
b) **Holzbearbeitung:**		
Vertikal-Sägegatter, bis 24 Sägeblätter	9—11	12—15
Horizontal- » » 3 »	2—4	3—5
Kreissägen	3—15	4—20
Bandsägen	2—9	3—12
Hobelmaschinen	2—4,5	3—6
Bohr-, Fräs- und Stemm-Maschinen .	0,75—1,5	1—2

Gleichstrommotor.

43. Schaltungen.

a) **Hauptstrommotor:** Er besitzt im Vergleich zum Nebenschlußmotor die Eigenschaft, unter
hoher Belastung anzugehen, unterliegt aber bei wechselnder Belastung großen Schwankungen in der Drehzahl. **Da der Hauptstrommotor bei Leerlauf**

durchgeht, d. h. außergewöhnlich hohe Drehzahl
annimmt, so ist er für zeitweise unbelasteten
Betrieb ungeeignet. Im Anschluß an Leitungsnetze
mit gleichbleibender Klem-
menspannung werden diese
Motoren nur für den Be-
trieb von Straßenbahn-
wagen, Kränen u. dgl. verwendet. Die Schaltung des
Hauptstrommotors ist in
Abb. 31 dargestellt, wobei
W den Anlasser oder Re-
gulierwiderstand, *S* den
Stromzeiger, *E* den Schalter und *s* die Sicherungen
bezeichnet.

Der Widerstand (*W*
Abb. 31) dient nur zum
Motoranlassen, wenn er
nicht eigens für dauernden
Stromdurchgang gebaut ist
und dann auch zum Re-
geln der Drehzahl benutzt
werden kann.

Abb. 31.   Abb. 32.

b) Nebenschlußmotor: Im Gegensatz zum
Hauptstrommotor braucht der Nebenschlußmotor zum
Anlassen unter Belastung mehr Strom und verursacht
dadurch größere Spannungsschwankungen im Leitungsnetz, besitzt aber die für viele Zwecke schätzenswerte
Eigenschaft, daß sich seine Drehzahl auch unter wechselnder Belastung wenig ändert.

Die Apparateschaltung (Abb. 32) ist die gleiche
wie unter a) für den Hauptstrommotor. Auch für das
Handhaben des Widerstandes *W* gilt das unter a)
Gesagte. Zum zeitweisen Erhöhen der Drehzahl
kann ein in die Nebenschlußerregung geschalteter
Regulierwiderstand (*R* Abb. 33) dienen, mit dem die
notwendige Schwächung des magnetischen Feldes
herbeigeführt wird. Die Leitungen für den Nebenschlußregulator *R* sind in Abb. 33 vor dem Anlasser
abgezweigt, so daß die Schenkel unmittelbar von den
Netzleitungen aus erregt werden. Am Nebenschlußregulator darf Stromunterbrechung nicht möglich sein,
um zu verhüten, daß der Ankerstromkreis mit Hilfe
des Anlassers geschlossen wird, bevor die Schenkel
erregt sind. Das Ein- und Ausschalten des Motorstromkreises, einschließlich Schenkelerregung, geschieht
bei den Anordnungen nach Abb. 32 und 33 mit dem

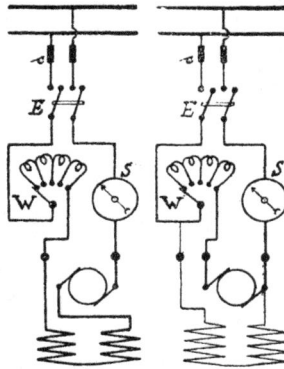

Schalter *E*. Bei der in Abb. 34 angegebenen Schaltung
dient dagegen die Anlasserkurbel zum Unterbrechen
des vollständigen Motorstromkreises mit Schenkelerregung. Nach dem Abschalten mit Hilfe der Anlasserkurbel bleibt der Erregerstromkreis durch den
in Abb. 34 am Anlasser *W* angegebenen Schleifbogen
in sich geschlossen, wodurch dem Auftreten von In-
duktionsströmen und damit einer Gefährdung der
Maschinenisolation vorgebeugt wird.

Über die Schaltungsänderung, wenn ein Stromerzeuger als Motor verwendet werden soll, wird unter
36 berichtet.

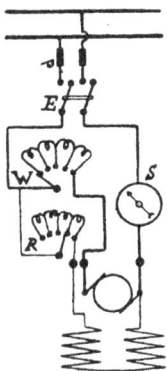 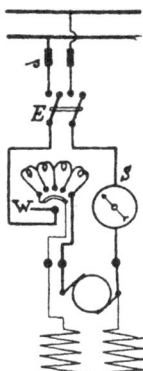 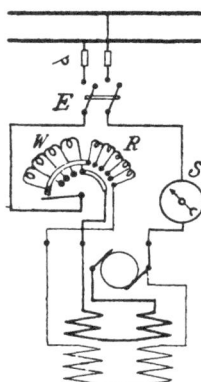

Abb. 33.   Abb. 34.   Abb. 35.

c) Motor mit gemischter Wickelung: Er
besitzt wie der Hauptstrommotor hohe Kraftleistung
beim Anlaufen, ohne aber so großen Abfall in der
Drehzahl bei Belastung zu haben. Für die Schaltung
gilt im allgemeinen das gleiche, wie für den Nebenschlußmotor (vgl. b). In Abb. 35 sind der Motoranlasser *W* und ein Regulierwiderstand *R* für die
Nebenschlußerregung in einem Apparat vereinigt dargestellt. Der Anlasser kann, ebenso wie oben zu
Abb. 34 über die Schaltung des Nebenschlußmotors
gesagt ist, zum vollständigen Abschalten des Motorstromkreises benutzt werden.

d) Motor mit Wendepolen. Durch die Wendepole wird die Rückwirkung des Ankerstromes auf die
Schenkelmagnetisierung aufgehoben, so daß der Motor

selbst bei schwachem Schenkelstrom, also geringer
Magnetisierung, noch funkenfrei läuft. Dadurch ist ein
Regeln der Drehzahl des Motors in weiten Grenzen ohne
Verstellen der Bürsten möglich. Die Bürsten müssen
in der vorgeschriebenen, meistens durch eine Marke
bezeichneten Stellung gehalten werden.

44. **Anlasser.** Motoren erhalten zum Zweck des
Ingangsetzens Anlasser, da andernfalls der Motor, ehe
er die regelrechte Drehzahl erreicht, von zu starkem
Strom·durchflossen würde. Nur bei kleinen Motoren,
bis zu etwa $^1/_3$ kW Leistung, können Anlasser entbehrt werden.

Die Widerstände der Anlasser sind unter Berücksichtigung der beim Ingangsetzen und Abstellen des
Motors nur kurz dauernden Strombelastung gebaut und
dürfen daher zur Vermeidung übermäßiger Erwärmung
auch nur dazu gebraucht werden.

Die Griffe der Anlasser, einschließlich sämtlicher
dem Berühren zugänglichen Teile des Apparatgehäuses,
müssen bei Hochspannung geerdet oder mit gut
isolierendem Material überzogen sein. Bei Niederspannung sind diese Maßnahmen zum Schutz der
Maschinenwärter gegen elektrische Schläge zu empfehlen. In Räumen, die säurehaltige Dämpfe u. dgl.
enthalten, sind gekapselte Anlasser erforderlich.

Der Anlasser muß möglichst nahe beim Motor
aufgestellt werden, um an Verbindungsleitungen zu
sparen, ferner um den durch die Anlasserzuleitung
dem Motor vorgeschalteten Widerstand zu verringern
und den Motor beim Bedienen des Anlassers beobachten zu können. Aus diesen Gründen ist der
Anlasser unter Umständen mit dem Motorgestell zusammengebaut.

Guter Zustand der Anlasser-Kontaktflächen ist
Bedingung für störungsfreien Betrieb.

a) Anlasser mit Metallwiderständen, aus
Drähten, Blechstreifen oder Gußeisenkörpern mit geeignet geformten Abkühlungsflächen hergestellt, werden beim Ingangsetzen des Motors ganz eingeschaltet
und bei zunehmender Motordrehzahl stufenweise abgeschaltet. Zum Zweck der Kühlung können die Widerstände in Gefäße mit Ölfüllung eingesetzt sein.

Beim Vorhandensein mehrerer Motoren in einer
Anlage muß verlangt werden, daß der Antrieb aller
Anlasser (Kurbeln, Handräder) gleichen Drehsinn hat,
um verhängnisvollen Irrtümern vorzubeugen.

Über das Aufstellen und Instandhalten der Metall-
widerstände vgl. 136.

b) Flüssigkeitsanlasser. In Gefäße mit Sodalösung werden Eisenplatten, der Drehzahlzunahme des
Motors folgend, allmählich eingesenkt. Nach dem
vollständigen Einsenken der Platten wird der Flüssigkeitswiderstand durch einen an der Anlaßvorrichtung
vorhandenen metallischen Kontakt überbrückt.

Der Rand des die Flüssigkeit aufnehmenden Ge-
fäßes wird zum Hintanhalten des Auskristallisierens
der Soda zweckmäßigerweise mit Vaseline eingefettet.
Flüssigkeitswiderstände können ohne Schutzmaßnahmen nur in frostfreien Räumen aufgestellt werden;
sie erfordern sorgfältigeres Instandhalten als Metall-
widerstände.

Die Sodalösung wird so gewählt, daß der Motor
bei ungefähr $1/5$ der Eintauchtiefe der Anlasserplatten
anläuft. Die Leitfähigkeit der Lösung wächst mit
dem Sodazusatz zum Wasser. Erwärmt sich die Flüssigkeit, so nimmt der Widerstand ab, bei 100⁰ ist der
Widerstand etwa halb so groß wie bei 20⁰. Bis zum
Kochen sollen Sodalösungen nicht erwärmt werden,
weil sie dann zu stark schäumen. Nach dem Verdunsten
von Flüssigkeit wird Wasser nachgefüllt.

Einfrieren der Flüssigkeit läßt sich durch Glyzerin-
zusatz verhüten. Auf 1 l Wasser nimmt man etwa
150 g entwässerte oder geglühte Soda und 300 cm³
Glyzerin vom spezifischen Gewicht 1,25. Diese Mischung kann bis —15⁰ C gebraucht werden, erst bei
etwa —20⁰ wird die Mischung gallertartig.

Andere Salze als Soda neigen in der Lösung mit
Wasser zu Schlammbildung und sind daher für Flüssigkeitswiderstände ungeeignet. Säurehaltiges Wasser,
wie es in Bergwerksgruben vorkommt, darf für Flüssigkeitswiderstände nicht benutzt werden, weil die Ein-
tauchbleche und die eisernen Gefäße durch Anfressung
zerstört würden.

Will man für das Anlassen großer Motoren mit
verhältnismäßig kleinen Anlassern auskommen, so benutzt man sog. Heißwasseranlasser, bei denen die
elektrische Arbeit in Verdampfungswärme des Wassers umgesetzt wird.

**45. Anlasser mit selbsttätiger Nullspannung- und
Überstrom-Auslösung.** Beim Durchschmelzen der Sicherungen im Motorstromkreis und bei anderweitiger Stromunterbrechung im Leitungsnetz können die Motoren
mit kurz geschlossenem Anlaßwiderstand stehenbleiben.
Dadurch entsteht die Gefahr, daß die Stromzufuhr
wieder erfolgt, solange der Anlasser geschlossen ist,

und dann nicht nur der Motor durch Stromüberlastung Schaden leidet, sondern auch das Leitungsnetz überlastet wird. Um das zu verhindern, verwendet man Anlasser mit Nullspannung-Auslöser, die selbsttätiges Ausschalten herbeiführen, wenn die Stromzufuhr aufhört. Soll auch bei zu hoher Stromstärke selbsttätig abgeschaltet werden, so werden außerdem Überstrom-Auslöser verwendet.

46. Handhaben der Anlasser. Beim Ingangsetzen eines Motors soll der Anlasser langsam geschlossen werden, um dem Motor Zeit zu lassen, sich in Bewegung zu setzen. Andernfalls würde die Stromstärke zu stark anwachsen und den Motor gefährden sowie zu große Spannungsschwankungen im Leitungsnetz verursachen. Die Ausschaltbewegung soll dagegen rascher ausgeführt werden, um ein Verringern der Drehzahl vor dem Ausschalten und dadurch ein Anwachsen der Stromstärke zu verhüten. Unzulässig ist es, unmittelbar nachdem der Anlaßwiderstand ganz abgeschaltet ist, wieder auszuschalten, bevor der Motor auf volle Drehzahl gekommen ist, weil zufolge der dabei noch bestehenden hohen Stromstärke heftige Lichtbogenbildung auftreten und die Schaltkontakte zerstören würde. Beim Ausschalten schiebt man den Anlasserhebel in die dem vollen Widerstand entsprechende Stellung und unterbricht dann den Stromkreis mittels des in Abb. 31 bis 33 und 36 angegebenen Schalters E oder bei den durch Abb. 34 und 35 dargestellten Schaltungen mit dem Schalthebel des Anlassers W. Auf keinen Fall darf der Erregerstromkreis vor dem Ankerstromkreis ausgeschaltet werden. Um beim Ausschalten einer Nebenschlußwickelung das Stromunterbrechen weniger gefährlich zu machen, werden zuweilen induktionsfreie Widerstände zur Feldwickelung dauernd parallel geschaltet. Während des Betriebes muß aller Anlaßwiderstand abgeschaltet sein, wenn nicht für dauernde Einschaltung gebaute Regulierwiderstände benutzt werden.

Bei Stromunterbrechung im Leitungsnetz muß der Anlasser ausgerückt werden. Erst wenn im Leitungsnetz wieder die normale Spannung besteht, darf der Motor wieder in Gang gesetzt werden.

47. Umsteuern der Motoren. Die Drehrichtung eines Motors wird durch das Wechseln der Stromrichtung im Anker oder in den Schenkeln umgekehrt; Stromumkehr im Anker ist meistens zweckmäßiger.

Bei Maschinen mit gemischter Wickelung muß sich die Stromumkehr in den Schenkeln auf die Haupt- strom- und Nebenschlußwickelung erstrecken. Sind

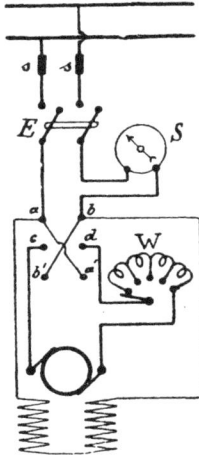

Abb. 36.

Wendepole vorhanden, so muß beim Wechseln der Stromrichtung im Anker auch die Stromrichtung in der Wendepolwickelung umge- kehrt werden; wird durch Wech- seln der Stromrichtung in den Schenkeln umgesteuert, so muß die Stromrichtung in der Wende- polwickelung unverändert bleiben. Zum Umsteuern dienen sog. Wende- anlasser, mit denen, je nach der Stellung der Schaltkurbel, der Motor in der einen oder andern Drehrichtung angelassen wird. Das Schaltbild eines Wendeanlassers ist durch Abb. 36 für einen Neben- schlußmotor erläutert: Durch einen Umschalter werden die Klemmen $c\,d$ des Ankerstrom- kreises mit den Netzklemmen $a\,b$ oder, unter Umkehr der Strom- richtung, mit $b'\,a'$ verbunden. Beim Anlassen des Motors wird zuerst der Umschalter und

dann der doppelpolige Schalter E geschlossen, worauf man den ganz eingeschalteten Anlaßwiderstand W allmählich kurzschließt. Beim Abstellen wird nach dem Einschalten des Anlaßwiderstandes der Schalter E geöffnet, während man den Umschalter geschlossen läßt. Letzteres ist notwendig, damit beim Ausschalten der Schenkelstromkreis noch über den Anker und An- lasser geschlossen bleibt. Beim Umsteuern des Motors darf der Umschalter erst umgelegt werden, nachdem der Motor stillgesetzt und der Widerstand des An- lassers wieder vor den Anker geschaltet ist.

48. Schaltwalze. Bei häufigem An- und Abstellen der Motoren, meist verbunden mit Drehrichtungs- wechsel, wird in zwangläufiger Reihenfolge durch Schaltwalzen umgesteuert. Das kommt in Anwen- dung bei Aufzug-, Kranmotoren und dergleichen. In Abb. 37 ist die Schaltwalze für einen Haupt- strommotor schematisch dargestellt. Häufig ist die Schaltwalze mit dem Motorgestell zu einem einheit- lichen Ganzen vereinigt. Die aus isolierendem Material hergestellte Walze trägt die in Abb. 37 in eine ebene

Fläche abgewickelt gedachten Schleifstücke *K*, die
teilweise leitend verbunden sind. Gegen die Schleifstücke
legen sich die am Apparatgestell montierten federnden
Kontakthämmer *H* und bewirken die Verbindung
zwischen Motor, Leitungsnetz und Widerständen.
Die beim Schalten zwischen den Kontaktflächen und
den Hämmern entstehenden Abreißfunken werden
durch elektromagnetische Funkenlöscher verringert.
Die Funkenlöscher müssen so gebaut und geschaltet
sein, daß der Lichtbogen nicht auf andere Metallteile
geblasen wird; erforderlichenfalls sind die Kontaktteile zwischen isolierende und feuerbeständige Schutz-

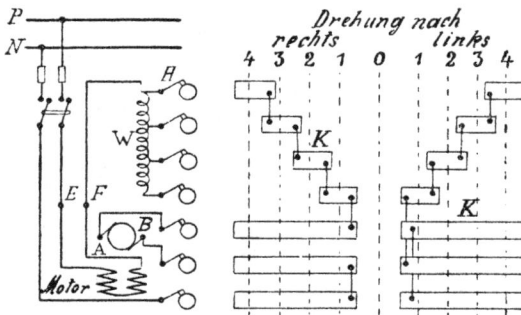

Abb. 37.

wände eingebaut. Bei falscher Blasrichtung schaltet
man die Stromrichtung in den Magnetspulen um.
Bei Hochspannung muß das aus Metall bestehende
Apparatgehäuse, einschließlich der Schaltkurbel geerdet werden; häufig ist das auch bei Niederspannung
zweckmäßig (vgl. 44, Abs. 3).

In der Mittelstellung 0 der Schaltwalze berühren
die Kontakthämmer keines der Schleifstücke auf der
Walze, so daß der Motor keinen Strom erhält. Wird die
Walze rechts herum gedreht, so rücken die Kontakthämmer in die Stellung 1, und der Motor läuft mit vorgeschalteten Widerständen an. Beim Weiterdrehen der
Walze werden die Widerstandsstufen *W* nach und nach
überbrückt, bis sich der Motor bei der Walzenstellung 4 im normalen Betriebe befindet. Das Abstellen
des Motors geschieht durch Zurückdrehen der Walze.
Wird aus der 0-Stellung nach links gedreht, so ergibt
sich das gleiche Spiel mit dem Unterschiede, daß zu-

4*

folge der Schaltverbindungen zwischen den Schleifstücken der Motoranker in entgegengesetzter Richtung Strom erhält, somit in entgegengesetztem Drehsinn läuft.

Beim Montieren und Instandhalten der Schaltwalze muß darauf geachtet werden, daß die Kontakthämmer gut federnd, mit mäßigem Druck auf den
Schleifstücken der Schaltwalze ruhen. Bei zu starkem
Druck der Kontakthämmer würden die Gleitflächen
rasch abgenutzt werden.

49. Schützsteuerung. Beim Steuern großer Motoren werden in die Schaltwalze (vgl. 48) nur schwache
Hilfsströme eingeführt, die die außerhalb der Schaltwalze liegenden sog. Schütze betätigen, indem die
Hilfsströme, durch Elektromagnete gesandt, die Stark-
stromschalter schließen. Das Öffnen der Schalter geschieht beim Abschalten des die Elektromagnete
durchfließenden Stromes in der Regel durch Federkraft.

In Abb. 38 ist eine Schaltwalze (Meisterwalze)
mit dem zu einem Hauptstrommotor gehörigen Schaltbild in der Steuerstellung »1 Rückwärts« dargestellt.
Der Hilfsstrom verläuft von der Stromquelle P nach
der ersten Kontaktbürste (links), die in der Steuerstellung 1 auf das erste Walzenschleifstück gerückt
ist, von hier fließt der Strom durch die Verbindungs-
stege der Schaltwalze zum vorletzten Schleifstück und
von diesem durch den Elektromagnet Mc zur Stromquelle N zurück. Durch den Elektromagnet Mc wird
der Schalter c' für den Bremsmagnet Bm (vgl. 52 Abs. 2)
geschlossen, die Bremse damit gelüftet und der Motor
freigelassen. Ferner fließt Hilfestrom vom letzten
Walzenschleifstück durch den Elektromagnet Md und
den Abhängigkeitskontakt e_1 zur Stromquelle N.
Der Elektromagnet Md öffnet den Abhängigkeitskontakt d_1 und schließt die Hauptstromschalter d' und d''.
Demzufolge fließt Hauptstrom von der Schaltschiene P
über den Schalter d' zur Motorklemme B, von hier
durch den Motoranker zur Klemme A, dann durch
den Schalter d'' und die Anlaßwiderstände W_1 und W_2
zur Klemme E der Erregerwickelung und von der anderen Erregerklemme F zur Schiene N zurück. Der
Motor läuft jetzt an. Beim Weiterdrehen der Walze
wird das Schütz Ma erregt und durch Schließen des
Kontaktes a' der Anlaßwiderstand W_1 kurz geschlossen. Bei der Walzenstellung 3 betätigt sich endlich
das den Elektromagnet Mb enthaltende Schütz, wobei
der Kontakt b' den Anlaßwiderstand W_2 überbrückt.

Das Abstellen des Motors geschieht durch Zurückdrehen der Schaltwalze und die daraus folgenden entgegengesetzten Schaltvorgänge.

Dreht man die Meisterwalze aus der Nullstellung
in der anderen Richtung auf »Vorwärts«, so ist der
Schaltverlauf ähnlich. Der Abhängigkeitskontakt d_1
bleibt geschlossen, und der Kontakt e_1 öffnet sich.

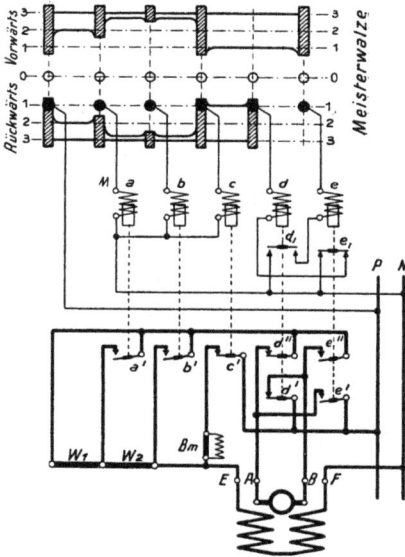

Abb. 38.

Durch die Abhängigkeitskontakte wird verhindert,
daß bei schnellem Umsteuern der doppelpolige Hauptschalter für die eine Drehrichtung geschlossen wird,
bevor der Hauptschalter für die andere Drehrichtung
sich öffnet, so daß Kurzschluß entstehen könnte.

50. Regelung der Drehzahl. Die Drehzahl der belasteten Hauptstrommotoren wird durch Vorschaltwiderstände (W Abb. 31) geregelt. Je mehr Widerstand
dem Motor vorgeschaltet wird, um so langsamer läuft
er. Im Gegensatz zum Anlasser (vgl. 44) müssen die
Widerstände so bemessen sein, daß sie den Strom

dauernd aushalten. Bei Nebenschlußmotoren kann zum
Vermindern der Drehzahl in gleicher Weise verfahren
werden (Abb. 32), zum Erhöhen der Drehzahl wird
Widerstand in den Schenkelstromkreis geschaltet
(Abb. 33). Das Vermindern der Drehzahl durch Vorschaltwiderstände geschieht auf Kosten des Wirkungsgrades.

Handelt es sich um Regelung der Drehzahl bei
vielen kleinen Motoren in weiten Grenzen, wie
es in Papierfabriken vorkommt, so verwendet man
Mehrleitersysteme mit 3—5 Leitern. Dabei wird
der Anker des Motors je nach der verlangten Drehzahl mittels einer Schaltwalze an die entsprechende
Spannung, 50, 100, 250, 500 . . . V, gelegt. Zum
Ändern der Drehzahl innerhalb der Spannungs-
stufen kann in die von gleichbleibender Spannung
abgezweigte Schenkelerregung des Motors ein Regulierwiderstand eingeschaltet werden. Das Mehrleiter-
system wird in der Regel durch hintereinander geschaltete Stromerzeuger gebildet, die durch einen
Elektromotor angetrieben sind. Dieses Verfahren verursacht keinen Arbeitsverlust in ˙Widerständen, ist
daher bei häufigem Drehzahlregeln von Vorteil.

Sollen Motoren in Ausnahmefällen mit geringer
Drehzahl laufen, z. B. bei Revisionsfahrten mit Schacht-
aufzügen, die mit Hauptstrommotoren betrieben werden,
so schaltet man Widerstand parallel zum Motoranker.
Dadurch wird der Ankerstrom vermindert; die Schen-
kelstromstärke läßt man unverändert oder man verstärkt sie.

51. Anlaßgenerator. Die weitestgehende Regelung der Drehzahl, wie sie für große Motoren, bei
Fördermaschinen, Walzwerken usw. notwendig ist, geschieht mittels Anlaßgenerator (Abb. 39). Dabei kann
die Spannung an den Klemmen des Motors und somit
dessen Drehzahl von Null bis zum Höchstwert verändert werden. Der Anlaßgenerator G wird vom Elektromotor M' angetrieben, der zum Ausgleich der ver-
änderlichen Leistungsabgabe in der Regel große
Schwungmassen erhält. Die Spannung des Generators
kann durch einen an das Leitungsnetz angeschlossenen
Nebenschlußregulator R in weiten Grenzen verändert
werden. Soll der in der Drehzahl veränderliche Motor
M'' auch umgesteuert werden, so wird die Nebenschlußerregung des Generators mit einem Umschalter versehen. Die Ankerklemmen des Motors M'' werden mit
den Ankerklemmen des Generators verbunden, die

Schenkelerregung des Motors M'' wird an das Netz
angeschlossen. Der Ausschalter für die Schenkelerregung des Motors M'' enthält den Widerstand x,
der sich vor dem Öffnen des Schalters parallel zur
Schenkelwickelung legt und dadurch unzulässiges Feuer
am Schalter sowie für die Schenkelwickelung gefährliche Induktionsströme verhütet. Der Motor braucht
keinen Anlasser oder Regulierwiderstand zu erhalten,
weil seine Spannung durch den Generator geregelt
wird.

52. **Motorbremsung.** Um die Motoren bei Aufzügen, Kranen usw. schnell und sicher stillsetzen zu
können, werden sie elektrisch oder mechanisch ge-

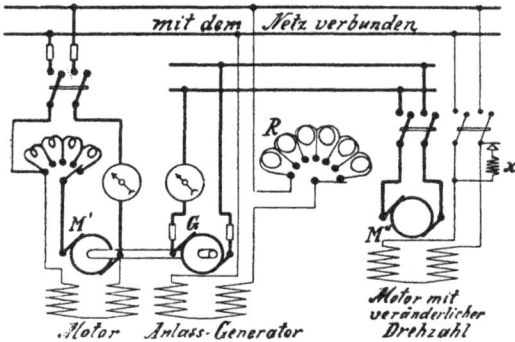

Abb. 39.

bremst. Gleichstromnebenschlußmotoren können nach
dem Abschalten des Ankers vom Netz bis zum Stillstehen elektrisch gebremst werden, indem bei unveränderter Schenkelerregung der Ankerstromkreis durch
einen Widerstand geschlossen wird. Je kleiner der
Widerstand ist, um so kräftiger wird gebremst, am
kräftigsten bei Kurzschluß des Ankers (Kurzschluß-
bremse). Bei Hauptstrommotoren muß die Schenkelwickelung umgeschaltet werden, damit der Motor als
Stromerzeuger anspricht.

Auch mechanische Bremsen werden häufig elektrisch betätigt unter Benutzung der Zugkraft von
Elektromagneten mit beweglichem Anker. Der Elektromagnet (Bremsmagnet) wird unmittelbar vom Netz

oder durch Motorstrom gespeist. Im Ruhezustand, bei
ausgeschaltetem Motor, ist die Bremse gewöhnlich angezogen, während sie durch den Strom gelüftet wird.
Soll die Zugkraft eines Bremsmagnets erhöht werden,
so kann man unter Umständen durch Erhöhen der
Spannung an den Magnetklemmen abhelfen, solange
die damit verbundene höhere Erwärmung der Magnet-
wickelung zulässig ist. Durch Auf- oder Abwickeln
von Windungen bei Nebenschlußwickelungen auf den
Magneten kann nichts erreicht werden.

Wird bei Aufzügen, die durch Nebenschlußmotoren
betrieben sind, der Motor durch die niedergehende Last
angetrieben, so kann man bei genügend gesteigerter
Drehzahl Strom ins Netz abgeben und dadurch weiteres
Ansteigen der Drehzahl verhindern.

53. **Verbrauch und Leistung.** Der Verbrauch
eines Motors, ausgedrückt in W, wird bestimmt durch
Multiplizieren von Klemmenspannung und Stromstärke; durch Teilen mit 1000 ergeben sich daraus
die kW. Um die Leistung des Motors an seiner Welle
oder Riemscheibe zu berechnen, werden die kW mit
dem Wirkungsgrad des Motors multipliziert. Der Wirkungsgrad eines Motors ist je nach seiner Größe
gleich 0,8—0,9, d. h. von der Aufnahme an den Motorklemmen werden 80—90% an die Welle abgegeben;
der Verlust im Motor beträgt somit 20—10%. Will
man die Leistung eines Motors in Pferdestärken an-
geben, so wird die errechnete Abgabe, ausgedrückt in
Watt, durch 736 dividiert (vgl. 10).

Verbraucht ein Motor z. B. 2 kW und ist sein
Wirkungsgrad gleich 0,8, so ergibt sich die Leistung
an der Motorwelle gleich 2 · 0,8 = 1,6 kW oder
$\frac{1,6 \cdot 1000}{736}$ = rd. 2 PS.

Umgekehrt berechnet man den einer bestimmten
Leistung entsprechenden Verbrauch, indem man die
Leistung, d. h. die Abgabe des Motors, durch den
Wirkungsgrad dividiert. Ein Motor, der 2 kW leistet,
hat bei einem Wirkungsgrad von 0,8 einen Verbrauch
von $\frac{2}{0,8}$ = 2,5 kW, oder ein Motor, der 2,7 PS leistet,

verbraucht $\frac{2,7 \cdot 736}{0,8 \cdot 1000}$ = rd. 2,5 kW.

Wechselstrommotor.

54. **Synchronmotor.** Synchronmotoren werden seltener verwendet als die unter 55 behandelten Asyn-

chronmotoren. Sie sind ebenso gebaut wie Stromerzeuger (vgl. 34), der Anker wird mit Wechselstrom,
die Schenkel werden mit Gleichstrom gespeist.

Die Synchronmotoren besitzen gegenüber den
Asynchronmotoren den Vorzug, daß durch Regeln
der Schenkelerregung eine Phasenverschiebung zwischen Strom und Spannung vermieden werden kann,
sonach ein wattloser Strom nicht auftritt und der
Leistungsfaktor gleich 1 ist. Die Erregung wird
nach den Angaben eines Phasenzeigers (vgl. 118)
eingestellt. Unter diesen Umständen brauchen
Synchronmotoren bei gleicher Leistung um 10—20%
weniger Strom als Asynchronmotoren, was bei
Arbeitsübertragung auf große Entfernung wegen des
Spannungsverlustes in den Leitungen ins Gewicht fällt.

a) Anlassen und Abstellen. Gewöhnlich
läßt man den Synchronmotor mittels eines Hilfsmotors
anlaufen. Ist er mit einer genügend großen Gleichstrommaschine gekuppelt und steht Gleichstrom zur
Verfügung, so kann die Gleichstrommaschine als An-
laßmotor benutzt werden. Nachdem der Synchronmotor auf seine Drehzahl gebracht ist, wird er wie
ein Stromerzeuger mit dem Netz parallel geschaltet
(vgl. 38) und dann belastet.

Synchronmotoren für Selbstanlauf müssen eigens
dafür gebaut sein — (massive Pole — Kurzschlußwick-
lung). Sie werden zur Vermeidung zu hohen Anlauf-
stroms mit etwa $1/_3$ der Spannung angelassen. Ist der
Synchronismus erreicht, so wird auf normale Spannung umgeschaltet.

Abgestellt wird der Motor nach dem Entlasten
durch Öffnen des Schalters im Ankerstromkreis. Ein
etwa vorhandener Leistungszeiger muß nach dem Entlasten die Leistung Null anzeigen, außerdem muß die
Schenkelerregung so eingestellt werden, daß der Ankerstrom gleich Null wird. Der Schenkelstromkreis darf
erst nach dem Ausschalten des Ankerstromkreises geöffnet werden.

b) Drehzahl. Die Drehzahl hängt von der Frequenz
des Stromerzeugers und der Polzahl des Motors ab.
Bezeichnet p die Frequenz und z die Anzahl der Pole
des Motors, so ist die Drehzahl gleich $\dfrac{120 \cdot p}{z}$. Ist die
Frequenz = 50, so macht ein sechspoliger Motor
1000 Umdrehungen in der Minute. Bei zu starker Belastung und plötzlichen großen Belastungsänderungen
fallen die Synchronmotoren außer Tritt und bleiben

stehen. Die Überlastungsfähigkeit hängt von den Abmessungen der Maschine und von der Stärke der Erregung ab.

c) Verbrauch und Leistung. Der Verbrauch
von synchronen Einphasenmotoren ist gleich dem Produkt aus der abgelesenen Spannung E und Stromstärke I, also gleich $E \cdot I$, und für synchrone Drehstrommotoren $E \cdot I \cdot 1,73$, wobei in letzterem Falle I die Stromstärke in jedem der drei Leitungszweige bezeichnet.
Dabei ist vorausgesetzt, daß infolge entsprechender
Einstellung der Erregung der Leistungsfaktor gleich 1
ist. Für das Berechnen der Leistung gilt das gleiche
wie unter 53 und 55h.

55. Asynchronmotor. Hier handelt es sich meist
um Induktionsmotoren, bei denen nur dem feststehenden Teil, dem Stator, Strom aus dem Leitungsnetz zugeführt wird und der umlaufende Teil, der Rotor, durch
Transformatorwirkung Strom aufnimmt. Der Stator
erhält, je nach der Verwendung des Motors, Einphasen-
strom- oder Drehstrom-Wickelung, während der Rotor
Drehstromwickelung oder Käfigwickelung erhält. Im
ersteren Falle wird die Wickelung im Rotor (Anker) entweder kurz geschlossen (Kurzschlußanker), oder die
freien Enden der Wickelung werden zu Schleifringen geführt; mit den Bürsten der letzteren wird ein Anlasser
verbunden, wenn nicht im Rotor selbst eine Anlaß-
einrichtung enthalten ist. Motoren mit Schleifringen und
Anlasser brauchen zum Anlassen weniger hohe Stromstärke als Motoren mit Kurzschlußanker und verdienen
daher für große Leistungen im Anschluß an Elektrizitätswerke den Vorzug.

a) Anlassen der Motoren mit Kurzschlußanker. Drehstrom- und Zweiphasenstrommotoren mit
Kurzschlußanker werden entweder nur durch das
Schließen des Schalters oder mit Hilfe von Anlaß-
transformatoren T (Abb. 40) in Betrieb gesetzt. Die
Spannung an den Motorklemmen wird in dem Maße
erhöht, als die Anlasserkontakte vom Nullpunkt entfernt werden. Um von einer Kontaktstellung zur
andern überzugehen, muß dafür gesorgt sein, daß
Wickelungsabteilungen nicht kurz geschlossen werden,
wie es auch bei Zellenschaltern (vgl. 96) geschieht; in
der Endstellung der Schaltvorrichtung wird der Transformator abgeschaltet.

Um die Anzahl der Kontakte zu verringern, kann
eine unsymmetrische Schaltung angewendet werden,
eine Dreieckschaltung, bei der eine Seite fehlt (Abb. 41).

Beim Anlassen des Motors ist der Transformator mit den beiden Endklemmen u_2, u_3 und der Mittelklemme u_1 an das Netz angeschlossen. Durch allmähliches Verschieben der Wanderkontakte x und y, von der Mittelklemme weg, wird die Spannung an den Motorklemmen erhöht. Haben die Wanderkontakte die Umschalter u_2 und u_3 erreicht, so wird der Motor mit der vollen Spannung betrieben. Um die Leerlaufleistung des nunmehr zwecklosen Transformators zu sparen, wird er durch die Schalter bei u_1, u_2 und u_3 vom Netz getrennt.

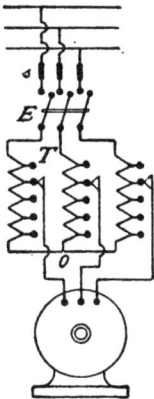
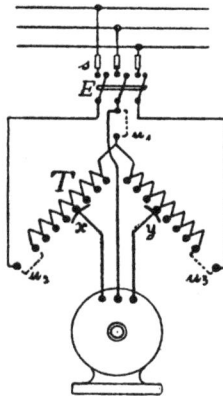

Abb. 40.   Abb. 41.

b) Anlassen durch Stern-Dreieckschaltung. Bei kleinen Motoren, bis etwa 10 kW Leistung, dienen zum Anlassen häufig Stern-Dreieckschalter. Das Schaltbild eines derartigen, mit Schaltwalze ausgerüsteten Anlassers zeigt Abb. 42. Zum Anlassen wird der Stator des Motors in Sternschaltung $\curlywedge$ an das Netz gelegt und sobald normale Drehzahl erreicht ist, auf $\triangle$ geschaltet, indem die in der Abbildung mit Buchstaben bezeichneten Kontakthämmer zuerst die Schaltstellung $\curlywedge$ und dann die Schaltstellung $\triangle$ einnehmen. Zuweilen wird die Schaltung so ausgeführt, daß die Sicherungen nur bei der $\triangle$-Schaltung im Stromkreis liegen und der Motor bei der $\curlywedge$-Schaltung ohne oder mit stärkeren Sicherungen ans Netz gelegt ist. Die stärkeren Sicherungen müssen den Anlaufstrom

aushalten, der mit dem drei- bis fünffachen Wert des
Normalstromes einsetzend bei der allmählich sich voll-
ziehenden Beschleunigung großer Massen, z. B. bei
Zentrifugen, bis zur Dauer einer Minute und länger
anhält. Wird Drehrichtungswechsel verlangt, so wird
der Stern-Dreieckschalter mit einem Umkehranlasser
vereinigt.

c) Anlassen der Motoren mit Schleifringen.
Zum Anlassen von Drehstrommotoren mit Schleifringen und zugehörigem Anlasser (Abb. 43)
werden, wie beim Gleichstrommotor, die Widerstände
langsam ausgeschaltet, nachdem der Hauptstrom-

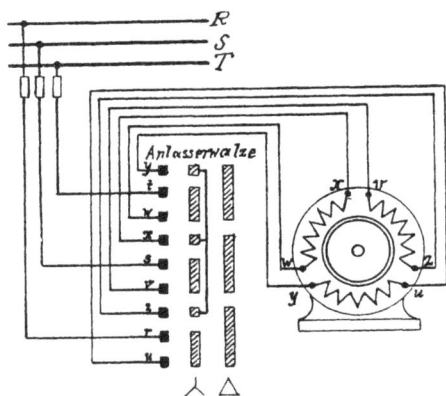

Abb. 42.

schalter geschlossen ist. Insbesondere bei großen Motoren und solchen, die mit Hochspannung betrieben
werden, muß der in den Rotorstromkreis geschaltete
Anlaßwiderstand geschlossen sein, bevor der Stator
durch den Hauptschalter mit dem Leitungsnetz verbunden wird und darf am Anlasser erst wieder unterbrochen werden, nachdem der Statorstromkreis ausgeschaltet ist. Andernfalls können Überspannungen entstehen, die die Isolation nicht nur des Motors sondern
auch der Stromerzeuger gefährden. Nach dem Anlaufen
des Motors muß der Anlaßwiderstand abgeschaltet
bleiben. Beim Abstellen des Motors wird der Anlaßwiderstand eingeschaltet, bevor man den Hauptschalter
öffnet. Für längere Einschaltdauer sind die Anlasser
in der Regel nicht gebaut, sie würden sich dabei über-

mäßig erwärmen; vor allem muß das bei Ölanlassern wegen der Gefahr des Ölüberkochens beachtet werden.

Motoren, die bei kurzer Betriebsdauer oft hintereinander ein- und ausgeschaltet werden, erhalten häufig nur einen festen Widerstand (Schlupfwiderstand) im Anker. Bei Drehstrombetrieb wird der Widerstand so bemessen, daß der Motor sofort nach dem Einschalten die höchste Zugkraft entwickelt. Ein besonderer Anlasser bleibt in diesem Falle weg.

Verwendet man für Drehstrommotoren Flüssigkeitswiderstände mit getrennten Gefäßen, so muß die Flüssigkeit für alle Gefäße in einem gemeinsamen Bot-

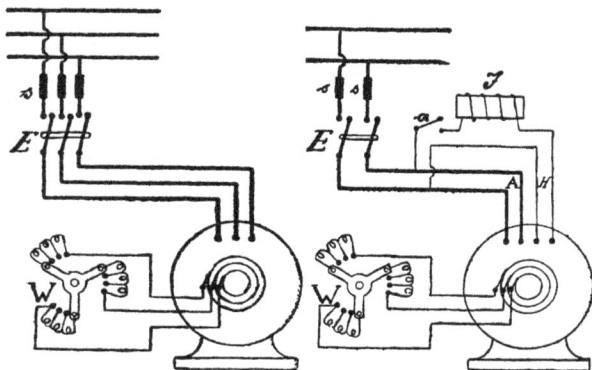

Abb. 43.   Abb. 44.

tich angesetzt werden, damit die Mischungsverhältnisse und damit die Widerstände in den drei zusammengehörigen Anlassern gleich sind. Bei großen Anlassern wird die Flüssigkeit in getrennten Gefäßen durch Verbindungsrohre auf gleicher Höhe gehalten.

Um den Widerstand in den Leitungen zum Anlasser abzuschalten und um die Bürsten- und Schleifringe-Abnutzung zu verringern, erhalten große Motoren Einrichtungen, durch die der Ankerstromkreis während des Betriebes kurz geschlossen wird und die Bürsten abgehoben werden.

Hat der Rotor selbsttätige Anlaßschaltung, so muß darauf geachtet werden, daß das selbsttätige Schließen der Kurzschlußkontakte bei richtiger Dreh-

zahl, d. i. bei ½—²/₃ der normalen Drehzahl, eintritt.
Motoren mit selbsttätigem Anlasser im Rotor und
Motoren ohne Anlasser müssen vor dem Schließen
oder Öffnen des Hauptschalters tunlichst entlastet
werden.

Einphasenstrommotoren erhalten für die
Zwecke des Anlassens eine Hilfswickelung, in deren
Stromkreis H (Abb. 44) eine Induktionsspule J geschaltet wird. Beim Anlassen des Motors müssen die
drei Zweige des Anlassers W und der Hilfsstromkreis H
eingeschaltet sein, ehe man den Hauptschalter E
schließt. Während der Motor an Drehzahl gewinnt,
wird der Anlasser W langsam in die Betriebsstellung gebracht. Nach erreichter Drehzahl wird der Schalter a
geöffnet. In der Regel sind die Apparate zwangläufig
verbunden, so daß sich die richtige Reihenfolge der
Schaltungen selbsttätig ergibt. Da die Anlaufkraft
beim Einphasenmotor gering ist, so empfiehlt sich die
Anwendung von fester und loser Riemscheibe oder
von anderen Vorrichtungen zum unbelasteten Anlaufen.
Bei Kommutatormotoren (vgl. 56) ist der Übelstand
des Anlaufens mit geringer Zugkraft vermieden.

d) Aufstellen des Anlassers. Der Anlasser
soll möglichst nahe beim Motor aufgestellt oder lange
Zuleitungen müssen entsprechend verstärkt werden.
Geschieht das nicht, so ist im Ankerstromkreis zu
hoher Widerstand und dadurch die Schlüpfung des
Motors (vgl 3 d) vergrößert. Im übrigen brauchen die
Anlasserzuleitungen bei Motoren mit Kurzschluß- und
Bürstenabhebe-Vorrichtung nur für die vorübergehende
Strombelastung bemessen zu werden. Die für den
Querschnitt der Verbindungsleitungen zwischen Anlasser und Motor maßgebende Höchststromstärke im
Anker ist meist auf dem Anlasser verzeichnet, oder sie
wird von der Fabrik angegeben. Ist das nicht der Fall,
so wird diese Stromstärke aus der Bürstenspannung
(d. i. die Spannung an den Schleifringen beim Stillstehen
des Motors unter voller Erregung) und der Leistung
des Motors, die auf dem Leistungsschild (vgl 13) angegeben sein sollen, berechnet nach der Formel:

$$I = \frac{\text{Motorleistung in kW} \cdot 1000}{\text{Bürstenspannung in } V \cdot 1{,}73} = \frac{\text{Motorleistung} \cdot 578}{\text{Bürstenspannung}}.$$

Die Verbindungsleitungen müssen die berechnete
Stromstärke mindestens aushalten. Bei längeren Leitungen, für die behufs Verringerung der Schlüpfung
am Motor der Spannungsverlust nicht zu groß gemacht
werden darf, muß der Querschnitt nach den unter 187

gegebenen Regeln berechnet werden. Ist der Motoranker zum Vereinfachen des Anlassens mit Zweiphasenwickelung versehen, so beachte man, daß die drei Schleifringe nicht gleichwertig sind und für richtiges Verbinden mit dem Anlasser gesorgt werden muß. Der Strom I in den beiden Außenleitern ist etwas kleiner, im Mittelleiter größer, als vorstehend für Drehstrom berechnet. Daher sind in der obigen Formel statt des Faktors 578 zu setzen für die Außenleiter 500 und für den Mittelleiter 700.

Noch einfacher wird der Anlasser, wenn bei Drehstromwickelung des Motorankers die einzelnen Phasen nacheinander abgeschaltet werden, d. h. erst eine Stufe von Phase 1, dann eine von Phase 2, dann von Phase 3, hernach die zweite Stufe von Phase 1 usw.

e) Umkehr der Drehrichtung. Drehstrommotoren werden durch Vertauschen von zwei Leitungen am Stator mit Hilfe eines Umschalters U (Abb. 45) umgesteuert. Vor dem Umlegen des Schalters U muß der Anlaßwiderstand vor den Rotor geschaltet und der Motor stillgesetzt werden. Damit das zwangläufig geschieht, sind meist der Umschalter und Anlasser in einem sogenannten Wende-
anlasser vereinigt.

Einphasenstrommotoren werden durch Vertauschen der Anschlüsse des Arbeitsstromkreises A (Abb. 44) oder des Hilfsstromkreises H umgesteuert.

f) Drehzahl. Die bei Synchronmotoren aus der Frequenz und aus der Polzahl des Motors zu berechnende Drehzahl (vgl. 54 b) wird bei Asynchronmotoren nicht ganz erreicht. Der Motor bleibt hinter der berechneten Drehzahl mit zunehmender Belastung mehr und mehr, 0,5—5%, zurück (vgl. 3 d). Die Asynchronmotoren haben in dieser Hinsicht im allgemeinen den Charakter von Gleichstrom-Nebenschluß-
motoren (vgl. 43 b). Wird in den Rotorstromkreis Widerstand geschaltet, so fällt die Drehzahl bei stei-

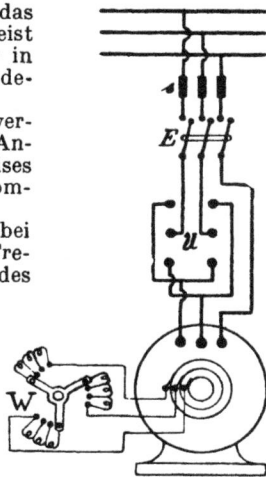

Abb. 45.

gender Belastung ähnlich wie bei Hauptstrommotoren
für Gleichstrom.

g) Einfluß von Spannungsänderungen. Bei
Drehstrommotoren ist der Anlauf mit voller Zugkraft
von der Klemmenspannung abhängig. Ist in die
Leitung zu viel Widerstand geschaltet, so daß der
Motor nicht die volle Spannung erhält, so wird die
Zugkraft des Motors beeinträchtigt, und zwar so,
daß er z. B. bei halber Spannung und normaler Frequenz nur noch den vierten Teil der normalen Zugkraft hat. Ist der Spannungsabfall durch Verringern
der Drehzahl der Betriebsmaschine und damit des
Generators veranlaßt, so daß Spannung und Frequenz
in gleichem Maße vermindert sind, so wird die Zugkraft des Motors nur unwesentlich verändert.

Bei zu großem Spannungsabfall vom Leitungsnetz
bis zum Motor und demzufolge zu geringer Leistung
des Motors kann die Spannung durch Zusatztransformatoren erhöht werden.

h) Verbrauch und Leistung. Infolge der
Phasenverschiebung zwischen Strom und Spannung
stellt das Produkt aus der abgelesenen Spannung und
Stromstärke nur den scheinbaren Verbrauch dar. Um
den wirklichen Verbrauch zu erhalten, muß dies Produkt mit dem Leistungsfaktor multipliziert werden.

Bezeichnet man die abgelesene Spannung mit E und
die Stromstärke — bei Drehstrom in jeder der drei Leitungen — mit I, so ist für Einphasenstrommotoren der
scheinbare Verbrauch $E \cdot I$ und der wirkliche, wenn
der Leistungsfaktor zu 0,8 angenommen ist, $E \cdot I \cdot 0,8$.
Für Drehstrommotoren ist der scheinbare Verbrauch
$E \cdot I \cdot 1,73$ und der wirkliche $E \cdot I \cdot 1,73 \cdot 0,9$.

Verbraucht z. B. ein Drehstrommotor, bei einer
Spannung von 110 V zwischen je zwei Leitungen, in
jedem Leitungszweig 100 A, so ergibt sich ein wirk-
licher Verbrauch von $110 \cdot 100 \cdot 1,73 \cdot 0,9 = $ rd. 17 kW.
Ist ferner der Wirkungsgrad des Motors gleich 0,85,
so entspricht die an der Motorwelle gewonnene
Leistung $17 \cdot 0,85 = 14$ kW oder $\dfrac{14 \cdot 1000}{736} = $ rd. 19 PS.

i) Phasenschieber. Um den Leistungsfaktor zu
verbessern und damit den Motorstrom zu verringern,
werden bei großen Motoren zuweilen Phasenschieber
verwendet. Es sind das mit Kommutator versehene
Maschinen, deren Schleifringe an die Schleifringe des
Hauptmotors oder an dessen Anlasser angeschlossen

werden. Der Antrieb des Phasenschiebers geschieht gesondert, in der Regel durch einen kleinen Hilfsmotor.

Mit Hilfe des Phasenschiebers läßt sich der Leistungsfaktor auf 1 bringen Die Leistung des Motors wird dadurch im Verhältnis des ursprünglichen Leistungsfaktors zu 1 gesteigert.

56. Einphasen-Kommutatormotor.

Außer den kommutatorlosen asynchronen Motoren, den Induktionsmotoren (vgl. 55), werden Kommutatormotoren gebaut, die im allgemeinen den Hauptstrommotoren für Gleichstrom (vgl. 43a) ähneln; wie diese, laufen sie mit hoher

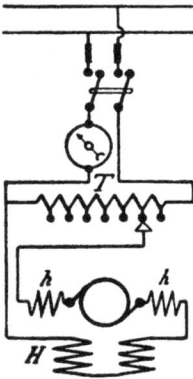 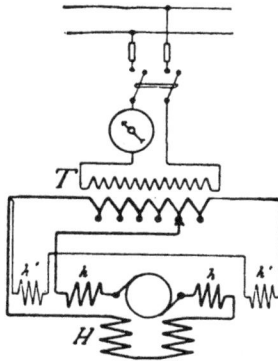

Abb. 46.   Abb. 47.

Zugkraft an, und ihre Drehzahl fällt bei zunehmender Belastung. Von den gebräuchlichsten Schaltungen sind zu erwähnen:

a) Reihenschlußmotor mit kompensiertem Ankerfluß. Um das Feuer am Kommutator zu verhindern, sind zwischen den Hauptstromwickelungen H (Abb. 46) Hilfswickelungen h angeordnet, wodurch gleichzeitig ein günstiger Leistungsfaktor (vgl. 12) erzielt wird. Zur Drehzahlregelung im Anschluß an Niederspannungsnetze dient ein Spartransformator T (Abb. 46) mit abschaltbaren Wickelungsabteilungen. Beim Anschluß des Motors an Hochspannungsnetze wird ein Transformator T (Abb. 47) mit regelbarer Unterspannungswickelung verwendet.

Eine noch vollkommenere Kompensation wird durch die in Abb. 47 angegebene Schaltung erreicht, bei der außer der Reihenschlußwickelung *h* in den gleichen Nuten des Stators eine Nebenschlußwickelung *h′* untergebracht ist.

b) Repulsionsmotor. Bei der einfachsten Ausführung des Repulsionsmotors (Abb. 48) ist der Ankerstromkreis in sich kurz geschlossen. Angelassen werden die Repulsionsmotoren durch Verschieben der Bürsten aus der neutralen Lage.

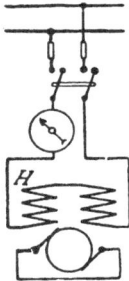

Abb. 48.

Bei den kompensierten Repulsionsmotoren (Abb. 49) wird durch einen vom Transformator *T′* gespeisten Hilfsstromkreis während des Anlaufs das magnetische Feld geschwächt und dadurch Feuer am Kommutator vermieden. Der Motor kann durch den Haupttransformator *T* angelassen und durch den Hilfstransformator *T′* in der Drehzahl geregelt werden. Der Leistungsfaktor wird durch das zweite Bürstenpaar verbessert.

57. **Drehstrom-Kommutatormotor.** Die Drehstrom-Kommutatormotoren werden gewöhnlich als Reihenschlußmotoren gebaut. Um das Kommutatorfeuer zu verringern, wird durch einen Transformator, der vor oder hinter die Statorwickelung geschaltet ist, die für den Anker passende Niederspannung erzeugt. Die einfachste Ausführung eines Drehstrom-Reihenschluß-Kommutatormotors zeigt Abb. 50. Durch den Drehstromtransformator *D* erhält der Anker Niederspannung, während der Stator Hochspannung führen kann. Der Motor hat die Eigenschaften eines Gleichstrom-Hauptstrommotors (vgl. 43 a), vermindert also bei steigender Belastung seine Drehzahl. Durch gleichzeitiges Verstellen der auf dem Kommutator schleifenden drei Bürsten kann bei jeder Belastung die Drehzahl in weiten Grenzen ohne Verluste verändert werden. Eigenartige, je nach dem Zweck verschiedene Schaltungen ermöglichen es ferner, die Abhängigkeit der Drehzahl von der Belastung zu ändern. Auf diese Weise kann der Motor auch Eigenschaften erhalten, die dem Nebenschluß-Gleichstrommotor (vgl. 43 b) entsprechen.

58. **Regelung der Drehzahl:**

a) Einphasenstrommotoren. Die Regelung der Drehzahl von asynchronen Einphasenstrommotoren (Induktionsmotoren) durch Widerstände im Ankerstromkreis (Rotor) ist wegen des dabei auftreten-

den starken Abfalls der Zugkraft des Motors nicht
möglich.

Reihenschlußmotoren (vgl. 56 a) werden durch Abschalten von Wickelungsabteilungen zugehöriger Transformatoren in der Drehzahl geregelt, bei Repulsionsmotoren (vgl. 56 b) geschieht das durch Verstellen
der Bürsten.

b) Drehstrommotoren. Die Drehzahl von
Synchronmotoren (vgl. 54) ist von der Polzahl des

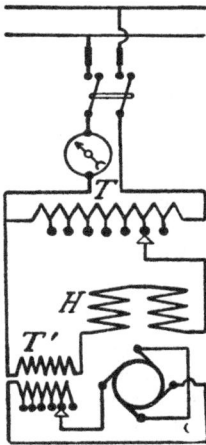 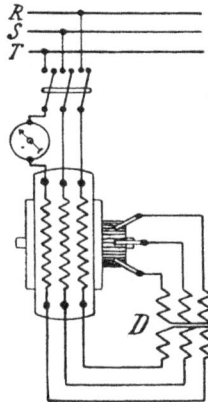

Abb. 49.   Abb. 50.

Motors und der Stromfrequenz (vgl. 3 b) abhängig.
Die Drehzahl dieser Motoren läßt sich nicht ändern.

Die Drehzahl der Asynchronmotoren (vgl. 55) läßt
sich durch Einschalten von Widerstand in den Rotorstromkreis (Abb. 43) vermindern, es geschieht das
auf Kosten des Wirkungsgrades. Durch Einschalten
von Widerstand in den Statorstromkreis wird die
Spannung am Motor und dadurch dessen Zugkraft
vermindert, die Drehzahl nimmt dabei ab. Wegen
dieser Zugkraftverminderung empfiehlt sich die Regelung der Drehzahl durch Einschalten von Widerstand
in den Statorstromkreis nicht.

Eine stufenweise Änderung der Drehzahl ist ohne
Einschalten von Widerstand und demnach ohne Verringerung des Wirkungsgrades möglich, wenn die Pol-

zahl der Motoren durch Umschalten der Wickelungsabteilungen geändert werden kann. Bei Motoren mit
Käfiganker (Kurzschlußanker) muß dabei nur im
Stator umgeschaltet werden. Bei Motoren, die auch
im Rotor Drehstromwickelung haben, ist das Umschalten der Polzahl in diesem und im Stator notwendig.
    Bei Reihenschluß - Kommutatormotoren ist eine
Drehzahländerung durch Verschieben der Bürsten in
weiten Grenzen möglich (vgl. 56).
    **59. Schutz gegen Gefahren beim Ausbleiben und
Wiederkommen der Spannung** wird bei Stromsystemen
mit zwei Leitungen erreicht, wenn ein Selbstschalter
für Spannungsrückgang in eine der beiden Leitungen
gelegt ist. Das gilt bei Einphasenstrom wie bei Gleichstrom (vgl. 45). Bei Stromsystemen mit drei und mehr
Leitungen genügen dagegen einfache Selbstschalter
nicht. Wird z. B. bei einem Drehstrommotor eine der
Leitungen unterbrochen, so läuft der Motor einphasig
weiter unter zu hoher Stromentnahme in der verbleibenden Phase. Hier läßt sich wirksamer Schutz
nur durch Schaltapparate erzielen, die vom Strom in
den drei Leitungen abhängig sind.

Motorgenerator und Umformer.

    60. Motorgenerator. Die Motorgeneratoren sind
Doppelmaschinen, bestehend in der unmittelbaren Kuppelung eines Motors mit einem Stromerzeuger. Sie
dienen zum Verwandeln von hochgespanntem Strom in
niedriggespannten oder umgekehrt sowie zum Um-
wandeln einer Stromart in eine andere.
    Gleichstrom - Gleichstrom - Umformung wird z. B.
beim Anschluß an Straßenkabelnetze behufs Stromentnahme für chemische Betriebe verwendet. Dabei
treibt ein für die Leitungsspannung, etwa 220 V,
bestimmter Motor einen Stromerzeuger an, der Strom
von wenigen Volt Spannung abgibt.
    Für die Umformung von Gleichstrom in Wechsel-
strom wird ein Gleichstrommotor mit einem Wechsel-
stromerzeuger gekuppelt.
    Motorgeneratoren, wie auch Kaskadenumformer
(vgl. 62), können für beliebige Spannungen auf der
Gleich- und Wechselstromseite gewickelt werden. Bei
Hochspannungsmaschinen werden zum Schutz gegen
das Überschlagen von Hochspannung auf die Nieder-
spannungsseite zuweilen Schutzdrosselspulen vorgeschaltet.

Für die in Frage kommenden Schaltungen und
die Montierung gelten die betreffenden, an anderen
Stellen gegebenen Regeln.

61. **Einankerumformer** ist eine Maschine, in der
die vorstehend beschriebene Stromumformung in einem
gemeinsamen Anker stattfindet.

Zur Gleichstrom-Gleichstrom-Umformung dienen
Umformer, deren Anker zwei gegenseitig isolierte Wickelungen und zugehörige Kommutatoren besitzt. Für
die Umformung von Wechselstrom in Gleichstrom
dienen Einankerumformer, von deren Anker auf der
einen Seite Abzweigungen zu den Schleifringen und
auf der anderen Seite zum Kommutator führen.
Diese Umformer verhalten sich wie Synchronmotoren
(vgl. 54); sie müssen, bevor sie an das Wechselstromnetz angeschlossen werden, auf die erforderliche Drehzahl gebracht werden. Das geschieht bei vorhandenem
Gleichstromnetz (Akkumulatoren) von diesem aus;
der Einankerumformer wird dabei wie ein Gleichstrommotor angelassen.

Ist Anlassen von der Drehstromseite erforderlich,
so kann ein besonderer Anwurfmotor verwendet
werden. Dabei wird der Umformer, nachdem er die
synchrone Drehzahl erreicht hat, auf der Gleichstromseite wie ein Gleichstromerzeuger und auf der Wechselstromseite wie ein Drehstromerzeuger behandelt und
durch Parallelschalten mit dem Gleich- beziehentlich
Wechselstromnetz (vgl. 37 und 38) verbunden.

Wenn ein Einankerumformer etwa durch Kurz-
schlußdämpferwickelung für Selbstanlauf hergestellt
ist, kann der Umformer von der Wechselstromseite
aus ohne Anwurfmotor angelassen werden. Um dabei
den Anlaufstrom nicht zu hoch steigen zu lassen, läßt
man den Umformer nur mit etwa dem dritten Teil
der Betriebsspannung an. Steht zum Herabsetzen der
Spannung kein Transformator mit passendem Übersetzungsverhältnis zur Verfügung, so wird die niedrigere
Spannung durch Zapfstellen einem Transformator entnommen. Im letzten Falle muß das Umschalten
von $^1/_3$ auf volle Spannung rasch erfolgen, um Schlupf
des Ankers und Bürstenfeuer zu vermeiden. Nachdem
der Umformer auf Synchronismus (vgl. 3 c) gekommen
ist, muß untersucht werden, ob die Polarität der Gleichstromspannung stimmt. Falsche Polarität kann durch
kurz dauerndes Öffnen des Anlaßschalters beseitigt
werden.

Das Verhältnis der Spannungen auf der Gleich-
und Wechselstromseite kann bei Einankerumformern

nicht beliebig gewählt werden, die Drehstromspannung ist etwa 0,62—0,69 der Gleichstromspannung. Steht, wie es in der Regel zutrifft, die niedrige Drehstromspannung nicht zur Verfügung, so ist ein Transformator notwendig, der meist als Sechsphasentransformator, mit 6 Klemmen in der Unterspannung, zum Anschluß an sechs Schleifringe des Einankerumformers, ausgeführt wird.

Sind Spannungsänderungen verlangt, so wird auf der Drehstromseite eine Drosselspule eingeschaltet, wobei die Spannung durch Verstärken der Erregung um etwa 7% erhöht und durch Schwächen der Erregung um 7% erniedrigt werden kann. Die Änderung

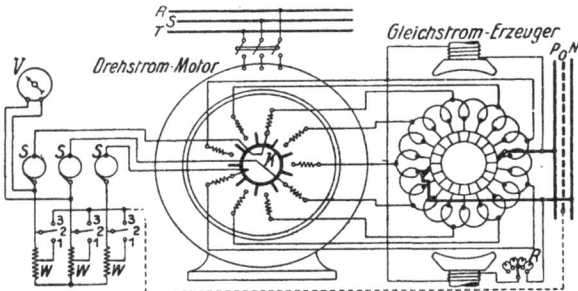

Abb. 51.

läßt sich auch selbsttätig durch Kompoundierung des Umformers (vgl. 33c) erreichen.

Einankerumformer, die parallel geschaltet werden sollen, müssen gleichartig gebaut sein. Sollen Einankerumformer zum Umformen von Gleichstrom auf Drehstrom dienen, so müssen Sicherheitsvorkehrungen gegen gefährliche Drehzahlsteigerung der Umformer getroffen werden.

Häufig werden Durchschlagsicherungen (vgl. 147) auf der Drehstromseite angeschlossen, die wirken, wennn Hochspannung auf die Niederspannungseite übertritt.

62. **Kaskadenumformer.** Der Kaskadenumformer (Abb. 51) bildet eine Zwischenstufe zwischen Motorgenerator und Einankerumformer. Er besteht, ähnlich wie der Motorgenerator, aus der Verbindung eines Drehstrommotors mit einem Gleichstromerzeuger, mit

dem Unterschied, daß die Phasenwickelung auf dem Läufer des Drehstrommotors mit der Ankerwickelung des Gleichstromerzeugers elektrisch verkettet ist. Die freien Enden der Phasenwickelung sind zu Kontakten geführt, die während des Betriebs durch den Kurzschlußring K zum Sternpunkt geschlossen werden. Zum Zweck des Anlassens sind drei um 120° versetzte Phasenwickelungen des Läufers mit den Schleifringen S verbunden, die übrigen Phasenwickelungen bleiben während des Anlaufes offen. Die Schleifringbürsten haben Anschluß an zweistufige Anlaßwiderstände W. Arbeitet der Umformer auf ein Gleichstrom-Dreileiternetz, so müssen im Betriebe die Schleifringbürsten mit dem Nulleiter des Dreileiternetzes verbunden sein (vgl. Abb. 51).

Das Anlassen geschieht wie beim asynchronen Motorgenerator von der Drehstromseite aus. Beim Schließen der Stromzuführung aus dem Drehstromnetz läßt man den Motor mit dem kleinen Anlaßwiderstand (Abb. 51 Schaltstellung 1) anlaufen. Alsbald nach dem Anlaufen wird auf den größeren Anlaßwiderstand (Schaltstellung 2) geschaltet. Die Umformerdrehzahl steigt dabei bis etwa $1/_5$ über die regelrechte Betriebsdrehzahl. Dabei muß der Erregerstromkreis des Gleichstromerzeugers geschlossen sein und der Schalthebel des zugehörigen Nebenschlußreglers R in der für den synchronen Lauf bestimmten Stellung stehen. Der Nebenschlußregler muß so eingerichtet sein, daß an ihm ein Stromkreisunterbrechen nicht möglich ist. Durch die Drehzahlerhöhung tritt Erregung auf der Gleichstromseite und damit das Wiederabfallen der Drehzahl ein. Das Annähern an die Betriebsdrehzahl ist durch das Verlangsamen der anfänglich starken Schwebungen des zwischen zwei Schleifringe geschalteten Spannungszeigers V erkennbar. Sind die Zeigerschwebungen nur noch langsam, so schließt man die Anlaßwiderstände mit einem gemeinsamen Hebel in dem Augenblick kurz (Schaltstellung 3), in dem der Spannungszeiger auf Null steht. Darauf werden durch Umlegen eines Hebels die Schleifbürsten abgehoben und gleichzeitig die freien Enden der Phasenwickelungen des Drehstrommotors durch den Kurzschlußring K überbrückt. Nach der damit beendeten Schaltung läuft der Umformer als Synchronmotor weiter. Nunmehr kann der Gleichstromerzeuger mit Hilfe des Nebenschlußreglers R auf die verlangte Gleichstromspannung gebracht und mit dem Gleichstromnetz parallel geschaltet werden.

Der Kaskadenumformer wird verwendet, um Drehstrom, insbesondere von solchen von hoher Spannung, bis
10 000 V, ohne Zwischenschalten von Transformatoren
in Gleichstrom von beliebiger Spannung zu verwandeln.
Er kann ein Gleichstromnetz selbständig mit Strom
versorgen oder auch mit Gleichstrommaschinen oder
Umformern parallel geschaltet arbeiten. Durch Ändern
der Erregung kann die Spannung in gleichen Grenzen,
wie beim Einankerumformer, geändert werden. Der
Leistungsfaktor ändert sich dabei nicht.

Quecksilberdampf-Gleichrichter.

63. **Quecksilberdampf-Gleichrichter** dienen zum Um-
wandeln von Wechselstrom in Gleichstrom, wenn
Maschinenbetrieb (vgl. 60—62) für das Laden von
Akkumulatoren, für chemische Betriebe u. dgl. im
Anschluß an ein Wechselstromnetz vermieden werden
soll. Die Quecksilberdampf-Gleichrichter beruhen auf
der Eigenschaft des Quecksilber-Lichtbogens, nur
Stromwellen gleicher Richtung durchzulassen und damit den Wechselstrom gleich-
zurichten. Bei Gleichrichtern,
die bis etwa 60 A Gleichstrom
abgeben, werden luftleere Glas-
kolben, bei Gleichrichtern für
höhere Stromstärken aus Stahl
hergestellte zylindrische Gefäße
verwendet; bei Drehstrom sind
die drei Phasen in ein gemeinsames oder in getrennte Gefäße
(Abb. 52) eingeführt. Die Luftleere in den Stahlgefäßen wird
durch eine mit der Einrichtung
verbundene Luftpumpe hergestellt und nötigenfalls durch zeitweises Inbetriebnehmen der Luftpumpe erhalten oder erneut.

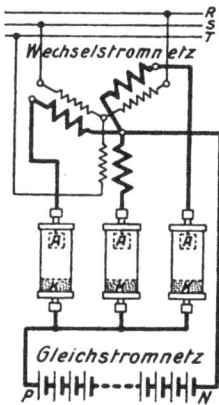

Abb. 52.

Die Grundzüge des Schalt-
bildes einer an ein Drehstromnetz angeschlossenen Gleichrich-
teranlage zeigt Abb. 52. Die
Stromzuführungen für die mit
dem Wechselstromnetz verbun-
denen Anoden *A* der Gleichrichter sind isoliert in die
Deckelplatten der Gefäße eingesetzt. Der Gefäßboden
enthält die ebenfalls isoliert angeordneten Quecksilber-
kathoden *K* mit Zuleitungen für das Gleichstromnetz.

Das Inbetriebsetzen geschieht durch bewegliche, von außen elektromagnetisch betätigte Hilfselektroden, die, mit der Quecksilberoberfläche vorübergehend in Berührung gebracht, die Lichtbogenbildung zwischen den Hauptelektroden A und K einleiten; ebenso kann die Lichtbogenbildung durch Induktionsfunken hervorgerufen werden. Die Gleichstromspannung und die Stromstärke werden im Wechselstromkreise durch Windungsschalter, Induktionsregler (vgl. 66) o. dgl. auf die verlangte Höhe eingestellt.

Wechselstromtransformator.

64. Allgemeines. Von den beiden, gegen einander isolierten Wickelungen besitzt die eine, für die Oberspannung viele dünndrähtige Windungen, die andere, für die Unterspannung, eine kleinere Anzahl dickdrähtiger Windungen. Das Verhältnis der Windungszahlen gibt das Übersetzungsverhältnis des Transformators bei Leerlauf, d. h. das Verhältnis der primären Spannung zur sekundären. Durch Spannungsabfall bei Belastung wird das Übersetzungsverhältnis vergrößert, wenn von höherer Spannung auf niedrigere, und verkleinert, wenn von niedriger auf höhere Spannung transformiert wird. Diesem Umstand wird durch geeignete Wahl der Windungszahl Rechnung getragen. Daraus folgt, daß sich ein zum Herabtransformieren bestimmter Transformator nicht ohne weiteres zum Hinauftransformieren eignet, wenn bei Belastung ein bestimmtes Übersetzungsverhältnis eingehalten werden soll. Der Spannungsabfall eines Transformators ist für Motorbelastung größer als für Lichtbelastung bei gleicher Stromstärke.

Transformatoren für höhere Spannung werden zur Erhöhung der Isolation der Wickelung in Kessel mit Ölfüllung eingebaut.

Um bei großen Leistungen nicht zu große Abmessungen für die Transformatoren zu erhalten, wird die Ölfüllung des Transformatorkessels gekühlt. Das geschieht in der Regel durch eine an den Transformatorkessel angeschlossene Kühlschlange, durch die das Transformatoröl mittels einer Pumpe gedrückt wird. Die Kühlschlange ist durch ein Kühlwasserbecken geführt und muß daher gegen Wasser gut abgedichtet

sein. Auch bei schwacher Belastung der Transformatoren müssen die Kühleinrichtungen im Betrieb sein.

Der Einphasenstromtransformator besitzt
eine Oberspannungs- und eine Unterspannungswickelung, die auf ein oder zwei Eisenkerne verteilt sind.

Der Drehstromtransformator hat drei nebeneinander angeordnete Schenkelkerne, die auf beiden
Seiten durch ebenfalls aus Eisenblechen hergestellte
Schlußstücke verbunden sind. Jeder Schenkel ist von
einer Oberspannungs- und einer Unterspannungswickelung umgeben. Die drei Oberspannungs-, wie die
drei Unterspannungswickelungen können in Dreieck-
oder Sternschaltung (vgl. 23) verbunden sein.

Für Transformierung hoher Leistung werden zuweilen statt eines Drehstromtransformators drei Ein-
phasenstromtransformatoren verwendet, die, wie die
Schenkelwickelungen eines Drehstromtransformators,
in Dreieck oder Stern geschaltet sind. In vereinzelten
Fällen werden auch zwei Einphasentransformatoren
in offener Dreieckschaltung, V-Schaltung (Abb. 53),
an Drehstromnetze angeschlossen.

Die Niederspannungswickelungen der Transformatoren müssen zum Schutz gegen Hochspannungsüber-
tritt mit Durchschlagssicherungen (vgl. 147) versehen
werden. Diese Sicherungen
werden in der Regel bei Einphasentransformatoren an die
Mitte der Unterspannungs-
wickelung und bei Drehstromtransformatoren an den Sternpunkt angeschlossen.

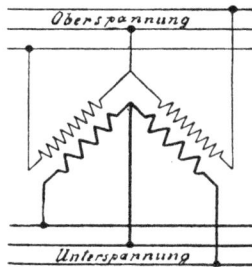

Abb. 53.

65. **Schaltung der Transformatoren.** Die Transformatoren können in der Ober-
und gleichzeitig in der Unterspannung parallel geschaltet
werden, wenn ihre Bauart
gleich ist und die Überset-
zungsverhältnisse überein-
stimmen. Drehstromtransformatoren müssen außerdem
gleichartig geschaltet sein, z. B. sämtlich in Ober-
und Unterspannung in Stern oder sämtlich in Oberspannung in Stern, in Unterspannung in Dreieck. Das
Parallelschalten ist nicht möglich, wenn z. B. der eine
Transformator primär und sekundär in Stern und der
andere primär in Stern und sekundär in Dreieck geschaltet ist.

Auch primär und sekundär in Stern oder primär und sekundär in Dreieck geschaltete Transformatoren lassen sich nicht parallel schalten, wenn in der Ober- oder Unterspannung die Windungsrichtungen der Transformatoren nicht übereinstimmen, wenn z. B. bei dem einen Transformator, von der Anschlußklemme einer Phase aus betrachtet, die Wickelungsrichtung rechtsgängig und bei dem anderen Transformator in der entsprechenden Phase linksgängig ist. Trifft das zu, so muß, nötigenfalls nach dem Auflöten der Verbindungspunkte oder des Nullpunktes, so umgeschaltet werden, daß der Wickelungssinn in zusammengehörigen Phasen gleich ist.

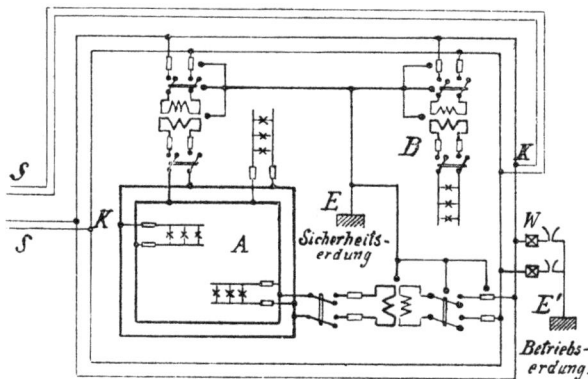

Abb. 54.

Übernimmt bei parallel geschalteten Transformatoren der eine zu viel Last, so schaltet man in seine Sekundärleitungen Drosselspulen. Parallel geschaltete Transformatoren von gleicher Leistung nehmen ungleiche Last auf, wenn sie verschiedene Streuung (z. B. nicht gleich guten magnetischen Schluß) haben, und zwar nimmt der Transformator mit geringerer Streuung mehr Last auf. Ob die Streuungen von Transformatoren gleich sind, kann untersucht werden, wenn geringe Spannung zum Betrieb der Transformatoren zur Verfügung steht. Schließt man die Transformatoren sekundär kurz und bestimmt die Kurzschlußspannungen primär — das sind die primär notwendigen Spannungen, um in den kurz geschlossenen sekundären Wickelungen

die regelrechte Stromstärke zu erzeugen ⊤—, so sollen
die Kurzschlußspannungen höchstens 10—15% voneinander abweichen.

In Abb. 54 ist gezeigt, wie Einphasenstromtrans-
formatoren mit der Oberspannungsseite an eine Ringleitung angeschlossen sind, der an den Knotenpunkten *K* von einem fern liegenden Elektrizitätswerk aus
durch die Speiseleitungen *S* Strom zugeführt wird.
Auf der Unterspannungsseite sind die Transformatoren

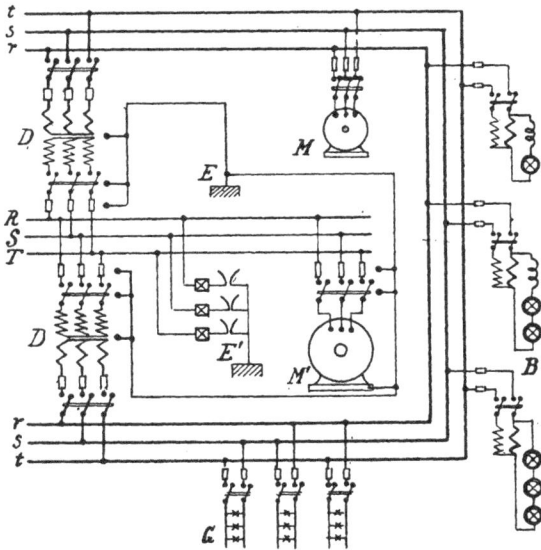

Abb. 55.

bei *A* ebenfalls durch eine Ringleitung parallel geschaltet; bei *B* speist ein Transformator einen gesonderten Stromkreis.

Auch die notwendigen Erdungen sind in Abb. 54
angegeben:

Erstens die Sicherheitserdung *E* (vgl. 150), an
die alle nicht spannungführenden Metallteile, die bei
vorkommenden Fehlern gefährliche Spannung annehmen können, in Parallelschaltung angeschlossen werden.
Die Anschlußstellen der Erdleitung an die Gestelle
der Transformatoren, Hochspannungs - Schalter und

-Sicherungen sind in der Abbildung durch Punkte angedeutet.

Zweitens die Betriebserdung E' (vgl. 152), mit
den an die Hochspannungsleitungen angeschlossenen
Überspannungssicherungen (vgl. 148), denen die Widerstände W vorgeschaltet sind.

Die Schaltung einer Drehstromanlage ist durch
Abb. 55 dargestellt. Die Drehstromtransformatoren D
sind auf der Oberspannungsseite durch die Leitungen
RST und auf der Unterspannungsseite durch die
Leitungen rst parallel geschaltet. An das Unterspan-
nungsnetz sind angeschlossen ein Drehstrommotor M,
Glühlampenstromkreise G und Bogenlampen B. Über
die für die letzteren gewählten verschiedenen Schaltungen wird unter 159—161 berichtet. Der Motor M'
ist an das Hochspannungsnetz angeschlossen. Außer

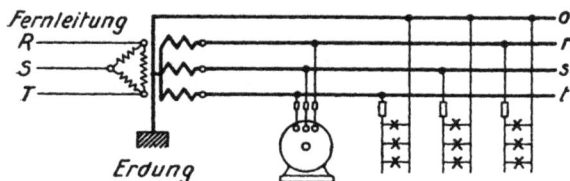

Abb. 56.

den in der Abbildung angegebenen Schaltern (gekapselte Schalter oder Ölschalter) in den Verbindungen
der Transformatoren und des Motors M' mit dem Ober-
spannungsnetz, sind Trennschalter notwendig, um sichtbare Leitungstrennstellen zu haben, wenn an den Einrichtungsteilen gearbeitet werden soll. An die Stelle
der Trennschalter können abschaltbare Sicherungen
treten, wenn sich nicht hinter den Sicherungen ausgedehnte Leitungsnetze befinden (vgl. 128a Abs. 2).

Die Sicherheitserdung ist in Abb. 55 bei E und
die Betriebserdung bei E' angedeutet, wie für Abb. 54
vorstehend ausführlicher beschrieben wurde.

Für den Lampenanschluß wird häufig eine Vier-
leiter-Sternschaltung (Abb. 56) verwendet, indem der
vierte Leiter von der sekundären Wickelung des Transformators abgezweigt und geerdet wird.

Beim Einschalten großer Transformatoren vermeidet man starke Einschaltströme durch kurzzeitiges

Schließen des Stromkreises über Schutzwiderstände.
In Ölschalter sind die Schutzwiderstände meist so
eingebaut, daß sie zwangläufig geschaltet werden (vgl.
Vorkontaktschalter 131).

Für das Ausschalten parallel geschalteter Hochspannungstransformatoren beachte man, daß zuerst der
Oberspannungs- und dann der Unterspannungsschalter
geöffnet werden muß.

Hochspannungstransformatoren dürfen nie einpolig an das Netz angeschlossen bleiben, weil sonst
gefährliche Überspannungen entstehen. Die Schalter
müssen daher in allen Phasen gleichzeitig unterbrechen.

Beim Parallelschalten von Transformatoren dürfen nur phasengleiche Klemmen verbunden werden.
Wenn auch die Klemmen der Transformatoren gewöhnlich in der Fabrik dementsprechend bezeichnet
werden, so empfiehlt es sich doch, die zusammengehörigen Klemmen vor dem Anschließen eines Transformators an das Netz zu bestimmen, um bei fehlerhafter Bezeichnung Kurzschlüsse zu vermeiden. Dabei verfährt man wie folgt: Die Sekundärleitungen *rs*
(Abb. 57) und *rst* (Abb. 58) seien durch die Transformatoren *W'* und *D'* gespeist. An dem zu untersuchenden Transformator *W''* bzw. *D''* werden die
Klemmen der o f f e -
n e n Sekundärschalter
durch Glühlampen *G*
überbrückt. Die Glüh-
lampen, die man am

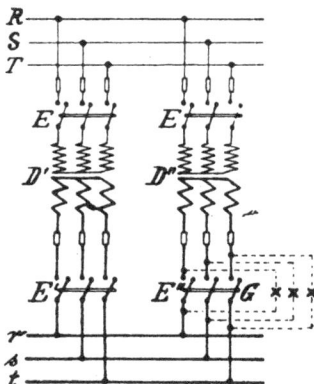

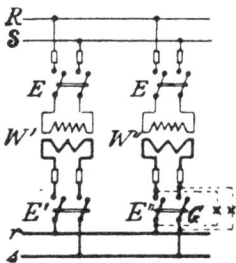

Abb. 57.   Abb. 58.

besten auf einem Brett anbringt, müssen die Netzspannung aushalten, erforderlichenfalls schaltet man
mehrere Lampen hintereinander. Sind die Klemmen

des Transformators richtig verbunden, so bleiben die Lampen dunkel, wenn der Primärschalter geschlossen wird. Sind zwei oder drei Lampen hell, so vertauscht man die Klemm-Verbindungen des zugehörigen Transformators so lange, bis eine Schaltung gefunden ist, bei der die Lampen dunkel bleiben.

66. Spannungsregelung in Wechselstromkreisen. Die Spannungsverluste in den Leitungen können durch Regulieren der Transformatorspannung ausgeglichen werden, dazu dienen:

a) **Windungsschalter.** Für jeden Drehstromtransformator sind drei oder, beim Verzicht auf Symmetrie des Systems, zwei Windungsschalter nötig. Letzteres zeigt die in Abb. 59 dargestellte »offene Dreieckschaltung« oder »V-Schaltung« mit zwei Einphasentransformatoren und zugehörigen Windungsschaltern x und y.

Windungsschalter, die nach Art der Zellenschalter (vgl. 96 u. 97) gebaut sind, werden unter anderem zur Spannungsregelung an Schmelzöfen verwendet. Dabei handelt es sich um Spannungen bis 15000 V; die Spannungen von Kontakt zu Kontakt des Windungsschalters können 100—600 V betragen.

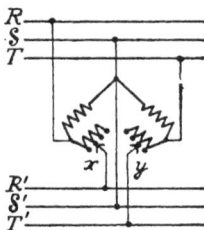

Abb. 59.

b) **Drehtransformatoren,** Induktionsregler. Nach Art der asynchronen Motoren (vgl. 55) gebaute Zusatztransformatoren werden mit der einen Wickelung, etwa mit der dem beweglichen Teil angehörigen Stromwickelung A (Abb. 60), in die Verbindungsleitung zwischen dem Fernleitungsnetz RST und dem auf gleicher Spannung zu haltenden Verteilungsnetz $R'S'T'$ geschaltet, erforderlichenfalls unter Zwischenschalten eines Stromtransformators. Die sechs Schleifringe, die zur Strom-Zuleitung und -Ableitung für die drei Wickelungsabteilungen des Rotors A dienen, sind in Abb. 60 der Übersicht wegen nebeneinander gezeichnet. Die dem feststehenden Teil des Transformators angehörige Spannungswickelung V wird mit den Sammelschienen des Verteilungsnetzes entweder unmittelbar oder unter Zwischenschalten des in Abb. 60 angegebenen Spannungstransformators verbunden. Durch Drehen des Rotors ändert sich die Phase der in der Stromwickelung erzeugten Zusatzspannung und folglich die zu regelnde Netzspannung. Dabei vollzieht sich die Spannungsänderung stetig und gleichmäßig, im Gegensatz zur sprungweisen Änderung beim Windungsschalter (vgl. a). Auch hier wird von Hand oder durch Motoren selbsttätig unter Beeinflussung durch Spannungsrelais gesteuert. Soll der Drehtransformator außer Betrieb gesetzt werden, so wird durch Drehen des Rotors die Phase seiner Spannung so geregelt, daß die

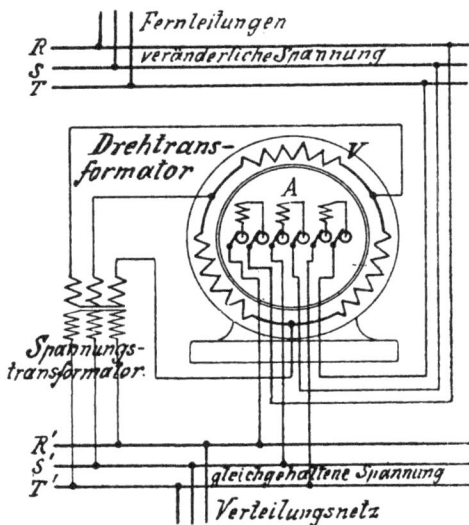

Abb. 60.

Spannungen vor und hinter dem Drehtransformator übereinstimmen. Alsdann wird durch einen geeigneten Schalter die Erregerwickelung nach Abschaltung vom Netz kurz geschlossen und darauf der Drehtransformator durch eine Kurzschlußleitung überbrückt.

Bei der in der Abbildung dargestellten Anordnung ändert sich die Phase des Netzes ($R'S'T'$) durch das Verstellen des Drehtransformator-Rotors. Dabei ist es nicht zulässig, Zusatztransformatoren untereinander und mit gewöhnlichen (feststehenden Transformatoren) beliebig primär und sekundär parallel zu schalten. Das

Parallelschalten ist nur möglich, wenn Doppeltransformatoren mit richtig hintereinander geschalteten Stromwickelungen angewendet werden.

67. **Kleintransformatoren** dienen im Anschluß an Wechselstrom-Niederspannungsanlagen zum Herabsetzen der Spannung unter das sonst übliche Maß, wenn es in feuchten Räumen oder für den Betrieb ortsveränderlicher Licht- und Kraftanlagen, z. B. für die beim Kesselreinigen benutzten, roher Behandlung ausgesetzten Handlampen, zum Personenschutz (vgl. 150) notwendig ist. Zu dem Zweck setzt man die Leitungsspannung auf etwa 40 V herab. Dem Übertritt von Oberspannung auf die Unterspannungseite muß mit größter Sorgfalt vorgebeugt werden. Die Leitungen der Unterspannungseite müssen von denen der Oberspannung unterscheidbar, in angemessenem Abstand von ihnen verlegt werden. Anschlußkontakte für ortsveränderliche Einrichtungen dürfen in die üblichen Starkstrom-Anschlußdosen nicht passen. Auch das Leitungsnetz für die Unterspannung wird in derartigen Fällen schon wegen der verlangten Dauerhaftigkeit nach den Regeln für Starkstromeinrichtungen ausgeführt.

Kleintransformatoren werden ferner zum Betrieb von Schwachstromeinrichtungen (Klingelanlagen) gebraucht, die von der Oberspannung ebenfalls sicher getrennt sein müssen. Ein zum zeitweisen Betrieb einer Klingel, eines Türöffners o. dgl. bestimmter Transformator, wie er für Hausanlagen meist ausreicht, verbraucht im Leerlauf 0,2—0,4 W. Ober- und Unterspannungswickelung müssen gegenseitig so sicher isoliert sein, daß die üblichen mit Schwachstromleitungen ausgeführten Klingelanlagen angeschlossen werden können.

In vereinzelten Fällen benutzt man Kleintransformatoren, wenn Glühlampen mit geringem Verbrauch für die Lichteinheit auch für niedrige Lichtstärken verwertet werden sollen. Die damit erzielten Vorteile sind gering, weil sie durch den Transformierungsverlust großenteils aufgewogen werden.

Transformatoren für einzelne Lampen werden hinter den zugehörigen Schalter eingebaut, so daß sie nur während der Benutzung des Stromverbrauchers eingeschaltet sind. Für ausgedehntere Versorgung kann man Drehstromtransformatoren verwenden, etwa mit einer Phasenspannung von rd. 70 V und einer Spannung gegen den geerdeten vierten, zum Lampenanschluß bestimmten Leiter von 40 V.

In allen Fällen, in denen es sich um das Fernhalten der Oberspannung von den Verbrauchsstellen
handelt, müssen die beiden Transformatorwickelungen
gegenseitig isoliert sein. Sog. Sparschaltungen (vgl. 160)
sind für die Transformatoren unzulässig.

68. Aufstellen der Transformatoren. Die Transformatoren werden entweder in den mit Strom zu ver-
sorgenden Gebäuden aufgestellt oder beim Versorgen
mehrerer Gebäude an einem möglichst in der Mitte
gelegenen Orte. Häufig stellt man zwei Transformatoren auf, einen großen mit gutem Wirkungsgrad
für die hohe Belastung und einen kleinen für die Zeit
der geringen Belastung. Das bei wechselnder Belastung notwendige Umschalten der Transformatoren
geschieht von Hand oder selbsttätig.

Die Transformatorräume oder -häuser müssen gut
gelüftet und bei Öltransformatoren mit Einrichtungen
für das Abfließen von etwa überlaufendem Öl ausgestattet sein. Große Transformatoren werden meist
einzeln in Kammern aufgestellt, die vom Freien aus
zugänglich und gegen die Schalträume luftdicht abgeschlossen sind, um bei Ölbränden dem Verbreiten
des Feuers vorzubeugen.

Der Aufstellungsort der Transformatoren muß Unberufenen unzugänglich sein. Hochspannungsklemmen
und Leitungen müssen der Berührung entzogen sein.
Die Gestelle der Transformatoren werden geerdet,
oder es wird ein gut isolierter Fußboden um die Transformatoren hergestellt, so daß man beim Berühren
der Transformatorgestelle von Erde isoliert ist. Die
Eisenschlußstücke der Transformatoren müssen fest
angezogen sein, weil die Transformatoren andernfalls
stark brummen.

Sind die Transformatoren im Netz parallel geschaltet, so werden in jeden Transformatorraum
gewöhnlich mehrere Hoch- und Niederspannungskabel
eingeführt. Für Hoch- und Niederspannung sind
getrennte Schalttafeln notwendig. Die Kabel müssen
abschaltbar sein, um fehlerhafte Kabel leicht vom Netz
trennen zu können. Zuweilen werden selbsttätige Schalter eingebaut, die beim Überlasten des Stromkreises
in allen Phasen gleichzeitig unterbrechen. Sicherungen auf der Oberspannungsseite müssen tunlichst vermieden werden (vgl. 123a, Abs. 2). Bei längeren Kabelstrecken und namentlich bei der Verbindung von
Kabeln mit Freileitungen werden Überspannungssicherungen (vgl. 148) angewendet. Um das Abschalten

eines bestimmten Kabels ohne weitere Untersuchung
zu ermöglichen, müssen die Kabel gekennzeichnet
werden. Das geschieht, wie in Abb. 61 angedeutet,
am besten durch Nummern, indem man z. B. die
Oberspannungskabel mit arabischen und die Unter-
spannungskabel mit römischen
Zahlen versieht, so daß die zusammengehörigen Enden der die
Transformatorräume mit der
Maschinenanlage usw. verbindenden Kabel gleiche Nummern erhalten. Außerdem werden die
Kabeladern entsprechend den
zugehörigen Phasenleitungen mit
den Buchstaben *R S T* in der
Ober- und *r s t* in der Unterspannung bezeichnet.

Das Einschalten von Transformatoren unter voller Spannung verursacht hohe Einschalt-
stromstärke, den Einschaltstoß,
unter Umständen auch Überspannungen. Zum Vermeiden
dieses Mißstandes wird mittels
Vorkontaktschalter (vgl. 131) zu-

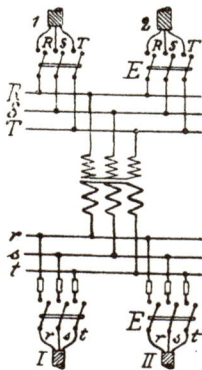

Abb. 61.

erst Widerstand meistens in einer Stufe, selten in zwei
oder mehreren Stufen vorgeschaltet.

Beim Aufstellen von Transformatoren außerhalb
der Gebäude werden die Transformatorräume über
dem Erdboden oder unterirdisch angelegt. Für die
oberirdische Aufstellung verwendet man meist säulen-
artige Gehäuse (Transformatorsäulen). Die Gehäuse
müssen gute Lüftung und sicheren Abschluß gegen
Regen und Schnee erhalten, die unterirdische Aufstellung muß außerdem gut entwässert sein. Für verlässige Türverschlüsse sorge man. Eiserne Gehäuse
müssen geerdet werden.

69. **Masttransformatoren** verdienen bei geringem
Strombedarf, wofür das Errichten eines Transformator-
hauses zu kostspielig wäre, den Vorzug. Kleine Transformatoren werden auf zwei nebeneinander gestellten
Holzmasten (Abb. 62) oder auf einem eisernen Gitter-
mast angebracht. Zum Zweck des Bedienens, Aus-
wechselns der Sicherungen u. dgl. befindet sich neben
dem Transformator eine Plattform. Zum Aufstellen
größerer Transformatoren und wenn es sich um das Abspannen von Leitungs-Endstrecken handelt, sind vier

6*

nebeneinander gestellte Maste notwendig. Die Hochspannungsleitungen erhalten auf einem benachbarten
Mast Trennschalter, so daß man nach dem Öffnen
der Schalter die Plattform ohne Gefahr betreten kann.

Hinter den Abspannisolatoren J
für die zugeführten Hochspannungsleitungen sind die Sicherungen S, bei dem meist verwendeten Drehstromsystem drei
Sicherungen, eingebaut. Die
Niederspannungsleitungen werden vom Transformator T aus
den Sicherungen S' und dann
den Abspannisolatoren J' zugeführt. Transformatoren, die
vollkommen geschlossen und mit
reichlich bemessenen Einführungsisolatoren ausgestattet sind,
können ohne Schutzgehäuse bleiben, wodurch die Anlage einfacher und übersichtlicher wird.

70. **Ölfüllung der Transformatorkessel.** Das Öl soll
dünnflüssig, wasser- und säurefrei sein und möglichst hohen Ent-
flammungspunkt haben, auch
muß seine Durchschlagfestigkeit
erprobt sein. Die Beschaffenheit des Öls ist durch Bestimmungen der Vereinigung der
Elektrizitätswerke festgesetzt.

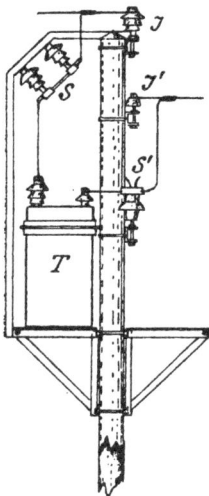
Abb. 62.

Erhitztes Öl zersetzt sich bei Luftzutritt und wird
sauer, es ist dann für Transformatoren wie für Schalter
unbrauchbar. Säurehaltiges Öl neigt zu Schlammbildung. Will man das Öl dauernd brauchbar erhalten,
so muß Luftzutritt tunlichst verhindert, der Deckel
des Transformatorkessels daher abgedichtet werden.
Um das Eindringen von Feuchtigkeit in den Ölkessel
sicher zu verhindern und die Luft vom Öl abzuschließen,
verwendet man sog. Ölkonservatoren, bei denen
das Öl im Kessel durch ein Rohr mit einem oberhalb
des Kessels angebrachten kleinen Ölgefäß in Verbindung
steht. Besondere Ölentfeuchtungsvorrichtungen sind
dann entbehrlich.

Nach dem Einfüllen und Nachfüllen von Öl empfiehlt es sich, so lange auf rd. 110⁰ C zu erhitzen, bis
keine Blasen mehr aufsteigen, damit alles Wasser beseitigt wird. Das Anwärmen geschieht durch Kurz-

schlußstrom des Transformators oder durch geeignetes Anheizen, dabei verhindert man die Wärmestrahlung der Kesselwandungen durch Umhüllen mit Putzwolle u. dgl. Diese Arbeiten dürfen nur erfahrenen Monteuren überlassen werden. Ist ein Transformator mit der Öl-füllung versandt worden, so darf er ohne zwingenden Grund nicht aus dem Öl herausgenommen werden, weil dadurch Feuchtigkeit in die Wickelung gelangen kann. Nach dem Herausnehmen des Transformators aus dem Öl, behufs Instandsetzung od. dgl., muß das Öl in vorbe-zeichneter Weise wieder ausgekocht werden, wenn nicht das Herausnehmen des Transformators ganz kurz, d. h. wenige Minuten gedauert hat. Zum Nachfüllen darf nur von der Fabrik geliefertes oder von ihr als geeignet be-zeichnetes Öl benutzt werden. Zum Auskochen des Öles für große Transformatoren verwendet man besondere Ölkochvorrichtungen, für deren Bedienung die von der Fabrik ausgegebene Anleitung maßgebend ist.

Neu gelieferte Öle sind zufolge der Ölknappheit den alten Ölen selten gleichwertig, sie müssen häufiger auf Verschlammung und Verdampfen nachgeprüft werden. Wegen der wechselnden Beschaffenheit der neuen Öle wäre es unzweckmäßig, sie alten, gut be-währten Ölen beizumengen. Nötigenfalls füllt man einen Transformatorkessel vollständig mit neuem Öl und verwertet das zurückgestellte alte Öl zum Nach-füllen der übrigen Transformatoren und Apparate.

71. Reinigen des gebrauchten Öles. Ist das Öl feucht geworden, hat es durch Erwärmung im Betrieb unter Luftzutritt Schlamm abgesetzt, ist es durch ein-gedrungenen Staub verdickt oder bei Ölschaltern durch häufiges Schalten unter Spannung verrußt, so bedient man sich zum Reinigen und Entfeuchten einer Öl-presse. Bewährt haben sich Pressen, bei denen das Öl unter hohem Druck durch mehrere Lagen von gutem, trockenen, weißen Löschpapier getrieben wird, wobei Wasser, Schlammteilchen und sonstige im Öl nicht gelöste Bestandteile zurückbleiben. Das Auskochen nach dem Einfüllen des Öls in den Transformator wird dadurch nicht entbehrlich, weil auch allen nicht feuchtigkeitsbeständigen Teilen des Transformators, der Baumwolle, dem Holz, Preßspan, Papier usw. die Feuchtigkeit entzogen werden muß.

Aufstellen und Unterhalten der Maschinen.

72. Aufstellen der Maschinen. Beim Aufstellen einer in ihre Teile zerlegten elektrischen Maschine beachte man folgendes: Zum Zweck des Versands eingefettet gewesene Teile werden gründlich mit Benzin (nicht mit Petroleum) gereinigt. Zusammenzufügende Eisenflächen müssen blank gemacht werden. — Beim Einlegen der Welle in die rein zu haltenden Lager verfahre man mit größter Vorsicht. Bei dieser Arbeit wird der Anker am besten mit Hilfe eines breiten Gurtes getragen. Fehlerhaft wäre es, den Anker am Kommutatorumfang zu unterstützen. — Der Anker oder der umlaufende Teil bei Wechselstrommaschinen muß im feststehenden Teil genau rund laufen. Zum Messen des Luftabstandes dienen kalibrierte Meßbleche. — Die Welle muß sich leicht in den Lagern drehen lassen. Hierzu ist erforderlich, daß die Lager gut passen und die Welle in der Längsrichtung etwas Spielraum zwischen den Lagern besitzt.

Besondere Sorgfalt schenke man dem Aufstellen von Turbogeneratoren. Hat die Maschine zweiteiliges Gehäuse, so muß besonders darauf geachtet werden, daß die Stoßflächen gut aufeinander passen. Spalte werden nötigenfalls mit Blechen ausgefüllt, um dem Brummen des Generators vorzubeugen.

Für das Aufstellen einer in den Hauptteilen fertig zusammengebauten Maschine gilt folgendes: Die Maschinenwelle muß in der Regel wagrecht liegen, was mit der Wasserwage geprüft wird. Bei gekuppelten Maschinen, z. B. Motorgeneratoren, muß außerdem auf genaues Ausrichten der Maschinenwellen geachtet werden, desgleichen bei Riemenantrieb auf ein Ausrichten der parallel liegenden Wellen und der Riemenscheiben. Zum Zweck des Ausrichtens wird die Maschine auf dem Fundament verschoben, und es werden Eisenkeile unter die Maschinen-Fundamentplatte eingetrieben. Dabei sorge man dafür, daß nach kräftigem Anziehen der Fundamentanker das Maschinengestell nicht verspannt wird, die Welle sich somit leicht in den Lagern drehen läßt. Sind Spannschlitten vorhanden, so wird die Maschine auf deren Mitte festgeschraubt und zusammen mit den Spannschlitten ausgerichtet. Nachdem die letzteren unterkeilt und auf dem Fundament festgeschraubt sind, wird die Maschine in die Endstellungen auf den Spannschlitten verschoben, um nachzusehen, ob sich auch dort die Maschinenwelle leicht drehen läßt; dann wird die Maschine wieder in die Mitte der Spannschlitten gebracht. Ist 'die Maschine gut ausgerichtet und mit dem Fundament fest verschraubt, so wird die Fundamentplatte mit dünnflüssigem Zementmörtel (vgl. 27 vorletzt. Abs.) untergossen. Das Inbetriebnehmen der Maschine und Auflegen des Riemens ist erst nach vollständigem Erhärten des Zements zulässig. Vor dem Inbetriebnehmen müssen die Lager nochmals gründlich nachgesehen und erforderlichenfalls unter wiederholtem Aufgießen von Petroleum gereinigt werden.

Hebevorrichtungen, Kräne, Flaschenzüge, Taue usw., die zum Aufstellen von Maschinen notwendig sind, müssen vor dem Benutzen auf Brauchbarkeit untersucht werden.

Nachdem die Maschine aufgestellt ist, werden die Zubehörteile angebracht: die Bürstenbrücke muß in der Regel so befestigt werden, daß sie sich mit der Hand verstellen läßt. — Wegen der Bürsten wird auf §1 verwiesen. — Etwa herzustellende stromleitende Verbindungen macht man blank. — An der Maschine befindliche und von ihr ausgehende Leitungen müssen vom Eisengestell isoliert sein.

Werden bei Wechselstrommaschinen die Stromleitungen durch das Maschinengestell geführt, so ist für alle zwei oder drei Leitungen eine gemeinsame Öffnung im Eisen erforderlich, um Arbeitsverluste durch Wirbelströme zu vermeiden. Ebenso müssen beim Verwenden eiserner Schutzrohre alle Leitungen in ein und dasselbe Rohr eingezogen werden. Bei Hochspannungsmaschinen müssen die nach der Schalttafel führenden Leitungen vor Berührung geschützt werden. Die Leitungsanschlüsse an den Maschinen werden daher mit isolierenden Schutzkästen umgeben.

Befürchtet man bei großen Maschinen Lagerströme, durch die die Lager angefressen werden könnten, so werden die Lagerböcke durch isolierende Zwischenlagen und Isolierrohre von dem Fundamentrahmen und den Fundamentbolzen getrennt.

An Maschinen, die Unberufenen zugänglich sind, wie es für die in Werkstätten aufzustellenden Elektromotoren zutrifft, müssen die unter Spannung stehenden Teile gegen zufälliges Berühren geschützt sein. Das wird erreicht durch Verwenden gekapselter Motoren, durch Anbringen von Schutzkappen über den Klemmen und dem Kommutator oder den Schleifringen. Schutzverschläge für die Maschinen dürfen nicht zu klein sein, weil sonst die nötige Abkühlung der Maschinen fehlt.

73. Umpolen von Gleichstrommaschinen. Besitzt eine Maschine verkehrte Polzeichen, und ist ein Umwechseln der Leitungen an den Maschinenklemmen nicht zulässig, so muß die Maschine umgepolt werden. Dazu benutzt man den etwa verfügbaren Strom einer zweiten Maschine oder einer Akkumulatorenbatterie. Durch die Schenkel der umzupolenden Maschine wird Hilfsstrom in solcher Richtung geschickt, daß die Magnetpole ihre Zeichen wechseln. Als Dauer des Stromschlusses genügt eine Minute. Beim Herstellen der Leitungsverbindungen vergegenwärtige man sich, daß ein Südpol entsteht, wenn der dem Beobachter zugewandte Magnetpol in Richtung des Uhrzeigers vom Strom umflossen wird, ein Nordpol bei entgegengesetzter Stromrichtung. Durch Probieren kann man zum Ziele kommen, wenn man die Verbindungen beliebig herstellt und mittels eines Kompasses untersucht, ob die Polzeichen wechseln. Um Irrtümer zu vermeiden, prüfe man den Kompaß vor und nach dem Versuch auf die Richtigkeit seiner Angabe (vgl. 20 Abs. 2). Der Erregerstrom wird durch eingeschaltete Widerstände allmählich bis zur zulässigen Strombelastung der Maschine gesteigert und vor dem Abschalten wieder allmählich geschwächt. Fehlen Anhalte für die Erregerstromstärke, so nimmt man etwa 1,5 A auf 1 mm² Drahtquerschnitt der Schenkelwickelung.

Bei Maschinen mit Nebenschluß- und gemischter Wickelung (vgl. 33b und c) werden, wenn die umzupolende Maschine und die Hilfsmaschine für annähernd gleiche Spannung gebaut sind, an ersterer die Enden der Nebenschlußwickelung von den Bürsten abgetrennt und durch Leitungen mit den Klemmen der Hilfsmaschine verbunden, wonach man die Schenkel der umzupolenden Maschine durch allmähliches Schließen des zugehörigen Regulierwiderstandes erregt.

Bei parallel geschalteten Maschinen (vgl. 37) ist falsches Polarisieren einer zuzuschaltenden Maschine ausgeschlossen, wenn das Erregen der Maschine von den Sammelschienen aus geschieht (vgl. Abb. 26).

Bei Wechselstrommaschinen ist die Stromrichtung im Erregerstromkreis im allgemeinen gleichgültig. Nur in einzelnen Fällen, wenn z. B. die Bürsten nicht ganz funkenfrei laufen, empfiehlt es sich, die Polarität der Erregung zur Schonung der Schleifringe zu vertauschen.

74. **Ingangsetzen neuer Maschinen.** Neu aufgestellte Maschinen läßt man nach gründlicher Reinigung
einige Zeit leer laufen, wobei man die sorgfältig zu
ölenden Lager an der elektrischen Maschine und an
etwa zugehörigen Maschinenteilen auf Erwärmung
prüft. An Maschinen mit Ringschmierlagern untersuche man, ob die Ölringe richtig liegen und nicht
klemmen; die Ölbehälter sollen bis zur Marke mit
reinem, nicht zu dickflüssigem Öl gefüllt sein. Zeigt
sich alles in gutem Zustande, so wird die Maschine
allmählich voll beansprucht.

Wechselstrommaschinen läßt man zuerst leer
laufen, um zu beobachten, ob nicht knarrende Ge-
räusche infolge von losen Blechen auftreten; zutreffen-
den Falles müssen die Bleche verkeilt werden. Bevor
man die Maschinen unter volle Spannung bringt,
empfiehlt es sich, sie längere Zeit leer laufen zu lassen
und unter Strom auszutrocknen. Zu dem Zweck
werden die Maschinenklemmen unter Einschalten
eines Stromzeigers kurz geschlossen. Alsdann erregt
man die Maschine zunächst ganz schwach, wenn
möglich unter verminderter Drehzahl, und steigert
die Erregung, bis der Strom (Kurzschlußstrom)
etwa das Eineinhalbfache des Normalstromes beträgt. Derartiges Austrocknen muß je nach der
Größe der Maschinen mehrere Stunden lang dauern,
unter Erwärmung der Wickelung nicht mehr als
40° C über die Raumtemperatur. Dabei tritt im
allgemeinen keine so hohe Spannung auf, daß ein
Durchschlagen feucht gewordener Isolation zu befürchten ist. Da aber gefährliche Spannungen nicht
ausgeschlossen sind, so darf auch der unter Kurzschlußstrom stehende Anker auf keinen Fall berührt werden.

Bei Gleichstrommaschinen geschieht das etwa
erforderliche Austrocknen am einfachsten durch Erwärmen des Raumes, Anblasen erwärmter Luft gegen die
Maschine mittels eines Ventilators, Anwärmen der
Maschine von außen durch Glühlampen od. dgl.

Die Isolation der Maschine prüfe man vor der
Inbetriebnahme, und zwar, falls die Maschine ausgetrocknet wird, vor und nach dem Austrocknen, um
dessen Einfluß auf die Isolation zu beobachten. Hat
sich die Isolation durch das Austrocknen wesentlich ge-
bessert, so kann die Maschine in Betrieb genommen
werden, da dann im Laufe des Betriebes auf weiteres
Anwachsen des Isolationswiderstandes zu rechnen ist.

Vor dem Verbinden einer Maschine mit dem Leitungsnetz oder mit einer anderen Maschine muß unter-

sucht werden: bei Gleichstrommaschinen, ob sie richtige Polzeichen haben (vgl. 21), und bei Drehstrommaschinen, ob die Phasenfolge die richtige ist (vgl. 38 b).

75. Maßnahmen vor dem täglichen Ingangsetzen.
Bürsten und Kommutator oder Schleifringe werden auf ihren Zustand untersucht. — Die Ölgefäße müssen, wenn nötig, nachgefüllt, verbrauchtes Öl muß abgelassen werden. — Ist eine Maschine Erschütterungen ausgesetzt, so müssen die Schraubverbindungen nachgesehen und erforderlichenfalls nachgezogen werden. — Über die Regeln für das Einschalten der Maschinen vgl. 37 und 38.

76. Instandhalten der Maschinen. Jedesmal nach dem Abstellen müssen die Maschinen von Staub und etwa anhaftendem Öl gereinigt werden. Mit besonderer Sorgfalt hat das zu geschehen, wenn sich von mangelhaft arbeitenden Kommutatoren und zugehörigen Bürstenapparaten Metall- oder Kohlestaub auf den Maschinenteilen festsetzt. Das Reinigen von Staub geschieht am besten mittels Preßluft, in Ermangelung dieser mit Staubpinsel und Blasebalg. Wird von der Achse Öl abgespritzt, so sind Schutzbleche notwendig, falls andere Abhilfe nicht möglich ist; besonders achte man darauf, daß der Kommutator nicht mit Öl bespritzt wird. Nötigenfalls muß er während des Betriebes häufig gereinigt werden, indem man einen trockenen Leinenlappen, der über ein in Form einer Flachfeile geschnitztes Holzstück gewickelt ist, gegen den Kommutator drückt. Dabei sollte das Berühren der stromleitenden Teile der Maschine auch bei Niederspannung vermieden werden. Angesammeltes Tropföl muß beseitigt werden.

An der Maschine vorhandene Kontakte, Schraubverbindungen usw. sollen sich in gutem Zustande befinden. Schraubverbindungen müssen hier und da untersucht und nachgezogen werden; namentlich gilt das von sich erwärmenden und Erschütterungen ausgesetzten Kontaktschrauben. Schrauben, die sich häufig lösen, müssen mit Hilfe federnder Unterlagescheiben gesichert werden.

Das in feuchten Räumen auftretende Beschlagen der erkalteten Wickelung abgeschalteter Maschinen wird verhütet, wenn man die Erregerwickelung auf einen Hilfsstromkreis schalten und damit die Maschine erwärmen lassen kann.

Bei der meist verwendeten Ringschmierung müssen die Ölbehälter etwa allwöchentlich nachgefüllt und, falls das alte Öl verdickt und verschmutzt ist, mit neuem Öl versehen werden. Zeigt sich übermäßiger Ölverbrauch, so forsche man nach der Ursache und beseitige den Fehler, damit nicht die Maschinenwickelung durch verspritztes oder aufgesaugtes Öl beschädigt wird. Zum Zweck des Reinigens werden die Lager nach dem Ablassen des Öls mit Petroleum gründlich gespült. Dann gießt man frisches Öl nach und läßt es wieder abfließen, bis es nicht mehr nach Petroleum riecht. Bei Kugellagern muß der Zustand der Kugeln zeitweise untersucht werden. Sind Kugeln beschädigt, so wechsle man den ganzen Kugelsatz aus, das Auswechseln einzelner Kugeln erfüllt den Zweck meistens nicht.

Die Erwärmung der Maschinenlager muß während des Betriebs sorgfältig überwacht werden. Steigt die Erwärmung über 80° C, so ist Beschädigung des Weißmetalls zu befürchten. Zu hohe Lagererwärmung entsteht durch übermäßige Riemenspannung, schlechte Schmiermittel, Festsitzen der Ölringe oder auch durch Wärmeübertragung von einem sich überhitzenden Kommutator. Für baldige Abhilfe sorge man.

Besondere Beachtung schenke man der Lagerabnutzung bei Maschinen mit geringem Luftabstand zwischen umlaufendem und festem Teil, damit dem Streifen dieser Teile durch rechtzeitiges Erneuern der Lagerschalen vorgebeugt werden kann.

Über das Behandeln des Kommutators, der Bürsten und Schleifringe vgl. 78—81. Ein Beurteilen des Ganges einer Maschine ist nur möglich, wenn sich Kommutator und Bürsten in gutem Zustand befinden.

Hat eine Maschine künstliche Lüftung, so sorge man dafür, daß nicht etwa Staub oder Schmutz angesaugt wird. Nötigenfalls muß ein Staubfilter eingebaut werden.

Wenn Ersatzmetall für den Bau der Maschinen verwendet ist, kann nur bei sorgfältigstem Instandhalten genügende Betriebssicherheit gewährleistet werden. Bei Maschinen mit Zinkdrahtwickelung muß Überlastung tunlichst vermieden werden, weil das Zink bei Überhitzung sein Gefüge ändert und brüchig wird; auch starkem Frost dürfen stillstehende, mit Zinkdraht bewickelte Maschinen nicht ausgesetzt werden.

77. Instandhalten der Turbogeneratoren. Bei der in Frage kommenden hohen Drehzahl sind einwandfreier mechanischer Lauf und vollkommenes Rundlaufen von Kommutator und Schleifringen Grundbedingung. Ferner muß für gute Lagerschmierung gesorgt werden. Das Schmieröl soll säurefrei sein, keine Neigung zum Schäumen haben und auch bei hohen Wärmegraden, 60—70° C, gut schmieren. Gewöhnlich wird das Öl mittels Pumpe unter einem Druck von 1—2 Atmosphären den Lagern zugeführt. Das zum Ölbehälter zurückfließende Öl muß gekühlt werden. Wird Wasserkühlung angewendet, so achte man darauf, daß kein Wasser in das Schmieröl gelangt. Der Ölfluß und die Erwärmung der Lager müssen sorgfältig überwacht werden.

Die Bürsten sollen mit leichtem Druck auf dem Kommutator oder den Schleifringen liegen. Besonders beachte man, daß von den Bürsten herrührender Kupfer- oder Kohlestaub sich nicht am Kommutator festsetzt und Körperschluß verursacht, im übrigen vgl. 78, 79 und 81.

Das Auswuchten der Maschine kann nur dafür ausgebildeten Fachleuten überlassen werden. Zeigen sich im Betrieb der Maschine Erschütterungen, so muß das Nachwuchten des Rotors oder Nachrichten der Welle durch die Fabrik besorgt werden.

Für die Kühlung der Maschinenwickelung wird die staubfrei zu haltende Frischluft am besten von außen angesaugt und die erwärmte Luft nach außen abgeleitet. Der Frischluftkanal soll nicht durch stark erwärmte Räume, z. B. nicht in der Nähe von Dampfrohren, geführt werden. Ist die Luft außen, in der Nähe des Maschinenraumes nicht staubfrei, so muß staubfreie Luft von entfernteren Stellen angesaugt werden. Erforderlichenfalls baut man Luftfilter ein.

Die Reguliervorrichtungen an der Dampfturbine müssen sorgfältig instandgehalten werden, um ein Durchgehen der Maschine zu verhindern, wie es bei unregelmäßigem Arbeiten des Regulators eintreten kann. Gleiches gilt für die Schnellschlußvorrichtung in der Dampfzuleitung; sie muß von Zeit zu Zeit auf ihre Wirksamkeit geprüft werden. Das Schnellschlußventil soll auslösen, wenn die normale Drehzahl um 15% überschritten wird. Ob das der Fall ist, wird untersucht, indem man den Regulator abkuppelt und die Turbine mit Hilfe des Einlaßventils vorsichtig in Betrieb setzt, dabei die Drehzahl dauernd beobachtend, um das Einlaßventil beim Versagen des Schnellschlußventils rechtzeitig zu schließen.

78. Kommutator. Dem Kommutator, einem der empfindlichsten Teile der kommutierenden Maschine,

soll besondere Sorgfalt zuteil werden, sein guter Zustand ist unerläßliche Bedingung für gutes Arbeiten
der Maschine. Vor allem muß der Kommutator genau
zylindrisch und auf der Oberfläche glatt sein. Ein
nicht zylindrischer und unebener Kommutator verhindert genügenden Bürstenkontakt. Das Unrundlaufen
wird am Wippen und Zittern der Bürsten erkannt.
Die dabei auftretenden Funken verursachen in kürzester Zeit weitgehende Beschädigung der Kommutator-
oberfläche und der Bürstengleitfläche.

Der Kommutator besteht aus Metallsegmenten, die
durch Isolationszwischenlagen, meist Glimmer, getrennt
sind und unter Anwendung von isolierender Zwischen-
lage auf der Kommutatorbuchse festgehalten werden.
Da sich diese Teile im Betrieb stark erwärmen, so ist
es nicht ausgeschlossen, daß sie in der ersten Betriebs-
zeit eine, wenn auch geringe gegenseitige Verschie-
bung erleiden. An neuen Maschinen und solchen, die
längere Zeit außer Betrieb waren, ist daher genaues
Beobachten des Kommutators notwendig. Bei fest-
gestelltem Verziehen des Kommutators warte man
den Beharrungszustand ab, ehe man an das Instandsetzen geht.

Sind die Maschinenlager ausgenutzt und läuft
infolgedessen der Kommutator nicht zentrisch zu der
Bürstenbrücke, so ist die Wirkung die gleiche wie bei
unzylindrischem Kommutator. In solchen Fällen muß
umgehend für Instandsetzen der Lagerschalen gesorgt
werden.

Die nachstehenden Regeln für das Behandeln des
Kommutators gelten sinngemäß auch für Schleifringe.

a) Instandhalten des Kommutators. Bei
einem im Betrieb sich allmählich polierenden Kommutator, auf dem die Bürsten ruhig und funkenlos
laufen, muß dafür gesorgt werden, daß er von Staub
und Schmutz frei bleibt. Zu dem Zweck wird der Kommutator von Zeit zu Zeit mit einem mit Benzin getränkten reinen Leinenlappen (nicht Wolle) abgerie-
ben und wenn nötig eingefettet (vgl. den zweitfolgen-
den Absatz). Wenn der Kommutator rauh wird, so
versuche man zunächst durch Abschleifen (vgl. b)
eine glatte Oberfläche wiederherzustellen.

Bei jedem Abstellen der Maschine muß der Kommutator mit einem reinen, nicht fasernden, mit Benzin
getränkten Leinenlappen von der Schmutzschicht befreit werden.

Vor der Inbetriebnahme muß der Kommutator
ebenfalls gründlich gereinigt werden. Ein Einfetten

des Kommutators mit geringen Mengen Vaseline kann bei sorgfältiger Ausführung unter Umständen gut wirken; starkes Einfetten ist schädlich.

Besonders sorgfältige Wartung erfordern Kommutatoren mit Eisenlamellen.

b) Instandsetzen des Kommutators. Ein unrunder Kommutator verursacht Hüpfen der Bürsten und damit unzulässige Funkenbildung. Soll an einem schadhaften Kommutator eine genau zylindrische Oberfläche wiederhergestellt werden, so ist bei geringer Beschädigung ein Abschleifen, andernfalls ein Abdrehen notwendig. Beides muß an Maschinen, die nicht dauernd laufen, wenn irgend möglich, bei kaltem Kommutator geschehen; bei erwärmtem Kommutator sind die Metallsegmente mehr ausgedehnt als die Isolationszwischenlagen, so daß beim Abschleifen oder Abdrehen von den letzteren weniger weggenommen würde. An dem erkalteten Kommutator würden dann die Isolationen, wenn auch kaum merkbar, überstehen und guten Bürstenkontakt verhindern. Abfeilen des Kommutators ist unzulässig, weil er dadurch unrund würde.

Bei Kommutatoren mit Glimmerisolierung kommt es vor, daß sich der Glimmer weniger abnutzt als das Kommutatormetall, wobei der Bürstenkontakt verringert oder ganz aufgehoben wird. Ersteres hat Funkenbildung, letzteres Versagen der Maschine zur Folge. In solchen Fällen werden die überstehenden Glimmerteile mit Hilfe eines in einen Griff eingeklemmten kurzen Sägeblattabschnitts herausgearbeitet, indem man das Sägeblatt an einem parallel zu den Kommutatorlamellen eingespannten Lineal entlang führt. In größeren Betrieben dienen diesem Zweck nach Art der Hobelmaschinen gebaute Einrichtungen. Nach dem Ausschaben des Glimmers muß man die Kanten der Kommutatorlamellen leicht brechen, um sanftes Übergleiten der Bürsten zu ermöglichen.

Abschleifen: Kleine Unebenheiten auf dem Kommutator lassen sich mit dem Schleifklotz (Abbildung 63) beseitigen. Er muß die Kommutatorrundung haben, an die sich zweckmäßig eine als Staubfänger wirkende Rille x anschließt. Die Rille wird durch eine Abschrägung des Schleifklotzes und eine den Staub abstreichende Filzplatte gebildet. Der Staubfänger muß, um wirksam zu bleiben, rechtzeitig von angesammeltem Staub befreit werden. Der Schleifklotz wird mit Schmirgel-, besser mit Corubinleinen belegt. Die Arbeitsfläche des Schleifklotzes muß hart

sein, weil nur durch eine nicht nachgiebige Schleiffläche
vorstehende Teile weggenommen werden, auch soll der
Belag mit Corubinleinen nicht breiter sein als der
Schleifklotz. Ein Unterpolstern der Schleiffläche, ja
selbst das Aufeinanderlegen mehrerer Lagen Corubinleinen wäre fehlerhaft. Aus dem
gleichen Grunde ist das Anpressen
von Corubinleinen auf den Kommutator mit der Hand wenig wirksam, bei fortgesetzter Anwendung
wegen des dadurch hervorgerufenen
ungleichmäßigen Abschleifens des
Kommutators sogar schädlich. Nur

Abb. 63.

in dringenden Fällen behelfe man
sich damit, daß man Corubinleinen in einer Lage um
ein Brettchen legt, das man hochkant gegen den Kommutator drückt.

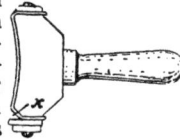

Bei starker Kommutatorabnutzung wird Abschleifen mit einer elektromotorisch angetriebenen Carbo-
rundumscheibe notwendig. Der Drehsinn der Schleifscheibe und des Kommutators müssen übereinstimmen,
so daß die in Berührung kommenden Flächen gegeneinander laufen. Ferner stelle man die Schleifscheibe
so auf, daß der Schleifstaub nach unten fällt. Die
Drehzahl der Schleifscheibe darf das hierfür angegebene
Maß wegen der Gefahr des Zerspringens der Scheibe
nicht überschreiten. Dieser Gefahr vorbeugend, soll
die Scheibe mit einer Schutzverkleidung versehen
werden.

Abdrehen: Das Abdrehen darf nur geübten Monteuren überlassen werden. Durch häufiges Abdrehen
können die Kommutatorlamellen zu sehr geschwächt
werden. Erforderlichenfalls frage man bei der Fabrik
an, bis zu welchem Durchmesser der Kommutator
abgedreht werden darf. Zum Zweck des Abdrehens
bringt man kleine Anker auf eine Drehbank, bei größeren
Maschinen wird ein Support auf das Maschinengestell
geschraubt. Im letzteren Fall beachte man, daß die
Wellen der meisten Maschinen etwas Spielraum in
ihrer Längsrichtung haben. Um ein Verschieben der
Welle in der Längsrichtung während des Abdrehens
zu verhindern, wird an einem der Maschinenlager ein
Bügel angebracht, der mit einer Stellschraube gegen
den Körnerpunkt der Welle preßt. Steht zum Antrieb des Ankers eine genügend langsam laufende
Kraftmaschine nicht zur Verfügung, so muß auf die
Ankerwelle eine Kurbel geschraubt und die Welle
von Hand gedreht werden.

Während des Abschleifens oder -drehens sollten die Bürsten vom Kommutator abgehoben werden. Ist das nicht möglich, so müssen die Bürstengleitflächen nach dem Abschleifen des Kommutators gründlich gereinigt werden.

Sollten durch das Abdrehen an den Kommutatorlamellen Grate entstehen, die die Isolierung überbrücken, so werden sie mit Hilfe eines Schabers oder scharfen Messers beseitigt, wobei man sich hüte, die Isolationen zu beschädigen. Gratbildung wird im übrigen vermieden, wenn man beim Abdrehen nur einen feinen Span wegnimmt.

Nach dem Abschleifen oder -drehen des Kommutators muß die Maschine vom anhaftenden Metallstaub gereinigt werden. Der Metallstaub wird abgebürstet und an schwer erreichbaren Stellen mit einem Blasebalg oder mit etwa verfügbarer Preßluft beseitigt. Zum Schluß wird der Kommutator unter Zuhilfenahme von Benzin abgewischt.

Wiederherstellen der Verbindungen mit den Kommutatorlamellen kann nach Überlastung der Maschine und dabei eingetretenem Loslöten der Verbindungen notwendig werden. Die Verbindungen müssen sorgfältig nachgelötet werden, wobei man einem durch abfließendes Lot möglichen Überbrücken der Isolierungen vorbeugen muß.

Lockern des Kommutators, sei es der Kommutatorbuchse auf der Welle oder der Kommutatorlamellen, wie es durch Erschütterungen, z. B. bei nicht genügend starken Fundamenten, vorkommen kann, muß durch Nachziehen der zugehörigen Befestigungen tunlichst umgehend behoben werden. Gelockerte Lamellen sind im Betrieb an heftigem Hämmern der Bürsten und an Anfressungen auf den Lamellen erkennbar.

79. Schleifringe. Die Anleitungen für das Behandeln des Kommutators gelten sinngemäß auch für Schleifringe. Die Schleifringe müssen von Zeit zu Zeit leicht eingefettet werden; namentlich ist das notwendig, wenn sich bei nicht eingefetteten Schleifringen Metallstaub ablöst und benachbarte Maschinenteile verschmutzt. Zeigen sich Anfressungen, so empfiehlt sich Abschleifen mit Spachtelstein. Zwischen den Schleifringen sich sammelnder Bürstenstaub muß rechtzeitig beseitigt werden.

80. Auswechseln des Kommutators. Das Auswechseln eines abgenutzten Kommutators gegen einen

neuen geschieht bei kleinen Maschinen wie folgt: Der
Anker wird aus der Maschine genommen und durch
Unterstützen der Wellenenden auf zwei Holzböcken
gelagert. Falls sich die Lage der zum Kommutator
führenden Ankerdrähte nach dem Abnehmen des
Kommutators von der Welle ändern kann, bezeichnet
man einen der Drähte, etwa durch Umwickeln mit
einem Bindfaden, und vermerkt die Stellung der zugehörigen Kommutatorlamelle auf der Ankerwelle, um
die gleiche Lage der Ankerdrähte zur Maschinenwelle
nach dem Auswechseln des Kommutators beizubehalten.
Ist das geschehen, so werden die Verbindungen der
Ankerdrähte mit dem Kommutator gelöst, wonach die
feste Verbindung des Kommutators mit der Ankerwelle
beseitigt und der Kommutator von der Welle abgestreift
wird. Zusammengehörige Ankerdrähte muß man zuvor zusammenbinden. Das freigelegte Wellenstück
reinigt man mit einem geölten Lappen und versucht,
ob sich der neue Kommutator gut passend über die
Welle schieben läßt; ist das der Fall, so befestigt man
den Kommutator in der endgültigen Lage.

Ankerdrähte, die durch Verschraubung mit dem
Kommutator verbunden sind, müssen vor dem Einlegen in die neuen Kontakte mit feinkörnigem Schmir-
gel- oder Corubinleinen blank gemacht werden. Auf
das Wiederherstellen guter Kontaktverbindungen lege
man größtes Gewicht.

Sind die Ankerdrähte durch Verlöten mit den
Kommutatorlamellen verbunden, so werden sie mittels
Lötkolbens frei gelegt. Vor dem Aufbringen des neuen
Kommutators müssen die Enden der Ankerdrähte und
die Kontaktstellen am Kommutator gut verzinnt werden. Nachdem der Kommutator auf der Welle befestigt
ist, werden die Ankerdrähte mittels des Lötkolbens eingelötet. Dabei muß für verläßliches Löten (vgl. 189)
gesorgt und darauf geachtet werden, daß die Isolationen zwischen den Kommutatorlamellen durch die
Hitze beim Löten nicht verkohlt oder durch abtropfen-
des Lot zerstört werden, ferner daß das Lot die Isolationen nicht überbrückt und dadurch Kurzschluß
zwischen den Lamellen herbeiführt. — Über das Ein-
bringen des Ankers in die Maschine vgl. 72.

81. **Bürsten.** Soweit für die Schleifkontakte aus
Kohle, sog. Kohlebürsten, sinngemäß das gleiche gilt
wie für Kupferbürsten, wird nachstehend allgemein
von Bürsten gesprochen. Vor Versuchen mit neuen
oft angepriesenen Bürstenfabrikaten wird gewarnt,
weil die Bürstenart dem Kommutator genau angepaßt

sein muß. — Erste Bedingung für das Hintanhalten
schädlicher Funkenbildung ist richtiges Anliegen der
Bürsten. Die Bürsten sollen mit genügender Kontaktfläche gut federnd gegen den Kommutator oder die
Schleifringe drücken, so daß sie kleinen Unebenheiten
des Kommutators folgen. Zu starkes Drücken der
Bürsten verursacht übermäßige Abnutzung, bei zu
leichtem Aufliegen der Bürsten kann der Kontakt
zeitweise aufgehoben und dadurch Funkenbildung verursacht werden. — Die Berührungspunkte der Bürsten
mit dem Kommutator müssen einander gegenüber-
liegen oder bei mehrpoligen Maschinen (vgl. 33 d)
gleichen gegenseitigen Abstand haben. Um das festzustellen, zählt man die zu beiden Seiten zwischen den
Bürsten liegenden Kommutatorlamellen, oder man
mißt den Abstand der Bürsten mit einem über den
Kommutatorumfang gelegten Papierstreifen. — Vor
dem Einsetzen der Bürsten müssen die Bürstenhalter
innen gereinigt werden. Die Bürsten sollen sicher in
den Haltern sitzen und gleich weit aus ihnen hervorragen. — Zwischen Bürstenhalter und Bolzen müssen
die metallischen Berührungsflächen rein sein, um
gute Stromleitung zu ermöglichen. Der Bürstenhalter muß sich nach dem Lösen der Klemmschraube
leicht auf seinem Bolzen drehen und verschieben lassen,
um genaues Einstellen zu ermöglichen. Die Isolation
zwischen Bolzen und Bürstenbrücke muß sich in gutem
Zustand befinden. — Die Bürsten sollen den Kommutator gleichmäßig abnutzen und daher in der Längsachse des Kommutators so verteilt sein, daß an der
einen Auflagestelle freie Kommutatorteile von den
folgenden Bürsten überdeckt werden. Bei mehrpoligen Maschinen erhalten die aufeinanderfolgenden
Sätze von positiven und negativen Bürsten überein-
stimmende Stellung auf ihren Bolzen, erst die Bürsten der folgenden Bolzenpaare werden versetzt. Damit wird die an den positiven und negativen Bürsten
auftretende ungleiche Kommutatorabnutzung berücksichtigt. Bei fehlerhafter Einstellung der Bürsten bilden sich auf dem Kommutator Rillen, die ein Ecken
der Bürsten und dadurch Funkenbildung verursachen.
— Mitunter ist ein Staffeln der Bürsten (Versetzen der
auf einem Bolzen sitzenden Bürsten, so daß etwa drei
Kommutatorlamellen überbrückt werden) zweckmäßig.
Notwendig ist das bei Ankern mit zweigängiger Wickelung, wie sie bei Maschinen für niedere Spannung und hohe
Stromstärke in chemischen Betrieben vorkommen. —
Wird ein Abnehmen der Bürsten notwendig, so sollten

die Bürsten, deren Halter und die Bolzen numeriert werden, damit tunlichst wieder die ursprüngliche Bürsteneinstellung erreicht wird. Ändert man die Stellung der Bürsten zum Kommutator auch nur wenig, so ist Einlaufen oder Einschleifen der Bürsten von neuem erforderlich. — Vor dem Vollbelasten einer Maschine müssen die Bürsten gut eingelaufen sein. Nach dem Einsetzen neuer oder instandgesetzter Bürsten belaste man die Maschine nur allmählich. Dabei beobachte man die Maschine, um bei eintretender Funkenbildung etwaige Fehler in der Bürstenstellung zu beseitigen, ehe die Bürsten oder der Kommutator beschädigt werden.

a) **Kohlebürsten** sind am gebräuchlichsten, sie bewähren sich bei der mit wechselnder Belastung der Maschinen unter Umständen verbundenen Funkenbildung mehr als Kupferbürsten. Die Kohlen werden meist radial, seltener schräg zum Kommutator gestellt. Weiche Kohlebürsten können auf das cm² mit 6,5—7 A belastet werden, härtere Kohlen, die für die Erzielung einer guten Kommutatorpolitur günstiger wirken, lassen sich weniger hoch belasten. Mitunter werden die Kohlen mit Paraffin oder einer von der Fabrik ausgegebenen wachsartigen Masse getränkt, um die Kommutator- und Kohleabnutzung zu verringern. Diese Hilfsmittel sind nur bei einwandfrei kommutierenden Maschinen verwertbar.

Damit die Kohlebürsten nicht infolge mangelhaften Kontaktes glühend werden, müssen sie auf dem Kommutator gut eingeschliffen sein. Um das zu erreichen, werden die Bürsten mittels der federnden Druckhebel bei stillstehender Maschine möglichst stark gegen den Kommutator gepreßt, worauf man einen Streifen Schmirgel- oder Corubinleinen $s\,s$ (Abb. 64), mit der

Abb. 64.

rauhen Seite der Kohle zugewendet, in der Drehrichtung des Kommutators so lange unter der Kohle hindurchzieht, bis sie die Kommutatorrundung angenommen hat. Hin- und Herziehen des Schmirgelstreifens ist nur bei Maschinen mit wechselnder Drehrichtung zweckmäßig. Beim Einschleifen der Kohlen achte man darauf, daß der Schmirgelstreifen der Kommutatorrundung genau folgt, weil sonst die Kanten der Kohle abgerundet und weniger betriebsfähig würden. Nach dieser vorbereitenden Behandlung der Bürsten muß die Maschine behufs weiteren Bürsteneinschleifens einige Zeit leer laufen, worauf allmäh-

7*

lich zur vollen Belastung übergegangen wird.   Auf
der Bürstenschleiffläche sich festsetzender Metallstaub muß abgewischt werden.

Beim Auswechseln von Kohlebürsten muß vermieden werden, daß Kohlen verschiedener Herkunft
oder verschiedenen Widerstandes, abgenutzt und un-
abgenutzt, an den gleichen Bürstenbolzen oder bei
mehrpoligen Maschinen (Abb. 14) an gleichpoligen
Bürstenbolzen eingesetzt werden. Ungleichartige Bürsten verhalten sich verschieden in der Stromaufnahme
und bedingen, nebeneinander gereiht, ein Überlasten
und damit Überhitzen eines Teiles der Bürsten.

b) Kupferbürsten werden vornehmlich bei
Maschinen für niedere Spannung und sehr hohe Stromstärke (Metallurgie) angewendet. Man unterscheidet
zwischen den selten vorkommenden tangential anliegenden Bürsten und schräg liegenden Bürsten.

Tangential anliegende Bürsten (Abb. 65a)
sollen, wenn sie noch nicht eingeschliffen sind, nicht
mehr als 4 bis 5 mm über die Berührungsstelle mit
dem Kommutator vorstehen. Ist eine der aus einzelnen
Drähten oder Blechen bestehenden Bürstenlagen nahezu durchgeschliffen, so werden die Bürsten gewendet,
so daß die abgenutzte Seite außen
liegt. Auf beiden Seiten abgenutzte
Bürsten werden hinter der einge-
schliffenen Stelle abgeschnitten.

Schräg anliegende Bür-
sten (Abb. 65b) eignen sich nur
für funkenlos laufende Maschinen,
weil die Gleitflächen der aus dün-

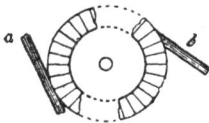

Abb. 65.

nen Blechen oder aus feinem Drahtgeflecht hergestellten
Bürsten durch die Funkenbildung verschmelzen und
dann die Funkenbildung vermehren. Sollen die Bürsten gereinigt werden, so nimmt man sie, um eine Ver-
änderung in der Lage der Schleiffläche zum Kommutator zu vermeiden, tunlichst mit den Haltern von
den Bürstenbolzen ab und spült sie in Benzin aus.
Schleifen sich die vorderen Lagen dieser Bürsten nicht
ab, so müssen die überstehenden, sich auf dem Kommutator vorschiebenden Teile mit der Schere oder Feile
entfernt werden, ohne daß man die übrige eingeschlif-
fene Fläche beschädigt.

82. Verstellen der Bürstenbrücke. Die Bürsten
sollen sich in der für geringe Funkenbildung und für
die erforderliche Spannung oder Drehzahl bei Motoren, günstigsten Stellung befinden. Ist bei wechselnder Belastung ein Verstellen der Bürstenbrücke

überhaupt notwendig, so wird sie zunächst auf die
für Leerlauf bestimmte Marke eingestellt. Bei zunehmender Belastung wird die Bürstenbrücke bei
Stromerzeugern im Sinne der Drehrichtung, bei Motoren entgegen der Drehrichtung verschoben. Verschiebt man die Bürsten zu weit in der Richtung
geringer Funkenbildung, so tritt bei Stromerzeugern
ein Abfallen der Spannung und bei Motoren ein Verringern der Drehzahl ein.

83. Instandsetzungsarbeiten. Große Instandsetzungen
müssen in den Fabriken ausgeführt werden, kleine
und eilig notwendige kann ein erfahrener Monteur
an Ort und Stelle vornehmen, wenn sie auch aus
Mangel an geeignetem Material oft nur als Behelf
gelten können. Beschädigte Isolationen an den Bür-

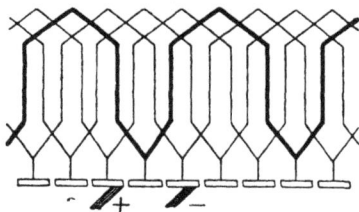

Abb. 66.

sten, Klemmen usw. werden möglichst nach dem
Muster der alten Isolationen wieder hergestellt. Die
Instandsetzungen an Anker und Magneten sind nach-
stehend kurz beschrieben.

a) **Anker.** Die Instandsetzungen bestehen im
Beseitigen von Isolationsfehlern sowie im Erneuern
von Spulen und Bandagen.

Bei der meist üblichen Schablonenwickelung werden geeignet geformte Drähte oder fertige Spulen in
die mit Isolierung ausgekleideten Ankernuten eingelegt oder eingezogen. Als Beispiel einer Spulenanord-
nung ist in Abb. 66 die in eine Ebene ausgelegt gedachte Wellenwickelungs-Reihenschaltung für eine vierpolige Maschine mit zwei Bürsten und in Abb. 67
eine Schleifenwickelungs-Parallelschaltung für eine vierpolige Maschine mit vier Bürsten dargestellt. In beiden Abbildungen ist eine fortlaufende Welle oder
Schleife stark ausgezeichnet.

b) **Magnete:** Beim Auftreten von Isolationsfehlern
muß man die schadhaften Magnetschenkel in der Regel

abwickeln. Der Magnetschenkel wird von der Maschine abgenommen und auf eine Drehbank gespannt. Diese wird während des Abwickelns des Drahtes langsam gedreht, wobei man den Draht auf einen Haspel windet, um ihn nach dem Beseitigen des Isolationsfehlers wieder auf den Schenkel zu wickeln. Beim Neuwickeln achte man darauf, daß die ursprüngliche Windungsrichtung beibehalten wird. Der Draht wird auf einen das Schenkeleisen umgebenden Rahmen gewickelt, der entweder aus geeignetem Isolierstoff hergestellt oder mit solchem ausgekleidet ist. Besondere Sorgfalt schenke man dem Isolieren des Drahtes

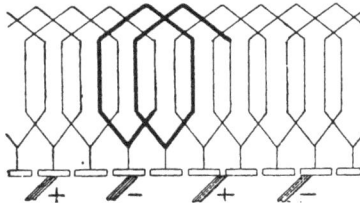

Abb. 67.

an den Kanten des Spulenrahmens. Jede Drahtlage wird mit Zinkweiß oder mit Isolierlack gestrichen. Vor dem Benutzen muß der Schenkel gut ausgetrocknet werden, am einfachsten, indem man Strom durch die Schenkelwickelung schickt. Ferner sorge man für sichere Leitungsverbindungen zwischen den Magnetschenkeln und an den Stromzuführungen für die Schenkelerregung, da Unterbrechung des Schenkelstroms zu den ernstesten Betriebsstörungen führen kann. Die Verbindungen der Schenkel an der Maschine müssen hergestellt werden, wie sie zuvor waren. Über die Schaltung der Schenkel geben Abb. 11, 12, 13, 24 und 25 Aufschluß.

84. Zulässige Erwärmung der Maschinenteile. Die zulässigen höchsten Erwärmungen sind durch die Normalien des Verbandes Deutscher Elektrotechniker für Bewertung und Prüfung von elektrischen Maschinen und Transformatoren festgelegt. Danach dürfen unter der Annahme, daß die Temperatur in der Umgebung der Maschinen nicht über 35° C beträgt, die nachstehend verzeichneten wesentlichen Maschinenteile keine höhere Erwärmung annehmen als:

Ruhende Gleichstrom-Schenkelwickelung bei Iso-
lierung durch nicht feuerbeständig getränkte
· Baumwolle (gleiches gilt für die Wickelung von
Transformatoren) 85⁰
Umlaufende Wickelungen und in Nuten einge-
legte Wechselstromwickelungen bei Isolierung
durch nicht feuerbeständig getränkte Baumwolle 75⁰
Kommutatoren 90⁰
Eisenteile mit eingebetteten Wickelungen bei
Stromerzeugern und Motoren 85⁰
Maschinenlager. 80⁰

Zum Bestimmen der Erwärmung wird ein Thermometer an die sich erwärmenden, nicht der durchstrei-
chenden Luft ausgesetzten Maschinenteile gebunden.
Dabei umwickelt man die Thermometerkugel zur Ver-
besserung der Wärmeübertragung mit Stanniol. Wärme-
verlust vermeidet man durch Abdecken der Thermometerkugel und der Meßstelle mit einem kleinen
Päckchen Putzwolle. Für Wärmemessungen an Stellen
von Wechselstrommaschinen und Transformatoren,
die magnetische Streufelder vermuten lassen, sind
Thermometer mit nicht leitender Flüssigkeitsfüllung
notwendig. Die Lufttemperatur wird bestimmt, indem
man ein Thermometer an einer zugfreien Stelle in
der Nähe der Maschine aufhängt. Soll die Temperatur-
zunahme aus dem vor und nach dem Versuch gemessenen Maschinenwiderstand ermittelt werden, so
rechnet man bei Kupferwickelung etwa für je 1%
Widerstandszunahme 2,5⁰ C Temperaturerhöhung.

Untersuchen der Maschinen und Transformatoren.

85. Mechanische Fehler. Zuerst muß nachgesehen werden, ob die Maschine ordnungsmäßig montiert ist und ob die Abnutzung der Lager die zulässige
Grenze nicht überschritten hat.

Der umlaufende Teil der Maschine (Anker, Rotor)
darf nicht schlagen. Bei unmittelbarer Kuppelung von
Maschinen müssen die beiderseitigen Achsen und Ach-
senkuppelungen genau ausgerichtet sein. Gleiches gilt
bei Riementrieb für das Ausrichten der Antriebscheiben. Ob der Luftspalt zwischen umlaufendem und
festem Teil der Maschine allseitig gleich groß ist, wird

durch Einschieben von Meßblechen bei stillstehender Maschine geprüft.

86. Schluß gegen das Eisen. Die Wickelung der Maschine muß gegen das Eisengestell isoliert sein. Die Güte der Isolation soll sowohl bei der ersten Inbetriebnahme der Maschine, als auch später von Zeit zu Zeit untersucht werden. Das bei der Isolationsprüfung einzuschlagende Verfahren ist unter 253 beschrieben. Zeigt sich ein Fehler, so löse man die Verbindungen der Maschinenteile (des Ankers, der Schenkel und der Bürsten), um diese Teile für sich auf Isolation zu prüfen. In erster Linie sind Fehler an Stellen zu vermuten, an denen die Wickelung in scharfem Knick gebogen ist oder die Isolierung an scharfkantigen Maschinenteilen anliegt. Nur in dringenden Fällen kann bei einem den Betrieb nicht unbedingt behindernden Fehler vom sofortigen Instandsetzen abgesehen werden.

Beim Aufsuchen von Körperschluß messe man die Isolation tunlichst beim Stillstehen und Laufen der Maschine, im kalten und warmen Zustand, da sich Fehler bei stillstehender kalter Maschine zuweilen nicht zeigen (vgl. 74 vorletzt. Abs.).

87. Anker der Gleichstrommaschine.

a) K u r z s c h l u ß i m A n k e r. Unter Kurzschluß versteht man einen Nebenschluß von geringem Widerstand zwischen zwei Punkten eines Stromkreises. Liegt z. B. zwischen den Enden der Ankerspule abc (Abb. 68) der punktiert gezeichnete Leiter ac, so nimmt der eigentliche Ankerstrom seinen Weg durch diesen Leiter. Die in sich geschlossene

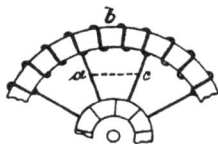

Abb. 68.

Spule erzeugt dagegen in dem Stromkreise $abca$ starke Ströme, die in kürzester Zeit die Spule erwärmen und verbrennen. In der Regel macht sich der Brandgeruch so bald bemerkbar, daß die Spule durch Abstellen der Maschine vor gänzlicher Zerstörung bewahrt werden kann. Liegt der Fehler im Ankerinnern, so ist gründliches Instandsetzen nicht zu umgehen. Häufiger hat der Fehler seinen Grund in einem durch Kupferstaub zwischen den Kommutatorlamellen entstandenen leitenden Schluß, was auf nachlässiges Reinigen zurückzuführen ist und leicht beseitigt werden kann.

Derartige Fehler können ferner durch Feuchtigkeit entstehen, wenn die Maschinen beim Transport naß wurden oder längere Zeit in einem feuchten Raum unbenutzt gestanden haben. Eine feucht gewordene Maschine, zum mindesten aber der Anker, muß vor der Inbetriebnahme getrocknet werden (vgl. 74, Abs. 2 u. 3).

b) Unterbrechung im Anker ist häufig der Grund für das Ausbleiben der Spannung bei Stromerzeugern. Soll auf diesen Fehler untersucht werden, so setzt man den Stromerzeuger, Nebenschlußmaschinen durch Fremdstrom erregt, Reihenschlußmaschinen über einen Widerstand geschlossen, in Betrieb. Hierauf berührt man (Abb. 69) mit einem kurzen Draht xy eine Bürste und einen um einige Lamellenbreiten davon entfernten Punkt des Kommutators. Gibt die Maschine dann Strom, so nimmt er in Form eines Lichtbogens, der mit dem Kommutator umläuft, seinen Weg über die unterbrochene Stelle. Beim Auftreten dieser Erscheinung, die bei Motoren ohne weiteres, d. h. ohne das in Abb. 69 dargestellte Verfahren sich zeigen kann, muß die Maschine ausgeschaltet und abgestellt werden. Die fehlerhafte Spule ist an der zugehörigen verbrannten Stelle des Kommutators erkennbar. Unter Umständen machen sich schlechte Kontakte außer an den zugehörigen Kommutatorlamellen auch durch Brandstellen auf den Lamellen im doppelten Polabstand an der Fehlerstelle bemerkbar. Der Fehler selbst kann liegen in mangelhafter Lötung zwischen den Spulen, in schlechter Verbindung der Spulen mit dem Kommutator oder darin, daß ein Ankerdraht abgerissen ist.

Häufiger als das Vorhandensein vollkommener Unterbrechung sind mangelhafte Kontakte im Anker selbst oder in den Verbindungen mit dem Kommutator. Das äußert sich durch Zerstörung von Kommutatorlamellen infolge der an diesen Stellen stärkeren Funken. Zeigen sich einzelne Lamellen angegriffen, so untersuche man die zugehörigen Verbindungen an Anker und Kommutator; vorhandene Schraubverbindungen werden wenn nötig nachgezogen, Lötverbindungen erneuert usw.

c) Aufsuchen eines Fehlers im Anker. Hat der Anker Schluß gegen das Eisen, so zeigt sich Stromübergang, wenn man den einen Pol einer Stromquelle mit den Ankerdrähten und den anderen mit der Welle oder dem Maschinengestell in Berührung bringt. Um auf kurzen Schluß oder Unterbrechung in den Ankerwindungen zu untersuchen, sendet man durch den aus der Maschine genommenen oder in der Maschine festgehaltenen Anker eine dessen zulässiger Belastung entsprechende Stromstärke. Zu diesem Zweck verbindet man die Enden der zu einem Stromerzeuger führenden Leitungen, in die Widerstand eingeschaltet wird, mit zwei einander gegenüberliegenden Kommutatorlamellen oder den zugehörigen Ankerdrähten; bei mehrpoligen Maschinen mit parallelgeschalteten Ankerspulen (vgl. Abb. 15) muß die Verbindung mit den einen bestimmten Winkel einschließenden Ankerdrähten hergestellt werden. Die dabei an den Enden der Ankerspulen auftretenden Spannungen werden gemessen und unter sich verglichen. Die Spannungen sind bei fehlerlosem Anker an seinem ganzen Umfang gleich groß; niedrigere Spannung weist auf kurzen Schluß, höhere auf Unterbrechung oder auf schlechten Kontakt hin.

Wurde die Untersuchung ausgeführt, ohne den Kommutator vom Anker abzunehmen, so muß wenn nötig nach dem Entfernen des Kommutators nochmals untersucht werden, da der Fehler auch in letzterem oder in den Verbindungen zwischen Kommutator und Anker liegen kann.

Die Untersuchung des Kommutators muß auf die Isolation der Lamellen gegen die Kommutatorbuchse und auf die gegenseitige Isolation der Lamellen ausgedehnt werden. Dabei beachte man, daß die Isolation gegen die Kommutatorbuchse die Betriebsspannung auszuhalten hat, während es sich bei der gegenseitigen Isolation der Lamellen nur um wenige Volt handelt.

88. Schenkelwickelung der Gleichstrommaschine.

a) Kurzschluß in der Schenkelwickelung. Sind bei einem Stromerzeuger alle Schenkelspulen kurz

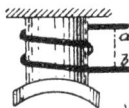

Abb. 70.

geschlossen, so kommt er nicht auf Spannung — er geht nicht an. Besteht der Kurzschluß a b (Abb. 70) nur an einem Schenkel oder an einem Teil der Schenkel, so gibt ein Stromerzeuger bei regelrechter Drehzahl verminderte Spannung und zeigt Bürstenfeuer. Ähnliches zeigt sich bei verkehrter Schaltung der Schenkelspulen (vgl. 33 und 35).

Ein belasteter Motor verursacht bei kurzgeschlossener Schenkelwickelung Kurzschluß im Leitungsnetz und Durchbrennen der Sicherungen. Tritt letzteres nicht ein, so verbrennt der Anker. Ein unbelasteter oder wenig belasteter Motor nimmt erhöhte Drehzahl an. In gleicher Weise wirkt verkehrte Schaltung einzelner Schenkelspulen.

b) Unterbrechung in der Schenkelwickelung bewirkt bei einem Stromerzeuger das Ausbleiben der Spannung. Ein Hauptstrommotor läuft nicht an oder bleibt stehen, wenn er im Betrieb ist. Ein belasteter Nebenschlußmotor verursacht Kurzschluß im Leitungsnetz, unter Umständen verbrennt sein Anker. Ein unbelasteter Nebenschlußmotor nimmt sehr hohe Drehzahl an, die explosionsartige Zerstörung des Ankers zur Folge haben kann.

c) Aufsuchen eines Fehlers in der Schenkelwickelung. Kurzschluß an den Schenkelspulen besteht meist in einem äußerlich sichtbaren Schluß der Klemmverbindungen, sei es der Verbindungen untereinander oder mit dem Eisengestell der Maschine. Ein Kurzschluß im Innern einer Schenkelwickelung ist im Betrieb an der geringen Erwärmung der Schenkelspule erkennbar. Bei wenigpoligen Maschinen hat der Kurzschluß von Schenkelspulen eine Magnetisierung der Maschinenwelle zur Folge und kann daran erkannt werden. Ferner läßt sich Kurzschluß in Schenkelspulen durch Messen der Spannungen an den Spulenklemmen feststellen, wenn man die Schenkel durch Fremdstrom erregt, — dabei ergibt sich für eine kurz geschlossene Schenkelspule geringere Spannung als für die unbeschädigten Spulen.

Unterbrechung der Schenkelwickelung wird meist durch mangelhafte Verbindung der Schenkelspulen untereinander verursacht, vor allem ist daher eingehende Untersuchung dieser Verbindungen notwendig. Sind Schenkelspulen parallel geschaltet, so untersuche man, ob alle Verbindungen gleichmäßig gut hergestellt sind, weil andernfalls die Schenkel ungleich magnetisiert werden. Unterbrechung im Innern einer Schenkelspule, die in der Regel an der ein- oder ausführenden Leitung zu suchen ist, kann am einfachsten mit dem Galvanoskop festgestellt werden.

Nach dem Beseitigen eines Fehlers in der Schenkelschaltung eines Stromerzeugers muß die Polbezeichnung festgestellt werden (vgl. 21), bevor man die Maschine mit anderen parallel schaltet.

89. Ein Gleichstromerzeuger kommt nicht auf Spannung — geht nicht an. Die Ursachen können sein:

a) Gelöste Verbindungen.

b) Kurzschluß im Anker (vgl. 87), an der Bürstenbrücke oder der Schenkelwickelung (vgl. 88), bei Nebenschlußstromerzeugern auch an den Maschinenklemmen oder im äußeren Stromkreis; der äußere Stromkreis muß daher erforderlichenfalls abgeschaltet werden.

c) Unterbrechung im Anker (vgl. 87) oder an den Schenkeln (vgl. 88).

d) Vorstehen der Isolierungen zwischen den Kommutatorlamellen (vgl. 78).

e) Fehlerhafte Bürstenstellung (vgl. 82). Wird das vermutet, so schiebt man die Bürstenbrücke versuchsweise vor und zurück.

f) Verkehrte Schaltung der Schenkel.

g) Zu schwacher zurückgebliebener (remanenter) Magnetismus. Um das Angehen der Maschine herbeizuführen, erregt man die Schenkel von einer Hilfsstromquelle aus. Bei Nebenschlußmaschinen (vgl. 33 b) kann es genügen, den äußeren Stromkreis auszuschalten, weil dann die magnetische Rückwirkung des Ankers auf die Schenkel am geringsten ist; den Regulierwiderstand schließt man kurz, die Maschine soll mindestens mit der vorgeschriebenen Drehzahl laufen.

90. Ein Gleichstrommotor läuft nicht an. Die Ursachen können sein:

a) Gelöste Verbindungen.

b) Kurzschluß an den Maschinenklemmen oder am Anker (vgl. 87), desgleichen an den Schenkeln, wenn es sich um Anlauf unter Last handelt (vgl. 88).

c) Unterbrechung im Anker (vgl. 87) oder in den Schenkeln; beim Nebenschlußmotor wird durch Unterbrechung in den Schenkeln nur dann ein Nichtanlaufen verursacht, wenn er unter Last anlaufen soll (vgl. 88).

d) Vorstehen der Isolierungen zwischen den Kommutatorlamellen (vgl. 78).

e) Fehlerhafte Bürstenstellung (vgl. 82).

91. Ursachen für starke Funkenbildung. Die am Kommutator auftretenden Funken sollen nie so groß sein, daß sie über die Berührungsfläche der Bürsten hervortreten oder gar glühende Bürstenteile mit sich fortreißen. Zu starke Funken entstehen durch Fehler an der Maschine oder im äußeren Stromkreis.

I. Fehler an der Maschine:

a) Fehlerhafte Schaltung der Schenkel- oder der Wendepol-Wickelung (vgl. 33) bei neu in Betrieb zu nehmenden Maschinen.

b) Schlechter Zustand des Kommutators (vgl. 78).

c) Schlechter Zustand der Bürsten (vgl. 81).

d) Fehlerhafte Einstellung der Bürsten. Treten beim Einstellen der Bürstenbrücke auf geringe Funkenbildung an einer Bürste größere Funken auf als an der anderen, so liegt das meist daran, daß die Bürsten ungleich abgenutzt oder nicht richtig eingestellt sind.

e) Schadhafte Stellen in der Wickelung der Maschine (vgl. 86—88). Sind die Magnete ungleich erregt, so zeigen sich an der einen Bürste stärkere Funken als an der andern, ähnlich wie bei ungleicher Einstellung der Bürsten (vgl. d). Das kann durch kurzen Schluß an einzelnen Magnetschenkeln (vgl. 88a) verursacht werden, oder es sind bei Maschinen mit parallel geschalteten Magnetschenkeln die Kontakte an den Klemmen eines oder mehrerer Schenkel mangelhaft, so daß die Schenkel von ungleich starkem Strom durchflossen werden.

f) Zu hohe Drehzahl bei Nebenschlußstromerzeugern. Ist die regelrechte Drehzahl einer Maschine wesentlich überschritten, so wird für die volle Maschinenleistung zu geringe Schenkelerregung erforderlich und dadurch Funkenbildung bedingt.

II. Außerhalb liegende Fehler können ein Überlasten der Maschine oder bei Leitungsunterbrechung ein Stromlosbleiben herbeiführen. Die Fehler sind an dem zur Maschine gehörigen Stromzeiger erkennbar, der im ersteren Fall höheren Strom zeigt, als nach dem Leistungsschild für die Maschine zulässig ist, und im zweiten Fall in der Nullstellung bleibt. Ein Überlasten bei Stromerzeugern tritt ein durch Einschalten zu vieler Stromverbraucher oder durch Isolationsfehler im Leitungsnetz und dadurch bedingten Nebenschluß, bei Motoren durch zu hohe Stromentnahme für den Betrieb der Arbeitsmaschinen.

92. **Fehler an Wechselstrommaschinen und Transformatoren.** Außer den vorstehenden, vornehmlich für Gleichstrom geltenden, zum großen Teil aber auch für Wechselstrommaschinen zu verallgemeinernden Regeln beachte man folgendes: Fehler in Wechselstrommaschinen und Transformatoren äußern sich meist in starker Erwärmung von Spulen auch bei unbelasteten normal erregten Maschinen oder Transformatoren, in außergewöhnlich hohem Erregerstrom bei Maschinen, durch große Leerlaufarbeit bei Maschinen oder Transformatoren, ferner durch stärkeres, vom Kurzschluß von Wickelungsabteilungen herrührendes Brummen. Kurzschluß in der Wickelung entsteht durch schlechte Isolierung der Drahtwindungen gegeneinander oder durch Überspannungen, wie sie bei unfachgemäßem Schalten auftreten. Erkennbar sind derartige Über-

schläge von Windung zu Windung meistens durch
Schmelzperlen und sog. Punktierungen an den Drähten.
Sind an Maschinen seitliche Bleche lose, so können sie
infolge der wechselnden Magnetisierung in Schwingung
geraten und dadurch brummen; das wird durch Verkeilen
der Bleche beseitigt. An den Schleifringen für die Magneterregung auftretende Funken sind meist auf mangelhafte Unterhaltung, Unrundlaufen oder Verschmutzen
der Schleifringe zurückzuführen. Ferner können
Funken an den Bürsten durch zeitweise in der Mag-
netwickelung auftretende Unterbrechungen entstehen.
Hat bei einem Drehstrommotor mit Schleifringen eine
Bürste unsicheren Kontakt, so macht sich das bei
kleinen Anlagen durch Flimmern der an den gleichen
Stromkreis angeschlossenen Glühlampen bemerkbar;
hat eine Bürste überhaupt keinen Kontakt, so fällt
der Motor bei Belastung auf halbe Drehzahl. Ein
Versagen von Wechselstrommaschinen kann ferner
seinen Grund in einem Fehler in der Magneterregung
haben, sei es daß die Erregermaschine keinen Strom
gibt — nicht auf Spannung kommt — oder daß die
Schenkelwickelung der Wechselstrommaschine unterbrochen ist.

Wechselstrommotoren erhalten zur Erzielung eines
günstigen Leistungsfaktors geringen Luftzwischenraum
zwischen feststehendem und umlaufendem Teil. Durch
das Auslaufen der Lager kommt es vor, daß diese
Teile aufeinander schleifen. Daher muß für rechtzeitiges Nachstellen oder Erneuern der Lagerschalen
gesorgt werden.

Bei Drehstromerzeugern kann sich ein Fehler
auch dadurch äußern, daß bei unbelasteter oder in
den drei Stromzweigen gleichmäßig belasteter Maschine
die drei Spannungen verschieden sind; bei Motoren
dadurch, daß der Anlaufstrom groß und die Zugkraft gering ist, und daß die Stromstärken in den drei
Leitungszweigen verschieden sind. Bei Drehstrommotoren mißt man bei abgehobenen Bürsten, also
stillstehendem Motor, aber erregtem Stator, die Spannungen zwischen den drei Schleifringen. Die Spannungen
sind bei fehlerloser Maschine in allen Stellungen des
Ankers nahezu gleich. Bei Motoren mit Kurzschlußanker ist dies Verfahren nicht brauchbar. Läuft ein
Drehstrommotor nicht von selbst an, läuft er aber
weiter, wenn er von Hand in beliebiger Richtung angetrieben wird, so ist eine Leitung unterbrochen.

Ist bei Hochspannungserzeugern die Wickelung
in isolierende Hüllen, z. B. Glimmerhülsen, derart

eingeschlossen, daß innen Lufträume bleiben, so kann bei Glimmlichtstrahlung der Drähte durch die dabei sich bildende salpetrige Säure die Isolierung zerstört werden. Es entstehen dann Kurzschlüsse zwischen den Windungen. Bei dem daraufhin notwendigen Auswechseln der Wickelung müssen die Hohlräume in den Hülsen mit Isoliermasse ausgefüllt werden, indem man die Wickelung z. B. asphaltiert. Damit erreicht man gleichzeitig Schutz der Wickelung gegen ätzende Dünste, wie es namentlich bei Elektromotoren häufig von Wert sein kann.

Akkumulatoren.

93. Allgemeines. Die Akkumulatoren dienen zum Aufspeichern elektrischer Arbeit. Durch den beim Laden zugeführten Strom wird in der Akkumulatorzelle eine chemische Umwandlung hervorgerufen, beim Entladen erzeugt der umgekehrte chemische Vorgang elektrischen Strom.

Mit Akkumulatoren bezweckt man erstens ein Unterstützen des Maschinenbetriebes, indem die zur Zeit geringer Stromabgabe geladenen Akkumulatoren während der Hauptbetriebszeit einen Teil der Stromlieferung übernehmen und bei Störungen an den Maschinen als Reserve dienen. Zweitens ist zweckmäßigere Betriebseinteilung möglich, indem man die Ladezeit der Akkumulatoren so einrichtet, daß die Maschinen nur so lange im Betrieb sind, als sie voll und somit unter günstigem Wirkungsgrad beansprucht werden. In Betrieben mit Akkumulatoren kann die Maschinenanlage kleiner sein als ohne Akkumulatoren. Die Akkumulatoren sind ferner dazu geeignet, als Pufferbatterie die von ungleichmäßigem Gang der Kraftmaschinen oder von stark schwankenden Stromentnahmen herrührenden Strom- und Spannungsschwankungen bis zu gewissem Grade auszugleichen.

Eine Akkumulatorenbatterie entsteht durch Hintereinanderschalten der nachstehend beschriebenen Zellen, so daß an den Enden der Reihe eine positive und eine negative Klemme als Batterieklemmen frei bleiben. Die positive Klemme der Batterie wird an die positive Maschinenklemme und die negative Klemme an die negative Maschinenklemme angeschlossen. Man versäume dabei nie zu untersuchen,

ob die Maschinenklemmen richtig bezeichnet sind
(vgl. 21). Für das Entladen hat die Bezeichnung der
Akkumulatorklemmen die gleiche Bedeutung wie die
Bezeichnung der Klemmen stromerzeugender Maschinen.

a) B l e i a k k u m u l a t o r. Die aus Blei hergestellten
Platten des Akkumulators (Abb. 71) tragen die aus Bleiverbindungen bestehende wirk-
same Masse. Die Platten sind
derart einander gegenüber gelagert, daß eine positive Platte
zwischen zwei negativen Platten hängt. Die Polarität der
Platten ist an ihrer Farbe zu
erkennen, die positiven Platten sind braun, die negativen
grau. Die gleichnamigen Platten sind durch die Stege E
leitend verbunden. Der Plattenabstand ist durch nichtleitende Zwischenlagen ge-
sichert, ferner sind zwischen die Platten meist dünne
Holzbrettchen eingelegt. Die Akkumulatorkästen müssen in ihrer inneren Bekleidung säurebeständig sein;
für kleine Zellen dienen meist Glasgefäße, für größere
hölzerne Tröge, die mit Blei ausgekleidet sind. Die
Platten hängen in der aus verdünnter Schwefelsäure
bestehenden Flüssigkeit. Abdecken der Akkumulatorkästen mit Glasplatten verringert das Fortreißen von
Flüssigkeitsteilchen beim Laden.

b) E d i s o n - A k k u m u l a t o r. Der Edison-Akku-
mulator ist vornehmlich für ortsveränderliche Anlagen,
Automobilbetrieb, Beleuchtung von Eisenbahnwagen
u. dgl. bestimmt. Das Gewicht im Verhältnis zur auf-
gespeicherten Arbeit und der Wirkungsgrad sind dem
Bleiakkumulator ungefähr gleich.

Gefäß und Platten des Edison-Akkumulators bestehen aus vernickeltem Stahl. Die positiven und negativen Platten sind gegeneinander und der Plattensatz
gegen das Gefäß durch Hartgummi isoliert. Die Platten
tragen die wirksame Masse in Taschen aus fein durch-
löchertem, vernickeltem Stahlblech. Wesentliche Bestandteile der wirksamen Masse sind in den positiven
Platten Nickelhydroxydul und in den negativen Platten
eine Eisen-Sauerstoff-Verbindung. Die Füllflüssigkeit
besteht in der Hauptsache aus chemisch reiner Kalilauge vom spezifischen Gewicht 1,2. Aus dem auf-
geschweißten, mit Füllöffnung versehenen Gefäßdeckel
ragen die mit den Platten verbundenen beiden Pol-

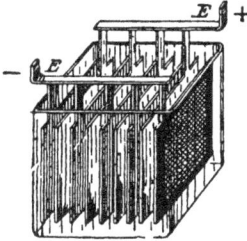

Abb. 71.

bolzen hervor, der Plattensatz kann aus der fertigen Zelle nicht herausgenommen werden. Die kleinen Zellen sind meistens in geeigneter Zahl hintereinander geschaltet in Batteriekästen aus Hartholz eingebaut. Erforderlichenfalls schaltet man die Zellen mehrerer solcher Kästen zusammen. Große Zellen werden am Aufstellungsort einzeln zu einer Batterie vereinigt.

Ortsfeste Batterien müssen in einem trockenen und staubfreien Raum, der dem Frost nicht ausgesetzt ist, aufgestellt werden. Das Aufstellen im gleichen Raum mit Bleiakkumulatoren ist wegen der schädlichen Wirkung der aus diesen sich entwickelnden Schwefelsäuredämpfe unzulässig.

Neu aufgestellte Zellen werden nach gründlicher Reinigung von Staub mit der von der Fabrik gelieferten Kalilauge gefüllt, die etwa 1 cm hoch über den Platten stehen soll. Nach dem Einfüllen der Lauge mit Hilfe eines Glastrichters verschließt man die Füllöffnung, um Verunreinigung der Lauge durch Staub und durch Kohlensäureaufnahme aus der Luft zu verhüten. Zeitweise muß je nach Bedarf mit destilliertem Wasser oder Lauge nachgefüllt werden.

Beim regelrechten Laden steigt die Zellenspannung von 1,5 auf 1,82 V. Zum guten Instandhalten ist, wie beim Bleiakkumulator, zeitweise ein länger dauerndes Laden notwendig. Zum Zweck des Gasabzugs beim Laden sind die Verschlußdeckel mit Ventilen oder Luftlöchern versehen. Die Öffnungen dürfen nicht verstopft sein, weil sonst die Gefäße infolge des Gasdrucks beim Laden platzen. Die sich entwickelnden Gase sind explosibel; offene Flammen müssen daher ferngehalten werden.

Beim Entladen sinkt die Zellenspannung von 1,5 auf 1 V. Die mittlere Zellenspannung bei regelrechtem Entladen beträgt 1,2 V.

Die Batterie muß rein und trocken gehalten werden. Durch die Gasentwicklung beim Laden werden kleine Mengen Kalilauge aus den Ventilen oder Luftlöchern mitgerissen und setzen sich nach dem Verdunsten ihres Wassergehalts als weißes Salz·auf dem Gefäßdeckel fest. Das in warmem Wasser lösbare Salz beseitige man zeitweise behufs Erhaltung der Batterieisolation.

Die folgenden Abhandlungen beziehen sich ´auf die allgemein eingebürgerten Bleiakkumulatoren, sie sind sinngemäß namentlich für das Verfahren beim Laden und Entladen, sowie für das Instandhalten auch bei Edison-Akkumulatoren anwendbar.

94. Batterieraum. Der Batterieraum liegt in der Regel nicht weit von der im Maschinenraum aufgestellten Schalttafel, so daß die Zellenschalterleitungen kurz werden. Andernfalls wird für den Zellenschalter Fernbetrieb eingerichtet, der mit den auf der Schalttafel, im Maschinenraum vorzusehenden Druckknöpfen bedient wird. Der Raum soll trocken, kühl, gut zu lüften und von Erschütterungen frei sein. Die Fenster müssen erforderlichenfalls aus mattem Glas hergestellt oder mit Kalkanstrich versehen werden, weil die unmittelbare Einwirkung der Sonnenstrahlen für die Akkumulatoren schädlich ist. Künstliche Lüftung ist nicht erforderlich, wenn durch Öffnen der Fenster gut gelüftet werden kann. Gute Lüftung ist besonders notwendig, wenn der Batterieraum, etwa durch Schornsteine in den Umfassungsmauern, stark erwärmt wird. Die Wände und Metallteile des Raumes versieht man mit säurebeständigem Anstrich, der namentlich an den Metallteilen rechtzeitiger Erneuerung bedarf. Der Fußbodenbelag muß säurebeständig und zur Verhinderung des Einsinkens der Füße schwerer Akkumulatorkästen widerstandsfähig sein. Hierfür ist unter anderem guter Asphalt (Gemisch aus reinem Trinidad-Asphalt und Quarzsand) oder das Einbetten säurebeständiger Fliese in solchen Asphalt zu empfehlen. Den zu verwendenden Asphalt kann man prüfen, indem man ein Stück in etwas konzentriertere Schwefelsäure legt, als für die Akkumulatoren in Verwendung kommt; ungeeigneter Asphalt wird dabei weich. Als Fußbodenbelag bewährt sich auch Linoleum, wenn es zur Verhütung des Brüchigwerdens zeitweise mit Öl eingerieben wird. Zum Erleichtern des Abspülens gebe man dem Fußboden eine kleine Neigung und Wasserablauf.

In den Batterieraum darf keine offene Flamme gebracht werden, solange starke Gasentwickelung beim Laden auftritt und die Gase nicht abgezogen sind. Für die Beleuchtung sind daher elektrische Glühlampen vorgeschrieben. In schlecht gelüfteten Batterieräumen müssen Anschlußkontakte, die beim Herausziehen des Steckers Funken geben, vermieden werden. Man verwendet mit Schaltern zwangläufig verbundene Anschlußkontakte, so daß ein Handhaben der Stecker nur bei geöffnetem Stromkreis möglich ist, oder gleichwertige Apparate. Anschlußkontakte müssen in genügender Zahl vorgesehen werden, damit die Schnurleitungen für die zum Ableuchten der Akkumulatoren erforderlichen ortsveränderlichen Lampen nicht zu lang werden.

95. **Klemmenspannung.** Die Spannung der Akkumulatoren schwankt mit dem Ladezustand, indem sie beim Laden von etwa 2,2 auf 2,7 V für die Zelle steigt und beim Entladen von 2 auf 1,83 V fällt. Um im Beleuchtungsbetrieb gleichbleibende Spannung zu halten, wird die Anzahl der hintereinander geschalteten Zellen durch Zellenschalter (vgl. 96) dem Ladungszustand angepaßt.

Die Anzahl der hintereinander zu schaltenden Zellen bestimmt man unter Zugrundelegung der geringsten Entladespannung. Als Endspannung der entladenen Batterie gelten bei der meist üblichen drei- bis zehnstündigen Entladung 1,83 V und bei einstündiger Entladung 1,8 V für die Zelle. Die Anzahl der hintereinander zu schaltenden Zellen ergibt sich, indem man die verlangte höchste Spannung, also die Lampenspannung, vermehrt um den Spannungsverlust in den Leitungen, durch die Zellenspannung teilt. Z. B. muß man für 110 V Spannung $\frac{110}{1,83} = 60$ Zellen hintereinander schalten.

96. **Zellenschalter.** Mit Hilfe des Zellenschalters wird beim Entladen die Zahl der hintereinander geschalteten Zellen so eingestellt, daß das Abnehmen der Batteriespannung ausgeglichen wird, indem man im Verlauf des Entladens Zellen zuschaltet. Beim Laden müssen die weniger entladenen Zellen früher abgeschaltet werden. Der Zellenschalter besteht aus nebeneinander angeordneten, mit den Zellen durch Leitungen verbundenen Kontakten, auf denen die Kontaktschlitten — beim Doppelzellenschalter einer für Laden und einer für Entladen — verschoben werden. Die Kontaktschlitten müssen so gebaut sein, daß bei ihrem Verschieben weder Kurzschluß an den Zellen noch Unterbrechung des Stromkreises stattfindet. Zu dem Zweck sind zwei gegenseitig isolierte Bürsten B' und B'' (Abb. 72) vorhanden, die die Verbindung der Zellenkontakte mit den Gleitschienen S' und S'' vermitteln. Die Schiene S' ist mit der zugehörigen Sammelschiene unmittelbar verbunden und der Schiene S'' der Widerstand W vorgeschaltet. Beim Überschalten von einem Zellenkontakt auf den anderen, z. B. von 57 auf 58, erhält zunächst die Bürste B'' Verbindung mit Kontakt 58, wobei der Stromkreis der zuzuschaltenden Zelle 58 durch den Widerstand W geschlossen wird; im Ruhezustand des Zellenschalters kommt die Bürste B' auf den Kontakt 58.

8*

Bei Zellenschaltern für kleine Batterien ist der Widerstand W meistens zwischen die Bürsten B' und B'', mit
ihnen beweglich, eingebaut, so daß nur eine Gleitschiene erforderlich wird. Für ganz kleine Batterien
kann auch die Zweiteilung des Bürstenapparates
wegfallen, wenn die verbleibende eine Bürste ruck-
weise verschoben wird.

Eine an Zellenschalterleitungen sparende
Anordnung, die sich nur für Zellenschalter mit
festem (nicht beweglichem) Widerstand eignet, ist
in Abb. 73 dargestellt. Dabei ist nur jede zweite Zelle
mit dem Zellenschalter verbunden, während eine ein-

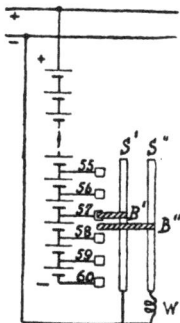

Abb. 72.

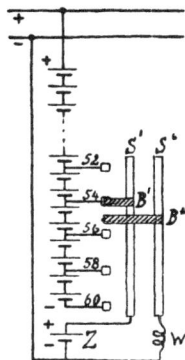

Abb. 73.

zelne Zelle Z zwischen die Gleitschiene S' und die
Sammelschiene geschaltet wird. Verschiebt man den
Kontaktschlitten aus der im Schaltbild angegebenen
Stellung so weit, daß die Bürste B'' auf den Kontakt 56
kommt, so werden an der Hauptbatterie zwei Zellen
zugeschaltet, dagegen wurde die Zelle Z abgeschaltet,
so daß die Spannungserhöhung nur einer Zelle entspricht, ebenso wie bei der Schaltung nach Abb. 72.
Beim Verschieben des Kontaktschlittens um eine
weitere Stufe (Bürste B' auf Kontakt 56) wird die
Zelle Z wieder zugeschaltet, die Spannung also wieder
um den Betrag einer Zelle erhöht. Beim Abschalten
von Zellen wird umgekehrt verfahren. Der Widerstand W, der auch hier erforderlich ist, um beim
Übergang aus einer Schaltstellung auf die andere
einen Zellenkurzschluß zu vermeiden, wird für einen

höchsten Spannungsverlust von 0,3—0,5 V berechnet,
so daß seine Einwirkung auf die Netzspannung vernachlässigt werden kann.

Zum Zweck des Ladens und Entladens der Batterie
sind in der Regel zwei der vorstehend beschriebenen
Schaltapparate vorhanden; der eine ist mit der Lade-,
der andere mit der Entladesammelschiene verbunden.

Das Verschieben des Schaltapparates geschieht
häufig durch elektromotorischen Antrieb, der mit Hilfe
von Druckknöpfen oder selbsttätig, durch Relais unter
Einwirkung der Netzspannung, betätigt wird.

In 110 und 2·110 V-Anlagen betragen die Ab-
stufungen beim Zu- und Abschalten von Zellen im allgemeinen 2 V, d. h. es wird jeweilig eine Zelle zu- oder
abgeschaltet. Bei höheren Spannungen werden mehrere
Zellen gleichzeitig geschaltet, bei 220 oder 2·220 V
in der Regel 2 Zellen gleich rd. 4 V.

97. Funkenentzieher. Größere Zellenschalter erhalten in der Regel Funkenentzieher, bei denen die
gelegentlich des Zu- und Abschal-
tens von Zellen auftretenden Funken auf auswechselbare Kontaktteile übertragen werden. Zu dem
Zweck ist der Bürstenapparat
B' B'' (Abb. 74) mit der über die
Kontaktplatten des Funkenentzie-
hers F gleitenden Bürste b derart
mechanisch gekuppelt, daß die beim
Zellenschalten auftretenden Funken
zwischen den Kontaktplatten k' k''
und der Bürste b, nicht aber an
den eigentlichen Zellenschalterkon-
takten entstehen.

**98. Elektrische Maschinen zum
Akkumulatorladen.** Hierfür sind nur
Nebenschlußmaschinen geeignet,
weil sie durch zurückfließenden Ak-
kumulatorstrom unter regelrechten

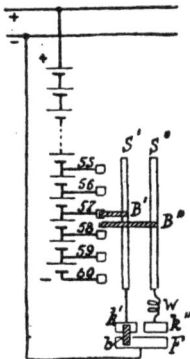

Abb. 74.

Verhältnissen nicht umgepolt werden. Maschinen mit
gemischter Wickelung können durch Ausschalten der
Hauptstromwickelung zum Akkumulatorladen eingerichtet werden, falls bei der dadurch verminderten
Schenkelerregung die Funkenbildung nicht zu groß und
die erforderliche Spannung noch erreicht wird. Am
besten wird die Nebenschlußwickelung der Maschine
an die mit der Batterie unmittelbar verbundenen Lei-

tungen angeschlossen, so daß das Erregen der Maschinen
mit richtigen Polen gesichert ist.

Die für das zeitweise notwendige Überladen der
Batterie verlangte Höchstspannung ist gleich der
Zellenzahl mal 2,7. Demnach erfordern 60 Zellen,
die einer Sammelschienenspannung von 110 V entsprechen, eine höchste Ladespannung von $(60 \cdot 2,7)$
rd. 160 V für das erste Laden und zeitweise Überladen. Im gewöhnlichen Ladebetrieb genügt es, als
Höchstspannung für die Zelle 2,3 V zu rechnen, weil
man gegen Ende des Ladens die weniger beanspruchten Zellen abschaltet und die Ladestromstärke verringert. Bei 60 Zellen genügt dann am Schluß des
Ladens eine Spannung von $(60 \cdot 2,3)$ rd. 140 V.

Um die für das Laden der Batterie erforderliche
höhere Spannung zu erhalten, wird die Maschine
stärker erregt oder auf höhere Drehzahl gebracht.
Beides ist aus wirtschaftlichen Gründen nur zweckmäßig, wenn die regelrechte Stromstärke der Maschine
und die Ladestromstärke ungefähr gleich sind. Ist
das nicht der Fall, so wird die Spannungserhöhung
für das Laden besser durch Zusatzmaschinen (vgl. 103,
106 und 107) erreicht.

99. **Aufstellen der Akkumulatoren.** Unter Hinweis auf die Sondervorschriften der Fabriken werden
nur die allgemein gültigen Regeln gegeben:

Die Isolierung der Batterie wird erreicht, indem
man die Batteriekästen auf Porzellan- oder Glasiso-
latoren stellt. Zwischen den nebeneinander stehenden
Zellen läßt man einen Raum von mindestens 3 cm.
Am besten werden die Zellenreihen so aufgestellt, daß
sie von beiden Seiten für das Besichtigen der Platten
zugänglich sind. Bei dem seltenen Anordnen mehrerer
Reihen übereinander muß der freie Raum über den
Zellen so groß sein, daß man die Flüssigkeitsoberfläche
übersehen und die Platten auswechseln kann.

Die in die gut gereinigten Kästen eingesetzten
Platten müssen gleichen Abstand haben. Die gleichpoligen Platten werden durch Wasserstoffgebläse mit
Blei verlötet. Nach dem Einsetzen der Platten in die
Kästen muß vor dem Einfüllen der Säure nochmals
auf Fremdkörper untersucht werden, um Kurzschluß
zu verhüten.

Die Flüssigkeit darf erst kurz vor dem ersten
Laden der Zellen eingefüllt werden. Die verwendete
verdünnte Schwefelsäure, die am besten fertig gemischt bezogen wird, besteht aus ungefähr 9 Raum-
teilen Wasser und 1 Raumteil arsenfreier, konzen-

trierter Schwefelsäure. Das Wasser soll rein und
namentlich chlorfrei sein. Man verwende daher nur
destilliertes Wasser. Die Schwefelsäure, die chemisch
rein sein muß, wird ausdrücklich unter dieser Bedingung von einer verläßlichen Fabrik bezogen. Beim
Mischen der Flüssigkeiten, wozu man ein gesondertes
Gefäß verwendet, wird die Schwefelsäure langsam zum
Wasser gegossen, indem man die Flüssigkeit mit einem
Glasstab umrührt. Nie darf umgekehrt das Wasser auf
die Schwefelsäure gegossen werden. Die beim Mischen
sich erwärmende Flüssigkeit muß vor dem Einfüllen
in die Zellen erkalten. Das Mischungsverhältnis der
Flüssigkeit wird durch Messen der Dichtigkeit mit
Hilfe eines Aräometers (vgl. 127) bestimmt.

Die Leitungen in Akkumulatorenräumen werden
in der Regel blank verlegt, da die üblichen Draht-
isolierungen den Säuredämpfen nicht standhalten. Soweit Festbinden der Leitungen notwendig ist, muß
Kupferdraht verwendet werden. Alle im Akkumula-
torenraum befindlichen Kupfer- und Messingteile
werden zum Schutz gegen die Säure mit Vaseline eingefettet oder mit Heising-Lack oder säurefestem
Emaillelack angestrichen, letzterem muß Grundieren
mit Bessemerfarbe vorausgehen. Da der Emaillelack
auf die Dauer an scharfen Kanten schlecht hält, so
empfiehlt sich Abrunden der Kanten. Apparate und
Lampenfassungen können durch Paraffinölanstrich vor
rascher Zerstörung geschützt werden. Eiserne Stützen
und Isolatorträger erhalten Emaillefarbeanstrich. Die
Lackfarben, namentlich der mit Benzin vermengte
Heising-Lack, sind leicht brennbar, auch ist der leere
Raum der die Farbe enthaltenden Gefäße häufig mit
explosiblen Gasen angefüllt. Offenes Licht muß daher
bei den Anstricharbeiten ferngehalten werden.

100. **Laden der Akkumulatoren.** Vor dem erstmaligen Laden muß untersucht werden, ob die Maschinenklemmen richtig bezeichnet (vgl. 21) und mit
den Batterieklemmen richtig verbunden sind (vgl. 93).

Bei Beginn des Ladens darf der Ladestromkreis
erst geschlossen werden, wenn die Maschine eine mit
den Akkumulatoren gleiche oder um einige Volt höhere
Spannung besitzt. Beim Beendigen des Ladens wird,
nachdem der Ladestrom auf Null gebracht ist, die
Verbindung zwischen der Maschine und den Akkumulatoren unterbrochen.

Die Stromstärke wird während des Ladens auf
der vorgeschriebenen Höhe gehalten, keinesfalls darf
mit zu hoher Stromstärke geladen werden, weil sonst

die Zellen Schaden leiden. Gegen Ende des Ladens
läßt man die Stromstärke zur Vermeidung zu starker
Gasentwickelung um rd. 50% sinken. Durch zu niedrige Stromstärke während der ganzen Ladezeit wird
diese unnötig verlängert. Die Spannung der Zellen
beträgt bei Beginn des Ladens rd. 2,2 V, steigt dann
allmählich und erst gegen Ende des Ladens rasch bis
auf rd. 2,7 V.

Im regelrechten Betriebe gilt das Laden als be-
endet, wenn die Platten beider Pole in allen Zellen
lebhafte Gasentwickelung zeigen. Setzt sich das täg-
liche Laden aus Teilladungen zusammen, so darf nur
eine der Ladungen bis zur vollständigen Gasentwickelung fortgesetzt werden. Nie darf zu wenig geladen
werden, um zu verhüten, daß sich die Zellen beim
folgenden Entladen erschöpfen.

Beim Beginn der Gasentwickelung sehe man nach,
ob sie in allen Zellen gleich stark auftritt. Zeigt
eine Zelle keine oder nur geringe Gasentwickelung, so
ist baldmöglichste Abhilfe notwendig. Zwischen die
Platten geratene Fremdkörper beseitigt man mit
Hilfe eines Glasstäbchens. Nach beendetem Laden
soll sich die gleichmäßige dunkelbraune Färbung der
positiven Platten gegen die graue Farbe der negativen
Platten abheben.

Nur Zellen, die gleichmäßig entladen wurden,
dürfen auch gleich lang geladen werden. Waren
während des Entladens einzelne Zellen kürzer im Betrieb, so werden bei Beginn des Ladens alle Zellen
eingeschaltet und die weniger erschöpften Zellen bei
eintretender Sättigung ausgeschaltet. Eine erschöpfte
Batterie muß baldigst wieder geladen werden. Länger
als 24 Stunden sollte sie nicht ungeladen bleiben.

Luftdicht verschlossene Akkumulatorgefäße müssen während des Ladens geöffnet werden, etwa durch
Herausnehmen von Stöpseln.

Während des Ladens muß der Batterieraum gut
gelüftet werden.

Bei neu montierten Batterien und im regelrechten
Betrieb alle drei Monate wird mit R u h e p a u s e n geladen. Dabei unterbricht man das Laden nach dem
Eintreten lebhafter Gasentwickelung und läßt die
Batterie ohne Ladung und Entladung mindestens
eine Stunde lang stehen. Dann wird von neuem bis
zur lebhaften Gasentwickelung geladen und abermals
mindestens eine Stunde lang abgeschaltet. Das wiederholt man bis sofort nach Beginn des Ladens die Gasentwickelung an den Platten beider Pole eintritt.

Das wiederholte Laden geschieht mit herabgesetzter Stromstärke, wie gegen Ende des regelmäßigen Ladens (vgl. Abs. 3).

Über die beim Benutzen von Akkumulatoren im Anschluß an Wechselstromnetze notwendigen Umformer oder Quecksilberdampf-Gleichrichter vgl. 60, 61 u. 63.

101. Entladen der Akkumulatoren. Die Stromstärke darf die zulässige Grenze nicht übersteigen. Nur in dringenden Fällen kann man eine vorübergehende Überlastung der Batterie zulassen. Die Spannung bei Beginn des Entladens beträgt für jede Zelle rund 2 V, sie zeigt im Verlaufe des Entladens allmähliche und bei beginnender Erschöpfung der Zellen rasche Abnahme. Zu weitgehendes Entladen schädigt die Batterie, dagegen ist regelmäßiges Entladen bis zur zulässigen Grenze für die Erhaltung der Batterie günstig. Die Grenze für das Entladen bildet im allgemeinen eine Zellenspannung von 1,83 V; bei Akkumulatoren für einstündige Entladung darf bis zu einer niedrigsten Spannung von 1,8 V gegangen werden. Ferner gibt die Säuredichte, die nie unter ein bestimmtes Maß sinken darf, einen Anhalt über den Zustand der Entladung (vgl. 109, Abs. 3).

Um die Klemmenspannung einer Batterie längere Zeit auf gleicher Höhe zu halten, werden mittels des Zellenschalters nach und nach Zellen zugeschaltet. Hiermit muß aufgehört werden, ehe die während der ganzen Betriebsdauer eingeschalteten Zellen erschöpft sind. Bei 110 V Sammelschienenspannung werden z. B. zu Beginn des Entladens etwa 56 Zellen hintereinandergeschaltet; bei fortschreitender Entladung wird deren Zahl auf 60 Zellen gesteigert, so daß dann rd. 1,83 V auf jede Zelle treffen und damit die zulässige Entladung erreicht ist.

102. Schaltung der Batterie im Zweileitersystem. Abb. 75 zeigt das Parallelschalten einer Batterie mit zwei Maschinen. Die letzteren können zum Zwecke der unmittelbaren Stromlieferung unter sich parallel geschaltet werden (vgl. 37), oder es kann die eine Maschine auf das Netz geschaltet und die andere zum Akkumulatorenladen verwendet werden. Mittels der Umschalter *u* lassen sich die Maschinen entweder mit den Sammelschienen und dadurch mit dem Netz (Kontakt *N*) oder mit der Ladeleitung (Kontakt *L*) verbinden. Die Ladeleitungen sind an die Hilfsschiene *L* angeschlossen.

Die Maschinenschaltung in Abb. 75 ist, abgesehen von den Umschaltern *u*, die gleiche wie bei dem durch

Abb. 26 angegebenen Parallelschalten von Maschinen allein. In die Batterieleitung sind der Doppelzellenschalter ZZ', der Stromzeiger S' und Sicherungen s geschaltet. Der Stromzeiger S' muß zur Anzeige der Stromrichtung und zum Ablesen des Lade- und Entladestromes eingerichtet sein, demnach den Nullpunkt in der Mitte der Skala haben.

Für die Spannungsmessung an den Maschinen dient der Spannungszeiger V' mit dem Umschalter U'. Zum

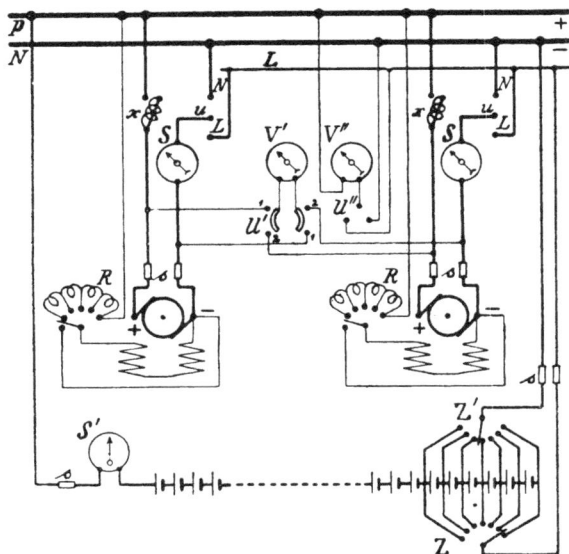

Abb. 75.

Beobachten der Sammelschienenspannung, gleichbedeutend mit der Entladespannung der Batterie, und der Ladespannung ist der Spannungszeiger V'' mit dem Umschalter U'' vorgesehen.

Beim Einschalten der Lademaschine mittels des Schalters x — zuvor wird der Umschaltekontakt L geschlossen — muß die Maschinenspannung entweder gleich der Batteriespannung oder um weniges höher gemacht sein. Nach dem Einschalten wird die Maschine allmählich auf die Ladestromstärke gebracht. Vor dem Abschalten der Maschine muß die Ladestromstärke auf Null eingestellt werden.

Parallel angeordnete Batterien werden am zweckmäßigsten unabhängig voneinander geschaltet, d. h. jede Batterie erhält eigene Zellenschalter, einen Stromzeiger und Sicherungen. Das bietet den Vorteil, daß jede Batterie für sich beobachtet und erforderlichenfalls instand gesetzt werden kann.

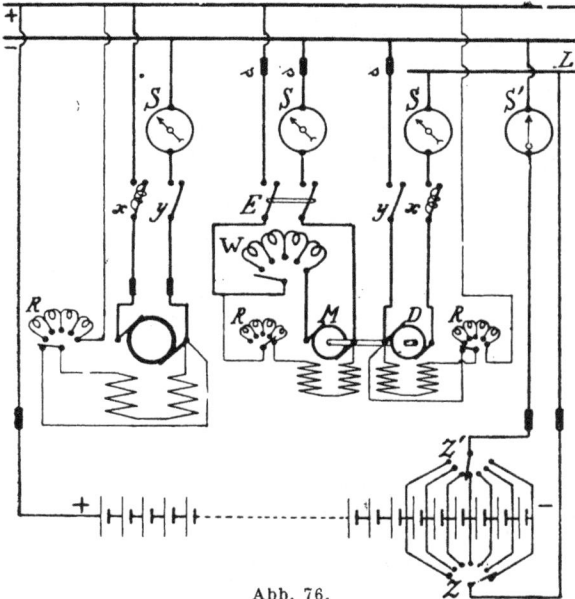

Abb. 76.

103. Zusatzmaschine für Zweileiterschaltung. Zusatzmaschinen werden verwendet, wenn die Spannung der Stromerzeuger auf die für das Akkumulatorladen erforderliche Höhe sich nicht steigern läßt oder eine im Vergleich zu den Maschinen kleine Batterie aufgestellt wird. Im letzteren Falle wäre es unvorteilhaft, die Batterie durch eine dafür allein in Betrieb zu nehmende Maschine zu laden, wie es bei der Schaltung »Abb. 75« geschehen muß. Die Zusatzmaschine wird von einem mit ihrer Welle gekuppelten Elektromotor oder von einer Transmission angetrieben und in den Ladestromkreis der Batterie geschaltet. Um funkenlosen Gang der Zusatzmaschine herbeizuführen, werden zweckmäßig Wendepole und Fremderregung angewendet.

Abb. 76 zeigt die Schaltung der Zusatzmaschine D und eines sie antreibenden Motors M. Der Stromkreis der Zusatzmaschine, die zwischen die eine Sammelschiene und Ladeschiene L geschaltet ist, muß enthalten einen Stromzeiger S, einen Nullstrom-Selbstschalter x und eine Sicherung s. Der an die Sammelschienen angeschlossene Motor M wird mit dem doppelpoligen Schalter E, dem Stromzeiger S, Siche-

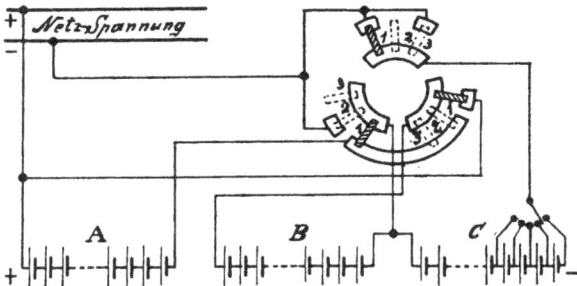

Abb. 77.

rungen s, dem Anlasser W und dem Regulierwiderstand R versehen. Die Spannungszeiger werden ähnlich wie in Abb. 75 geschaltet.

Zum Laden setzt man die Zusatzmaschine D mit dem Motor M in Betrieb und erregt die Zusatzmaschine so, daß die Sammelschienenspannung, vermehrt um die Spannung der Zusatzmaschine, gleich der Ladespannung ist, d. h. gleich der Spannung zwischen der + Sammelschiene und der Ladeschiene L; der Ladeschalter Z wird dabei auf den ersten Kontakt gestellt. Stimmen die Spannungen überein, so schließt man den selbsttätigen Schalter x der Zusatzmaschine — der Handschalter y wird schon zuvor geschlossen — und stellt dann mit dem Regulierwiderstand R der Zusatzmaschine auf die Ladestromstärke ein. Entsprechend der Entnahme von Ladestrom müssen die Stromerzeuger erforderlichenfalls nachreguliert werden.

104. **Laden ohne Zusatzspannung** kommt für Batterien kleiner Leistung in Frage, indem man die Batterie
in drei Gruppen teilt,, deren zwei in Reihe geschaltet
mit der Netzspannung, meistens 110 oder 220 V, geladen werden. Am gebräuchlichsten ist die sog. **Micka-
Schaltung**, Abb. 77. Dabei ist während des Ladens

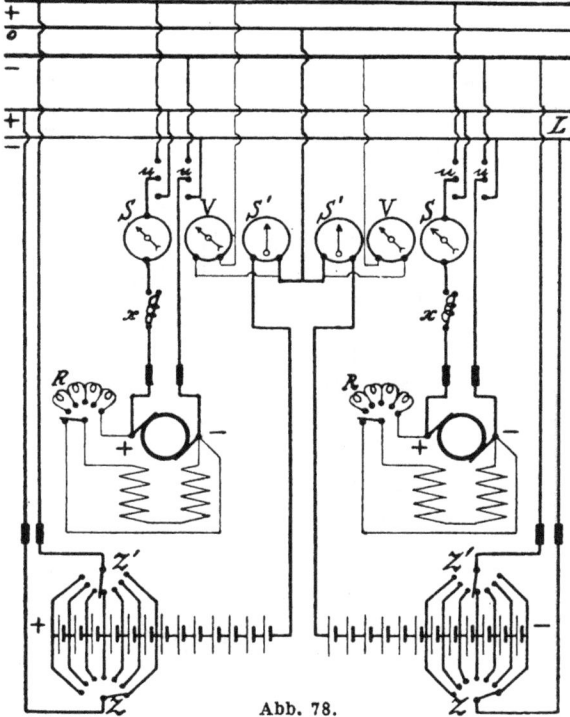

Abb. 78.

nur einmaliges Umschalten notwendig. Zuerst wird die
den Zellenschalter enthaltende Batteriegruppe C, in
Reihe mit den parallel geschalteten Gruppen A und B,
fertig geladen; dann werden zum Vollenden des Ladens die Gruppen A und B in Reihe geschaltet.
Abb. 77, Ladestellung 1: A u. B parallel, mit C in Reihe
  »   »,   »   2: A u. B in Reihe
  »   », Entladestellung 3: A, B u. C in Reihe.

105. Schaltung der Batterie im Dreileitersystem.
Beim Dreileitersystem (vgl. 181) wird der Stromausgleich
im Mittelleiter meistens der Batterie überlassen. Die
Maschinen sind dann für die Außenleiterspannung ge-
baut, so daß statt zwei hintereinander geschalteten
Maschinen nur eine Maschine notwendig ist (vgl.
Abb. 78). Die Maschinen werden mittels der Um-

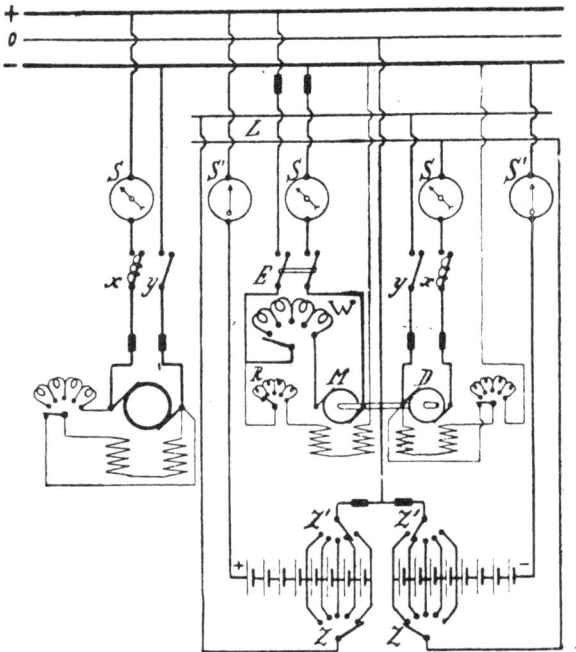

Abb. 79.

schalter *u* entweder mit den Außenpolen der Sammelschienen oder mit den Ladeschienen *L* verbunden. In
Abb. 78 sind Maschinen mit Selbsterregung dargestellt, d. h. die Schenkelwickelungen sind von den
Bürsten der zugehörigen Maschine und nicht von den
Sammelschienen abgezweigt; damit ein dabei mög-
liches Umpolen der Maschinen entdeckt wird, muß
der für die Maschinen bestimmte Spannungszeiger so

gebaut sein, daß er bei Polumkehr den entgegengesetzten Ausschlag gibt. Die Stromzeiger S' für die
beiden hintereinander geschalteten Batterien befinden
sich in den an den Mittelleiter angeschlossenen Bat-
terieleitungen. Die Spannungszeiger V zeigen die Sam-
melschienenspannungen auf den beiden Seiten des Dreileitersystems an. Außerdem ist ein im Schaltbild
nicht angegebener Spannungszeiger mit doppelpoligem
Umschalter erforderlich behufs Spannungsmessung an
den Außenpolen der Sammelschienen, an den Maschinen
und an den Ladeleitungen.

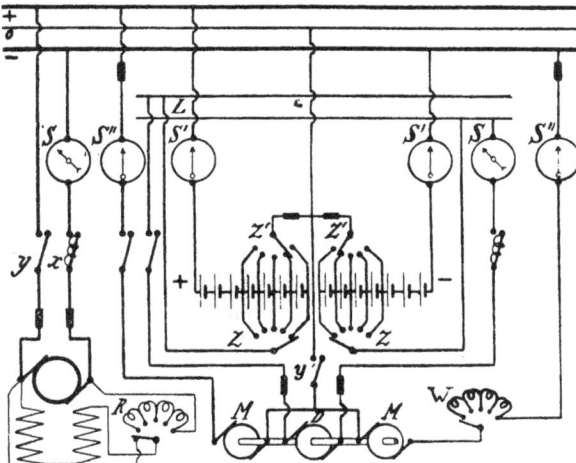

Abb. 80.

Im übrigen wird auf die Erläuterungen unter 102
über das Schalten der Maschinen im Zweileitersystem
verwiesen.

Da die Batterien beider Dreileiterseiten meist
ungleich entladen werden, so achte man beim Laden
darauf, daß nicht etwa die eine Batterie überladen
oder die andere ungenügend geladen wird.

106. **Zusatzmaschine für Dreileiterschaltung.** Bei
der in Abb. 79 angegebenen Schaltung sind die Zellenschalter, im Gegensatz zu Abb. 78, zwischen die beiden
Batterien gelegt. Durch die Entladeschalter Z' werden
die Batterien mit dem Mittelleiter, durch die Ladeschalter Z mit den Ladeschienen L verbunden. An die

Ladeschienen ist die Zusatzmaschine D angeschlossen,
deren Schaltung im wesentlichen mit der in Abb. 76
angegebenen Schaltung übereinstimmt. Der zum Antrieb der Zusatzmaschine dienende Motor M hat Anschluß an die Außenleiter. Die in die Batterieleitun-
gen geschalteten Stromzeiger S' müssen die Stromrichtung erkennen lassen. Die Schaltung der in Abb. 79
weggelassenen Spannungszeiger geht aus den Erläuterungen unter 102 und 105 hervor.

**107. Zusatzmaschinen mit zwei Ausgleichmaschi-
nen gekuppelt.** Ausgleichmaschinen werden für Ak-
kumulatorenbetrieb verwendet, wenn die Batterie im
Verhältnis zu den Maschinen klein ist, oder wenn die
Batterie zeitweise außer Betrieb genommen wird. In
der durch Abb. 80 angegebenen Schaltung wird die Zusatzmaschine D durch die bei gleicher Spannung
auf beiden Netzseiten, als Motoren wirkenden beiden
Maschinen M angetrieben. Bei verschiedener Belastung der Netzseiten dienen die in Reihe geschalteten und mit ihrer Verbindungsleitung an den Mittelleiter angeschlossenen Maschinen M zum Stromausgleich; die mit der weniger belasteten und demnach
höhere Spannung besitzenden Netzseite verbundene
Maschine beteiligt sich in höherem Maße an der
Kraftabgabe für die Zusatzmaschine als die mit der
mehr belasteten Netzseite verbundene Maschine. Bei
größerem Unterschied in der Belastung beider Netzseiten wirkt nur die mit der weniger belasteten Seite
verbundene Maschine als Motor, während die andere,
von ihr angetriebene Maschine Strom erzeugt und
an die Sammelschienen abgibt. Die Erregungen
der Ausgleichmaschinen werden zweckmäßig so geschaltet, daß die Erregung der einen Maschine im
Nebenschluß zum Anker der anderen Maschine liegt.
Die Zusatzmaschine D ist ebenso geschaltet wie in
Abb. 79.

Beim Ingangsetzen der Ausgleichmaschinen M
mittels des Anlassers W muß der Schalter y', der die
Verbindung mit dem Mittelleiter herstellt, geöffnet
sein. Der Schalter y' darf erst geschlossen werden,
nachdem die Maschinen auf die richtige Drehzahl und
Spannung gebracht sind. Vor dem Abstellen der Ausgleichmaschinen muß der Schalter y' geöffnet werden.

108. Pufferbatterie. Sollen bei Bahnbetrieb die
Belastungsschwankungen im Netz von den Stromerzeugern ferngehalten werden, um die Durchschnitts-
belastung der Maschinen erhöhen und dadurch den

Betrieb wirtschaftlicher gestalten zu können, so bedient man sich einer Pufferbatterie.

Eine Pufferbatterie ist ferner zweckmäßig, wenn Motoren mit wechselnder Belastung in großer Zahl an Lichtnetze angeschlossen werden und dadurch die Gleichmäßigkeit des Beleuchtungsbetriebs beeinträchtigt würde. Dabei genügt zur Aufnahme der Belastungsstöße, ohne daß zu großer Spannungsabfall entsteht, das einfache Parallelschalten einer Batterie zum Netz meistens nicht. Es sind vielmehr besonders angetriebene Zusatzmaschinen nötig, deren Spannung durch die Strombelastung so beeinflußt wird, daß die Spannungsschwankungen in zulässigen Grenzen und die Stromerzeuger gleichmäßig belastet bleiben. (Schaltungen nach Pirani und nach Lancashire.)

Für den Betrieb beachte man, daß sowohl eine vollgeladene wie eine fast entladene Batterie schlecht puffert. Aus wirtschaftlichen Gründen sorge man dafür, daß von den Maschinen tunlichst große Last aufgenommen und an Umformungsarbeit in den Akkumulatoren gespart wird.

109. Unterhalten der Akkumulatoren. Große Sorgfalt muß auf das Reinhalten der Zellen und auf sicheren Kontakt an vorhandenen Verbindungsklemmen verwendet werden.

Die Flüssigkeit in den Zellen soll klar und durchsichtig sein. Die allmählich eintretende Abnahme der Flüssigkeit ist einesteils auf Verdunsten, wobei die Säure zurückbleibt, andernteils auf die gegen Ende des Ladens auftretende Gasentwickelung und das damit verbundene Mitreißen von Flüssigkeitsteilchen zurückzuführen. Die Flüssigkeit soll mindestens 1 cm hoch über den Platten stehen. Zum zeitweisen Nachfüllen der Flüssigkeit dient destilliertes Wasser oder Säure in der von Anfang an für die Batterie bestimmten Zusammensetzung, indem man damit derart abwechselt, daß die ursprüngliche Dichte der Flüssigkeit erhalten bleibt. Das in der Regel notwendige Nachfüllen mit destilliertem Wasser geschieht, wenn die Säuredichte bei geladener Batterie über 1,20 spez. Gewicht beträgt; mit Schwefelsäure von 1,18 spez. Gewicht wird nachgefüllt bei einer Säuredichte nach dem Laden mit Ruhepausen (vgl. 100 vorletzter Abs.) unter 1,2 spez. Gewicht. Ein Nachfüllen mit konzentrierter Schwefelsäure, ebenso mit nicht chemisch reinem Wasser ist für die Batterie schädlich. Bei parallel geschalteten Batterien läßt sich eine ungleiche Stromabgabe, an der nicht Schäden in einzelnen Zellen die Schuld tragen, dadurch ausgleichen, daß man die Flüssigkeit der die höhere Stromabgabe aufweisenden Batterie beim Nachfüllen allmählich verdünnt. Bei Flüssigkeitsverlust durch Undichtigkeit der Kästen müssen diese alsbald durch neue ersetzt werden.

Sämtliche Zellen einer Batterie sollen sich in gleich gutem Zustande befinden. Das ist der Fall, wenn die Gasentwickelung an allen gleich entladenen und geladenen Zellen gleichzeitig und gleichmäßig auftritt und die unter gleichen Verhältnissen geladenen Zellen gleiche Spannungen haben. Die Spannungen an den einzelnen Zellen bei belasteter Batterie müssen daher zeitweise gemessen werden, am besten gegen das Ende des Entladens. Dazu verwendet man handliche Spannungszeiger; hohe Anforderungen an deren Genauigkeit werden nicht gestellt. Über die Höhe der Spannung beim Laden und Entladen wird unter 100 und 101 berichtet, die Spannung an einer unbelasteten Zelle beträgt ungefähr 2 V. Ferner gibt die Dichte der Schwefelsäure Aufschluß über den Ladezustand. Die Dichte besitzt in vollständig geladenen Zellen ihren höchsten Wert, beim Entladen nimmt sie ab, beim Laden zu, und zwar beide Male annähernd im Verhältnis der Strom-Abgabe oder -Aufnahme, so daß man, wenn die höchste und niedrigste Säuredichte bekannt sind, aus der jeweiligen Dichte annähernd beurteilen kann, wie weit das Entladen oder Laden vorgeschritten ist. Zum Messen der Dichte bedient man sich des zwischen zwei Platten einzusetzenden Aräometers (vgl. 127). Zur ständigen Kontrolle über den Ladezustand sollen für jede Batterie mehrere Aräometer vorhanden sein.

Zeigt eine Zelle im Vergleich zu den übrigen ungewöhnliche Abnahme der Klemmenspannung, so muß ungesäumt nachgesehen werden, ob sich zwischen den Platten leitende Körper festgesetzt haben, gegebenenfalls müssen sie beseitigt werden. Die Zelle wird wenn möglich von dem etwa folgenden Entladen ausgeschlossen, beim Laden der Batterie wieder eingeschaltet und bis zur Sättigung geladen. Zum Zweck des Ausschaltens einer Zelle löst man ihre Verbindung mit einer der Nachbarzellen; die Verbindung in der Batterie zur folgenden Zelle muß durch einen überbrückenden Drahtbügel wiederhergestellt werden. Das ist nur möglich bei einzeln geschalteten Batterien und, wenn bei parallel geschalteten Batterien jede einen eigenen Zellenschalter hat. Andernfalls muß die in der Spannung zurückgegangene Batterie bis nach dem Instandsetzen abgeschaltet werden. Beschädigte positive Platten werden herausgenommen und durch neue ersetzt. Nach dem Einsetzen einer neuen Platte muß die Zelle mindestens bis zur Sättigung geladen werden. Einzelne negative Platten dürfen nicht durch neue ersetzt werden, erforderlichenfalls müssen alle negativen Platten einer Zelle erneuert werden.

Um einzelne Zellen nachzuladen, empfiehlt sich bei großen Batterien die Anschaffung einer Lademaschine für rd. 3 V und entsprechende Stromstärke.

Mindestens einmal im Monat soll jede Zelle, unter Ableuchten der Plattenzwischenräume mittels einer gegen den Beobachter abgeblendeten oder zum Einschieben unter die Platten eingerichteten Glühlampe, besichtigt werden. Man untersuche, ob nicht etwa die Platten zufolge Verbiegens oder dazwischen geratener leitender Teile gegenseitigen Schluß haben, ob die Platten nicht in den am Boden der Gefäße sich ansammelnden Schlamm eintauchen, ob die Stützstäbe und alle Kontaktverbindungen in Ordnung sind. Mängel müssen umgehend behoben werden durch Beseitigen der etwa zwischen die Platten geratenen leitenden Teile, durch Zwischenschieben von Glasstäben, wenn sich Platten geworfen haben, usw. Bei großen Batterien wird die Besichtigung am besten täglich der Reihe nach an einer kleinen Zahl von Zellen vorgenommen.

Etwa alle drei Monate empfiehlt sich ein Nachladen der Batterie mit Ruhepausen (vgl. 100, vorletzter Abs.). Derartiges Nachladen ist alsbald notwendig, wenn eine Batterie mit zu hoher Stromstärke beansprucht oder zu weit erschöpft wurde.

Sollen Akkumulatoren lange Zeit unbenutzt stehen, so müssen sie vollständig geladen und alle vier Wochen in der oben angegebenen Weise zwei Stunden lang überladen werden. Das gleiche befolge man bei wenig benutzten Reservezellen. An einer unbenutzt bleibenden Batterie müssen die Verbindungen mit den Lade- und Entladestromkreisen gelöst werden.

Ein gegen Einwirkung der Säure auf die Metallteile, die Zellenschalterleitungen u. dgl., angewendetes Einfetten mit Vaseline muß in geeigneten Zeitabschnitten wiederholt werden, an Stellen, die der Säurewirkung besonders ausgesetzt sind, alle 4—6 Wochen.

9*

Dient zum Schutz der Leitungen Farbanstrich, so müssen schadhaft gewordene Anstrichstellen baldigst ausgebessert werden. Zu diesem Zwecke erwärmt man die Zellenschalterleitungen mit der Stichflamme einer Lötlampe, kratzt die alte Farbe ab und versieht die noch warmen gründlich gereinigten Stellen mit neuem Anstrich. Bei diesen Arbeiten erinnere man sich an die unter 99 letzter Absatz erwähnte leichte Entzündlichkeit der Lackfarben.

Der auf dem Boden der Zellengefäße sich ansammelnde, von abgefallener Elektrodenmasse herrührende Schlamm muß in Zwischenräumen von mehreren Jahren, jedenfalls aber beseitigt werden, ehe er an die Elektroden heranreicht. Das geschieht mit Schlammpumpen, ohne die Gefäße zu leeren, oder durch Ausschöpfen des Schlammes, nachdem die Platten teilweise herausgenommen sind und die reine Flüssigkeit mit Hilfe einer Pumpe oder eines Hebers entfernt ist. Das mit teilweisem Herausnehmen der Platten verbundene Reinigen übertrage man Monteuren der Akkumulatorenfabrik.

Die Zellengefäße und die Holzgestelle, auf denen sie ruhen, sowie der Fußboden und etwa vorhandene Laufbühnen müssen rein und trocken gehalten werden. Empfehlenswert ist zeitweises Einölen der Holzteile mit doppelt gekochtem Leinöl. Die Isolatoren, auf denen die Zellengefäße und Holzgestelle stehen, reibe man von Zeit zu Zeit trocken ab.

110. Vorsichtsmaßregeln für die Bedienung. Bei Arbeiten an den Akkumulatorplatten muß man sich gegen Bleivergiftung schützen. Insbesondere dürfen Speisen nicht mit ungereinigten Händen angefaßt werden. Zu den Mahlzeiten muß der Arbeitsanzug abgelegt und müssen die Hände mit Bürste und Seife gründlich gereinigt werden. Als Zusatz zum Waschwasser nehme man Schwefelleber, wodurch auf der Haut haftende Bleiverbindungen in einen im Körper unlöslichen Zustand übergeführt werden.

Zum Schutz der Kleidung gegen die Einwirkung der Säure dienen mit Paraffin getränkte Schürzen, oder man trägt Kleidungsstücke aus Schafwolle, die gegen Säure unempfindlich ist. In der Kleidung durch die Säure entstehende Flecke können durch Anfeuchten mit Ammoniak entfernt werden, doch muß das baldigst geschehen, um das Einfressen von Löchern in den Stoff zu verhüten. Nach dem Anfeuchten mit Ammoniak wäscht man die Stellen in reinem Wasser aus.

Auf den Fußboden des Akkumulatorenraumes aus-
gelaufene Säure läßt man durch Sägespäne aufsaugen.
Müssen Lötarbeiten während der gegen Ende des
Ladens auftretenden Knallgasentwickelung ausgeführt
werden, so veranlasse man durch Öffnen von Türen
oder Fenstern genügenden Luftzug, um dem Ansammeln explosiver Gase vorzubeugen.

In Hochspannungsanlagen sind bei Arbeiten an
Akkumulatoren Gummischuhe und Gummihandschuhe
notwendig. Batterien für Spannungen über 1000 V
müssen durch Trennschalter unterteilt werden, wenn
an den Zellen gearbeitet wird.

Apparate.

**111. Normalien und Richtlinien für Bauart, Ver-
wendungsbereich und Prüfung der Apparate,** aufgestellt
vom Verband Deutscher Elektrotechniker[1], enthalten
Bestimmungen für die Betriebssicherheit der Apparate,
für einheitliche Ausführung, soweit das Auswechseln
einzelner Teile in Frage kommt, und für die zum Erreichen dieser Ziele notwendigen Prüfungen. Die Bestimmungen, deren Kenntnis für die Auswahl und das
Einbauen der Apparate notwendig ist, gliedern sich in:

a) Normalien für die Bauart und Prüfung
von Installationsmaterial; unter anderem werden
behandelt Dosenschalter, Steckvorrichtungen, Sicherungen mit eingeschlossenen Schmelzeinsätzen, Lampenfassungen und Lampenfüße, Leitungsschutzrohre
und Verteilungstafeln.

b) Vorschriften für die Bauart und Prüfung von Schaltapparaten für Spannungen
bis 750 V. Sie umfassen Hebelschalter, Ölschalter,
offene Schmelzsicherungen, Anlasser und Regulierwiderstände.

c) Richtlinien für die Bauart und Prüfung
von Wechselstrom-Hochspannungsapparaten
von 1500 V an aufwärts. Sie beziehen sich auf Ölschalter, Trennschalter, Stützisolatoren, Überspan-
nungs-Schutzapparate, Schmelzsicherungen, Strom-
transformatoren, Freileitungsapparate usw.

Für den Verwendungsbereich der unter c) bezeichneten Apparate und die Leiterabstände gelten die in
der Tabelle angegebenen Werte. Bei Spannungen über

---

[1] Verlag von Julius Springer, Berlin.

5000 V und hohen Leistungen wird meist Phasen-
unterteilung angewendet. Jede Phase erhält einen
Ölschalter in gesonderter Zelle, in gleicher Weise werden die Sammelschienen der einzelnen Phasen licht-
bogensicher voneinander getrennt.

| | Verwendungs-bereich | | Lichter Abstand von Leiter zu Leiter und von den Leitern gegen ge-erdete Teile | | Ölhöhe über den Un-terbrechungs-stellen bei Ölschaltern |
| | Betriebs-Spannung | Dauer-Kurzschluß-strom | | | |
	Volt	Ampere	in Luft mm	unter Öl mm	mm
I	1500 3000	3000 2000	75	40	90
II	3000 6000	6000 2000	100	50	100
III	6000 12000	6000 1500	125	60	120
IV	12000 24000	4500 1000	180	90	180
V	24000 35000	2000 1000	240	120	240

112. Aufstellen der Meßgeräte. Die Meßgeräte
müssen vor allem so angeordnet werden, daß sie beim
Bedienen der zugehörigen Apparate, der Regulierwiderstände u. dgl., bequem beobachtet werden können. Ist für die Meßgeräte von der Fabrik nicht ausdrücklich das Aufstellen in geneigter Lage zugelassen,
so werden sie senkrecht angebracht. Beim Vorkommen
von Erschütterungen sorge man für federnde Aufhängung. In der Ruhelage muß der Zeiger auf den
Skalennullpunkt einspielen. Sind die Meßgerätklemmen
mit Polzeichen versehen, so müssen die Pole der Leitungen, an die angeschlossen werden soll, zuvor bestimmt werden (vgl. 21).

Sind die Meßgeräte gegen benachbarte elektrische
Maschinen und starke Ströme in den Leitungen empfindlich, so müssen sie in genügendem Abstand von
diesen angebracht werden. Die zu den Meßgeräten
führenden Stromleitungen werden so angeordnet, daß
sich ihre Wirkungen gegenseitig aufheben, indem man
Hin- und Rückleitung nebeneinander legt.

113. Stromzeiger. Der Stromzeiger S (Abb. 81)
wird in den Stromkreis geschaltet, in dem die Stromstärke gemessen werden soll. Handelt es sich gleichzeitig um ein Feststellen der Stromrichtung, wie es
bei Akkumulatoren erforderlich sein kann, so ver-

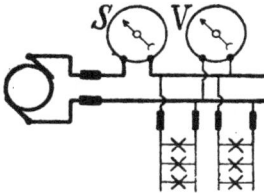
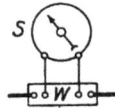

Abb. 81.   Abb. 82.

wendet man Apparate mit Nullstellung in der Skalen-
mitte.

Für hohe Stromstärke wird bei Gleichstrom das
Meßgerät S (Abb. 82) in den Nebenschluß zu einem
Widerstand W geschaltet. Der letztere besteht aus einer
Metallegierung, deren Widerstand sich bei wechseln-
der Temperatur nicht ändert, z. B. Manganin. Diese
Anordnung ermöglicht es, die Meßgeräte fern von
störenden Leitungen aufzustellen. Da sich der Wider-
stand bei hoher Stromstärke stark erwärmen kann,

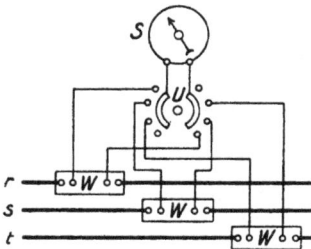

Abb. 83.   Abb. 84.

so muß sein Einbauen unmittelbar neben anderen
Apparaten, wenn sie durch Wärmeübertragung leiden
würden, vermieden werden.

Für zeitweises Messen in mehreren Leitungen,
z. B. für Strommessungen in den von Schalttafeln ab-

zweigenden Speiseleitungen, wird ein und dasselbe
Meßgerät *S* (Abb. 83) mittels des Umschalters *U* mit
den Meßwiderständen *W* verbunden.

Die Widerstände der Zuleitungen für die Meßgeräte bei den Schaltungen Abb. 82 und 83 müssen
zu den Meßgeräten passen; die Länge der von der
Fabrik mitgelieferten Leitungen darf daher nicht verändert werden. Überflüssige Längen wickelt man auf
eine Spule oder verlegt sie in einer Schleife.

In Wechselstromanlagen dienen für das Messen hoher Stromstärken und bei Hochspannung
Transformatoren *T* (Abb. 84), Stromwandler genannt,
mit wenigen Primärwindungen, in deren Sekundär-
stromkreis ein Stromzeiger *S* geschaltet wird. Diese
Anordnung ist, abgesehen vom Fernhalten der starken

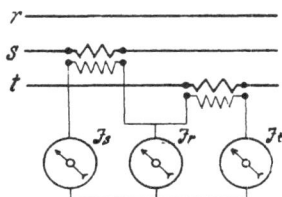

Abb. 85.   Abb. 86.

Leitungen von der Schalttafel, in Hochspannungsanlagen notwendig, um die Stromzeiger vom Hochspannungsnetz zu trennen. Die sekundäre Wickelung
der Stromwandler wird in Hochspannungsanlagen
zweckmäßig geerdet (Abb. 109). Das zuweilen angewendete Überbrücken der primären Wickelung des
Stromwandlers durch einen induktionsfreien Widerstand (*W* Abb. 85) bezweckt Schutz gegen Wanderwellen.

Zum Messen der Ströme in den drei Phasen eines
Drehstromnetzes mit Hilfe der Stromzeiger *Js*, *Jr* und
Jt (Abb. 86) kann man bei geeigneter Schaltung mit
zwei Stromwandlern auskommen.

Haben die Stromwandler genügende Leistung, so
können außer den Stromzeigern auch die Stromwickelungen der Leistungszeiger und der Zähler angeschlossen werden.

114. Spannungszeiger. Der Spannungszeiger *V*
(Abb. 81) wird in den Nebenschluß zu dem Stromkreis
geschaltet, dessen Spannung gemessen werden soll.

Bei hoher Gleichstromspannung schaltet man Widerstand vor den Spannungszeiger. In Wechselstromanlagen wird die hohe Spannung durch einen kleinen Transformator (Spannungswandler) auf niedrige Spannung transformiert. Primär wird der Spannungswandler mit Schmelzsicherungen für etwa 2 A abgezweigt; sekundär wird seine Wickelung geerdet. In die Zuleitungen zum Spannungszeiger werden Schmelzsicherungen geschaltet, um den Spannungswandler vor Überlastung bei etwa in der Sekundärleitung auftretendem Kurzschluß zu schützen.

115. Meßgeräte für schwankende Belastungen. Bei schwankenden Belastungen und Wechselstromanlagen mit ungleichmäßig laufenden, parallel geschalteten Stromerzeugern werden zu große Zeigerschwankungen durch träge Meßgeräte (Hitzdrahtinstrumente) oder Apparate mit Luft- oder Öldämpfung oder magnetischer Dämpfung beseitigt.

116. Anpassen der Spannungszeiger - Vorschaltwiderstände für Verteilungsnetze. Bei ausgedehnten Stromverteilungsnetzen müssen in der Zentrale die Spannungen an verschiedenen Netzpunkten gemessen werden, um danach die Spannung zu regeln. Zu diesem Zwecke enthalten die Speisekabel (H Abb. 128) Prüfdrähte, oder es werden bei oberirdischen Leitungsnetzen gesonderte Prüfdrähte gelegt, die man einerseits mit dem Stromverteilungsnetz und anderseits mit dem Spannungszeiger in der Zentrale verbindet. Ein Umschalter dient dazu, den Spannungszeiger je nach Bedarf mit den einzelnen oder mit den parallel geschalteten Prüfdrähten zu verbinden. Die Prüfdrähte werden parallel geschaltet, wenn für die Spannungsregelung ein Durchschnittswert der Netzspannung abgelesen werden soll. Der Spannungszeiger muß unter Berücksichtigung der vorgeschalteten Prüfdrahtwiderstände von der Fabrik geliefert werden. Zum Ausgleich der verschiedenen Prüfdrähtelängen werden Vorschaltwiderstände benutzt.

Das Anpassen der den Prüfdrähten vorgeschalteten Widerstände geschieht nach angenähert durch Rechnung erfolgter Längenbestimmung durch Probieren. Dazu wählt man die Zeit geringer Netzbelastung, weil dann die Spannungsverluste in den Speise- und Ausgleichleitungen vernachlässigt werden können und an allen Verteilungspunkten (k Abb. 128) gleich hohe Spannung herrscht. Die zweckmäßigerweise anfangs zu groß bemessenen Vorschaltwiderstände werden so lange vermindert, bis der Spannungszeiger

für alle Netzpunkte gleich hohen, mit einem
parallel geschalteten Normalspannungszeiger überein-
stimmenden Ausschlag gibt. Werden zum Messen
der Durchschnittsspannung die parallel geschalteten
Prüfdrähte mit dem Spannungszeiger verbunden, so
muß bei der zugehörigen Umschaltstellung ein dem
Spannungszeiger vorgeschalteter Widerstand eingebaut
werden, um die durch das Parallelschalten der Prüfdrähte eintretende Widerstandsverminderung auszugleichen. Das Parallelschalten der Prüfdrähte setzt
voraus, daß die Prüfdrähte b e i d e r Pole Vorschaltwiderstände haben. Andernfalls würden in den parallelgeschalteten Prüfdrähten Ausgleichströme auftreten und das Meßergebnis beeinflussen.

117. Leistungszeiger. Der Leistungszeiger ist in
Wechselstromanlagen zum Messen der wirklichen Lei-

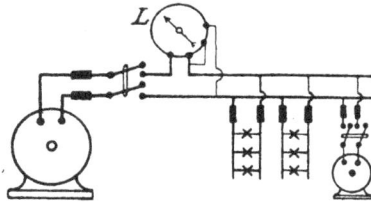

Abb. 87.

stung notwendig, weil sich dort im Gegensatz zum
Gleichstrombetrieb die Leistung nicht unmittelbar
aus dem Produkt der abgelesenen Spannung und
Stromstärke ergibt (vgl. 8). Das Feststellen der wirklichen Leistung z. B. parallel geschalteter Maschinen
(vgl. 38) bezweckt, die Maschinen gleichmäßig belasten
und vor dem Abschalten leistungslos machen zu
können.

In Abb. 87 ist die Schaltung des Leistungszeigers
L für Einphasenstromanlagen angegeben. Der Apparat
hat zwei Klemmen für die Stromwickelung und zwei
für die Spannungswickelung. Ergibt sich nach dem
Herstellen der Leitungsverbindungen verkehrter
Zeigerausschlag, so werden die Anschlüsse der Spannungsleitungen vertauscht. Ein etwa vorhandener
Widerstand W (Abb. 88) muß so geschaltet werden,
daß die Spannungswickelung unmittelbar von der
zur Stromwickelung gehörigen Phasenleitung abzweigt,
um gefährdende Spannungen zwischen beiden Wicke-

lungen zu vermeiden; die in Abb. 89 angedeutete
Schaltung ist falsch.

Abb. 90 zeigt eine der in Drehstromanlagen möglichen Schaltungen. Unter Voraussetzung von gleich-
belasteten Zweigen des Drehstromnetzes ist nur eine
der drei Stromleitungen durch den Apparat geführt.

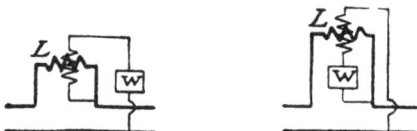

Abb. 88 (richtige Schaltung).   Abb. 89 (falsche Schaltung).

Vor die an die beiden anderen Leitungen angeschlossenen Spannungswickelungen ist Widerstand geschaltet. Bei gleicher Verteilung der Netzbelastung
auf die drei Zweige sind die Meßergebnisse bei dieser
Schaltung genügend genau. Wenn bei u n g l e i c h e r
Belastung der drei Zweige die wirkliche Leistung ermittelt werden soll, sind zwei an verschiedene Stromleitungen angeschlossene Leistungszeiger notwendig,
die in einen Apparat vereinigt werden können.

In Hochspannungsanlagen werden für die Strom-
und Spannungswickelung des Leistungszeigers Transformatoren (Meßwandler) angewendet.

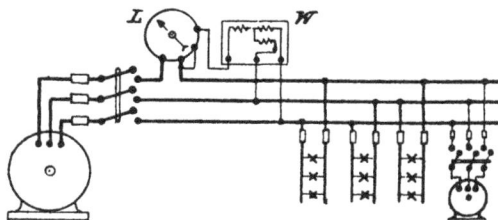

Abb. 90.

118. **Phasenzeiger.** Der Phasenzeiger hat den Zweck,
die Phasenverschiebung des Stromes gegenüber der
Spannung oder den Leistungsfaktor erkennen zu
lassen. Ähnlich wie der Leistungszeiger hat der
Phasenzeiger eine Strom- und eine Spannungswickelung. Der Phasenzeiger ist namentlich beim Parallelarbeiten von Maschinen und beim Betrieb von Syn-

chronmotoren notwendig. Da er gleichzeitig die Größe
des wattlosen Stromes angibt, kann danach die Erregung von parallel geschalteten Maschinen und von
Synchronmotoren geregelt werden.

119. Synchronoskop. Das Synchronoskop zeigt
an, ob eine angelassene, auf Spannung gebrachte,
aber noch nicht an das Netz angeschlossene Wechselstrommaschine zu schnell oder zu langsam läuft,
indem der Zeiger nach rechts oder links umläuft.
Die Nullstellung zeigt Phasengleichheit an. Die
Schaltverbindungen sind von der Apparatbauart
abhängig, sie müssen nach dem von der Fabrik gelieferten Schaltbild hergestellt werden. Hat der Apparat
verkehrten Drehsinn, so vertauscht man die nach der
zuzuschaltenden Maschine führenden Leitungen.

120. Frequenzmesser. Aus dünnem Stahlband
hergestellte, auf verschiedene Schwingungszahl abge-
stimmte Federn liegen kammartig nebeneinander. Sie
erhalten durch einen von Wechselstrom durchflossenen
Elektromagnet rhythmische Anstöße, wobei diejenige
Feder in Schwingung kommt, deren Eigenschwingungs-
zahl mit der durch den Magnet erzeugten Schwingung
übereinstimmt. Die schwingende Feder ergibt einen
durch den farbigemaillierten Federkopf sichtbar gemachten Ausschlag.

Bringt man die Spule des Elektromagnet mit vorge-
schaltetem Widerstand in den Stromkreis einer Wechselstrommaschine, so dient der Apparat zum Messen der
Frequenz der Maschine (vgl. 3 b) oder in gleicher Weise
der Drehzahl. Die Apparatskala wird dem jeweiligen
Zweck angepaßt.

Soll die Drehzahl einer Gleichstrommaschine oder
einer beliebigen umlaufenden Welle gemessen werden,
so versieht man die Welle mit einer gezahnten Weich-
eisenscheibe, deren Zähne vor den Polschuhen eines
von Drahtspulen umgebenen Stahlmagnets umlaufen.
Zu gleichem Zweck kann ein diese Teile enthalten-
der Apparat von der Welle angetrieben werden. Die
Spulenklemmen des Magnets werden mit den Klemmen
des Frequenzmessers durch Leitungen verbunden,
so daß sich die von der umlaufenden Maschinenwelle
erzeugten Wechselströme auf den Apparat übertragen. Der letztere kann an jeder Stelle, an der das
Ablesen der Maschinendrehzahl erwünscht ist, z. B.
an der Schalttafel, angebracht werden.

121. Erdschlußprüfer. Ein Spannungszeiger von
hohem Eigenwiderstand wird mit der einen Klemme

geerdet und mit der andern unter Zwischenschalten
eines Umschalters nacheinander an die verschiedenen
Leitungspole oder -Phasen gelegt. Dabei zeigt das
Meßgerät die Spannung zwischen den Leitungen und
Erde. Für eine bekannte unveränderliche Netzspan-
nung kann die Skala des Meßgeräts zum Ablesen des
Isolationswiderstandes eingerichtet werden.

In Wechselstromanlagen, vor allem bei ausgedehnten Kabelnetzen, treten infolge der Kapazität der
Leitungen gegen Erde auch zwischen gut isolierten
Leitungen und Erde Spannungen auf. Die Angaben
des Erdschlußprüfers dürfen daher nicht ohne weiteres
als Isolationsfehler gedeutet werden. Sind die Kapa-
zitäten zwischen den einzelnen Phasen und Erde gleich,
wie es bei verseilten Kabeln und Freileitungen der Fall

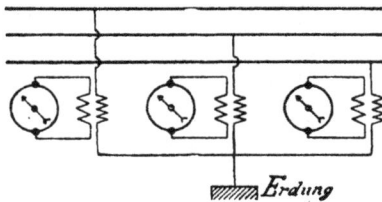

Abb. 91.

ist, so sind auch die Spannungen zwischen den Phasen
und Erde gleich. Ungleichheiten, die der Isolationsprüfer anzeigt, deuten auf Isolationsfehler hin. Im
Gegensatz hierzu ist bei konzentrischen Kabeln die
Spannung zwischen dem äußeren Leiter und Erde
gering und die Spannung des oder der inneren Leiter
hoch; hier wäre es unrichtig, aus den ungleichen
Spannungen auf Leitungsfehler zu schließen. In
Anlagen mit konzentrischen Kabeln wird die Isolation
am einfachsten mit Gleichstrom geprüft, nachdem
man die zu untersuchenden Leitungen vom Netz
abgeschaltet hat.

In Hochspannungs-Drehstromanlagen werden zur
Isolationsprüfung dienende Spannungszeiger (Abb. 91)
an Transformatoren angeschlossen, die in der Hochspannung in Sternschaltung verbunden und mit ihrem
Nullpunkt geerdet sind. Ist die Isolation in allen drei
Phasen gut, so zeigen die Apparate gleiche Spannung;
hat eine der Leitungen einen Isolationsfehler, so zeigt
der zugehörige Apparat geringere Spannung. Unter Um-

ständen werden die Apparate nicht nur für das Leitungsnetz, sondern auch für einzelne Maschinen verwendet,
um den Isolationszustand der Maschinen vor dem
jedesmaligen Schalten auf die Sammelschienen zu
prüfen. Die beschriebene Schaltung bringt bei Freileitungen den Vorteil mit sich, daß statische Ladungen,
die für die Isolation der Anlage gefährlich werden
können, in geringem Umfang ausgeglichen werden.

122. Elektrizitätszähler dienen zum Ermitteln
der elektrischen Arbeit, sie werden hauptsächlich für
die an Elektrizitätswerke angeschlossenen Leitungsanlagen verwendet. Man unterscheidet Amperestunden-
zähler und Wattstundenzähler. In Drehstromanlagen
mit Lampen in allen drei Zweigen oder Lampen- und
Motorenanschluß, wobei die drei Zweige verschieden
belastet sind, kann die gesamte Drehstromarbeit mit
zwei Zählern durch Zusammenzählen ihrer Angaben
festgestellt werden; ein gemeinsames Zählwerk gibt
dabei in der Regel die gesamte Drehstromarbeit an.
Werden zwei getrennte Zähler verwendet, so kann
es vorkommen, daß der eine rückwärts läuft. Der
Verbrauch ergibt sich dann, wenn man den Rück-
lauf des einen Zählers von dem Vorlauf des andern
abzieht.

Für die Schaltung des Amperestundenzählers gilt
das gleiche wie für die Schaltung des Stromzeigers
(vgl. 113). Der Apparat wird in die Hauptleitung oder
bei Stromverteilung in die Zweigleitung geschaltet, in
der der Verbrauch gemessen werden soll.

Für die Schaltung des Wattstundenzählers gelten
die für den Stromzeiger und den Spannungszeiger
gegebenen Regeln (vgl. 113 u. 114), indem die Zähler
Anschlußklemmen für Strom- und Spannungsleitungen
haben. Ist für den Zähler eine bestimmte Stromrichtung
vorgeschrieben, so müssen vor dem Einschalten die
Polzeichen der Leitungen (vgl. 21) bestimmt werden.

Zum Aufstellen des Zählers wähle man einen
trockenen, nicht großen Temperaturschwankungen ausgesetzten Raum und einen möglichst erschütterungs-
freien Platz. Der Zähler soll ferner leicht zugänglich
und bequem erreichbar angebracht werden, so daß
das Ablesen ohne Benutzen eines Trittes oder einer
Leiter möglich ist. Die Zähler für die Stromabnehmer
der Elektrizitätswerke sollten möglichst nahe an den
Leitungseinführungen in das Haus oder die Wohnung aufgestellt und die Stromzuführungen geschützt oder übersichtlich verlegt werden, um einem Leitungsabzweigen

vor den Zählern vorzubeugen oder, wenn es geschieht, leicht erkennbar zu machen.

Da die meisten Zähler innerhalb mehr oder weniger engen Grenzen am verlässigsten messen, so muß die Zählergröße der Belastung tunlichst angepaßt werden. Zähler für Lichtbetrieb, wobei selten alle Lampen im Betrieb sind, können knapp bemessen werden; es genügt meistens, die Zählergröße für 80% der vorhandenen Lampen zu wählen. Dagegen nimmt man Zähler für Motorenbetrieb wegen der vorkommenden Überlastungen besser für eine höhere als die normale Betriebsstromstärke.

In Anlagen, die in der Hauptbetriebszeit sehr hohen und im übrigen geringen Verbrauch haben, können zwei Zähler aufgestellt werden, einer für hohen und einer für geringen Verbrauch. Je nachdem der Verbrauch über einen bestimmten Wert steigt oder darunter sinkt, werden die Zähler durch einen selbsttätigen Apparat umgeschaltet. Dadurch läßt sich erreichen, daß auch der geringe Verbrauch richtig gemessen wird.

Soll nach tarifmäßigen Abmachungen eine bestimmte Höchststromstärke nicht überschritten werden, so baut man Strombegrenzer ein (vgl. 132, Abs. 3).

123. Doppeltarifzähler werden verwendet, wenn je nach der Tageszeit der Stromentnahme eine Berechnung nach verschiedenem Tarif stattfindet. Sie haben zwei Zählwerke, von denen das eine oder andere jeweilig durch eine Uhr in Betrieb gesetzt wird.

124. Elektrizitätszähler mit Höchstleistungszeiger sind notwendig, wenn außer der Zahlung nach Kilowattstunden eine jährliche Abgabe für die Stromentnahme vereinbart ist, die sich nach der entnommenen Höchstleistung, gemessen in Kilowatt, richtet.

Die Ablesung auf dem Zifferblatt des Höchstleistungszeigers entspricht meist dem durchschnittlichen Höchstwert der in den Zeitabschnitten von einer Viertelstunde entnommenen Leistungen. Wenn der Elektrizitätswerksangestellte die Zeigerstellung abgelesen hat, dreht er den Zeiger in die Nullstellung zurück, so daß beim nächsten Ablesen die in der Zwischenzeit aufgetretene Höchstleistung abgelesen werden kann. Ergibt die Ablesung auf dem Zifferblatt nicht unmittelbar Kilowatt, so werden die Kilowatt durch Multiplikation der Ablesung mit der auf dem Zifferblatt angegebenen Konstanten berechnet.

125. Amtliche Prüfung der Zähler ist durch die an verschiedenen Orten (Bremen, Chemnitz, Frank-

furt a. M., Hamburg, Ilmenau, München und Nürnberg)
bestehenden elektrischen Prüfämter möglich. Auch
kann man für die Zählerprüfung sog. Eichzähler verwenden, die für bequemes Einschalten in die Stromkreise der bei den Stromabnehmern vorhandenen
Zähler eingerichtet sind.

126. Ablesen der Zähler.

In Abb. 92 sind drei Zeiger-
stellungen eines Zählers dargestellt und die zugehörigen
Ablesungen rechts neben den Zifferblättern angegeben.
Die Zeigerstellung am 1. Januar bietet auch für den

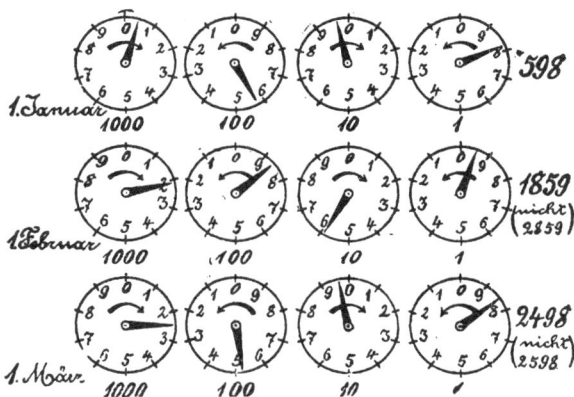

Abb. 92.

wenig Geübten keine Schwierigkeit im Ablesen, dagegen geben die Zeigerstellungen am 1. Februar und
1. März, wie sie infolge von totem Gang im Zählwerk
vorkommen, leicht zu fehlerhaftem Ablesen Anlaß. Am
1. Februar steht z. B. der Zeiger des Zifferblattes 1000
auf 2, trotzdem muß 1 abgelesen werden, weil der
Zeiger des Zifferblattes 100 erst zwischen 8 und 9 und
nicht schon wieder auf 0 oder vor 0 steht; um 2859 ab-
zulesen, müßte der Zeiger des Zifferblattes 1000 in der
Nähe von 3 stehen. Ähnlich verhält es sich mit der
Zeigerstellung vom 1. März, hier liest man 2498 statt
2598, was sich am besten durch Vergleich mit der
Zeigerstellung am 1. Januar erklärt, indem letztere die
Ablesung 598 richtig ergibt. Um Fehler zu vermeiden,
beachte man beim Ablesen eines Zifferblattes die
Angabe des nach rückwärts folgenden Zifferblattes.

Bei Zählern mit springenden Zahlen ergeben die nebeneinander stehenden Zahlen ohne weiteres den Zählerstand.

Das Berechnen der verbrauchten elektrischen Arbeit geschieht, wie in der Tabelle gezeigt, durch Multiplikation der Zählerkonstanten mit der sich aus zwei aufeinanderfolgenden Ablesungen ergebenden Voreilung. Die Zählerkonstante gibt an, wie viele Arbeitseinheiten einem Strich des Zifferblattes 1 entsprechen. Im gewählten Beispiel, mit der Zählerkonstanten 0,5, ist ein Strich des Zifferblattes 1 gleich 0,5 kWh (Kilowattstunden). Bei den meisten Zählern wird das Berechnen dadurch erleichtert, daß als Konstantenwert 1, 100, 1000 usw. gewählt ist.

Zähler Nr. 105, 1 Strich = 0,5 kWh.

Tag der Ablesung	Ablesung	Voreilung	Verbrauchte elektr. Arbeit kWh
1918 1. Januar	598·		
1. Februar	1859	1261	630,5
1. März	2498	639	319,5

127. Aräometer. Das Aräometer (Senkwage) dient zur Messung der Säuredichte bei Akkumulatoren (vgl. 109) und besteht aus einer in der Flüssigkeit senkrecht schwimmenden Glasröhre, die je nach der Dichte der Flüssigkeit mehr oder weniger eintaucht. Die Dichte wird auf der an der Röhre befindlichen Skala an dem Punkte abgelesen, der mit der Flüssigkeitsoberfläche zusammenfällt. Die Angabe der Dichte geschieht in spezifischem Gewicht oder in Graden nach Baumé.

128. Schmelzsicherungen. Die Schmelzsicherungen haben den Zweck, von zu starkem Strom durchflossene Leitungen durch die Wirkung der eingeschalteten Schmelzeinsätze zu unterbrechen, um dem Glühendwerden der Leitungen und dadurch einer Feuersgefahr vorzubeugen. Die regelrechte Stromstärke und Spannung, für die ein Schmelzeinsatz (Patrone, Stöpsel) bestimmt ist, sind auf ihm verzeichnet.

a) Anordnen der Sicherungen. Durch Schmelzsicherungen oder selbsttätige Überstromschalter (vgl. 132) müssen geschützt werden alle Leitungen (abgesehen von den nachstehend bezeichneten

neutralen oder Nulleitern und geerdeten Leitern), die von
den Schalttafeln nach den Verbrauchsstellen führen.
Gleiches gilt für alle Stellen, an denen sich der Querschnitt der Leitungen in der Richtung nach der Verbrauchsstelle vermindert; eine Sicherung ist nur entbehrlich, wenn die vorhergehende Sicherung den schwächeren Querschnitt schützt. Abweichend von dieser Be-
stimmung brauchen nicht gesondert gesichert zu werden
alle Verjüngungsleitungen und Abzweigungen zu den
Sicherungen, auch bei schwächerem, durch die vorhergehende Sicherung nicht geschützten Querschnitt,
wenn sie nicht über 1 m lang und von entzündlichen
Gegenständen feuersicher getrennt sind. Läßt sich
das nicht erreichen, so muß die Abzweigung gleich
der Hauptleitung oder wenigstens so stark bemessen
werden, daß sie durch die vorgeschaltete Sicherung
geschützt ist. Mehrfachleitungen sind für die Abzweigungen zu den Sicherungen unzulässig.
    Schmelzsicherungen als Überstromschutz in
Hochspannungskreisen müssen tunlichst vermieden
und durch selbsttätige Schalter ersetzt werden, weil
die zusammengehörigen Leitungen durch Schmelzsicherungen nicht gleichzeitig unterbrochen und dadurch Überspannungen hervorgerufen werden. Schmelzsicherungen sind hier nur zulässig, wenn bei einpoli-
gem Leitungsanschluß, wie er durch das Abschmelzen
einzelner Sicherungen eintritt, die Leitungen unter
sich und gegen Erde keine nennenswerte Kapazität
aufweisen. Überlandleitungen mit Transformatoren
an den Endstrecken sollten durch selbsttätige Überstromschalter geschützt werden. Für hohe Wechsel-
stromspannungen werden am besten unter Öl befindliche selbsttätige Schalter (Ölselbstschalter) verwendet.
Werden für kleine Netz-Transformatoren Schmelzsicherungen eingebaut, so nehme man sie für die
Oberspannung stärker, etwa bis zum vierfachen Wert
des regelrechten Stromes, um zu erreichen, daß bei
Überlastung möglichst nur die Sicherungen in der
Unterspannung durchschmelzen.
    Die neutralen oder Nulleitungen bei Mehrleiter-
oder Mehrphasensystemen, sowie alle betriebsmäßig
geerdeten Leitungen erhalten in der Regel keine
Sicherungen. Demnach bleiben Sicherungen weg für
den Mittelleiter im Dreileitersystem und den Nulleiter
bei Sternschaltung (0 Abb. 7). Erhielte der Mittelleiter
im Dreileitersystem Sicherungen, so würde die Gefahr
bestehen, daß bei Kurzschluß zwischen dem Mittelleiter und einem Außenleiter nur die Mittelleiter-

sicherung schmilzt, wobei die Lampen der anderen Dreileiterseite, auf die doppelte Spannung gebracht, plötzlich durchbrennen oder sogar explosionsartig zerspringen würden. Schon ein Unterbrechen des Mittelleiters ohne den vorerwähnten Kurzschluß ist bei ungleicher Belastung der beiden Dreileiterseiten bedenklich, weil dann die Lampen auf der schwächer belasteten Dreileiterseite zu hohe Spannung erhalten.

Werden isolierte Zweileiterstränge von einem Dreileiter- oder Mehrphasennetz abgezweigt, so können sie doppelpolige Sicherungen, d. h. Sicherungen auch in den Abzweigungen vom Nulleiter erhalten. Wird ein solches Zweileitersystem an der Abzweigstelle nur einpolig gesichert, so müssen die vom Nulleiter des Dreileiter- oder Mehrphasennetzes weitergeführten Leitungen als solche gekennzeichnet sein. Das Kennzeichnen wird z. B. erreicht, wenn man für den Mittelleiter andere Drahtisolierung als für die Außenleiter wählt. In den an solche Leitungssysteme anzuschließenden Apparaten und Beleuchtungskörpern ist das Kennzeichnen des an den Mittelleiter angeschlossenen Leiters nicht mehr nötig, so daß in der üblichen Weise mit Fassungsader versehene Kronen angeschlossen werden können. Ist der Mittelleiter im Dreileitersystem als blanker Draht verlegt (vgl. 182) und wird er im Zweileitersystem als solcher weitergeführt, so erhält er ebenfalls keine Sicherungen.

Die Anordnung der Sicherungen ist in Abb. 93 für ein Dreileitersystem gezeigt, wobei für den Über-

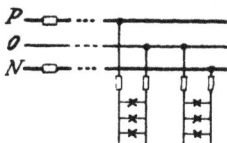   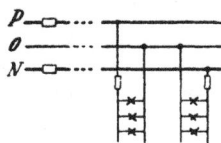

Abb. 93.   Abb. 94.

gang in das Zweileitersystem auch die Abzweigungen vom Mittelleiter Sicherungen erhalten haben. Abb. 94 zeigt, wie Sicherungen für die Leitungsanschlüsse an den Mittelleiter wegbleiben unter der Voraussetzung, daß die Abzweige vom Mittelleiter in der oben angegebenen Weise im Zweileitersystem kenntlich gemacht sind. Der bei dieser Anordnung mögliche Fehler »einpolige Sicherungen in den Abzweigen bald vom Außenleiter, bald vom Mittelleiter unterzubringen« ist

in Abb. 95 dargestellt. Entsteht in derart fehlerhaft
gesicherten Leitungen z. B. bei x und y Schluß mit
einem Gasrohr, so ergibt sich Kurzschlußstrom auf
dem Wege $v\,x\,y\,z$, der in Ermangelung einer Sicherung
die Leitungen zum Glühen bringt.

Ringleitungen müssen am Speisepunkt nach beiden
Seiten Sicherungen erhalten. Für parallel geschaltete
Leitungen sind am Ausgangs- und Endpunkt Sicherungen nötig; erhielten z. B. in dem durch Abb. 128
dargestellten Leitungsnetz die Speiseleitungen H nur
an den Sammelschienen S und nicht auch an den
Knotenpunkten k Sicherungen, so würden bei einem

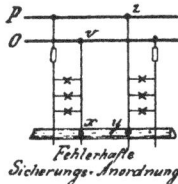

Fehlerhafte
Sicherungs-Anordnung

Abb. 95.

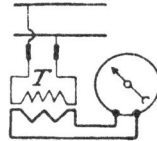

Abb. 96.

durch Kurzschluß herbeigeführten Abschmelzen von
Sicherungen bei S die zugehörigen Leitungen vom Verteilungsnetz aus Strom erhalten und glühend werden.

Für Hauptleitungen sind an den Schalttafeln Sicherungen notwendig. Teilen sich die Leitungen in mehrere
Zweige, so erhält jeder eine eigene Sicherung. Die Erreger-
stromkreise von Maschinen dürfen keine Sicherungen
erhalten. Diese Leitungen müssen so verlegt werden,
daß auch etwaiges Erglühen Feuersgefahr nicht verursachen kann. Hochspannungsstromkreise, z. B. Meßwandler (T Abb. 96), müssen gesichert werden, um
etwaigen Kurzschluß im Transformator ungefährlich
zu machen.

b) Stärke der Sicherungen. Die Sicherungen
sollten der Betriebsstromstärke der Leitungen tunlichst
angepaßt werden, dürfen aber im allgemeinen nicht
stärker bemessen werden, als in der Tabelle unter
186a angegeben ist. Nur wenn Leitungsquerschnitte
über 120 mm² verwendet werden, ist bei wechselnder
Stromstärke ein zeitweises Belasten über die Tabellen-
werte zulässig, falls keine größere Erwärmung entsteht als bei der durch die Tabelle unter 186a zu-
gelassenen Dauerbelastung. Ein Bemessen der Siche-

rungen durchweg entsprechend den Leitungsquerschnitten würde für viele Fälle, namentlich für die
Hauptleitungen, unnötig starke Sicherungen erfordern,
weil die Leitungen zur Verminderung des Spannungsverlustes meist stärker genommen werden, als durch
den Strom bedingt ist. Durch die Wahl schwächerer
Sicherungen wird rascheres Durchschmelzen erreicht,
wie es bei allen Leitungen angestrebt werden muß,
die häufiger Beschädigung ausgesetzt sind.

Da die Sicherungen nur gegen ein Erglühen der
Leitungen bei Kurzschluß schützen sollen, so genügt
es im allgemeinen, die schwächste Sicherung für eine
Nennstromstärke von 6 A zu nehmen. Um schwache,
häufiger Beschädigung ausgesetzte Leitungen weitergehend zu schützen, kann man mit der Nennstromstärke der Sicherungen bis 2 A herabgehen.

Bei Niederspannungsanlagen in Gebäuden können
mehrere Verteilungsleitungen gemeinsame Sicherungen
für höchstens 6 A Stromstärke erhalten, ohne Rücksicht auf die Leitungsquerschnitte; Querschnittsver-
minderungen oder Abzweigungen, auch für ortsveränderliche Stromverbraucher (vgl. 135), erfordern
dabei keine gesonderten Sicherungen. Werden Goliathfassungen für hochkerzige Glühlampen von Leitungen
gleichen Querschnitts in Parallelschaltung abgezweigt,
so sind dem Querschnitt entsprechende gemeinsame
Sicherungen bis höchstens 15 A zulässig.

In Stromkreisen, in denen hohe Stromstärke nur
vorübergehend auftritt, z. B. beim Anlassen von Motoren, werden häufig Grob- und Feinsicherungen
eingebaut, wobei man die ersteren der vorübergehend
auftretenden Stromstärke, die letzteren der Dauerbelastung angepaßt mit den Schalteinrichtungen verbindet. Bei der Stern-Dreieckschaltung (vgl. 55 b)
kann für die Sternschaltung eine Grobsicherung und
für die Dreieckschaltung eine Feinsicherung durch die
jeweilige Anlasserstellung in Betrieb genommen werden.

c) Instandsetzen der Schmelzeinsätze, d. h.
das Auswechseln durchgebrannter Schmelzdrähte in
den Sicherungspatronen ist wegen Beeinträchtigung
der Betriebssicherheit unzulässig. Vor dem Mißgriff
»in durchgeschmolzene Sicherungspatronen oder Stöpsel neue Schmelzdrähte einzuziehen oder einziehen zu
lassen« wird dringend gewarnt. Richtig bemessene
Sicherungen sind für ungestörten Betrieb so wichtig,
daß von verläßlichen Fabriken hergestellte Ersatz-
patronen für den Fall des Durchschmelzens einge-
schalteter Patronen stets bereit liegen sollten.

d) Bauart der Sicherungen. Verlangt wird, daß bei den Sicherungen für 6—60 A irrtümliches Einsetzen zu starker Schmelzeinsätze ausgeschlossen ist. Weiches Metall darf den Kontakt nicht vermitteln, es muß in geeignete Kontaktstücke eingelötet sein. Blei, das früher für Schmelzeinsätze verwendet wurde, hat sich als ungeeignet erwiesen. Man trachte danach, derart veraltete Sicherungen durch neue verläßliche Apparate zu ersetzen, namentlich gilt das für die schwachen, häufiger in Wirksamkeit tretenden Sicherungen.

e) Einbauen der Sicherungen. Die Sicherungen müssen an leicht zugänglichen Stellen angebracht werden. Unzweckmäßig wäre es, sie so anzubringen, daß sie nur mit einer Leiter erreichbar sind. Die Sicherungen sollten tunlichst zentralisiert werden, wobei man die Sicherungen für einzelne Stockwerke oder für große Räume auf einer Schalttafel vereinigt. Die zentralisierten Sicherungen werden mit Schildchen für das Bezeichnen der zugehörigen Stromkreise versehen und erforderlichenfalls mit verschließbaren Schutzkästen abgedeckt. Befinden sich mehrere Lampen in einem Raum, so sollten sie tunlichst nicht alle hinter den gleichen Sicherungen abgezweigt werden. Die Sicherungen müssen so angebracht werden, daß an ihnen etwa auftretende Feuererscheinungen benachbarte brennbare Gegenstände nicht entzünden können. Bei Hochspannung muß je nach der Bauart der Sicherungen reichlich Abstand zwischen den Apparaten eingehalten werden. In feuchten Räumen ist besonderer Schutz der Apparate notwendig, falls ihre Anbringung dort nicht vermieden werden kann. In Räumen, in denen sich explosible Gase o. dgl. ansammeln, dürfen Sicherungen überhaupt nicht oder nur explosionssicher eingebaut untergebracht werden.

Wird bei hohen Stromstärken ein Parallelschalten von Sicherungen notwendig, so beachte man, daß die gekuppelten Sicherungen meist ungleich belastet sind und daher die Summe der für die Einzelsicherungen normalen Stromstärken nicht dauernd ertragen.

f) Bedienen der Sicherungen. Nach dem Durchschmelzen einer Sicherung wird vor dem Einsetzen eines neuen Schmelzeinsatzes die Isolation des zugehörigen Leitungszweiges geprüft und der etwa vorhandene Fehler beseitigt. Ist sofortiges Prüfen nicht möglich, so kann man versuchen, ohne vorherige Isolationsmessung einen neuen normal bemessenen Schmelzeinsatz einzusetzen; es darf dann aber nicht versäumt werden, die Isolation bei nächster Gelegenheit zu prüfen. Schmilzt der neue Schmelzeinsatz ebenfalls, so müssen die schadhaften Zweigleitungen bis nach dem Beseitigen des Fehlers erforderlichenfalls durch Stromunterbrechung an beiden Polen spannunglos gemacht werden. Beim Einsetzen eines Schmelzeinsatzes für höhere Stromstärke während des Betriebes muß der Stromkreis ausgeschaltet werden, er darf erst nach dem Aufbringen der die Kontaktteile der Sicherung vor unbeabsichtigter Berührung schützenden Abdeckung wieder eingeschaltet werden. Unzulässig ist es, statt eines zerstörten Schmelzeinsatzes einen stärkeren Schmelzeinsatz oder gar einen anderweitigen Stromleiter einzusetzen, da hierdurch die Sicherung wirkungslos und beim Vorhandensein eines Fehlers die Leitung glühend würde (vgl. oben c). Die Kontaktflächen in den Sicherungen sollen rein gehalten werden, hauptsächlich bei Apparaten, die in feuchten Räumen untergebracht sind, ist öfteres Reinigen erforderlich. Sind die Sicherungen Erschütterungen ausgesetzt, so sorge man dafür, daß die Kontakte sich nicht lockern, weil sonst unzeitiges Durchschmelzen der Sicherungen infolge von Kontakterwärmung eintritt. Sicherungen für Hochspannung dürfen nur von kundigen Wärtern bedient werden.

129. **Temperatursicherungen.** Bei Apparaten mit Ölfüllung (Öl-Schaltern, -Transformatoren, -Widerständen u. dgl.) wird dem Überhitzen des Öls, das bei Überlastung der Apparate und dabei verspätetem Abschalten zu einem Ölbrand führen kann, durch Temperatursicherungen begegnet. Sie bestehen aus leicht schmelzbarem Metall, dessen Schmelzpunkt bei der Temperatur liegt, die das Öl höchstens annehmen darf. Hat das Öl aus irgendeinem Grunde diese Temperatur erreicht, so schmilzt die Sicherung und unterbricht den Stromkreis. Entgegen den Stromsicherungen (vgl. 128) werden die Temperatursicherungen zufolge ihres reichlichen Querschnitts vom durchfließenden Strom nicht erwärmt, sondern nur vom Wärmegrad des umgebenden Öls beeinflußt.

130. **Schalter** sind zum Öffnen und Schließen der Stromkreise erforderlich. Alle Schalter, mit Ausnahme der Schalter für kleine Glühlampengruppen, mit 6 A gesichert, und der Schalter in elektrischen Betriebsräumen, müssen in geöffnetem Zustand ihren Stromkreis spannunglos machen, d. h. sie müssen im allgemeinen mehrpolig sein. Geerdete Leiter und Nulleiter bedürfen keiner Schalter, werden trotzdem Schalter

verwendet, so sind Einrichtungen notwendig, daß
sich diese Unterbrecher erst nach dem Öffnen des zugehörigen Schalters im nicht geerdeten Leitungspol
öffnen lassen und vor dem Schließen des letzteren
Schalters oder gleichzeitig mit ihm geschlossen werden.
Das geschieht durch Kuppelung der Schalter (mehrpolige Schalter). Geht ein Dreileiter- oder ein Mehr-
phasensystem mit Nulleiter in ein Zweileitersystem
über, so sind in letzterem zweipolige Schalter nur
erforderlich, wenn die Fortsetzung des Mittelleiters
oder Nulleiters im Zweileitersystem nicht gekennzeichnet ist und demnach auch die Sicherungen in den zugehörigen Leitungen nicht wegfallen (vgl. 128a, Abs. 4).
Alle einpoligen Schalter im Dreileitersystem müssen
in die mit den Außenleitern verbundenen Abzweige
eingebaut werden.

Werden bei hohen Stromstärken Schalter parallel
verbunden, so beachte man, daß sich die Strombelastung nicht gleichmäßig auf die Schalter verteilt
und daher die Höchstbelastung nicht bis zur Summe
der für die einzelnen Schalter zulässigen Stromstärken
gesteigert werden darf. Bei Wechselstromschaltern
kann das in erhöhtem Maße der Fall sein, wenn nicht
in der Bauart die Beeinflussung der Stromverteilung
durch die magnetischen Felder berücksichtigt ist.

a) Bauart: Für das Bedienen durch Fach-
kundige, also für die Schalteinrichtungen in Maschinen-
räumen, nimmt man für Niederspannung zweckmäßig Apparate mit freiliegenden Kontakten, so daß
man sich stets vom guten Zustand und von der richtigen Stellung der Kontakte überzeugen kann. Dagegen sind für das Handhaben durch Nichtfach-
kundige, also für das Anbringen im Leitungsnetz, namentlich für die zu beleuchtenden Räume, Schalter
erforderlich, bei denen die Kontaktendstellungen
zwangläufig eingehalten werden und alle spannungführenden Teile dem Berühren entzogen sind. Nicht
geerdete Gehäuse und Griffe der Schalter müssen
aus nichtleitendem Baustoff bestehen oder mit
Isolierstoff ausgekleidet oder überzogen sein. Für
feuchte Räume und im Freien werden wasserdichte
Schalter verlangt, dabei müssen Leitungsschutzrohre
wasserdicht in die Schalter eingeführt werden. Ein
Schalter mit angeschlossenem Rohr und im übrigen
frei verlegten Leitungen ist in Abb. 97 dargestellt; vor
den Einführungen in das Rohr gibt man den Leitungen
Abbiegungen *a* nach unten, damit das an den Leitungen sich sammelnde Wasser abtropfen kann.

Haben die Schalter einen Hilfskontakt, der beim
Ausschalten einen sich bildenden Lichtbogen aufnehmen soll, so muß der Kontakt so eingestellt sein
und nach dem Abnutzen nachgestellt werden, daß
Funkenbildung am Hauptkontakt vermieden wird. Für
Stromkreise, in denen Magnetwindungen
(Schenkelwickelungen) eingeschaltet sind,
ist rasches Ausschalten wegen der dabei
auftretenden, die Isolation gefährdenden
hohen Spannung unzulässig. Dafür sind
Schalter mit langsamer Stromunterbrechung oder Kurzschlußvorrichtungen erforderlich, wie letzteres beim Ausschalten
der Nebenschlußwickelungen an Maschinen
(vgl. Abb. 26—28) angewendet wird. Offene
Schalter, nicht die Ölschalter, für hohe
Stromstärken sind im allgemeinen nicht
für das Handhaben bei voller Stromstärke
und Spannung bestimmt; das Öffnen und
Schließen der Schalter ist dann nur bei entlastetem
Stromkreis zulässig. Für Schalter, die durch Gestänge
u. dgl. gehandhabt werden und an der Bedienungs-
stelle nicht erkennen lassen, ob der Stromkreis geöffnet
oder geschlossen ist, sind Anzeigevorrichtungen notwendig. Diese bestehen z. B. in Signallampen, indem
je nach der Kontaktstellung des Schalters eine rote
oder grüne Lampe leuchtet. Für hohe Wechselstrom-
spannungen werden meist Ölschalter (vgl. 133) verwendet.

Werden die Schalter an Stellen angebracht, die
Erschütterungen ausgesetzt sind, oder wird durch
das Schalten Erschütterung hervorgerufen, so müssen
die Befestigungs- und Kontaktschrauben gegen Lösen
gesichert sein.

b) Stellen für das Anbringen der Schalter.
In erster Linie stehen die Anforderungen an bequemes
Handhaben der Schalteinrichtungen. In Maschinen-
räumen werden die Schalter an den Schalttafeln
übersichtlich angeordnet. Für die Hauptschalter
in Gebäuden wählt man Stellen, die Unberufenen
nicht zugänglich sind, erforderlichenfalls nimmt man
verschließbare Schränke. In den zu beleuchtenden
Räumen werden die Schalter meist am Eingang
angebracht. Für feuchte Räume und Räume, in
denen sich explosible Gase ansammeln, bringt man
die Schalter außerhalb an, es sei denn, daß für den jeweiligen Zweck gebaute Schalter zur Verfügung stehen.

Schalter an bequem erreichbaren Stellen sind
ferner überall nötig, wo rasches Unterbrechen des

Abb. 97.

Stromkreises bei eintretender Gefahr oder aus anderen
Gründen verlangt wird. Z. B. müssen Schalter für
elektromotorische Antriebe von Stanzen, Sägen und
Futterschneidmaschinen derart angebracht werden,
daß bei vorkommenden Unfällen ungesäumt ausgeschaltet werden kann.

c) E i n b a u e n   d e r   S c h a l t e r. Hebelschalter
werden tunlichst so mit den zu- und abführenden Leitungen verbunden, daß die kontaktgebenden Hebel
(Kontaktmesser) bei geöffnetem Stromkreis spannunglos sind. Beim Zusammenbau von Schaltern und
Schmelzsicherungen werden die Schalter, je nach Sach-
lage, zwischen den Sicherungen und der Stromquelle
oder umgekehrt angeordnet. Ersteres ist bei Sicherungen
mit offenen Schmelzstreifen zweckmäßiger, weil dann
bei geöffnetem Stromkreis die Sicherungskontakte zum
Bedienen spannungfrei sind. Dabei darf nicht übersehen werden, daß der Schalter ungesichert bleibt und
bei einem in ihm auftretenden Kurzschluß der ganzen
Sammelschienenenergie ausgesetzt ist.

Freiliegende Hochspannungsschalter müssen so
eingebaut werden, daß der beim Ausschalten sich
bildende Flammenbogen unschädlich verläuft. Der
Schaltapparat wird hier in der Regel hinter der Schalttafel und nur der isolierte und geerdete Bedienungs-
hebel vor der Schalttafel angebracht. An mehrpoligen
Schaltern sind unter Umständen isolierende Wände
zwischen den zu verschiedenen Polen gehörigen Kontakten erforderlich, um zu verhüten, daß die Lichtbögen, die beim Öffnen des Schalters entstehen, sich
vereinigen und Kurzschluß verursachen.

d) I n s t a n d h a l t e n. Es besteht im zeitweisen
Untersuchen der Erwärmung und erforderlichenfalls
im Reinigen der Kontaktflächen (vgl. 145). Die Kontakte dürfen sich unter regelrechter Strombelastung
höchstens mäßig erwärmen, an Schaltern bis etwa
20 A soll Erwärmung überhaupt nicht fühlbar sein, auf
auf die Schaltkontakte geklebte Stückchen Bienen-
wachs dürfen nicht schmelzen. Bei Prellkontakten,
bei denen die Kontaktflächen nur aufeinander gepreßt
werden und sich nicht gegenseitig abschleifen, ist das
Beseitigen der durch Lichtbogenbildung beim Schalten
entstehenden Schmelzperlen besonders wichtig.

Ist für die Schalterkontakte Ersatzmetall, etwa
Eisen, verwendet, so muß wegen des stärkeren Ver-
schleißes durch die Lichtbogenbildung beim Schalten
dem Instandhalten der Kontakte größere Aufmerk-
samkeit geschenkt werden.

131. Vorkontaktschalter für Hochspannung erhalten einen Kontakt für vorübergehendes Widerstandeinschalten. Dadurch wird Überspannungen und Stromstößen beim Einschalten vorgebeugt, die für die Isolation der Leitungen und der einzuschaltenden Motoren und Transformatoren gefährlich sind. Der Widerstand kann auch für große Leistungen kleine Abmessungen haben, wenn die kurze Dauer des Stromschlusses durch die Schalterbauart zwangläufig erreicht wird. Fehlt die zwangläufige Einrichtung, so muß beim Schalten ein Verweilen auf der Vorkontaktstellung sorgfältig vermieden werden.

Der Hauptkontakt des Schalters muß sicher schließen, damit der für kurze Einschaltedauer bestimmte Widerstand im Dauerbetrieb vollständig abgeschaltet bleibt. Durch dauerndes Einschalten würde der Widerstand gefährlich erwärmt werden, was bei Ölschaltern Brandgefahr einschließt.

132. Selbstschalter sind nachstehend für die wesentlichsten Anwendungen beschrieben:

Selbsttätige Schalter mit Überstromauslöser werden statt Sicherungen verwendet, wenn es sich um hohe Leistungen oder Spannungen handelt, wofür der Bau betriebssicherer Schmelzsicherungen Schwierigkeiten bietet, ferner wenn pünktlicheres Schalten verlangt wird, als mit Schmelzsicherungen erreichbar ist, oder wenn häufig Überlastungen, wie bei Bahnstrom, eintreten und das Einsetzen neuer Schmelzstreifen zu lange dauern würde.

In kleinen elektrischen Anlagen werden Überstromschalter als Strombegrenzer benutzt, wenn beim Verrechnen der Stromlieferung nach Pauschaltarif das Überschreiten der vereinbarten Höchstleistung verhindert werden soll. Diese Apparate schalten selbsttätig aus, sobald der vereinbarte Höchststrom überschritten wird, und verursachen durch Wiedereinschalten ein Flackern der Beleuchtung, bis normale Stromentnahme hergestellt ist.

Selbsttätige Überstrom- und Rückstromschalter verwendet man, wenn zwei Stromquellen auf eine Verbrauchsstelle arbeiten; sie schalten nicht nur bei Überstrom ab, sondern auch sobald eine Stromquelle auf die andere arbeitet. Apparate dieser Art sind für parallelgeschaltete Maschinen und Akkumulatoren im Gebrauch.

Selbsttätige Nullspannungs-Ausschalter dienen für Motoren, um zu bewirken, daß der zugehörige Motor beim Aufhören der Stromlieferung

selbsttätig abgeschaltet wird, somit beim Wieder-
beginn der Stromlieferung nicht Schaden leidet (vgl.
45 u. 59).

Zeitlich verzögerte Auslösungen werden
für Selbstschalter verwendet, wenn erst abgeschaltet werden soll, nachdem ein gegebener Überstrom
während bestimmter Zeit geflossen ist. Dadurch wird
verhütet, daß das Abschalten auch bei vorübergehen-
dem, für die Betriebseinrichtungen noch nicht gefährlichen Überlasten eintritt. Einige Bauarten von Zeit-
auslösern enthalten Vorkehrungen, die bei mehrfachem
Überschreiten des Nennstroms ein augenblickliches
Auslösen herbeiführen. Diese Apparate sind nur unmittelbar vor Stromverbrauchern zweckmäßig. Ein
bei Überlastung angelaufener Zeitauslöser muß seine
Tätigkeit einstellen, sobald der Strom vor Ablauf der
Verzögerungszeit zum regelrechten Wert zurück-
kehrt. Die zeitliche Verzögerung geschieht durch
Uhrwerk oder Hitzdraht.

Sind mehrere Selbstschalter in einem Leitungs-
strang vorhanden, so müssen sie so eingerichtet sein, daß
auftretender Überstrom nur den nächstliegenden Schalter auslöst. Sind z. B. Selbstschalter in die Hauptleitungen für hohe Stromstärken und in die Zweigleitungen für schwächere Ströme eingebaut, so müssen
die Apparate so eingestellt werden, daß der Schalter
für die höhere Stromstärke in seiner Wirkung träger ist
und demzufolge bei Stromüberlastungen die Schalter
für geringeren Strom zuerst wirken. Beim Einstellen
der Auslöser beachte man die von der Fabrik gegebene Anleitung.

Die Selbstschalter haben in der Regel eine Frei-
laufkuppelung. Das ist eine zwischen die Schalterkontakte und den Handgriff oder zwischen den letzteren
und die Schalterachse eingebaute, durch Magnet-
wirkung beeinflußte Kupplung. Sobald die zulässige
Stromstärke überschritten wird, löst der Magnet die
Kuppelung, so daß der Schalter in die Ausschalte-
stellung zurückfällt. Der Magnet verhindert ferner
ein Wiedereinschalten oder Festhalten des Schalters in
geschlossenem Zustand solange Überstrom besteht.

Die Ausschaltestromstärke sollte beim Aufstellen
eines Schalters und tunlichst auch später, zeitweise
mittels Stromzeigers nachgeprüft werden. Dabei
ändert man erforderlichenfalls die Auslösung durch
Neueinstellen der Federn oder Gegengewichte, so
daß das Schalten bei der gewünschten Stromstärke
eintritt.

133. Ölschalter. Schalter mit unter Öl liegenden
Kontakten ermöglichen bei Wechselstrom das Ausschalten großer Leistungen bei hoher Spannung
und verhüten dabei gefährliche Überspannungen.
Für Gleichstrom sind dagegen Ölschalter ungeeignet,
weil sie hier beim Ausschalten Überspannungen
hervorrufen. Die zu wählende Schaltergröße ist
nicht allein von der im regelrechten Betriebe abzu-
schaltenden Leistung abhängig, sondern auch von
der Größe des Kraftwerks. Je größer das Kraftwerk ist, um so größer ist die Leistung, die bei vor-
kommendem Kurzschluß durch den Schalter abgeschaltet werden muß (vgl. Richtlinien des Verbandes
Deutscher Elektrotechniker unter 111).

Die Ölschalter werden von Hand, durch Gestänge
oder Zugseil oder (vgl. 132) durch Fernsteuerung mittels Schaltmagnet oder Schaltmotor betätigt.

An den Ölschaltern muß die Schaltstellung äußerlich erkennbar sein. Außer dem Ölschalter sollen sich
sichtbare Trennschalter in den Leitungen befinden,
so daß man beim Arbeiten an den Ölschaltern und
Leitungen mit Sicherheit erkennen kann, daß sie
spannunglos gemacht sind. Die Trennschalter sind
nur zum Bedienen in stromlosem Zustand bestimmt.

Bei mehrpoligen Hochspannungsschaltern achte
man darauf, daß die Kontakte möglichst genau gleichzeitig schließen und öffnen, weil sonst Überspannungen entstehen können. Ob das gleichzeitige Schließen und Öffnen zutrifft, prüft man bei langsamer
Schaltbewegung durch Besichtigen. Vor dem Einfüllen
des Öls untersuche man ferner, ob die Kontakte beim
Betätigen des Schalters gut schließen und ob sich
selbsttätige Schalter im Notfall auch von Hand bedienen lassen. Beim späteren Untersuchen der Schalter
muß nachgesehen werden, ob sich an den Kontakten
Schmelzperlen gebildet haben, die dann beseitigt
werden müssen. Kurze, zu den Einführungsisolatoren
der Ölschalter führende Leitungsanschlüsse dürfen
nicht starr sein, weil sonst Isolatorbrüche entstehen.

Das Öl zum Füllen der Schalter muß rein, dünnflüssig, harz-, säure- und wasserfrei sein und darf erst
bei sehr niedriger Temperatur erstarren. Obgleich an
die Beschaffenheit des Öls nicht so hohe Anforderungen
gestellt werden wie an das Transformatoröl, so empfiehlt es sich doch, zum Vereinfachen der Lagerhal-
tung und um Verwechslung zu vermeiden, für die
Schalter das gleiche Öl zu verwenden wie für die
Transformatoren (vgl. 70). Mindestens einmal im

Jahr muß das Öl erneuert oder gereinigt (filtriert) werden, weil es bei öfterem Schalten an Isolationsfestigkeit einbüßt. Nötigenfalls muß das neu einzufüllende Öl durch Auskochen wasserfrei gemacht werden. Nach dem Erhitzen lasse man das Öl erkalten, ehe man es in die Schalterkästen gießt, weil die Isolatoren durch Einwirkung des heißen Öls springen könnten. Handelt es sich um große Ölmengen, so ist das Beschaffen einer Einrichtung zum Ölreinigen (vgl. 71) erwünscht. Ob das Öl Wasser enthält, läßt sich feststellen, wenn man eine Probe in einen Löffel füllt und über einer Flamme erhitzt; Wassergehalt zeigt sich dabei durch heftiges Aufspritzen nach erreichtem Siedepunkt des Wassers. Die Höhe der Ölfüllung, die äußerlich am Apparat erkennbar sein muß, prüfe man zeitweise.

Zum Einkitten von Isolatoren, die in Öl liegen, muß Kitt verwendet werden, der in Öl nicht weich wird und sich nicht auflöst.

134. Trennschalter. In Hochspannungsleitungen, die durch Ortschaften führen oder ein Bahngelände kreuzen, müssen Mast-Trennschalter eingebaut werden, mit denen im Falle der Gefahr, z. B. bei einem Brande, die Leitungen streckenweise abgeschaltet und spannunglos gemacht werden können. Die Schalter werden meistens an der Mastspitze angebracht und von unten durch Seilwinden oder Kurbelantriebe bedient, die geerdet sein müssen. Bei Holzmasten muß in das Antriebgestänge zwischen den Trennschalter und den Antrieb Isolierung eingebaut werden. Erhalten die Fernleitungen nur von einer Seite Spannung, so genügt ein allpoliger Schalter, der vor der Ortschaft in der Richtung nach dem Kraftwerk angeordnet ist, andernfalls werden vor und hinter der Ortschaft, erforderlichenfalls auch in geeigneten Abständen, Schalter eingebaut.

Sind die Schalter nicht derart gebaut, daß sie den Zug der Leitungen aushalten, so müssen Abspannisolatoren angebracht oder der Zug der Leitungen muß durch starke, gut verankerte Maste abgefangen werden. In diesem Fall werden die Leitungen zu dem in der Nähe aufgestellten Schaltmast mit geringem Zug geführt, immerhin aber so gespannt, daß sie bei Wind nicht zusammenschlagen oder in gegenseitige gefährliche Nähe kommen.

An die Stelle der vorbezeichneten Einrichtungen können Kurzschluß- und Erdungsschalter treten. Diese schließen die zwei oder drei Leitungen kurz und erden sie, so daß die selbsttätigen Schalter in der Zentrale wirken. Dabei genügt e i n e Schaltvorrichtung, auch wenn Leitungen von zwei Seiten zugeführt sind; bei gleicher Sicherheit bedeutet das eine Vereinfachung der Anlage.

In Schaltanlagen werden Trennschalter eingebaut, um einzelne Teile der Schaltanlage behufs ungefährlichen Arbeitens an den Einrichtungen spannunglos machen zu können. Bei diesen Apparaten ist nur ein Öffnen oder Schließen in stromlosem Zustand statthaft. Sind die Ölschalter und Trennschalter nicht benachbart angeordnet, etwa in verschiedenen Stockwerken untergebracht, so empfiehlt es sich, Lichtsignale einzurichten, die in der Ölschalterzelle erkennen lassen, ob der Trennschalter, und in der Trennschalterzelle, ob der Ölschalter geöffnet ist. Besitzt der abzuschaltende Stromkreis bei hoher Spannung große Kapazität, wie es bei langen Leitungen zutrifft, so sind für das Ausschalten auch bei unbelastetem Stromkreis Vorkontaktschalter (vgl. 131) oder Schalter mit Ölfunkenlöschung erforderlich.

135. Steckvorrichtungen für ortsveränderliche Leitungen. Biegsame Anschlußleitungen für Tischlampen, ortsveränderliche Apparate und Motoren müssen von den festverlegten Leitungen mit lösbaren Kontakten abgezweigt werden. Derartige Kontakte werden nachstehend als Anschlußdosen und Stecker bezeichnet.

Die Stecker dürfen nicht in Anschlußdosen für höhere Stromstärke und Spannung, als wofür sie selbst bemessen sind, passen, damit das Anschließen ungenügend gesicherter Leitungen verhindert wird. Müssen beim Anschluß von Stromverbrauchern die Polzeichen beachtet werden, so verwendet man Steckvorrichtungen, die ein Verwechseln der Pole ausschließen. Wenn verhindert werden soll, daß der Stecker bei spannungführendem Zustand der Anschlußkontakte in die Dose eingesteckt oder aus ihr wieder herausgezogen wird, so muß eine mit Schalter vereinigte Anschlußdose verwendet werden, die das Einführen und Herausnehmen des Steckers nur bei geöffnetem Schalter zuläßt. Solche Verriegelungen sind bei Spannungen über 250 V immer notwendig, ferner für alle starken ortsveränderlichen Leitungen; bei den letzteren ist andernfalls durch das Gewicht der Leitung ein Lösen des Steckers zu befürchten.

Werden Steckvorrichtungen an ortsveränderlichen Stromverbrauchern angebracht, so muß die Anschlußdose an der Leitung und der Stecker am Stromverbraucher befestigt werden. Würde der Stecker an der Leitung angebracht, so könnten die freiliegenden spannungführenden Steckerkontakte beim Berühren mit Metallteilen Kurzschluß verursachen. Eine sinngemäße Anordnung ist bei gegenseitiger Kuppelung ortsveränderlicher Leitungen durch Steckvorrichtungen notwendig.

Für besonders gefährdete ortsveränderliche Leitungen sollten eigene Sicherungen verwendet werden, die man der Strombelastung tunlichst anpaßt. Die Sicherungen werden in der Anschlußdose (nicht im Stecker) oder vor der Dose in den fest verlegten Leitungen angeordnet.

Die Kontakte der Steckvorrichtungen müssen feuersichere Unterlage haben. Soweit von früher vorhandene Steckvorrichtungen mit Hartgummi-Isolierung in feuchten Räumen angebracht sind oder in anderer Weise die Betriebssicherheit gefährden, müssen sie durch besser gebaute Apparate ersetzt werden. Die Hüllen der Steckvorrichtungen müssen aus Isolierstoff bestehen, wenn sie nicht für Erdung eingerichtet sind.

Für gewerbliche Zwecke, Anschluß ortsveränderlicher Motoren u. dgl., sollten nur kräftige, metallgekapselte Steckvorrichtungen verwendet werden. Die Stecker müssen derart gebaut sein, daß ein Berühren der unter Spannung stehenden Kontaktteile während des Steckereinführens in die Dose verhindert wird (Stecker mit Kragenschutz). Das Metallgehäuse muß mit Erdungsvorrichtungen für die Dosenkapsel und den Stecker einschließlich einer etwa vorhandenen Metallbewehrung der ortsveränderlichen Leitung und des Motorgehäuses versehen werden. Die Erdung wird durch einen gesonderten Steckerstift oder einen anderen Kontakt zwischen den Metallgehäusen der Anschlußdose und des Steckers bewirkt. Dabei muß die Erdverbindung hergestellt sein, ehe sich die Polkontakte berühren.

136. Vorschaltwiderstände. Man unterscheidet Widerstände, die dauernde und solche, die nur vorübergehende Strombelastung vertragen. Die ersteren dienen als Regulierwiderstände für Maschinen und Beruhigungswiderstände für Bogenlampen. Kurzdauernder Belastung sind u. a. die Anlasser für Motoren ausgesetzt; wollte man die dafür bestimmten Widerstände zu Regulierzwecken dauernd einschalten, so würden sie überhitzt werden und Feuergefahr verursachen.

Die Spiralen oder Bänder der Widerstände müssen vor gegenseitigem Zusammenschlagen geschützt sein.

a) Aufstellen der Widerstände. Die Regulierwiderstände oder deren Schaltapparate werden in der Nähe etwa zugehöriger Meßgeräte in einer für das Bedienen der Schaltkurbel bequem erreichbaren Höhe angebracht. Motoranlasser sollten tunlichst neben den Motoren stehen oder mit den Motoren zusammengebaut sein. Widerstände, die dauernde Bedienung nicht erfordern, werden dagegen zweckmäßiger so hoch an der Wand angebracht, daß sie der Berührung entzogen sind. Im übrigen sorge man dafür, daß der Aufstellungsort für die Widerstände tunlichst trocken und von Erschütterungen frei ist, entzündbare Gase und leicht brennbarer oder explosibler Staub dürfen sich in der Nähe der Widerstände nicht ansammeln können. Erforderlichenfalls müssen die Einrichtungen mit Schutz gegen Tropfwasser, Staubansammlung u. dgl. versehen werden.

Zum Zweck der Abkühlung der Widerstände muß für ausreichende Luftzufuhr gesorgt werden. Von brennbaren Gegenständen müssen die Widerstände grundsätzlich ferngehalten werden, so daß auch bei einer nie ausgeschlossenen Überhitzung keine Feuersgefahr entstehen kann. Läßt sich das Anbringen der Widerstände auf Holzunterlage nicht umgehen, so unterlegt man die Apparate mit Blechtafeln. Den letzteren oder den entsprechend ummantelten Apparaten gibt man einen zur Lüftung dienenden Abstand von mindestens 2 cm von der Holzunterlage, indem man an den Befestigungsstellen Isolierscheiben o. dgl. einlegt. Walzenwiderstände werden lotrecht, mit Leitungszuführung von unten befestigt (Abb. 98). An Leitungen, die von oben zugeführt sind, könnte die Isolierung bei Überhitzung der Widerstände verkohlen und in Brand geraten. Schutzkästen für die Widerstände müssen aus unverbrennlichem Material hergestellt oder mindestens mit solchem ausgekleidet werden und behufs guter Lüftung unten und oben Öffnungen haben. Bei Hochspannung werden aus Metall bestehende Schutzhüllen geerdet. An der Wand befestigte Widerstände verursachen infolge des aufsteigenden Luftstromes ein Schwärzen der Wandfläche. Das läßt sich vermeiden, wenn man die Widerstände in eine mit Abzug nach einem Schornstein versehene Mauernische einbauen kann.

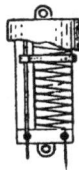

Abb. 98.

Nach dem Einbauen prüfe man die Wirksamkeit der Widerstände. Bei Regulierwiderständen muß untersucht werden, ob die Klemmenspannung der Maschinen, die Drehzahl der Motoren usw. in den gewünschten Grenzen verändert oder bei auftretenden Belastungsschwankungen gleichbleibend erhalten werden kann.

b) Instandhalten der Widerstände. Für das Behandeln der Kontaktflächen gilt das unter 145 Gesagte. Im übrigen sorge man dafür, daß beschädigte Widerstandsdrähte erneuert werden, ehe sie brechen, um außer der damit verbundenen Betriebsstörung einer gefährlichen Funkenbildung vorzubeugen. An den Widerständen zufolge der Erwärmung etwa auftretende Verschiebungen, die gegenseitiges Berühren der Widerstandsdrähte zur Folge haben können, verhindert man durch Zwischenschieben hitzebeständiger Isolierungen (Porzellanrollen, Glasperlen, Asbest). Zur Verhütung von Staubansammlung auf den Widerständen und daraus folgender Feuersgefahr muß für zeitweises Reinigen gesorgt werden.

137. **Schnellregler.** In Wechselstrombetrieben wird durch einen nach Art des Wagnerschen Hammers wirkenden Unterbrecherkontakt der Regulierwiderstand einer Erregermaschine zeitweise kurzgeschlossen. Die Kurzschlußdauer wird durch ein Spannungsrelais geregelt. Hierdurch läßt sich so schnell wirkende Regulierung erreichen, daß auch bei stark wechselnder Belastung ein gleichmäßiger Beleuchtungsbetrieb möglich wird. Die Unterbrecherkontakte müssen häufig nachgesehen und nötigenfalls gereinigt oder ausgewechselt werden. Dabei befolge man die von der Fabrik gegebene Anleitung.

138. **Behelfs - Belastungswiderstände** zu Probebetrieben werden für kleine Maschinen und niedere Spannung aus parallel geschalteten Glühlampen hergestellt. Für große Maschinen kann man Eisendrähte verwenden, die sich beim Befestigen auf Isolierrollen unter Benutzung eines aus Winkeleisen hergestellten Rahmens weitgehend belasten lassen. Behufs guter Kühlung spannt man die Drähte lotrecht. Es empfiehlt sich, die Widerstände gruppenweise mit Schaltern zu versehen, um durch allmähliches Einschalten Überlastungen zu vermeiden; solange die Drähte kalt sind, treten erheblich höhere Stromstärken auf. Unter Umständen kühlt man die Drähte durch Einlegen in fließendes Wasser.

Als Flüssigkeitswiderstand kann eine mit Wasser gefüllte Tonne oder ein ausgepichter Holztrog dienen. Die Gefäße müssen isoliert aufgestellt werden, wenn nicht Erdung zulässig ist; in letzterem Falle kann man auch einen natürlichen Wasserlauf benutzen. Mit den Stromzuleitungen verbundene Eisenplatten werden in das Wasser eingehängt. Bei Drehstrom ordnet man drei Platten oder auch, Gasrohre in den Ecken eines Dreiecks in ein und derselben Tonne an, oder man verwendet drei getrennte, in Dreieck oder Stern geschaltete Widerstände. Die Belastung der Flüssigkeitswiderstände kann durch Sodazusatz zum Wasser, durch die Eintauchtiefe und den Plattenabstand geregelt werden. Für 1 A rechnet man mindestens 2—3 cm^2 Plattenfläche. Die Spannung darf auf 1 cm Plattenabstand berechnet 150 V nicht übersteigen. Leitet das Wasser zu gut, so erhöht man den Widerstand durch Einwerfen nichtleitender Körper, z. B. von ausgewaschenem Kies. Länger dauernde Belastungen erfordern Wasserumlauf und Ersatz des verdampfenden Wassers. Der an den Eisenplatten sich bildende Schlamm und Rost müssen zeitweise beseitigt werden.

Für Messungen warte man den nach genügender Erwärmung der Widerstände eintretenden Beharrungszustand ab.

139. Schaltanlagen für Betriebsräume. Die Leitungen und Apparate müssen übersichtlich, die zu bedienenden Schalter, Handräder von Regulatoren usw. handlich und die Meßgeräte zum Ablesen bequem, also nicht zu hoch angebracht werden. Alle für den Personenschutz und die Betriebssicherheit möglichen Maßnahmen müssen tunlichste Beachtung finden.

Bei kleinen Anlagen für Niederspannung sind auch auf der Vorderseite der Schalttafel Apparate, Schalter u. dgl. mit offen liegenden Kontakten üblich. Dadurch wird das Überwachen und Unterhalten der Einrichtung erleichtert. Vor den Apparaten soll sich ein isolierender Fußbodenbelag aus Linoleum oder gleichwertigem Stoff befinden. Die auf einer Tafel angebrachten Apparate sollen einheitlich gebaut, alle auf der Tafel befestigt oder in die Tafel eingelassen, auch in der Ausstattung, Broncierung oder Vernickelung einheitlich gehalten sein.

Ist die Aufgabe gestellt, eine übersichtliche Apparatanordnung für eine Schalttafel zu ermitteln, wie es beim Bau kleiner Schaltanlagen vom Monteur ver-

langt werden kann, so schneidet man die Apparat-
flächen in Papier aus und verteilt sie an Hand des
Schaltbildes auf der im gleichen Maßstab aufgezeich-
neten Schalttafelfläche.

In der Schaltanlage verwendete mechanische
Übertragungen, insbesondere Kettenantriebe für Regulierwiderstände und Anlasser, müssen Schutzverkleidungen erhalten, die beim Reißen der Übertragung
ihre Berührung mit spannungführenden Metallteilen
verhindern. Schmelzsicherungen dürfen nicht über
Wärme ausstrahlenden Widerständen angebracht
werden.

Bei Hochspannung dürfen spannungführende Teile
auf der Vorderseite der Schalttafel der Berührung nicht
zugänglich sein. Die Isolierung der Meßgeräte erreicht
man am vollkommensten durch ihr Anschließen an
Strom- und Spannungstransformatoren. Die Schaltapparate werden hinter der Schalttafel angebracht und
ihre Antriebshebel durch Schlitze in der Schalttafel
geführt, soweit die Schaltvorrichtungen nicht durch
Fernsteuerung betätigt werden. Dabei müssen die
Schaltgriffe auf der Vorderseite der Tafel mit den dahinter liegenden, zugehörigen Teilen gleiche Bezeichnung erhalten, um einem Verwechseln vorzubeugen.
Alle nicht spannungführenden Metallteile müssen geerdet werden. Zu dem Zweck verbindet man das
Eisengerippe der Schalttafel, die Metallgehäuse der
Meßgeräte, die Lagergestelle der Schaltgriffe usw.,
sowie etwa vorhandene Leiterteile des Fußbodens
in der Umgebung der Schalttafel mit Erde (vgl. 150).
Mit Isolierstoff umhüllte Leitungen, abgesehen von
Kabeln, vermeide man für Hochspannung, weil
sie gegen Spannungsübergang nicht genügend
schützen.

Die Hochspannungsapparate, wie Meßtransformatoren, Trennschalter und vor allem die Ölschalter,
werden gegenseitig und von den Sammelschienen durch
Zwischenwände getrennt und die so gebildeten Zellen
mindestens bis über Handbereich durch Gitter verschlossen. Die Leitungsführung durch die Zellenwände geschieht mit Wanddurchführungen (Abb. 102).
Als Baustoffe für die Zwischenwände dienen Platten
aus Schieferasbest, Xylolith oder Duromaterial, die mit
geeignetem Schutzanstrich (Öl-Emailfarbe) versehen
werden. Erhalten die Platten den Anstrich in der
Fabrik, so muß er nach beendigtem Aufbau erforderlichenfalls ausgebessert werden.

Ölschalter werden häufig auf Rollen fahrbar eingerichtet, um zum Nachsehen und Instandsetzen das Ausfahren aus den Schaltzellen und dann ungefährliches Arbeiten zu ermöglichen. Für das Ableiten von etwa ausfließendem Öl muß gesorgt werden.

Der Raum hinter der Schalttafel soll verschließbar und der Bedienungsgang so breit sein, daß die Unterhaltungsarbeiten gefahrlos ausgeführt werden können. Muß der Raum zum Bedienen der Sicherungen usw. im Betrieb zugänglich sein, so soll der Abstand zwischen ungeschützten, spannungführenden Teilen und der gegenüberliegenden Wand bei Niederspannung mindestens 1 m und bei Hochspannung 1,5 m betragen. Werden beiderseitig ungeschützte, spannungführende Teile in erreichbarer Höhe angebracht, so soll ihre Horizontalentfernung nicht unter 2 m betragen. Diese Maße brauchen nicht eingehalten werden, wenn die Apparate in vergitterten Zellen untergebracht sind und man im Gang davor unbehindert verkehren kann. Die Gitter der Schaltzellen sollen nicht abnehmbar, dagegen zum Öffnen in Gelenkbändern drehbar sein, so daß ein Berühren der Türen mit spannungführenden Teilen ausgeschlossen ist. Spannungführende Teile in mehr als 2,5 m über dem Fußboden des Bedienungsgangs bedürfen keines besonderen Schutzes.

Bei den Hochspannungsapparaten und an den Eingängen der Hochspannungsräume müssen Warnungstafeln mit dem roten Blitzpfeil und der Aufschrift »Achtung Hochspannung« angebracht werden. Gute Gummischuhe und Gummihandschuhe sowie isolierende Zangen zum Bedienen der Sicherungen usw. sollen an bequem erreichbarer Stelle bereit liegen.

Ein an geeigneter Stelle angebrachtes deutliches Schaltbild soll die Übersichtlichkeit der Anlage erhöhen. Bei Änderungen an der Anlage vergesse man das alsbaldige Ergänzen des Schaltbildes nicht.

An allen Hebeln und übrigen Einrichtungen für die Apparatbetätigung sollten Schildchen auf den Zweck der Schaltteile hinweisen.

Für rechtzeitiges Austrocknen der Schalträume in Neubauten sorge man erforderlichenfalls unter Zuhilfenahme von Kokskörben, um einem Schadhaftwerden der neu aufgestellten Apparate durch Rostbildung vorzubeugen.

Nach dem Fertigstellen einer Anlage muß untersucht werden, ob sich alle Schalteinrichtungen leicht betätigen lassen.

Alle Teile der Schaltanlage, Apparate, Isolatoren, Wanddurchführungen u. dgl. müssen rein, namentlich auch staubfrei gehalten werden. Zu dem in den Betriebspausen nach dem Abschalten der Apparate vorzunehmenden Reinigen bedient man sich einer Luftpumpe oder eines Blasebalgs.

140. **Leitungen in Schaltanlagen** werden bei Anwendung von Kupfer am besten aus Rundmetall hergestellt. Bei Zinkleitungen verwendet man Schie-

Abb. 99.   Abb. 100.   Abb. 101.

nen, die hochkant gestellt sein müssen und nicht über 1 m Länge freitragend sein dürfen. Ein Stützisolator mit Träger für Flachschienen ist in Abb. 99 dargestellt. Den gleichen Isolator mit einem Träger für Rundmetall zeigt Abb. 100 im Schnitt. Die Metallkappe auf dem Isolatorkopf und die zum Befestigen des Isolators auf der Unterlage dienende, ebenfalls aus Metall hergestellte Fußplatte sind aufgekittet.

Bei Kupfer ist Rundmetall im Vergleich zu Schienen in der Beschaffung und im Aufbau billiger, zudem gewährt die Leitungsführung gefälligeres Aus-

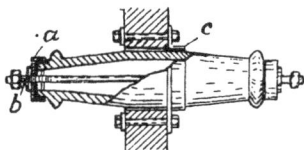

Abb. 102.

sehen. Bei Hochspannung wird durch Rundmetall die elektrische Strahlung und damit die Gefahr des Überschlagens vermindert, so daß für sehr hohe Spannungen, 60000 V und darüber, nur Rundmetall in Betracht kommt. Die Arbeiten am Rundmetall beschränken sich auf das Abschneiden und Biegen der Stangen. Das Kuppeln der Stangen untereinander geschieht durch Klemmen, die als Doppelklemmen für gerade verlaufende Leitungen und als Winkel-, T- oder Kreuzungsklemmen ausgebildet sein können. Das Verwerten einer T-Klemme zum Kuppeln zweier Stangen und zum Befestigen der Leitungsführung auf einem Stützisolator zeigt Abb. 101, dabei umfaßt die dritte, zum Befestigen benutzte Klemme den in die Metallklappe des Isolators eingeschraubten Bolzen. Je nach der Klemmenbauart wird der Kontakt in verschiedener Weise erzielt, z. B. indem um das in den Klemmenhals eingeschobene Stangenende ein geschlitzter Konus gelegt und dieser durch eine Überwurfmutter (vgl. Abb. 101) in den Klemmenhals gepreßt wird.

Für die Leitungsführung durch die Zellenwände der Hochspannungsschaltanlagen (vgl. 139), sowie zur Leitungseinführung in Gebäude (vgl. 196) dienen Durchführungsisolatoren, Abb. 102. Die beiden Köpfe des Durchführungsisolators tragen aufgekittete Metallkappen *a*, die von dem zum Anschließen der Leitungen dienenden Bolzen *b* durchdrungen werden. Bei Spannungen bis 12 000 V kann die Leitung auch unmittelbar durch das Porzellanrohr gezogen werden, so daß dabei die Verschraubungen an den Kopfenden des Durchführungsisolators entbehrlich sind. Das Befestigen des Isolators an der Durchführungsstelle geschieht durch den aufgekitteten, mit Flanschen versehenen Metallring *c*, der geerdet wird.

Werden Leitungen durch Kanäle unter dem Fußboden geführt, so sind Vorsichtsmaßnahmen gegen zufälliges Berühren der Leitungen, gegen Verschmutzen, Erd- und Kurzschluß notwendig. Die Kanäle müssen auch gegen das Eindringen von Ratten genügend abgedichtet sein. Bei Hochspannung werden die Leitungen für verschiedene Phasen durch Zwischenwände getrennt.

141. Kennzeichnen der Leitungspole und -Phasen. Die Polarität oder Phase wird auf den Sammelschienen durch Farben oder Zeichen kenntlich gemacht. Die Bedeutung der Farben und Zeichen erläutere man auf dem Schaltbild, das neben der Schaltanlage gut übersichtlich angeheftet werden muß.

Zum Unterscheiden der Polaritäten oder Phasen in Schaltanlagen und Schaltbildern können die folgenden Kennzeichen dienen:

a) Gleichstrom.

+Pol . . . . r o t.

—Pol . . . . blau.

Erdleitung und geerdete Nulleiter s c h w a r z m i t
w e i ß e n R i n g e n (im Schema s c h w a r z gestrichelt).

Ungeerdete Nulleiter s c h w a r z m i t r o t e n R i n g e n
(im Schema s c h w a r z - r o t gestrichelt).

b) D r e h s t r o m.

gelb entsprechend *R,*
grün   »   *S,*
violett   »   *T.*

Die Reihenfolge der Farben und Buchstaben
entspricht der zeitlichen Reihenfolge der Phasen.

Der Nulleiter wird s c h w a r z gezeichnet mit
w e i ß e n oder r o t e n R i n g e n, je nachdem er ge-
e r d e t oder u n g e e r d e t ist.

c) E i n p h a s e n s t r o m. Die beiden Leitungen
werden g e l b und v i o l e t t, ein etwa vorhandener
N u l l e i t e r wird s c h w a r z gekennzeichnet mit
w e i ß e n oder r o t e n R i n g e n, je nachdem er
geerdet oder ungeerdet ist.

Bildet eine Einphasenleitung einen Teil einer
Drehstromleitung, so werden die Bezeichnungen. für
die Drehstromleitung beibehalten.

142. Verteilungstafeln für Leitungsanlagen be-
zwecken zentralisiertes Unterbringen von Sicherungen,
Schaltern und Zählern. Die Tafeln, auf denen die
Apparate übersichtlich angeordnet sind, sollen vom
Fußboden aus bequem erreichbar sein. Um zu er-
kennen, zu welchen Räumen oder Lampengruppen die
Apparate gehören, sind Schildchen mit entsprechenden
Bezeichnungen erforderlich.

Die Verbindungen der Apparate untereinander und
mit den Anschlußklemmen der Schalttafel werden in der
Regel auf der Rückseite der Tafel angebracht. Dabei
muß auf übersichtliches Leitungsanordnen und Vermeiden von Kreuzungen Gewicht gelegt werden. Für
kreuzende Leitungen, soweit nicht durch starre Befestigung genügender Abstand gewahrt ist, werden
verläßliche Isolierungen (Überschieben von Porzellan-,
Hartgummirohren o. dgl.) erforderlich. An Schalttafeln,
die von der Rückseite nicht zugänglich sind, müssen
die Leitungen derart angeschlossen werden, daß die
Kontaktverbindungen nachgesehen und mangelhafte
Verbindungen leicht aufgefunden werden können. Zu
dem Zweck muß das Anschließen der Leitungen nach
dem Befestigen der Schalttafel ausführbar sein. Befinden sich die Anschlußklemmen für die Leitungen
auf der Rückseite der Tafel, wobei die Klemmschrauben
von der Vorderseite aus bedient werden, so müssen
sich die Leitungen in die Klemmen sicher einführen

lassen. Um das zu erreichen, sollten die Schalttafeln
mindestens 25 cm von der Wand abstehen. Bei
dichter an der Wand angebrachten und in Mauernischen eingelassenen Schalttafeln müssen die Anschlußklemmen auf der **Vorderseite** der Schalttafel angebracht werden. Für die leitenden Teile der Anschlußklemmen auf der Vorderseite der Schalttafel sind isolierende Schutzkappen notwendig. Die auf der Mauer
angebrachten Schalttafeln werden mit Rahmen aus
Metall oder nicht leitenden Stoffen umgeben, die verhüten, daß leitende Körper hinter die Tafeln gelangen.
Die Enden der Leitungsschutzrohre müssen durch die
Schalttafel verdeckt sein, so daß die Leitungen vor
zufälligem Berühren geschützt sind. Sollen die Apparate der Berührung durch Unberufene entzogen werden, so verwendet man verschließbare Schutzschränke.

143. Baustoff für Schalttafeln. In **trockenen**
Räumen und für Spannungen von nicht über 1000 V
verwendet man für die aus isolierendem Baustoff
herzustellenden Tafeln Marmor oder Schiefer. Dabei
können die Kontaktteile der Apparate unmittelbar
auf die Tafel gesetzt und die Leitungen auf der
Tafel geführt werden. Schiefer, dessen Isolations-
fähigkeit durch Feuchtigkeit mehr beeinträchtigt wird,
sollte nach dem Bohren der Löcher mit geeignetem
Öl getränkt oder auf der nicht polierten Rückseite mit Ölfarbe gestrichen werden. In **feuchten**
Räumen benutzt man für die Tafeln künstliche Isolierstoffe, wie Gummon, Festonit oder Rhaadonit; bei
Spannungen über 250 V werden die stromführenden
Teile zum Schutz gegen den Einfluß der Feuchtigkeit
auf Porzellanisolatoren gesetzt, wie es bei höheren
Spannungen auch in trockenen Räumen geschieht.
Aus Holz dürfen Schalttafeln nicht hergestellt werden;
Holz ist nur als Umrahmung der Tafeln zulässig.

Große Schalttafeln werden aus mehreren auf Eisengerippe montierten Platten zusammengesetzt.

Die Strombelastung der Sammelschienen auf 1 mm^2
des Querschnitts kann ungefähr bei Kupfer 2 A und
bei Messing oder Zink 1 A betragen.

144. Anschluß der Leitungen an Apparate. Schwache
Leitungen — Drahtlitzen bis 6 mm^2 und massive Kupferdrähte bis 16 mm^2 Querschnitt — werden in der Regel
mit angebogenen Ösen unter die Apparatklemmen eingelegt. Bei Klemmen, die eine Bohrung zur Aufnahme des Drahtes haben, muß darauf geachtet

werden, daß der Draht die Bohrung genügend ausfüllt und beim Anziehen der Befestigungsschraube nicht abgedrückt wird. Die Enden der Litzendrähte müssen untereinander verlötet werden; über das Lötverfahren vgl. 189. Ein Verlöten der Enden schwacher Litzen, bis 2,5 mm² Querschnitt, läßt sich umgehen, wenn man sie mit kleinen Ösen (Abb. 103) versieht. Sie sind im Innern der das Litzenende umschließenden Hülse H mit Rillen versehen, die guten Kontakt mit der Litze bewirken, wenn man die Hülse mit einer Zange kräftig zusammenpreßt.

Abb. 103.

Stärkere, die oben angegebenen Grenzen überschreitende Leitungen, also Drahtlitzen von 10 mm² und Drähte von 25 mm² Kupferquerschnitt ab, werden mit Kabelschuhen oder gleichwertigen Verbindungsmitteln versehen. Der Anschluß an die Apparate erfolgt dabei durch miteinander verschraubte ebene Flächen. Kontaktverschraubungen für hohe Stromstärken müssen zeitweise auf Erwärmen geprüft und nach etwa vorgenommenem Reinigen von neuem kräftig angezogen werden (vgl. 145).

Bestehen die Kabelschuhe aus Eisen, so erfordert das Einlöten der Leitung besondere Sorgfalt.

Über das Herstellen von Leitungsanschlüssen aus Ersatzmetall an die Apparate vgl. 191.

145. Instandhalten der Kontaktflächen. Die Gleitkontakte an Schaltern, Anlassern u. dgl. wie die festen Kontakte an Kabelschuhen für höhere Stromstärken müssen dauernd metallisch reine Flächenberührung besitzen und, soweit es Gleitkontakte sind, federnd gegeneinander pressen. Verschmutzte Kontaktflächen werden mit Benzin gereinigt; erforderlichenfalls bringt man Schutzvorrichtungen gegen zu starkes Verschmutzen an. Gegenseitiges Fressen der Gleitkontakte wird durch leichtes Einfetten mit Vaseline oder besser mit einer aus Graphit und säurefreiem Fett zusammengesetzten Kontaktpaste verhütet. Die Federung der Kontaktteile prüfe man zeitweise und spanne sie nach.

Werden Schalter lange Zeit nicht betätigt, so können die Kontaktflächen durch Oxydieren und daraus folgende Erwärmung Spannungsverlust verursachen. Daher empfiehlt es sich, die Schalter zeitweise zu betätigen und einzufetten.

Verrußen die Kontakte infolge der Funkenbildung beim Schalten oder entstehen bei weitergehender

Beanspruchung Schmelzperlen, so bearbeitet man die Flächen mit einem scharfen Schaber, vorsichtig eine möglichst dünne Metallschicht gleichmäßig wegnehmend. Ein Bearbeiten der Kontaktflächen mit feinkörnigem Glas- oder Schmirgelleinen ist wegen der Schwierigkeit, gleichmäßige Berührungsflächen damit herzustellen, wenig zu empfehlen und bei Lamellenkontakten unzulässig, weil sich Schmirgel zwischen die Lamellen pressen und den Kontakt verschlechtern würde.

Das Reinigen und Instandsetzen der Kontakte ist im allgemeinen nur bei spannunglosem Zustand der zugehörigen Teile statthaft. Es besteht sonst die Gefahr, daß beim Arbeiten an Kontakten, zwischen denen Spannung vorhanden ist, zerstörende Lichtbogen eingeleitet werden.

146. Isolierendes Verbinden von Metallteilen wird durch Verschrauben mit Isolierzwischenlagen erreicht.

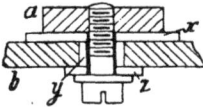
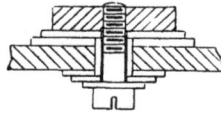

Abb. 104.   Abb. 105.

Zum Herstellen der Isolierscheiben und Hülsen kommen in Betracht Glimmer, Mikanit (Kunstglimmer), Pertinaxplatten und -rohre (Kunstpapier) und Preßspan, seltener Vulkanfibre. Hartgummi und diesem verwandte Isolierstoffe sind an Stellen, die einer Erwärmung ausgesetzt sind, ungeeignet. Abb. 104 zeigt, wie zwischen die Metallstücke a und b eine Isolierplatte x gelegt ist, die reichlich, mindestens 3—5 mm, vorstehen soll. Das Bohrloch, durch das die Verbindungsschraube leer hindurchgeht, muß zur Aufnahme der Isolierhülse y genügend weit sein; scharfe Grate werden zu beiden Seiten des Bohrlochs durch Versenken beseitigt. Unter die metallische Unterlagscheibe wird eine ebenfalls genügend überstehende Isolierscheibe z gelegt. Die metallische Unterlagescheibe ist nötig, um einer Zerstörung der Isolierscheibe durch unmittelbaren Druck der Schraube vorzubeugen. Je nach den Abmessungen der zu isolierenden Teile nimmt man die Isolierplatten und -hülsen 2—5 mm dick; auch können mehrere Verbindungsschrauben angewendet werden.

Die schwächsten Stellen in bezug auf Isolierfestigkeit sind die Stoßfugen zwischen Isolierhülse und
-platten. An diesen Stellen nimmt die Isolierfestigkeit
mit der Zeit ab, namentlich wenn beim Zusammen-
setzen Handschweiß an der Isolierhülse haften bleibt.
Dauerhafter ist die bei Spannungen über 250 V notwendige Anordnung doppelter Isolierplatten (Abb. 105).
Weitergehende Sicherheit, bis 1000 V und mehr,
geben Isolierungen ohne Stoßfugen mit großen Kriech-
wegen über die Ränder der Isolierungen. Zu dem
Zweck wird Isolierstoff x, Abb. 106, Kunstpapier

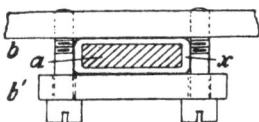

Abb. 106.

o. dgl., in solcher Breiten-
lage mehrfach um die Me-
tallschiene a gewickelt, daß
die auf diese Weise ent-
stehende Isolierhülse weit
genug über die Schiene b
und den zugehörigen Steg b'
hinausragt und einen großen
Kriechweg für Stromübergang bildet. Bedingung ist,
daß der Isolierstoff fest aufgewickelt und, wenn nötig,
mit Schellack verklebt wird. Einseitig imprägniertes
Pertinaxpapier gibt eine feste Isolierschicht, wenn man
es nach dem Aufwickeln mit Hilfe von Metallplatten
kräftig zusammenpreßt und auf 100—120° C erwärmt.
Mehrmaliger Anstrich der Isolation und namentlich
der Schnittflächen an den Enden der Isolierhülse mit
Festinol oder Cellonlack verhindert Feuchtigkeitsaufnahme.

147. **Durchschlagsicherungen** (Spannungsbegrenzer für Niederspannung) werden verwendet,
wenn in Niederspannungsnetzen das Übertreten von
Hochspannung zu befürchten und damit ein Gefährden
von Personen möglich ist. Die Apparate enthalten
in der Regel ein dünnes gelochtes Glimmerplättchen,
das zwischen zwei Metallplatten gepreßt ist, von
denen die eine mit der zu schützenden Leitung
und die andere mit einer Erdleitung verbunden ist.
Beim Auftreten von Überspannung wird der Luft-
raum an der durchlochten Stelle des Glimmerplättchens
durchschlagen und dadurch die Niederspannungsleitung
geerdet, für eine sie berührende Person also ungefährlich. Durchschlagsicherungen sind entbehrlich, wenn
im Niederspannungsstromkreis der Null- oder Mittelleiter geerdet ist.

Beim Fehlen eines geerdeten Leitungspols werden
Durchschlagsicherungen zwischen den Nullpunkt, z. B.
der Transformatoren, und Erde geschaltet. Werden

Durchschlagsicherungen an Netzteile angeschlossen, die voneinander getrennt liegen, so müssen sie überall mit der gleichen Phase verbunden werden.

Die Durchschlagsicherungen bewirken nach jedem Durchschlag eine Erdung, die durch Beseitigen des Fehlerzustandes und Wiederinstandsetzen der Sicherung behoben werden muß. Schmelzperlen beseitigt man mit Hilfe eines Schabers. Das Glimmerplättchen muß erforderlichenfalls ausgewechselt werden.

148. **Überspannungssicherungen** (Spannungsbegrenzer für Hochspannung) bezwecken im Anschluß an Hochspannungsnetze Überspannungen unschädlich zu machen, die nicht nur für Personen, sondern auch für die Isolation der Leitungen, Maschinen und Apparate gefährlich werden. In Anlagen mit Spannungen über 1000 V müssen alle nicht geerdeten Pole oder Phasen mit Überspannungssicherungen versehen werden. Überspannungen können durch atmosphärische Ladungen und durch Vorgänge in den Starkstromleitungen entstehen, z. B. infolge plötzlicher Belastungsänderungen in Hochspannungskreisen, Ein- und Ausschalten langer Leitungen ohne Anlaßwiderstand bei voller Spannung, nicht gleichzeitiges Öffnen und Schließen der Phasen durch mehrpolige Schalter bei langen Leitungen usw. Ein vollkommener Schutz gegen die Wirkung der selten vorkommenden unmittelbaren Blitzschläge in die Leitungen läßt sich nicht erreichen. Für die Auswahl der Apparate und für deren Einbau sind einerseits die örtlichen Verhältnisse, anderseits die Höhe der Spannung, die Größe der erzeugten elektrischen Leistung, die Länge der Freileitungen usw. maßgebend. Da die Betriebssicherheit einer Anlage von den getroffenen Anordnungen wesentlich abhängt, so müssen die von verlässigen Fabriken einzuholenden Ratschläge gewissenhaft befolgt werden.

Durch den überspringenden Funken und den nachfolgenden Netzstrom kann sich ein Lichtbogen bilden, der Überlastung und Gefährdung des Netzes zur Folge hat. Die Apparate sind daher so eingerichtet, daß sie einen entstandenen Lichtbogen selbsttätig unterbrechen.

Der Zweck der Überspannungssicherungen, gefährdende Spannungen zu verhüten, darf nicht dadurch vereitelt werden, daß die Überspannungssicherungen beim Arbeiten selbst Überspannungen erzeugen. Der beim Wirken der Überspannungssicherungen auftretende Strom muß daher durch Vorschaltwiderstände gedämpft werden. Für diese Widerstände, die induktionsfrei sein müssen, werden Metallgewebe in Asbestfaser oder metallische mit Ölkühlung versehene Widerstände, seltener die für Dauereinschaltung wenig verlässigen Wasserwiderstände, verwendet.

Von der Atmosphäre herrührende Ladungen werden namentlich in gebirgigen Gegenden bei langen Freileitungen für die Maschinen gefährlich. Sie sind um so stärker, je besser die Isolation der Anlage ist. Um diese Ladungen unschädlich zur Erde abzuleiten, schaltet man hohe Widerstände oder Drosselspulen dauernd zwischen die Leitungen und Erde.

a) Schaltung der Apparate. Überspannungssicherungen werden angewendet beim Übergang von Freileitungen auf Innenleitungen und auf Kabel, ferner in ausgedehnten Freileitungsnetzen an Knotenpunkten und auf der Strecke in Abständen von etwa 20 km; hier unter Bevorzugung der Stellen, an denen der Leitungsweg Biegungen macht oder Höhenzüge überschreitet. Stellen des Leitungsnetzes, an denen unmittelbare Blitzschläge öfter beobachtet werden, müssen Stangenblitzableiter mit guten Erdleitungen erhalten.

Im Beispiel für die Schaltung von Überspannungssicherungen sind in Abb. 107 Hörnerableiter angegeben. F sind die Freileitungen, an die zum Schutz der Lichtleitungen L die Überspannungssicherungen H angeschlossen sind. Vor die zu schützenden Stromkreise (zwischen Freileitungen und Stromverbraucher oder zwischen Freileitungen und Maschinen, zuweilen auch zwischen die Sammelschienen und Maschinenklemmen) werden Drosselspulen J mit großflächigen Windungen, sog. Schutzdrosseln, eingebaut, um den Übergang von Entladungen in die Stromkreise zu erschweren. Zwischen die Überspannungssicherungen und Freileitungen schaltet man induktionsfreie Widerstände W, sog. Dämpfungswiderstände, dazu bestimmt, Kurzschlüsse zu verhindern oder abzuschwächen, die durch gleichzeitiges Auftreten von Entladungen an den zu verschiedenen Polen oder Phasen gehörigen Funkenstrecken entstehen. Die Widerstände müssen der Spannung, Leistung, Ausdehnung der Leitungsanlage usw. angepaßt sein. Fehlerhaft wäre es, die Widerstände W zwischen die Überspannungssicherungen und Erde zu schalten, weil dann die an den Ableiterhörnern auftretenden Lichtbogen, wenn sie auf geerdete Gerüstteile o. dgl. überschlagen, Kurzschluß zwischen dem Leitungsnetz und den Gerüstteilen verursachen würden. Sind die Dämpfungswiderstände in Ölgefäße eingeschlossen, so emp-

fiehlt es sich, Temperatursicherungen (vgl. 129) ein-
zubauen, um gefährlicher Überhitzung der Widerstände vorzubeugen.

Gegen die Einwirkung von Überspannungen und
Wanderwellen auf Maschinen und Apparate werden
ferner Schutzvorrichtungen gebraucht, die aus Dros-
seln, induktionsfreien Widerständen und Kondensatoren
zusammengesetzt sind. Sie sollten aber nur unter genauer Befolgung der von der Fabrik gegebenen Anleitung verwendet werden.

Um gefährliche Überspannungen zwischen den
zu verschiedenen Polen oder Phasen gehörigen Leitungen zu vermeiden, werden Überspannungssiche-

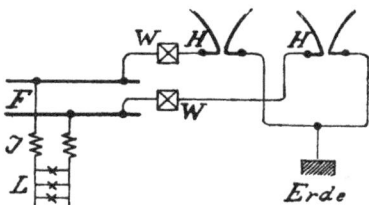

Abb. 107.

rungen zwischen die Leitungen geschaltet. Es ist
das z. B. beim Übergang von Freileitungen auf Kabel
notwendig (Abb. 108). Das für die Schaltung Abb. 107
empfohlene Einbauen der Widerstände zwischen Über-
spannungssicherung und Leitung kann bei der Schaltung (Abb. 108) nicht durchgeführt werden, weil die
Spannungssicherungen mit beiden Seiten am Netz
liegen. Um das gleiche zu erreichen, müßte man die
Widerstände w (Abb. 108) teilen und je einen der
Widerstände zu beiden Seiten der Spannungssicherung
einbauen. Wegen der höheren Beschaffungskosten
geschieht das selten.

b) Aufstellen der Apparate. Die Überspannungssicherungen werden tunlichst in gedeck-
ten Räumen aufgestellt, wobei man Vorsorge trifft,
daß auftretende Lichtbögen benachbarte Gegenstände nicht entzünden. Bei Hörnerableitern muß
der freie Raum über ihnen mindestens gleich dem
dreifachen Abstand der oberen Hörnerenden sein.
Zugluft, die den Lichtbogen nach unten treiben könnte,
muß ferngehalten werden. Der Abstand benachbarter
Hörnerableiter von Mitte zu Mitte wird mindestens
gleich dem oberen Abstand der Hörnerenden ge-

nommen. Erforderlichenfalls baut man Trennwände aus Xylolith, Asbestschiefer oder ähnlichem lichtbogenbeständigen Stoff ein. Die Überspannungssicherungen werden auf die kleinste für die regelrechte Spannung zulässige Funkenstrecke eingestellt. Enger als 3 mm darf nicht eingestellt werden, weil sonst eine Überbrückung der Funkenstrecke durch Staub, Insekten u. dgl. leicht eintritt und der Ableiter unzeitig anspricht. Deshalb wird auch das Anbringen der Überspannungssicherungen im Freien wenn möglich vermieden; geschieht es, so müssen die Funkenstrecken vor Überbrückung durch Regenwasser, Schnee, Insekten usw. geschützt werden.

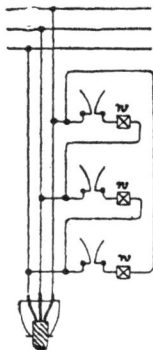

Abb. 108.

In Anlagen, die dauernd unter Spannung stehen, werden zwischen die Überspannungssicherungen und die zu schützenden Leitungen Trennschalter eingebaut, damit man die Apparate bei Instandhaltungsarbeiten (vgl. c) vorübergehend abschalten kann.

Werden Überspannungssicherungen auf freier Strecke angebracht, so müssen sie für die verschiedenen Leitungspole oder Phasen mit gemeinsamer Erdleitung versehen und daher im allgemeinen auf dem gleichen Mast angeordnet werden. Würden für die Apparate benachbarte Streckenmaste und demzufolge gesonderte Erdleitungen genommen, so könnten bei gleichzeitigem Wirken von zwei Ableitern Spannungen in der Erde entstehen und dadurch Menschen und Tiere gefährdet werden. Ist es notwendig, Ableiter für die verschiedenen Leitungspole oder Phasen auf voneinander entfernt liegenden Masten anzubringen, so müssen zur Beseitigung der vorbezeichneten Gefahr ihre Erdleitungen leitend verbunden werden (vgl. 151).

Für das Verbinden der Überspannungssicherungen mit dem Leitungsnetz verwendet man Kupferdrähte von mindestens 25 und mit der Erde von nicht unter 50 mm² oder Leitungen aus Ersatzmetall entsprechenden Querschnitts (vgl. 185). Die Verbindungen der Netzleitungen mit den Spannungssicherungen und die Ableitungen zur Erde sollen ohne scharfe Biegungen verlegt werden.

c) **Instandhalten der Apparate.** Zum Beseitigen von Schmelzperlen, die an den Überspannungs-

sicherungen durch Überschlag entstehen, ist zeitweises
Untersuchen notwendig, namentlich nach starken Ge-
wittern oder wenn sonst Überschläge beobachtet wurden.
Verschmolzene Stellen werden abgefeilt, um den früheren Zustand herzustellen. Die Überspannungssicherungen stellt man so ein, daß sie bei einer Spannung
wirken, bei der die Maschinen und Apparate noch nicht
gefährdet sind. Die Erdverbindungen müssen zeitweise
auf ordnungsgemäßen Zustand geprüft werden. Wasserwiderstände ohne dauernden Zu- und Abfluß sollten
zur Erhaltung gleichbleibenden Widerstandes öfters
neues Wasser erhalten; der Algenbildung wird durch
Zusatz von Formalin vorgebeugt. Hat der Wasserstand
durch Verdunsten oder durch Herausspritzen von
Wasser bei heftigen Entladungen abgenommen, so
muß Wasser nachgefüllt werden. Arbeiten Überspannungssicherungen bei richtiger Einstellung dauernd, so
muß die Ursache für die Überspannung umgehend ermittelt und beseitigt werden.

149. **Flammenbogenerder.** Flammenbogenbildung
in Hochspannungsnetzen zwischen einer Leitung und
Erde, wie sie beim Berühren der Freileitungen durch
Baumäste, an schadhaften Isolatoren durch Spannungs-
überschlagen zwischen Leitung und Isolatorstütze oder
bei ähnlichen Vorgängen eingeleitet werden kann, muß
tunlichst hintangehalten werden. Diesen Zweck erfüllt der
Flammenbogenerder, indem er die den Flammenbogen
abgebende Leitung kurzzeitig erdet und damit den Flammenbogen auslöscht. Wird der Erdschluß durch diesen
Vorgang nicht beseitigt, so folgt mit Hilfe des Apparates
selbsttätig dauerndes Erden zum Schutz der betroffenen
Leitung gegen Abschmelzen oder anderweitige Schäden.
Der Fehler muß umgehend aufgesucht und beseitigt
werden, weil der Betrieb mit einer geerdeten Leitung
nicht weitergeführt werden darf.

Zwischen jede Leitung und Erde wird ein ein-
poliger Ölschalter gelegt, der durch einen kleinen Elektromotor oder einen Elektromagnet betätigt wird. Die
Motoren werden durch Relais gesteuert, die das Schließen
und unmittelbar folgende Öffnen des zugehörigen
Erdungsschalters herbeiführen, sobald zwischen der
Leitung und Erde ein Flammenbogen entsteht. Durch
geeignetes Schalten der Relais, bei Drehstrom der drei
Relais, wird erreicht, daß nur eine der Phasenleitungen
jeweilig geerdet werden kann. Für das Einbauen der
Einrichtung ist die von der Fabrik ausgegebene An-
weisung maßgebend.

Erdung.

150. Sicherheitserdung (Personenschutz). Alle
der Berührung zugänglichen, betriebsgemäß nicht spannungführenden Metallteile müssen geerdet werden, wenn
sie gefährliche Spannung führenden Teilen nahe liegen
oder mit ihnen leicht in Berührung kommen, somit
durch irgendeinen Zufall gefährliche Spannung annehmen können, und unter gleicher Voraussetzung die
Nullpunkte und Nulleiter in Niederspannungsnetzen. Dafür kommen die Einrichtungen in Betriebsräumen und alle Leitungsanlagen in Betracht, in denen
durch leitenden Fußboden (Fliesenbelag), Feuchtigkeit
u. dgl. ein gefährlicher Stromübergang in den mensch-
lichen Körper möglich ist. Vor allem gilt das für die
ortsveränderlichen Einrichtungen in Fabriken, sowohl
für die Leitungen wie für die mit ihnen verbundenen
Lampen und Motoren, unter bestimmten Voraussetzungen auch für die Anlagen in Wohnhäusern, in
Küchen, namentlich in Waschküchen. Durch vollkommenes Erden erreicht man, daß zwischen den
geerdeten Metallteilen und der Erdoberfläche oder dem
Fußboden nur geringe Spannungen auftreten. Der
Körper einer Person, die geerdete Metallteile berührt,
befindet sich im Nebenschluß zu den Erdleitungen
und kann somit nur einen schwachen, die Gesundheit
nicht schädigenden Teilstrom aufnehmen. Besondere
Sorgfalt erfordern Anlagen in landwirtschaftlichen Betrieben wegen der großen Empfindlichkeit der Tiere
gegen elektrische Schläge.

Als Anhalt für die Gefährlichkeit der Spannungen
gilt allgemein die Grenze zwischen Nieder- und Hochspannungsanlagen (vgl. 6 u. 7). Da aber der Übergangswiderstand maßgebend ist, so kann auch Niederspannung gefährlich werden, sobald der menschliche Körper
zufolge feuchter Hände und Füße geringen Widerstand
hat. Daher muß in feuchten Räumen und in Betrieben,
die mit ätzenden Stoffen arbeiten, auch für Niederspannung Erdungsschutz oder sorgfältigster
Isolationsschutz, noch besser beides gleichzeitig verlangt werden.

Die Erdung ist um so vollkommener, je mehr eine
leitende Verbindung aller in der Erde liegenden Leiter
durchgeführt ist. Leitend müssen verbunden werden
alle Rohrnetze, ausgedehnte Maschinenfundamente, die
Stäbe im Eisenbeton und etwa vorhandene künstliche
Erdungen (Erdplatten). In einen die geerdeten

Teile von Maschinen umgebenden Zementfußboden
sollten Eisenstäbe oder Eisengeflecht eingebettet und
mit den übrigen Erden gut leitend verbunden werden.
An eine auf diese Weise gewonnene gute Erde werden
angeschlossen die Nulleiter, die Nullpunkte von Maschinen und Transformatoren, ferner alle normalerweise nicht spannungführenden Metallteile, die Spannung
gegen Erde annehmen können. Zu diesen Metallteilen
gehören die Maschinen- und Transformatorengestelle,
die Schutzgitter an Starkstromeinrichtungen, die Metallbewehrung ortsveränderlicher Leitungen, die Schutzkörbe der Handlampen, die Gestelle angeschlossener
Bohrmaschinen u. dgl., die Schalterkappen, die Ge-
rüste und metallischen Umrahmungen von Schalttafeln. Die zu erdenden Apparatteile haben in der
Regel Erdungsschrauben mit der Bezeichnung »Erde«.
Die Gestelle großer Maschinen und ausgedehnte Schalt-
tafelgerüste erhalten mehrere Anschlüsse an die Erdleitungen.

Die blank und sichtbar zu verlegenden Erdleitungen müssen mit den zu erdenden Metallteilen und mit
den Erdableitungen, d. h. mit Rohrleitungen u. dgl.,
gut leitend verbunden und in ganzer Ausdehnung
möglichst übersichtlich sein. Gegen mechanische und
chemische Beschädigung müssen sie geschützt werden.
Der Leitungsanschluß an die zu erdenden Metallteile
geschieht durch kräftige Kontaktverschraubung, in
den Erdleitungen selbst sind Löt-, Niet- oder Schweiß-
verbindungen vorzuziehen. Die Kontaktstellen müssen
vor dem Anschließen metallisch blank gemacht werden.
Für das Anschließen der Maschinengestelle, Transfor-
matorgehäuse, Ölschaltergefäße, Isolatorträger usw.
an die ununterbrochen durchlaufende Haupt-
erdleitung wird Parallelschaltung verlangt (vgl.
Abb. 54 u. 55). Fehlerhaft wäre es, die zu erdenden
Teile durch eine Verbindungsleitung hintereinander
zu schalten und die Verbindungsleitung zu erden.

Der Querschnitt der Erdleitungen soll in erster
Linie den Anforderungen an mechanische Festigkeit
genügen. Im übrigen paßt man den Querschnitt der
zu erwartenden Erdschlußstromstärke an, wobei man
10 A auf 1 mm² Kupferquerschnitt rechnen kann.
Querschnitte über 50 mm² für Kupfer und über 100 mm²
für verzinktes oder verbleites Eisen brauchen nicht verwendet zu werden. In Betriebsräumen soll der geringste
Erdleitungsquerschnitt für Kupfer nicht unter 16 mm²
betragen; der gleiche Querschnitt genügt für nicht
über 5 m lange Anschlüsse an Haupterdleitungen. Für

andere Räume ist der geringste Kupferquerschnitt der
Erdleitungen auf 4 mm² festgesetzt.

Die Art der Erdung von Wickelungsteilen ist in
Abb. 109 für den Meßstromkreis des Stromwandlers T_r
mit eingeschaltetem Stromzeiger S dargestellt. Wird
an verschiedenen Stellen einer Schaltung geerdet, so
muß darauf geachtet werden, daß
durch die Erdungen kein Kurzschluß
entsteht.

Der dem Erden unter bestimmten
Voraussetzungen vorzuziehende oder
gleichzeitig anzuwendende Isolationsschutz kann unter anderem mit
Kleintransformatoren erreicht werden
(vgl. 67).

151. **Erdung der Leitungstragstangen.**
Zu der vorstehend beschriebenen Sicherheitserdung gehört die Masterdung.
Verlangt ist, daß Eisenmaste und Eisenbetonmaste
für Hochspannung geerdet werden. Zu dem Zweck
verlegt man am besten auf den Mastspitzen oder
unter den Starkstromleitungen eine Erdungsleitung,
die mit den einzelnen Masten gut leitend verbunden
und an jedem 5.—6. Mast an eine Erdplatte oder
an langgestreckte Erdungsleiter angeschlossen wird
(vgl. 250 c drittletzter Abs.). Eiserne Maste erhalten
zum Anschluß der Erdleitungen zweckmäßig rd.
40 cm über dem Erdboden Anschlußschrauben. Die
leitende Verbindung der Maste erfüllt außerdem
den Zweck, daß bei Körperschluß getrennter Maste
mit verschiedenen Leitungspolen oder -Phasen Kurzschluß entsteht und dann die Schmelzsicherungen
oder Selbstschalter wirken. Ferner wird durch die
leitende Verbindung der Maste das sonst bei Isolationsfehlern auftretende Spannungsgefälle gegen
Erde in der Mastumgebung geringer. Der dabei er-
wünschte Kurzschluß durch die Erdleitung wird am
sichersten erreicht, wenn diese bis zu einem in der
Stromerzeugungsanlage vorhandenen Nullpunkt geführt
werden kann. Die beschriebene Mastverbindung bietet
gleichzeitig weitgehenden Schutz gegen atmosphärische Entladungen.

Bei E i s e n b e t o n m a s t e n soll das Eisengerippe
zum Zweck des Anschließens der Erdleitungen in
einem ununterbrochenen Leiter oben und unten aus
der Betonmasse hervorragen. Die Isolatorträger verbindet man gut leitend mit der Erdung. Das Mitverwerten des Eisengerippes zum Erden kann wegen be-

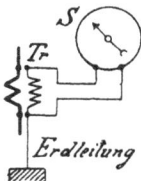

Abb. 109.

fürchteter mechanischer Zerstörung der Maste bei unmittelbaren Blitzschlägen Bedenken erwecken. In blitzgefährdeten Gegenden verwendet man daher außerhalb der Betonmasse der Maste herabgeführte Erdleitungen.

Holzmaste für hohe Spannungen versieht man zum Personenschutz gegen Kriechströme unter den Isolatorstützen mit eisernen Schellen, die man erdet. Lassen sich Ankerdrähte an Hochspannungsmasten nicht vermeiden, so müssen sie geerdet oder in einer Höhe von über 2 m mit Abspannisolatoren versehen werden.

152. Betriebserdung. (Überspannungsableitung.) Vor allem handelt es sich um das Ableiten der an Überspannungssicherungen (vgl. 148) auftretenden Entladungen. Außerdem werden die Wickelungs-Nullpunkte von Hochspannungsmaschinen und Transformatoren über Widerstände geerdet, um bei Erdschlüssen im Netz Kurzschlüsse zu vermeiden. Dazu verwendet man induktionsfreie Widerstände, die meist in Ölkessel eingebaut sind, oder induktive Widerstände (Drosselspulen). Die auf diese Weise zu vermeidenden Kurzschlüsse könnten Überspannungen hervorrufen und dadurch die Isolation im Netz, an Maschinen und Transformatoren gefährden. Die Ableitungen müssen wegen der bei den Entladungen auftretenden gefährlichen Spannungen durch Holzverschalung o. dgl. vor Berührung geschützt werden. Die Verschalung darf die Ableitung nicht berühren und muß mindestens 2 m hoch sein. Ferner sorge man für guten Spannungsausgleich in der Erde. Sind gefährliche Spannungen in den die Ableitung umgebenden Erdschichten zu befürchten, so muß die Umgebung der Ableitung abgeplankt werden. Aus diesem Grunde dürfen die Betriebserdungen mit den unter 150 behandelten Sicherheitserdungen im allgemeinen nicht verbunden werden; es ist das nur zulässig, wenn bei sehr guter Erdung die bezeichneten Gefahren ausgeschlossen sind.

Die Erdungen werden meistens aus verzinkten Eisenplatten mit Zuleitungen aus verzinktem Bandeisen hergestellt. Das Bandeisen wird mit der Platte vernietet und am besten auch noch verlötet. Oder man nimmt zur Erdung langgestreckte Leiter, ähnlich wie es für Blitzableiter-Erdleitungen unter 250 beschrieben ist. Außerhalb des Erdbodens werden die Ableitungen mit den zur Erdplatte führenden Leitern verläßlich verlötet. Die Lötstellen müssen so angeordnet werden, daß man sie leicht nachprüfen kann.

Nebeneinander angebrachte Überspannungssicherungen für zusammengehörige Netzteile versieht man
mit gemeinsamer Erdleitung, um Spannungen in der
Erde beim gleichzeitigen Arbeiten der Apparate zu
verhindern.

153. Instandhalten der Erdungen muß wegen des
davon abhängigen Personenschutzes sorgfältigst geschehen. Die zugehörigen Leitungen und Leitungsverbindungen sollte man mindestens alljährlich nachsehen, so daß Fehler rechtzeitig beseitigt werden
können.

Lampen.

Bogenlampen.

154. Reinkohlelampen. Das Licht wird in der
Hauptsache durch das Glühen der Kohlespitzen er-
zeugt, dem Lichtbogen selbst ist nur geringe Licht-
strahlung eigen. Bei der Gleichstromlampe glüht die
Spitze der positiven Kohle am stärksten, so daß die
Strahlung vorwiegend nach unten gerichtet ist (Abb. 110).

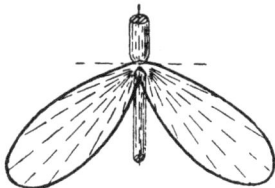   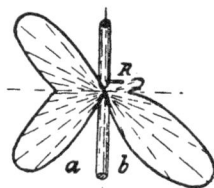

Abb. 110.   Abb. 111.

Bei den Wechselstromlampen glühen beide Kohlen
ungefähr gleich (Abb. 111 a); das nach oben gestrahlte
Licht kann durch einen über dem Lichtbogen angebrachten kleinen Reflektor, Sparer (R Abb. 111 b)
nutzbar gemacht werden. Die Gleichstrom-Reinkohle-
lampen haben nur noch für den Betrieb von Schein-
werfern und Lichtbildeinrichtungen Bedeutung. Wech-
selstrom-Reinkohlelampen werden wegen der geringen
Lichtabgabe im Vergleich zu Gleichstromlampen
selten verwendet.

Die Brenndauer der Lampen mit freiem Luftzutritt beträgt je nach der Länge und Dicke der
Kohlestifte 12—20 Stunden.

Lampen mit eingeschlossenem Lichtbogen, die nur für Gleichstrom angewendet sind,
erreichen längere Brenndauer. Durch den nahezu
luftdichten Abschluß der Lampenglocke wird neben
dem langsamen Abbrand der Kohlestifte ein längerer
Lichtbogen und damit höhere Lampenspannung erreicht. Die Lampen werden demzufolge bei 110 V
in Einzelschaltung betrieben. Für photographische
Zwecke, Lichtpausverfahren u. dgl. wird die Lampenspannung unter Anschluß an 220 V-Netze auf rd.
160 V gesteigert. Der dabei erzielte lange Lichtbogen
ist wegen seiner vielen ultravioletten Strahlen photo-
chemisch besonders wirksam. Diese Lampen, sog.
Dauerbrandlampen, eignen sich unter den zur Verfügung stehenden Lichtquellen für diese Zwecke am
besten. Ordnungsgemäßes Brennen der Lampen ist
nur unter gutem Luftabschluß möglich.

155. **Flammenbogenlampen** haben im Gegensatz
zu den Reinkohlelampen einen flammenartig leuch-
tenden Lichtbogen. Das Leuchten des Lichtbogens
entsteht durch das Verdampfen der in den Kohlestiften enthaltenen Leuchtstoffe. Die verdampfenden
Leuchtstoffe erhöhen außerdem die Leitfähigkeit des
Lichtbogens, der demzufolge bei gleicher Spannung
länger ist als bei den Reinkohlelampen. Die Lichtstärke
der Gleichstrom-Flammenbogenlampe ist bei gleichem
Verbrauch ungefähr dreimal größer als bei der Reinkohlelampe. Gleich- und Wechselstrom-Flammen-
bogenlampen geben annähernd gleiche Lichtstärke bei
demselben Verbrauch, im Gegensatz zu der bei Verwendung von Reinkohlen bestehenden Überlegenheit
der Gleichstromlampe.

Flammenbogenlampen mit eingeschlossenem
Lichtbogen (Dauerbrandlampen) haben eine Brenndauer
von rd. 100 Stunden. Sie vereinigen die Vorteile geringer Bedienungskosten und kleinen Kohlestiftever-
brauchs mit einer den Flammenbogenlampen mit freiem
Luftzutritt nahezu gleichkommenden Lichtstärke.

Flammenbogenlampen werden mit übereinander und nebeneinander stehenden Kohlestiften verwendet. Für die Lampen mit übereinander
stehenden Kohlen dienen die T B-Kohlen von Gebr.
Siemens & Co., Lichtenberg b. Berlin. Es sind das dünn-
wandige Kohlerohre, im Innern mit Leuchtstoffen ausgefüllt. Im Gegensatz zu den Gleichstrom-Reinkohle-
lampen ist die + Kohle unten. Die Lichtfarbe ist derjenigen der Reinkohlelampen ähnlich. Die Lampen
mit nebeneinander stehenden Kohlen haben je

nach den Leuchtstoffen, die in den Kohlestiften enthalten sind, gelbe, milchweiße oder rote Lichtfarbe, die erstere ist für die Lichtausbeute am er-
giebigsten, die rote Farbe am wenigsten günstig. Ein
Auswechseln der einen Kohlestiftart gegen die andere
ist ohne Neueinstellen des Gangwerks für den Kohle-
verschub nicht möglich.

Die Lichtstrahlungskurven für Gleichstrom sind
in Abb. 112 für Lampen gleichen Verbrauchs, unter
Voraussetzung von Opalglasglocken, mit der Lichtstrahlung der Reinkohlelampe (Kurve A) verglichen.

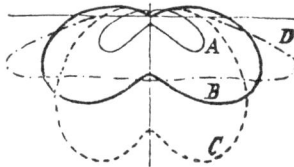

Abb. 112.

Kurve B entspricht der Lichtstrahlung der Flammen-
bogenlampe mit übereinander stehenden TB-Kohlen,
Kurve C derjenigen der Lampe mit nebeneinander
stehenden Kohlen für gelbes Licht. Die Kurven
zeigen, daß die Flammenbogenlampen mit übereinander stehenden Kohlen mehr seitliche Strahlung
haben, wie sie für Beleuchtung großer Flächen, also
für Straßenbeleuchtung gut geeignet ist. Bei den
Lampen mit nebeneinander stehenden Kohlen wird
mehr seitliche Lichtstrahlung erreicht, wenn man den
Lichtbogen mit einer geschliffenen Glasglocke, Diopter-
glocke, umgibt. Die dabei erzielte Lichtstrahlung ist
durch die Kurve D in Abb. 112 dargestellt.

Für die Lampen mit vorwiegend seitlicher Strah-
lung, B und D Abb. 112, ist zur Erzielung gleichmäßiger
Bodenbeleuchtung geringere Aufhängehöhe nötig. Die
Ausnutzung des erzeugten Lichtes wird dadurch erhöht.

Beim Einbauen der Gleichstromlampen in die
Leitungsnetze muß auf das Einhalten der auf den
Lampen angegebenen Polzeichen um so mehr geachtet werden, als die richtige Schaltung am Brennen
der Lampe schwer erkennbar ist und bei falscher
Schaltung der über dem Lichtbogen liegende Reflektor oder Sparer Schaden leidet.

Die im Lichtbogen der Flammenbogenlampen sich entwickelnden Dämpfe greifen das Gangwerk der Lampen an. Daher sollten die Lampen mindestens einmal im Jahr von fachkundiger Hand gründlich gereinigt werden. Es empfiehlt sich, die Inhaber elektrischer Anlagen im Interesse störungsfreien Lichtbetriebs darauf aufmerksam zu machen.

156. Kohlestifte. Beim Beschaffen der Kohlestifte empfiehlt es sich, auf den Rat der Lampenfabrik zu hören. Man hüte sich, beliebigen Anpreisungen folgend, Kohlestifte unbekannter Güte zu nehmen. Billige und nicht gute Kohlestifte genügen nur, wenn an die Ruhe des Lichtes keinerlei Anforderungen gestellt werden, wie es bei der Beleuchtung von Lagerplätzen und Fabrikhöfen der Fall sein kann.

Für das Aufbewahren der Kohlestifte ist ein trockener Raum notwendig. Werden Kohlestifte für verschiedenartige Lampen gebraucht, so sorge man für wohlgeordnete Lagerung, um Verwechslungen zu vermeiden.

157. Lampengehäuse und -glocken. Die Lampengehäuse müssen gegen die spannungführenden Teile der Lampen und gegen ihre Aufhängung isoliert, ferner für Anwendung im Freien mit Regendächern ver sehen sein.

Für die Lampenglocken kommt Klar- und Mattglas in Anwendung. Die Klarglasglocken verursachen im Vergleich zu matten Glocken geringeren Lichtverlust, sie werden benutzt, wenn das Abblenden der Lampen nicht notwendig ist. Der Lichtverlust durch matte Glocken (Opalglas) beträgt 25—30%.

Aschenteller an den Lampenglocken müssen dicht schließen. Andernfalls können glühende Kohleteilchen herabfallen und brennbare Gegenstände entzünden. Daher muß Gewicht darauf gelegt werden, daß die Aschenteller derart befestigt sind, daß sie sich auch bei fahrlässiger Lampenbedienung in richtiger Lage befinden. In die Glocken lose eingelegte Aschenteller sind verwerflich, weil sie sich leicht verschieben. Beschädigte Lampenglocken müssen alsbald ausgewechselt werden. Vor allem gilt das für Dauerbrandlampen, die nur bei genügendem Abschluß der Glocken richtig brennen, ferner für Flammenbogenlampen mit beschlagfreien Glocken, weil in beschädigten Glocken der Umlauf der Verbrennungsgase, wie er zum Fernhalten des Beschlagens der Glocke notwendig ist, nicht eingehalten wird.

158. Gangwerk. Der Vorschub der sich verbrau-
chenden Kohlestifte geschieht im allgemeinen durch
selbsttätige Gangwerke. Für das Behandeln der Gangwerke sind die Vorschriften der Fabriken maßgebend. Als Grundsatz gelte, an neuen Lampen nichts
zu ändern.

Je nach der Spulenschaltung unterscheidet man:

a) Hauptstromlampe: Die Spulen dieser
selten vorkommenden Lampe sind, mit dickem Draht
bewickelt, vom Hauptstrom durchflossen. Spulen und
Lichtbogen sind in Reihe geschaltet. Im Schaltbild,

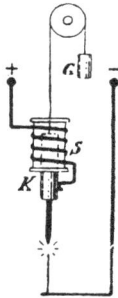 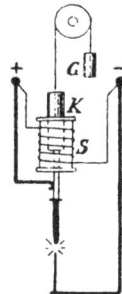 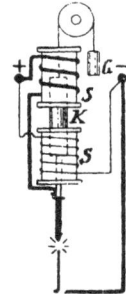

Abb. 113.   Abb. 114.   Abb. 115.

Abb. 113, ist angenommen, daß der obere Kohlehalter
mit einem in die Spule S hineinragenden Eisenkern K
in Verbindung steht, dessen Gewicht teilweise durch
das Gegengewicht G ausgeglichen ist. Sinkt die Stromstärke infolge Verlängerung des Lichtbogens, so über-
trifft das Gewicht des oberen Kohlehalters die an-
ziehende Kraft der Spule, der Kohlehalter sinkt dann
nach unten, bis durch den verkürzten Lichtbogen die
regelrechte Stromstärke wieder erreicht ist. Haupt-
stromlampen können nicht in Reihe geschaltet werden,
weil sich die Spannung nicht gleichmäßig auf die
Lampen verteilen würde.

Die Stromstärke in der Lampe ist durch das Einstellen des Gangwerks bedingt. Die Lampenspannung und damit die Lichtbogenlänge wird durch den
Vorschaltwiderstand (vgl. 161) beeinflußt.

b) Nebenschlußlampe: Sie besitzt im Gegensatz zur Hauptstromlampe eine mit dünnem Draht
bewickelte Spule, die im Nebenschluß an den Lampen-

klemmen liegt (Abb. 114). Das Gangwerk stellt auf
gleichbleibende Spannung am Lichtbogen ein. Beim
Längerwerden des Lichtbogens wächst die Spannung,
so daß die Spule von stärkerem Strom durchflossen
wird und den Eisenkern kräftiger anzieht, demnach
die Kohlespitzen einander nähert. Je nach der Bauart können 2—4 Lampen in Reihe geschaltet werden.

Die Spannung an der Lampe und somit die Lichtbogenlänge hängt vom Einstellen des Gangwerks ab.
Durch den Vorschaltwiderstand wird die Stromstärke,
nicht die Spannung der Lampe beeinflußt.

c) Differentiallampe: Die Wirkung einer Hauptstromspule und einer Nebenschlußspule (Abb. 115)
halten sich beim regelrechten Betrieb der Lampe das
Gleichgewicht. Beim Ansteigen des Stromes hat die
Hauptspule das Bestreben, den Lichtbogen zu ver-
längern. Bei zu langem Lichtbogen und demnach zu
hoher Spannung erhält die Nebenschlußspule das Über-
gewicht und wirkt auf Verkürzen des Lichtbogens.
Differentiallampen können in beliebiger Zahl hintereinander geschaltet werden.

Für Wechselstrom wird meist ein Motorgetriebe
verwendet. In diesem wirken zwei Elektromagnete,
von denen der eine vom Hauptstrom, der andere im
Nebenschluß zum Lichtbogen erregt wird, auf eine
Aluminiumscheibe. Je nachdem der eine oder andere
Elektromagnet überwiegt, dreht sich die Scheibe im
einen oder anderen Sinn und bewirkt dadurch das
Regeln des Lichtbogens.

Durch den Vorschaltwiderstand werden Stromstärke und Spannung im gleichen Sinne beeinflußt.

Auch Lampen, die nicht zu den Differentiallampen gehören, besitzen oft beide Arten von Spulen.
Es fällt dann jeder Spule eine gesonderte Aufgabe
zu, z. B. der Hauptstromspule das Bilden des Lichtbogens beim Einschalten der Lampe und der Nebenschlußspule das Regeln der Lichtbogenlänge.

159. **Lampenschaltungen.** Gleichstromlampen müssen so eingeschaltet werden, daß der Strom in bestimmter, durch die Lampenbauart gegebener Richtung fließt. Bei den Reinkohlelampen fließt der
Strom in der Regel von der oberen Kohle zur unteren
Kohle, bei den Flammenbogenlampen mit übereinander
stehenden Kohlen von der unteren zur oberen Kohle.
Die Lampenklemmen sind mit + und — bezeichnet.
Die richtige Schaltung einer Lampe ist bei den Gleichstrom - Reinkohlelampen an der Kraterbildung der

positiven Kohle erkennbar, im übrigen am stärkeren
Glühen der positiven Kohle nach dem Ausschalten
der Lampe.

Bei Wechselstromlampen sind zwar beide Klemmen
gleichwertig, doch ist es bei Lampen in ein und
demselben Raum zweckmäßig, mit dem Klemmen-
anschluß derart zu wechseln, daß der Strom, von
einer bestimmten Leitung ausgehend gedacht, bei
der einen Lampe der oberen und bei der folgenden
Lampe der unteren Kohle zufließt. Dadurch wird
das infolge der Wechselstromperioden hier und da auftretende Flimmern des Lichtes weniger bemerkbar.

a) Reihenschaltung ist bei den üblichen Netz-
spannungen (110 oder 220 V) für Gleichstromlampen notwendig, um die verfügbare Spannung
zum Betrieb der Lampen, die annähernd je 50 V be-

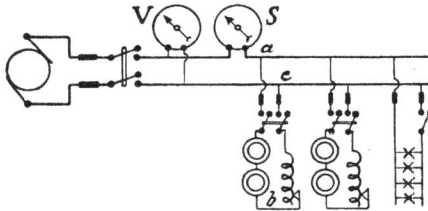

Abb. 116.

anspruchen, auszunutzen. Die Schaltung von zwei
Lampen in Reihe ist durch Abb. 116 im Stromkreis
a b c gezeigt.

b) Gruppenschaltung: Gruppen von Lampen,
die in Reihe geschaltet sind, werden in Parallelschaltung an das Leitungsnetz angeschlossen (Abb. 116).
Jeder Lampengruppe werden Sicherungen, ein doppel-
poliger Schalter und ein Beruhigungswiderstand vorgeschaltet, so daß sich die Gruppen unabhängig voneinander ein- und ausschalten lassen. In Netzen mit
geerdetem Leiter sind nur in den Abzweigungen von
den spannungführenden Leitern Schalter notwendig
(vgl. 130). — Die Netzspannung muß bei Gleichstrom,
je nach der Lampenart, für zwei bis drei in Reihe geschaltete Lampen rd. 110 V, für vier Lampen rd.
220 V betragen. Bei Wechselstrom werden bei der
hierfür günstigsten Spannung von rd. 120 V von den
am meisten verwendeten Flammenbogenlampen zwei
Lampen in Reihe geschaltet.

160. Lampentransformator. Wenn in Wechselstrombetrieben einzelne Bogenlampen angeschlossen
und dabei große, Arbeit verbrauchende Vorschaltwiderstände vermieden werden sollen, so verwendet
man Transformatoren
mit sog. Sparschaltung.
In Abb. 117 ist ein
Transformator *T* für
eine Lampe und ein
Transformator *T'* für
parallel geschaltete
Lampen dargestellt. Je-
dem Lampenstromkreis
wird ein Beruhigungs-
widerstand *W* vorge-
schaltet.

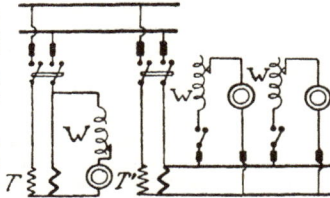

Abb. 117.

Die Lampentransfor-
matoren bieten gegenüber Drosselspulen den Vorteil,
daß das Leitungsnetz weniger belastet wird und keine
ins Gewicht fallende Phasenverschiebung eintritt.

161. Beruhigungswiderstand. Beim Parallelschalten von Bogenlampen wird jedem Lampenstromkreis
Widerstand vorgeschaltet (vgl. Abb. 116).

Die Größe des Beruhigungswiderstandes richtet
sich, abgesehen von der durch die Höhe der Netzspannung bedingten Widerstandseinschaltung, nach
der Wirksamkeit des Lampen-Gangwerks. Der Widerstand kann ganz oder teilweise in die Zuleitungen
zu den Lampen gelegt werden, so daß z. B. die in
dem Stromkreis *a b c* (Abb. 116) enthaltenen Widerstände der Leitungen und des Beruhigungswiderstandes
zusammen den für die Lampe erforderlichen Vorschaltwiderstand bilden (vgl. 186 c Abs. 2).

Über das Anbringen und Instandhalten der Widerstände vgl. 136.

162. Drosselspule. In Wechselstrombetrieben können an die Stelle der Beruhigungswiderstände In-
duktionsspulen (Drosselspulen) treten. Sie beruhigen
den Lichtbogen mehr als Vorschaltwiderstände und
bewirken, insbesondere bei Flammenbogenlampen, eine
Erhöhung der Lichtstärke. Da die Drosselspulen eine
Phasenverschiebung im Leitungsnetz herbeiführen, so
sollten sie nur so weit verwendet werden, daß der
durch sie bedingte Spannungsverlust 25% der Lampenspannung nicht übersteigt.

Ergibt das Einschalten einer Drosselspule nicht
die richtige Stromstärke, und ist ein Anpassen durch

Ab- oder Zuwickeln von Windungen zu umständlich, so kann man in gewissen Grenzen durch Änderung des Abstandes des Eisenjoches von den Spulenschenkeln helfen, z. B. durch Einlegen von Preßspanstücken.

163. Ersatzwiderstand. Ersatzwiderstände sind bei Reihenschaltung von Lampen erforderlich, wenn die der Spannung entsprechende Lampenzahl nicht eingehalten werden kann, oder wenn beim Erlöschen einer Lampe das ungestörte Weiterbrennen der übrigen Lampen erreicht werden soll. In letzterem Falle sind die Widerstände, in Verbindung mit selbsttätigen Schaltvorrichtungen, in die Lampen eingebaut.

164. Einstellen der Vorschaltwiderstände. Die Größe des im Bogenlampenstromkreis notwendigen Widerstandes richtet sich nach der Netzspannung und nach dem in den Lampenleitungen auftretenden Spannungsverlust. Das endgültige Einstellen des Widerstandes ist daher erst nach fertigem Lampeneinbau unter regelrechter Netzspannung möglich. Nachdem Meßgeräte zum Beobachten der Stromstärke und der Lampenspannung eingeschaltet sind, verstellt man den Widerstand nach nicht zu kurzen Pausen, bis Stromstärke und Spannung die für die Lampe bestimmten Werte angenommen haben (über das Beeinflussen der Lampen durch den Vorschaltwiderstand vgl. 158). Die Lampen müssen dabei mit Laternen oder Glocken versehen sein.

165. Aufzugvorrichtungen sollten für Bogenlampen tunlichst überall verwendet werden, weil das bei fester Aufhängung der Lampen notwendige Bedienen mittels Leiter mühsam ist und daher weniger sorgfältig geschieht. Als Aufzugvorrichtung dienen in der Regel Windetrommeln, seltener Gegengewichte und als Aufzugseil gut verzinktes Stahldrahtseil. Die Bundstellen des letzteren, z. B. am Aufhängehaken der Lampe, umwickelt man mit verzinktem Eisendraht, nicht mit Kupferdraht, weil sonst bei Zutritt von Feuchtigkeit elektrolytische Zerstörungen auftreten. Empfehlenswert ist das Verwenden von Seilschlössern, Bundstellen sind dann überflüssig und das Fertigstellen der Lampenaufhängung wird erleichtert. Die Seilführungsrollen dürfen behufs Schonung des Seiles nicht zu klein sein. Für Seile von 5—7 mm Durchmesser sind Rollen von nicht unter 80 mm Durchmesser erforderlich. Zwischen die Aufhängevorrichtung und die Lampe muß Isolierung eingebaut werden. Für trockene Räume geeignete Isolierungen

können aus Isolierrollen hergestellt werden (Abb. 118);
ein Schraubenbolzen verbindet Aufhängeöse und Isolierrolle; um die Rille der Isolierrolle ist ein S-Haken
geschlungen. Der Feuchtigkeit ausgesetzte Aufhängungen erfordern bessere Isolierung. Bei
Hochspannung unter 1000 V müssen die
Lampen gegen das Aufzugseil und gegen
den meist vorhandenen Metallträger doppelt
isoliert oder Seil und Träger geerdet werden;
bei Spannungen über 1000 V ist beides,
d. h. die doppelte Isolierung der Lampe und
die Erdung des Seils, wie des Trägers notwendig. Lampen, die Erschütterungen ausgesetzt sind, versieht man mit federnden Aufhängungen. Bewegliche Stromzuführungen für die
Lampen werden aus Gummiaderlitzen oder guten Ersatzleitungen hergestellt, die nicht zu lang, immerhin
aber so bemessen sein sollen, daß sie bei herabgelassener
Lampe nicht straff gespannt sind. Als Ausgangspunkt
für die beweglichen Leitungen wählt man die Mitte
zwischen der tiefsten und höchsten Stellung der Lampe.
Die Stromzuführungen müssen mit der Lampe sicher
verbunden und von Zug entlastet werden.

Abb. 118.

Schonung der Aufzugseile und damit größere
Sicherheit der Aufhängungen wird durch Seilent-
lastungen erreicht. Es sind das Vorrichtungen, die es
ermöglichen, das Seil nur beim Aufziehen und Herab-
lassen der Lampe zu belasten. Wird eine Kontakt-
vorrichtung mit der Seilentlastung vereinigt, so kommen die beweglichen Stromzuführungen in Wegfall.

Zuleitungen, die zur Lampenaufhängung benutzt
werden, müssen an den Kontaktstellen von Zug entlastet
sein. Das Verdrillen dieser Leitungen ist unzulässig.

Die Aufzugvorrichtungen und namentlich die Auf-
zugseile untersuche man zeitweise auf Haltbarkeit.
An hölzernen Lampenmasten schütze man den in der
Erde sitzenden Teil des Mastes gegen Fäulnis (vgl. 199).
Die Tragfähigkeit hölzerner Masten prüfe man in ge-
eigneten Zeitabschnitten (vgl. 208). Die Lager der
Seilführungsrollen müssen zeitweise mit konsistentem
Fett geschmiert werden, was beim Mastaufstellen
nicht vergessen werden darf, weil die Rollen später
weniger zugänglich sind.

166. **Beleuchtungsbetrieb.** Die Ruhe des Lichtes
ist, abgesehen von der Lampenbauart, vom Einhalten der richtigen Stromstärke und Spannung sowie
von der Güte der Kohlestifte abhängig. Erlöschen

Lampen, so unterbreche man den Stromkreis, um
einer Beschädigung der·Lampen vorzubeugen. Erst
nach erfolgter Untersuchung und nach dem Beseitigen
eines etwa gefundenen Fehlers dürfen die Lampen
wieder in Betrieb genommen werden.

167. Lampenbedienung. Jedesmal beim Einsetzen
neuer Kohlen müssen alle nach dem Abnehmen der
Laterne oder Glocke von außen zugänglichen Teile der
Lampe, wie Führungsstangen, Kohlehalterseil und
Abdichtung gegen das Gangwerk, mit Hilfe eines
Staubpinsels gereinigt werden. Das Reinigen muß vor
dem Auseinanderziehen der Kohlehalter geschehen, um
ein Hineinziehen von Staub in das Gangwerk zu
verhindern. Bei Flammenbogenlampen wird das Zer-
stäuben des am Sparer und an den Kohlespitzen entstehenden Niederschlags vermieden, wenn man einen
Staubbeutel mit hindurchgestecktem Pinsel über die
zu reinigenden Teile stülpt und den abgebürsteten
Niederschlag damit auffängt. Zeitweise ist gründliches
Reinigen der Kohlehalterführungen usw. mit Benzin
nötig.

Lampenglocken und Aschenteller müssen von
innen und außen regelmäßig abgewischt und zeitweise
mit Seife gewaschen werden. Besondere Sorgfalt
schenke man dem Reinigen der Glocken für Flammenbogenlampen, vornehmlich bei nicht beschlagfreien
Glocken, weil der Beschlag bald erhärtet, das Glas
angreift und damit die Glocken weniger durchschei-
nend macht. Um dem Beschlagen der Glocken vorzubeugen, empfiehlt es sich, sie jedesmal nach dem
Reinigen mit einem Gemisch von Petroleum und
Paraffinöl auszuwischen. Infolge von Vernachlässi-
gung blind gewordene Glocken können durch Aus-
waschen mit Salzsäurelösung wieder klar gemacht
werden.

Die Kohlestifte müssen, um guten Kontakt zu
geben, fest in die Halter eingesetzt werden. Über-
einanderstehende Kohlen richtet man genau aus, sie
müssen sich so weit auseinanderziehen lassen, als zur
Lichtbogenbildung nötig ist.

Das zeitweise Reinigen des Gangwerkes muß mit
großer Vorsicht geschehen. Zum Reinigen der stromleitenden Teile und der Kohlehalterführungen verwendet
man einen reinen, mit Benzin getränkten Lappen.
Schmirgel u. dgl. darf nicht verwendet werden. Unzulässig ist es, Öl an das Gangwerk zu bringen. Erforderlichenfalls muß das Gangwerk auf richtiges Arbeiten untersucht werden, indem man die Lichtbogen-

länge beobachtet und Stromstärke wie Lampenspannung mißt. Das Beobachten des Lichtbogens geschieht unter Abblenden der für die Augen schädlichen Strahlen mit Hilfe von Euphosglas oder durch dunkles Glas (Rauchglas oder übereinandergelegtes rotes und grünes Glas).

Glühlampen.

168. Betriebsbedingungen. Die elektrischen Glühlampen erfordern für gleichmäßiges Leuchten tunlichst gleichbleibende Spannung. Die auf den Lampen angegebene Spannung soll von der Leitungsspannung nicht oder nur wenig überschritten werden. Nimmt man die Lampen für zu niedrige Spannung, so ergibt sich eine, das regelrechte Maß übersteigende Lichtstärke, aber auch rasche Abnutzung der Lampen.

Bei Lampen, deren Lichtstärke im Verlauf der Benutzung erheblich abnimmt, wie bei den Kohlefadenlampen, unterscheidet man Nutzbrenndauer und tatsächliche Brenndauer. Eine Lampe wird im allgemeinen als aufgebraucht angesehen, wenn ihre Lichtstärke den fünften Teil (20 %) des regelrechten Wertes eingebüßt hat. Die bis dahin erreichte Brenndauer der Lampen heißt Nutzbrenndauer. Läßt man Lampen über die Nutzbrenndauer hinaus im Betrieb, so erhält man minderwertige Beleuchtung bei verhältnismäßig hohen Kosten, weil der Verbrauch der Lampen trotz abnehmender Lichtstärke kaum abnimmt.

Die Inhaber elektrischer Anlagen belehre man, daß wirtschaftliche elektrische Beleuchtung nur möglich ist, wenn mangelhaft leuchtende Lampen durch neue ersetzt werden. Daß die Lampenersatzkosten im Vergleich zu den meist höheren Kosten des elektrischen Verbrauchs wenig ins Gewicht fallen, zeigt die Betriebskostenberechnung unter 172.

Sollen Lampen in Reihe geschaltet werden, z. B. 110 V-Lampen in 220 V-Netzen, so muß es bei der Auftragerteilung bekannt gegeben werden, weil dafür nur Lampen mit nahezu gleicher Stromstärke brauchbar sind.

169. Lampenbezeichnung. Die für den Betrieb maßgebenden Werte sind auf dem Lampensockel verzeichnet, vor allem die Spannung, die zum richtigen Erglühen der Lampe angenähert eingehalten werden muß. Ferner sind der Verbrauch in Watt und meistens die mittlere räumliche Lichtstärke, d. h. der Mittelwert aus den von der Lampe nach allen Richtungen ausgestrahlten Lichtstärken, angegeben.

Will man zu Vergleichszwecken den Verbrauch einer Lampe in Watt für die im Durchschnitt erzeugte Lichteinheit »W für 1 HK« berechnen, so teilt man den in Watt gegebenen Verbrauch der Lampe durch ihre mittlere Lichtstärke.

170. Kohlefadenlampen. Der Glühkörper der Lampe besteht aus einem Kohlefaden, der in einen luftleeren Glaskörper eingeschlossen ist. Bei einem Verbrauch der Lampe von 3—3,5 W für 1 HK beträgt ihre Nutzbrenndauer durchschnittlich 800 Stunden. Wegen des hohen Verbrauchs im Vergleich zum erzeugten Licht wird die Lampe nur noch selten benutzt, wenn die Strompreise sehr niedrig und die Lampen heftigen Erschütterungen ausgesetzt sind.

171. Metalldrahtlampen. Der Glühkörper besteht aus Metall (Wolfram). Im Vergleich zu den Kohlefadenlampen geben die Metalldrahtlampen bei geringerem Verbrauch weißeres Licht und zeigen im Verlauf der Benutzung weniger Lichtstärkeabnahme.

a) Lampen mit Luftleere haben im allgemeinen einen glatten zickzackförmig aufgespannten, selten einen schraubenförmig gewundenen Leuchtdraht. Sie sind in den üblichen Lichtstärkeabstufungen für rd. 110 und 220 V im Handel. Außerdem werden Lampen zu Sonderzwecken für niedrigere Spannungen in großer Auswahl hergestellt, unter anderem für Automobilbeleuchtung und zum Betrieb durch Kleintransformatoren (vgl. 67).

Für Innenbeleuchtung wird gewöhnlich die 25 kerzige Lampe genommen. Sie braucht etwa 1,1 W für 1 HK; schwächere Lampen verbrauchen mehr, z. B. die 10 kerzige Lampe etwa 1,5 W für 1 HK. Die Brenndauer der Lampen beträgt 1000 Stunden und mehr.

b) Lampen mit Gasfüllung enthalten ein den Glühkörper nicht angreifendes Edelgas und einen schraubenförmig gewundenen Leuchtdraht in gedrängter Anordnung. Dadurch wird weitergehende Erhitzung des Glühkörpers und weißeres Licht als bei der unter a) genannten Lampe erzielt. Der geringere Verbrauch im Vergleich zum erzeugten Licht kommt erst bei den hochkerzigen Lampen für 1000—3000 Kerzen (Halbwattlampen) zur Geltung, indem sie nur etwa ½ W für 1 HK, bezogen auf die mittlere räumliche Lichtstärke, aufnehmen. Die Lichtwirkung der Lampen ist ähnlich wie bei den Bogenlampen. Obwohl der Verbrauch der Bogenlampen bei gleicher Lichtstärke geringer ist, so werden sie trotzdem durch hochkerzige Glühlampen ersetzt, wenn an Lampenbedienung gespart werden soll und auf das Wegfallen von Lichtschwankungen namentlich bei Innenbeleuchtung Wert gelegt wird. Die Brenndauer der hochkerzigen Lampen beträgt 800—1000 Stunden.

In geringeren Lichtstärken werden die gasgefüllten Lampen für 110 V herab bis zu etwa 25 HK und für 220 V bis zu etwa 60 HK hergestellt. Bei diesen Lampen ist der Verbrauch nicht so günstig wie bei den hochkerzigen, so daß große Unterschiede im Vergleich zu den luftleeren Lampen (vgl. a) nicht bestehen. Die Brenndauer der schwächeren Lampen beträgt 600—800 Stunden. Außerdem werden Lampen für niedrige Spannungen mit Gasfüllung und weißem Licht für Automobilscheinwerfer u. dgl. hergestellt.

Im kalten Zustand haben die Lampen mit Gasfüllung nur etwa den zwölften Teil des Widerstandes beim Glühen. Beim Einschalten der Lampen ergibt sich daher ein starker Stromstoß, der vorgeschaltete Sicherungen überlasten kann, wenn viele Lampen gleichzeitig in Betrieb genommen werden.

Die Überglocken der hochkerzigen Lampen müssen gut gelüftet sein, wenn nicht die Dauer der Lampen beeinträchtigt werden soll.

172. Betriebskosten der Glühlampen. Die Betriebskosten setzen sich zusammen aus den Kosten für elektrischen Verbrauch und Lampenersatz. Bei den üblichen Strompreisen sind die Kosten für den Verbrauch wesentlich höher als die Lampenersatzkosten. Lampen mit hohem Verbrauch sind daher selbst bei geringen Anschaffungskosten unwirtschaftlich, wenn nicht der Strompreis außergewöhnlich niedrig ist. Das gilt vor allem für die Kohlefadenlampe mit ihrem im Vergleich zur Metalldrahtlampe dreimal höheren Verbrauch bei gleicher Lichtstärke. Handelt es sich dagegen um einen Vergleich zwischen verschiedenen Arten von Metalldrahtlampen (vgl. 171), mit ihrem nicht so großen Betriebskostenunterschied, so sind die für den jeweiligen Zweck in Betracht kommenden Eigenschaften der Lampen ausschlaggebend.

Im folgenden Rechenbeispiel sollen verglichen werden die Betriebskosten für 1000 Stunden einer 50kerzigen Lampe mit Luftleere, die rd. 1,1 W für 1 HK, also 55 W verbraucht, und einer an Leuchtkraft ungefähr gleichwertigen 40 W-Lampe mit Gasfüllung. Als Anschaffungskosten sind die Lampenpreise für Einzeleinkauf unter geregelten Verhältnissen genommen, Teuerungszuschläge also nicht berücksichtigt.

a) 50 kerzige Lampe mit Luftleere, Verbrauch in 1000 Stunden

55 kWh zu 40 Pf. = ... M. 22,00
Die Lampe hält 1000 Stunden
und kostet . . . . » 1,50   M. 23,50

b) 40 W-Lampe mit Gas-
füllung, Verbrauch in 1000 Std.

40 kWh zu 40 Pf. = ... M. 16,00
Die Lampe hält 600 Stunden
und kostet M. 3, Ersatz in 1000
Stunden M. $3 \cdot \dfrac{1000}{600}$ = ... » 5,00   » 21,00

Mehrkosten für die Lampe a) . . . . . M. 2,50

Bei dem nicht großen Kostenunterschied müssen für die Wahl der einen oder anderen Lampe die übrigen Eigenschaften, vor allem die Art der Lichtstrahlung berücksichtigt werden.

Um die Abhängigkeit des Rechenergebnisses vom Strompreis zu zeigen, sei das oben für den Einheitspreis von 40 Pf. die kWh durchgeführte Beispiel für den Einheitspreis von 20 Pf. wiederholt:

a) 55 kWh zu 20 Pf. = . . M. 11,00
Lampenersatz, wie oben . » 1,50   M. 12,50

b) 40 kWh zu 20 Pf. = . . M. 8,00
Lampenersatz, wie oben . » 5,00   » 13,00

Mehrkosten für Lampe b) . . . . . . M. 0,50

Beim niedrigen Strompreis fallen die Lampenanschaffungskosten mehr ins Gewicht, so daß im Gegensatz zur ersten Berechnung die in der Anschaffung teurere Lampe die höheren Betriebskosten verursacht.

173. Handhaben der Lampen.

a) **Untersuchen eingehender Lampensendungen.** Baldigst nach dem Eintreffen einer Sendung sollten die Lampen ausgepackt und auf Brauchbarkeit untersucht werden, vor allem ob der Glühfaden und die Glaskörperspitze unversehrt sind. Zu ersterem Zweck werden die Lampen, um den Glühfaden sichtbar zu machen, gegen das Licht gehalten, besser aber unter Strom gebracht durch Anhalten geeigneter spannungführender Kontakte an den Lampensockel. Dabei ist schwaches, die Augen des Untersuchenden nicht blendendes Aufleuchten der Lampen zweckmäßig, wie es erreicht wird, wenn man in den Untersuchungsstromkreis einen Widerstand, etwa eine Glühlampe, dauernd einschaltet. Durch letzteres wird gleichzeitig einem Kurzschluß bei versehentlichem gegenseitigen Berühren der spannungführenden Kontakte vorgebeugt. Die Lampen werden am besten auf einen mit weicher Decke versehenen Tisch abgelegt. Schadhafte Lampen, die man alsbald nach dem Empfang zurückgibt, werden in der Regel vom Lieferanten durch neue ersetzt.

b) Aufbewahren der Lampen. Hierfür wähle man eine von starken Erschütterungen freie Stelle, also nicht in der Nähe schlagender Türen o. dgl.

c) Einsetzen der Lampen in die Fassung muß bei ausgeschaltetem Stromkreis geschehen. Andernfalls würden die Lampen überanstrengt, weil zu der Erschütterung des Glühkörpers beim Einsetzen der Lampe dessen starkes Erglühen im Augenblick des Aufleuchtens hinzukäme.

174. **Lampenschaltungen.**

a) Parallelschaltung der Lampen (*G* Abb. 119) ist am gebräuchlichsten. Die Lampen können je nach Bedarf einzeln oder in Gruppen ein- und ausgeschaltet werden.

b) Reihenschaltung: In den üblichen Lichtleitungsanlagen ist das Schalten von Glühlampen in Reihe (*g* Abb. 119) für kleine Zierlampen im Gebrauch und, wenn ausnahmsweise 110 V-Lampen bei 220 V Netzspannung angewendet sind. Ferner werden Glühlampen im Straßenbahnbetrieb bei der dort üblichen Spannung von rd. 500 V in Reihe geschaltet.

Die in Reihe zu schaltenden Glühlampen müssen für gleiche Stromstärke bestimmt sein, die Summe ihrer Spannungen muß gleich der Netzspannung sein.

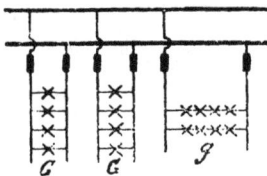

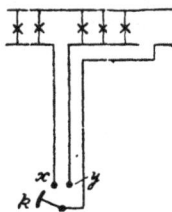

Abb. 119.   Abb. 120.

c) Schaltung der Lampen in Kronen: Meistens wird verlangt, alle oder nur wenige Lampen benutzen zu können. Abb. 120 zeigt die Schaltung von fünf Lampen. Je nachdem die Kontaktfläche *k* des Schalters auf den Kontakten *x* oder *y* ruht, sind zwei

oder drei Lampen eingeschaltet. Ruht die Kontaktfläche *k* auf beiden Kontakten, so brennen alle
Lampen.

Die Schalterbauart wird zweckmäßig so gewählt,
daß sich durch Rechts- und Linksdrehen des Schalt-
hebels (Rechts- und Linksschalten) jede Lampengruppe,
x oder *y*, ein- und ausschalten läßt, ohne daß über die
andere Lampengruppe hin-
weggeschaltet wird.

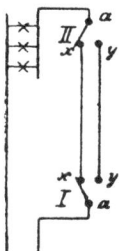 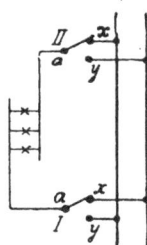

d) Ein- und Aus-
schalten der Lampen
von getrennten Stellen
aus wird z. B. in Schlaf-
zimmern verlangt, wenn
das Schalten von der Tür
und vom Bett aus bewirkt
werden soll. An den
Schaltstellen I und II
(Abb. 121) wird je ein
Umschalter angebracht.

Abb. 121.   Abb. 122.

Die Umschalterkontakte
x und *y* werden durch Leitungen verbunden und die
Schalthebel *a* einerseits an das Netz und andererseits
an die zu den Lampen führende Leitung angeschlossen.
Die Umschalter müssen so gebaut sein, daß der Schalthebel nur auf einem der Kontakte, *x* oder *y*, ruhen kann.
Liegt der Hebel z. B. bei I auf dem Kontakt *x*, so
werden die Lampen von II aus durch die Hebelstellung *x* ein- und durch die Hebelstellung *y* ausgeschaltet.

Sind an den für das Anbringen der Umschalter
bestimmten Stellen parallel geführte Netzleitungen
vorhanden, so ist die in Abb. 122 angegebene Schaltung zweckmäßiger, weil dann von den Umschaltern
aus nur je eine Lampenanschlußleitung erforderlich
wird. Die dafür verwendeten Schalter müssen für
die volle Netzspannung zwischen den Kontakten gebaut sein, im Gegensatz zur Schaltung nach Abb. 121.

e) Schaltung für Treppenbeleuchtung:
Eine Erweiterung der vorbezeichneten Schaltung
dient für Treppenbeleuchtung, wenn das Ein- und
Ausschalten der Lampen von jedem Stockwerk aus
möglich sein soll. Im obersten und untersten Stockwerk werden Umschalter I und IV (Abb. 123), in den
zwischenliegenden Geschossen sog. Kreuzungsschalter
II und III angewendet. Auch hier dürfen die Schalter
nur die eine oder andere Kontaktstellung zulassen.
Wie auch die Schalter stehen, an jeder Stelle ist das

Ein- und Ausschalten der Lampen möglich. Bei den
in Abb. 123 angegebenen Schalterstellungen sind die
Lampen eingeschaltet.

f) Schaltuhren sind Apparate, die das Ein-
und Ausschalten eines Stromkreises zu einer im Apparat
einzustellenden Zeit selbst-
tätig bewirken. Hierzu gehören die für Treppenhäuser
usw. verwendeten Apparate,
die einen von Hand einge-
schalteten Stromkreis nach
einigen Minuten wieder unterbrechen. Werden solche Apparate x (Abb. 124) oder die zu
einem Zentralapparat gehörigen Druckknöpfe in jedem
Stockwerk angebracht, so lassen sich die Lampen von jeder
dieser Stellen aus einschalten,
um nach gegebener Zeit
selbsttätig zu erlöschen. Die
Schalteinrichtung muß so beschaffen sein, daß durch Betätigen eines der Druckknöpfe
während des Leuchtens der

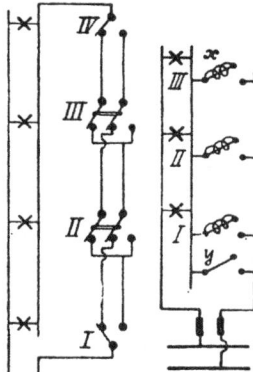

Abb. 123.   Abb. 124.

Lampen die Beleuchtungsdauer verlängert wird. Das
ist notwendig, damit im Bedarfsfalle zu frühzeitigem
Erlöschen der Beleuchtung vorgebeugt werden kann,
indem man vor dem Erlöschen der Beleuchtung
abermals einen der Druckknöpfe niederdrückt. Sollen
die Lampen in den ersten Abendstunden dauernd
leuchten, so wird den Apparaten x ein gewöhn-
licher Schalter y parallel geschaltet. Ist dieser geschlossen, so sind die Lampen dauernd im Betrieb.

175. **Verdunkelungswiderstände** werden für einzelne Lampen, z. B. in Krankenzimmern, und für
Lampengruppen bei Bühnenregulatoren verwendet.
Die Widerstände müssen der Stromstärke der Lampen und der Lampenart angepaßt werden. Für Kohlefadenlampen bestimmte, Widerstände sind nicht ohne
weiteres für Metalldrahtlampen brauchbar.

176. **Lampenfassung.** Allgemein eingeführt sind
die Schraubfassungen (Edisonfassungen). Sie können
auch an Stellen verwendet werden, die Erschütterungen ausgesetzt sind, wenn die Fassungen mit Einrichtungen gegen das Lockern der Lampen versehen
sind. Beim Einbauen der Fassungen in die Lampenträger sorge man dafür, daß sie fest auf ihren Trägern

sitzen und die Leitungsdrähte sicher mit den Kontakten verbunden sind. Die Leitungsdrähte sollen, soweit sie in der Fassung blank sind, möglichst fern voneinander gehalten werden und bei Schaltfassungen die Schalterteile nicht berühren. Die Enden der Litzendrähte aus Kupfer müssen verlötet werden (vgl. 189). Der metallene Fassungsmantel darf nicht in den Stromkreis eingeschaltet sein, es sei denn, daß der an ihn angeschlossene Leitungspol gut geerdet ist. Bei den Schraubfassungen muß der isolierende Fassungsring so hoch sein, daß er das Gewinde des Lampensockels verdeckt; andernfalls kann z. B. in Schaufensterauslagen Feuer entstehen, wenn mit Metallfäden durchzogene Gewebe mit den Lampensockeln in Berührung kommen und Leitungsschluß herbeiführen. Noch besser sind Fassungsringe, die das Sockelgewinde verdecken, sobald es beim Einschrauben in die Fassung unter Spannung gesetzt ist. Ungenügende Fassungen müssen ausgewechselt oder mit geeigneten Schutzkörben oder -Glocken versehen werden.

In Stromkreisen, die mit mehr als 250 V betrieben werden, sowie in feuchten Räumen und Räumen mit ätzenden Dünsten müssen die äußeren Teile der Lampenfassungen aus Isolierstoff bestehen; Schaltfassungen sind hier unzulässig. Im übrigen sollten Schaltfassungen nur für Lampen in bequem erreichbarer Höhe verwendet werden, weil andernfalls zu derbes Anfassen der Schaltergriffe und damit ein Beschädigen der Leitungsanlage zu befürchten ist.

Fehlerhafte Fassungen werden zerlegt, um die Isolation zu prüfen. Man untersucht, ob die Kontaktteile gegenseitig, gegen den Fassungsmantel und gegen die etwa mit ihm in Verbindung stehende Aufhängevorrichtung isoliert sind. An Schaltfassungen wird die Gangbarkeit des Schalters geprüft. Gebrauchte Fassungen werden im Innern mit einem in Benzin getränkten Lappen gereinigt. Die Kontakte macht man mit feinkörnigem Glaspapier blank.

Nicht empfehlenswert ist es, Steckkontakte oder anderweitige Hilfseinrichtungen mit den Lampenfassungen zu vereinigen, weil bei ihrem Handhaben die Fassungen beschädigt werden können. Vorkommendenfalls muß für verläßlichstes Montieren der Fassungen gesorgt werden.

Die übliche Edisonfassung dient für Lampen bis zu 200 W Verbrauch, für größere Lampen werden sog. Goliathfassungen verwendet.

177. Lampenschirm und Reflektor. Durch Wahl geeigneter Schirme wird die Lichtverteilung den jeweiligen Anforderungen angepaßt. Die Schirme für Tisch-, Werkbanklampen u. dgl. müssen die Lampen gegen die Augen des Arbeitenden abblenden und die Arbeitsfläche gleichmäßig und gut belichten. Bei Schirmen für Allgemeinbeleuchtung lege man auf gute Lichtzerstreuung Wert. Bei gasgefüllten Lampen, mit langem Hals über dem Leuchtsystem, muß die Lage des Schirms den tieferliegenden Lichtpunkt der Lampen angepaßt werden. Fehlerhaft wäre es, gasgefüllte Lampen, ohne die Schirmstellung zu ändern, statt luftleerer Lampen, mit dem höherliegenden Lichtpunkt, einzusetzen.

Lampenglocken, wie sie namentlich für die hochkerzigen gasgefüllten Lampen (Halbwattlampen) zur besseren Lichtverteilung und zum Vermeiden von Blendwirkung notwendig sind, nehme man aus M i l c h glas oder überfangenem Glas. M a t t i e r t e s Glas verursacht größeren Lichtverlust.

Werden zwecks Dämpfung des Lichtes mattierte Lampen verlangt, so begnüge man sich mit Lampen, deren Glaskörper nur in der unteren Hälfte matt ist, so daß der mit dem Mattieren verbundene Lichtverlust nicht zu groß wird. Mattierte Lampen werden heißer als Klarglaslampen, und sind daher etwas weniger haltbar.

178. Lampenträger. Die Anordnung der Lampenträger in den zu beleuchtenden Räumen und die Bauart der Lampenträger müssen den Eigenschaften der Lampen angepaßt werden. Da hochkerzige gasgefüllte Lampen für das Umsetzen der aufgenommenen Leistung in Licht wirtschaftlicher sind als schwache Lampen, so nimmt man für Allgemeinbeleuchtung besser eine hochkerzige Lampe (Halbwattlampe) statt mehrerer schwacher Lampen. Nur wenn durch zeitweises Benutzen einer kleineren Lampenzahl an Verbrauch gespart werden kann, wie es für die Beleuchtung in Wohnräumen zutrifft, sind Kronen mit mehreren Lampen zweckmäßiger.

Die Rohre der Lampenträger müssen innen frei von Grat und so weit sein, daß die Leitungen ohne Beschädigung eingezogen werden können. Dazu ist eine lichte Weite der Rohre von mindestens 6 mm erforderlich. Zur Schonung der Drahtisolierung führe man die Leitungen lose liegend an die Lampenträger heran und ziehe sie lose in deren Rohre ein.

Die Lampenträger müssen so aufgehängt weiden, daß sie sich nicht drehen lassen. Zum Aufhängen der Lampenträger dürfen die Leitungsdrähte nicht benutzt werden. Die Aufhängehaken für Lampenträger, die vom Fußboden aus erreichbar sind, biege man zu, um das sonst vorkommende Aushaken der Lampenträger zu verhindern. Bei Schnurpendeln muß die Tragschnur an der Aufhängestelle und an der Lampe derart befestigt werden, daß die Leitungen von Zug entlastet sind.

Für das Einziehen in enge Lampenträgerrohre sind die Fassungsadern (vgl. 217 II und 221 II) bestimmt.

Die Leitungsverbindungen in den Lampenträgern können durch Löten, Verschrauben der Kontakte oder gleichwertige Verbindungen hergestellt werden. Für die Leitungsabzweigungen nach den Lampenträgern dienen Abzweigklemmen auf isolierender Unterlage. Sie werden entweder an der Decke in Abzweigdosen (vgl. 223 b) untergebracht oder, ebenfalls eingekapselt, in die meist über den Lampenträgern befindlichen Teller eingelegt.

Beim Vorhandensein g e e r d e t e r Leiter empfiehlt es sich, auch die Lampenträger gut zu erden, einerseits zum Schutz gegen elektrische Schläge beim Berühren der Beleuchtungskörper, anderseits um das Durchschmelzen der Sicherungen bei Fehlern, die im isolierten Leitungspol auftreten, zu fördern. Sind die Metallteile der geerdeten Lampenträger gut leitend verbunden, so können sie zur Stromleitung benutzt werden, indem man die Lampenträger mit dem geerdeten Leiter und einem Fassungskontakt leitend verbindet. Bei Schraubfassungen wird dazu der Gewindekontakt genommen. Besser verwendet man Fassungen, deren einer Pol mit dem Lampenträger unmittelbar verbunden ist.

Erschütterungen ausgesetzte Lampen werden an federnden Drahtspiralen (Abb. 125) oder an Schnüren, die ebenfalls bei Erschütterungen dämpfend wirken, aufgehängt. Starre Verbindung der Lampen mit Aufhängestellen, die Erschütterungen ausgesetzt sind, sollte tunlichst vermieden werden. Das Lockern der Lampen in den Fassungen zufolge von Erschütterungen wird durch Sicherung der Schraubverbindung verhindert. Lampen, die durch Anstoßen zerbrochen werden können, schützt man durch Drahtkörbe oder durch starke Glasglocken. Die für feuchte Räume und Anwendung im Freien bestimmten Laternen müssen die Lampe nebst Fassung vor Tropfwasser schützen. Abb. 126 zeigt eine solche Laterne, bei der die Lampenfassung in

einen Porzellankopf eingelassen ist; die Leitungen
werden durch Einführungstrichter gezogen und vor
diesen bei *a* nach unten gebogen, so daß an den
Leitungen sich sammelndes Wasser abtropft. Sind
die Lampenfassungen durch Schirme oder sonstwie
genügend vor Feuchtigkeit geschützt, so können
bei den Lampen schwacher und mittlerer Leuchtkraft Schutzglocken entbehrt werden, wenn nicht
die Glocken zum Schutz der Lampen gegen Zer-
trümmern dienen sollen. Durch das Weglassen der
Glocken vermeidet man nicht nur Lichtverlust,
sondern erspart auch die Kosten für das Glocken-
reinigen. Die hochkerzigen Lampen (Halbwattlampen)
erfordern dagegen im Freien Schutzglocken oder,
ohne Schutzglocken, geeignet gebaute Schirme, um
das Springen des stark erhitzten Glaskörpers der

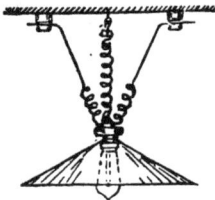

Abb. 125.   Abb. 126.

Lampe bei aufschlagendem Regen zu verhüten. Im
übrigen sind bei den hochkerzigen Lampen meistens
schon zur Erzielung geeigneter Lichtverteilung Überglocken notwendig. Sollen Räume beleuchtet werden,
in denen sich explosible Gase ansammeln oder fein
verteilter Staub der Luft beigemengt ist, wie z. B. in
Mahlmühlen und Spinnereien, so müssen die Lampen
nebst Fassung in starken Glasglocken untergebracht
werden. In staubfreien Räumen mit großen Temperaturschwankungen erhalten die Lampenglocken unten
eine Öffnung für das Abfließen des sich bildenden
Niederschlagwassers. Das Reinigen und Auswechseln
der Lampen in explosionsgefährlichen Räumen darf
nur nach dem Ausschalten des Stromkreises geschehen.
Weitergehende Vorsicht für die Beleuchtung
explosionsgefährlicher Räume besteht darin, daß man
die Lampen nebst Leitungen außerhalb der Räume
hinter dicken Glasscheiben anbringt.
Die Isolation jedes neu anzuschließenden Lam-
penträgers muß geprüft werden.

179. Handlampen mit den zugehörigen ortsveränderlichen Leitungen müssen in ihrer Bauart der jeweiligen Beanspruchung angepaßt sein. Man nehme sie in allen Teilen so stark, daß sie auch bei derber Behandlung keinen Schaden leiden. Vor allem gilt das für die zum Gebrauch in Warenlagern und Fabriken bestimmten Handlampen. Für diese Lampen wird ein kräftiger Handgriff aus Isolierstoff verlangt, an dem ein starker Schutzkorb für die Lampe nebst Fassung verläßlich befestigt ist. Alle spannungführenden Teile müssen der Berührung entzogen sein. Schaltfassungen sind unzulässig, dagegen dürfen nach Art der Dosenschalter kräftig gebaute, isolierend umschlossene Schalter in den Handlampenkörper eingesetzt sein.

Für die Leitungen verwende man beste, der auftretenden Beanspruchung ebenfalls angepaßte Isolierung (vgl. 217 III und 221 III). Besondere Sorgfalt schenke man dem Herstellen des Übergangs der Leitungsschnur zur Handlampe und zum Stecker (vgl. 225).

Handlampen für feuchte Räume und für das Benutzen im Freien werden am besten mit ungefährlich niedriger Spannung betrieben, die bei Wechselstrom mit Hilfe von Kleintransformatoren (vgl. 67) ohne großen Mehraufwand erzeugt werden kann.

Leitungen.

Leitungssysteme.

180. Zweileitersystem. Die Stromverbraucher, Lampen, Motoren usw., werden von zwei mit gleichbleibender Klemmenspannung gespeisten Leitungen P und N (Abb. 127) abgezweigt. Man unterscheidet Haupt- und Zweigleitungen: Hauptleitung ist der zur Aufnahme des gesamten Stromes

Abb. 127.

bestimmte Leitungsast, an den sich die zur Stromverteilung dienenden Äste, die Zweigleitungen, anschließen.

Ausgedehnte Leitungsnetze erhalten mehrere Verteilungspunkte k (Abb. 128), die durch die von den Sammelschienen S der Stromerzeugungsanlage ausgehenden Speiseleitungen H mit Strom versorgt werden. Die Verteilungspunkte k sind durch Ausgleich- und Stromverteilungsleitung V verbunden, an die die Stromzuführungen für einzelne Gebäude und weitere Stromverteilungsleitungen V' anschließen. Von den Ver-

teilungs- oder Speisepunkten *k* ausgehend, werden Prüfdrähte nach der Maschinenanlage zurückgeführt, die bei
Kabelnetzen in der Regel als gesondert isolierte
Drähte in den Kabeln enthalten sind. In der Stromerzeugungsanlage werden die Prüfdrähte mit einem
Umschalter verbun-
den, mit dem sie ein-
zeln oder parallel ge-
schaltet an einen
Spannungszeiger an-
gelegt werden. Die

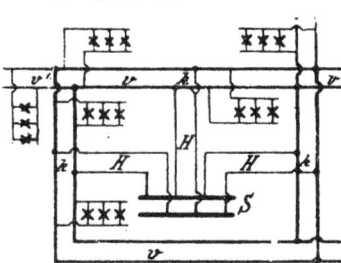

Abb. 128.

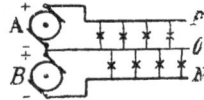

Abb. 129.

Spannungen an den Knotenpunkten lassen sich dadurch getrennt oder, beim Parallelschalten der Prüfdrähte, im Mittelwert messen (vgl. 116) und dementsprechend regeln.

Die Netzspannung im Zweileitersystem beträgt in
der Regel 110 oder 220 V.

181. Dreileitersystem. Das nur für Gleichstrom angewendete Dreileitersystem besteht in der Reihenschaltung zweier Zweileitersysteme, wobei die beiden
Außenleiter *P* und *N* (Abb. 129) die gleiche Rolle
spielen wie die Hauptleitungen *P* und *N* im Zweileitersystem (Abb. 127), während der Mittelleiter *O*
(Abb. 129) zum Ausgleich dient. Er führt Strom in
der einen oder anderen Richtung je nachdem die eine
oder andere Außenleiter, *P* oder *N*, mehr oder weniger
belastet ist. Der Mittelleiter kann daher auch die
Bezeichnung + — erhalten (vgl. Abb. 131). Durch
den Ausgleich im Mittelleiter läßt sich die Spannung auf
beiden Netzseiten angenähert gleich halten, auch
wenn sie ungleich belastet sind.

Unter sonst gleichen Verhältnissen ist die Klemmenspannung beim Dreileitersystem (zwischen den
Außenleitern *P* und *N*) doppelt so groß wie im
Zweileitersystem, während bei gleicher Lampenzahl
in beiden Systemen die Stromstärke beim Dreileitersystem nur halb so groß ist wie beim Zweileitersystem. Das Verdoppeln der Klemmenspannung
und gleichzeitige Vermindern der Stromstärke auf

die Hälfte bedingt, unter Annahme eines bei beiden
Systemen gleich großen prozentualen Spannungsverlustes, daß sich der Querschnitt der Außenleiter
annähernd auf den vierten Teil des Leiterquerschnittes
im Zweileitersystem ver-
mindert. Der Quer-
schnitt des Mittelleiters
wird für schwache Lei-
tungen zweckmäßig
gleich dem Querschnitt
der Außenleiter genom-
men; bei stärkeren
Außenleitern, von 50 mm²
Querschnitt und mehr,
genügt für den Mittel-
leiter der halbe Außen-
leiterquerschnitt. Die Er-
sparnis an Leitungs-
metall gegenüber dem

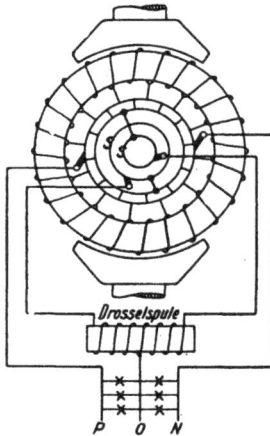

Abb. 130.

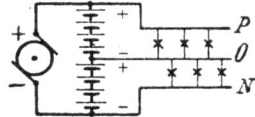

Abb. 131.

Zweileitersystem wird beim Dreileitersystem durch
das Hinzukommen der dritten Leitung und den damit
verbundenen Mehrbedarf an Isolierung teilweise aufgewogen. Im Einzelfalle muß daher durch Rechnung
ermittelt werden, welches System die geringeren Herstellungskosten erfordert.

Werden zum Versorgen eines Dreileitersystems ausnahmsweise Maschinen in Reihe geschaltet (vgl. Abb. 129),
so schaltet man die Reservemaschinen derart, daß
sich mit ihnen je nach Bedarf die eine oder andere
Seite des Dreileitersystems mit Strom versorgen läßt.

Sind die Maschinen für die Außenleiterspannung
gebaut und ist keine Akkumulatorenbatterie vorhanden, so können Drosselspulen als Spannungsteiler
benutzt werden. Die Maschine (Abb. 130) erhält
dann zwei Schleifringe S, deren Anschlüsse an den
Anker um die Polteilung versetzt sind. Die Schleifringbürsten werden mit der Drosselspule verbunden,
von deren Nullpunkt der Mittelleiter abgezweigt ist.

Am gebräuchlichsten für den Stromausgleich durch den Mittelleiter sind Akkumulatoren (Abb. 131), wobei die Maschinen für die Außenleiterspannung gebaut sind. Dabei darf die Batterie im Verhältnis zur Gesamtleistung der Anlage nicht zu klein sein. Zur Unterstützung einer kleinen Batterie kann man Ausgleichmaschinen (*M* Abb. 80) nehmen, die in der Regel mit einer Zusatzmaschine (*D* Abb. 80) gekuppelt werden.

Im Dreileitersystem mit mehr als 250 V Außenleiterspannung muß der Mittelleiter gut geerdet werden, wenn die Einrichtung als Niederspannungsanlage gelten soll (vgl. 6). Durch das Erden des Mittelleiters wird erreicht, daß die Spannung zwischen jeder beliebigen Leitung und Erde die halbe zwischen den Außenleitern bestehende Spannung nicht übersteigt und demnach Erdschluß nur unter Wirkung dieser Spannung auftritt. Das Erden des Mittelleiters geschieht, falls er nicht blank in die Erde verlegt wird (vgl. 182), am besten durch möglichst häufigen Anschluß an ein Wasserrohrnetz. Außerdem können Erdplatten verwendet werden. Das Erden ist in der Stromerzeugungsanlage und mindestens an den Anschlüssen der Speiseleitungen an das Verteilungsnetz notwendig.

Beim Verteilen der Lampen im Dreileitersystem muß man gleichmäßige Belastung zu beiden Seiten des Mittelleiters anstreben. Zu dem Zweck werden die mehr belasteten Netzteile im Dreileitersystem und die für geringe Lampenzahl bestimmten Zweigleitungen im Zweileitersystem ausgeführt. Die letzteren zweigt man abwechselnd von der einen und anderen Seite des Dreileitersystems ab. Der Mittelleiter wird zwischen den beiden Außenleitern verlegt. Beim Anschluß an Straßenkabelnetze führt man, selbst wenn infolge geringer Lampenzahl ein Abzweigen von einem der Außenleiter und dem Mittelleiter zulässig wäre, häufig auch den zweiten Außenleiter in das Gebäude ein. Das gibt die Möglichkeit, die Lampengruppen je nach der übrigen Stromverteilung auf die eine oder andere Netzseite schalten zu können. Die Netzspannung im Dreileitersystem beträgt in der Regel $2 \cdot 110$ oder $2 \cdot 220$ V.

182. Dreileiteranlagen mit blankem Mittelleiter. Aus Sparsamkeitsrücksichten wird der Mittelleiter von Gleichstromkabelnetzen häufig als nicht isolierter Draht, in die Erde gelegt. Ein gut geerdeter Mittelleiter kann im Innern trockener Gebäude als blanker Draht weitergeführt werden.

Der blanke Leiter wird nur für die im Dreileitersystem angeordneten Leitungen oder auch für die Zweileiterabzweige bis zu den Lampen verwendet. Sind Zweileiterabzweigungen zum Umschalten auf beide Seiten des Dreileitersystems eingerichtet, so muß der blanke Leiter mit dem Mittelleiter verbunden bleiben. Als blanke Leiter dienen, soweit nicht Ersatzmetall verwendet wird, verzinnte und nicht verzinnte Kupferdrähte; ihr Querschnitt darf wegen erforderlicher mechanischer Festigkeit nicht unter 4 mm² betragen. Die blanken Drähte müssen vor mechanischer und chemischer Beschädigung geschützt werden, auch achte man darauf, daß durch etwaige Erwärmung der Drähte keine Schäden entstehen können. Am einfachsten werden verzinnte Kupferdrähte mit verzinnten Krampen an den Wänden und Decken befestigt, wobei man des besseren Aussehens wegen häufig für den blanken Draht einen anderen Weg wählt als für den isolierten. Lötstellen müssen von der Wand isoliert werden, um sie vor chemischer Zersetzung zu schützen. Das Verlegen der Drähte auf feuchte Wände und frischen Mauerputz vermeide man. In Mauerdurchbohrungen müssen auch für das Durchziehen der blanken Drähte Rohre genommen werden. Würde der blanke Draht ohne diese Vorsicht durch die Mauer gezogen, so ließe sich eine etwaige Beschädigung nicht vor der vollständigen Zerstörung des Drahtes feststellen.

Leitungsschutzrohre und die Metallmäntel der Rohr- und Manteldrähte können bei genügendem Querschnitt als geerdete Leiter benutzt werden (vgl. 230 u. 231).

Im blanken Leiter dürfen sich weder Sicherungen noch Schalter befinden, weil er durch das Ausschalten auf die Außenleiterspannung gebracht werden kann und dann gefährliche elektrische Spannungen in den blanken Leitern entstehen.

183. Drehstromsystem (vgl. 23). Die Motoren werden an alle drei, die Lampen abwechselnd an zwei Zweige angeschlossen (vgl. Abb. 55). Im allgemeinen gelten hier die für das Dreileitersystem gegebenen Regeln (vgl. 181). Vor allem achte man auf gleichmäßiges Belasten der drei Stromkreise. Bei Stromabgabe für Lampen in einzelnen Gebäuden werden, wenn wenige Lampen verlangt sind, nur zwei Zweigleitungen eingeführt. Für größere Lampenzahl führt man alle drei Leitungen ein und zweigt von den Schalttafeln drei Stromkreise ab. Die Lampen verteilt man dann so, daß in jedem Stockwerk und in

größeren Räumen an alle drei Zweige angeschlossene
Lampen vorhanden sind und demnach bei Störungen
in einem Leitungszweig nicht alle Lampen erlöschen.

184. Drehstrom-Vierleiterschaltung mit geerdetem
vierten Leiter (Abb. 56) ist für eine Netzspannung
zwischen den drei Phasenleitungen von 380 V und
folglich zwischen jeder der Phasenleitungen und dem
vierten Leiter von $\frac{380}{1,73}$ = rd. 220 V am gebräuchlichsten. Die Motoren, zwischen die drei Phasenleitungen
geschaltet, werden mit 380 V, die Lampen zwischen
einer der Phasenleitungen und dem Nulleiter mit
220 V betrieben.

In den Verteilungsanlagen wird der Nulleiter am
besten isoliert verlegt. Sicherungen in den Abzweigen
vom geerdeten Nulleiter bleiben weg, einpolige Schalter
müssen in die Abzweige von den Phasenleitungen gelegt werden.

An allen Stellen, denen mit der Erde in Verbindung
stehende leitende Teile nahe liegen (elektrisch betrie-
bene Kücheneinrichtungen mit Wasserleitungen u. dgl.)
oder an denen der Fußboden leitet (Fließenbelag),
sorge man für verläßlichsten Erdungsschutz (vgl. 150).

Berechnen der Leitungen.

185. Widerstand der Leitungen. Der spezifische
Widerstand, gleich dem Widerstand in Ohm bei 1 m
Länge und 1 mm² Querschnitt des Leiters, beträgt für:

        Kupfer . . .   0,0178 (vgl. Tabelle S. 210)
        Aluminium . . 0,0306
        Elektron . .   0,046
        Zink   0,0625
        Eisen 0,143

Setzt man die Leitfähigkeit (vgl. 17)
    für Kupfer gleich 1,
so ist in runden Zahlen die Leitfähigkeit
    für Aluminium gleich . . . . $^1/_2$,
    » Elektron   »   . . . . $^1/_3$,
    » Zink   »   . . . . $^1/_4$,
    » Eisen   »   . . . . $^1/_8$.

Will man mit Hilfe der in der Tabelle (S. 210) angegebenen Gewichte für Kupferleitungen die Gewichte
gleichstarker Leitungen aus Ersatzmetall berechnen, so
wird der Gewichtswert für Kupfer mit dem spezifischen
Gewicht des Ersatzmetalls multipliziert und mit dem
spezifischen Gewicht des Kupfers (8,89) dividiert.
Die spezifischen Gewichte der Ersatzmetalle betragen

in runden Zahlen für Aluminium 2,7, Elektron 1,8,
Zink 7,2 und Eisen 7,7.

Elektron ist eine Magnesia-Aluminiumlegierung.
Es wird von der Fabrik in Griesheim in Form von
Flachschienen, Rundstangen, Bändern, Blechen usw.
geliefert.

Widerstand und Gewicht der Kupferleitungen.

Spezifischer Widerstand = 0,0178. Spez. Gewicht = 8,89.

q Querschnitt mm²	d Durchmesser mm	R Widerstand bei 100 m Länge Ohm	G Gewicht auf 100 m kg
0,5	0,8 [1])	3,57	0,445
0,75	1	2,38	0,666
1	1,1	1,78	0,889
1,5	1,4	1,19	1,33
2,5	1,8	0,71	2,22
4	2,3	0,45	3,56
6	2,8	0,30	5,33
10	3,6	0,18	8,89
16	4,5	0,11	14,2
25	5,6	0,071	22,2
35	6,7	0,051	31,1
50	8,0	0,036	44,5
70	10,9 [2])	0,026	62,2
95	12,6	0,019	84,5
120	14,5	0,015	106,8
150	15,8	0,012	133,2
185	17,6	0,0097	164,4
240	20,4	0,0074	211,5
310	22,8	0,0058	275,5
400	26,3	0,0045	355,5
500	29,4	0,0036	444,5
625	32,9	0,0029	555,0
800	37,2	0,0022	711,0
1000	41,6	0,0018	889,0

186. Grundsätze für die Querschnittsbestimmung. Die
Leitungsquerschnitte müssen so bemessen werden, daß
die Strombelastung eine ins Gewicht fallende
Erwärmung der Leitungen nicht verursacht,
die mechanische Festigkeit der Leitungen
den jeweiligen Anforderungen genügt,
der Spannungsverlust in den Leitungen eine
gegebene Grenze nicht überschreitet.

a) Strombelastung. Bei der Querschnitts-
wahl in Rücksicht auf die Erwärmung durch den
Strom beachte man, daß sich dicke Leitungen bei
gleichem Strom auf 1 mm² des Querschnitts mehr er-

---

[1]) Durchmesser des massiven Drahtes. — [2]) Angenäherter
Durchmesser der von hier ab meist verwendeten Drahtlitzen.

wärmen als dünne Leitungen. Der zulässige Höchststrom ist daher für dicke Leitungen verhältnismäßig niedriger als für dünne Leitungen.

Die höchstens zulässigen dauernden Strombelastungen für isolierte Kupferleitungen und nicht unterirdisch verlegte Kabel aus Leitungskupfer sind in der nachstehenden Tabelle unter I angegeben.

Höchste dauernd zulässige Strombelastungen und Nennstromstärken der zugehörigen Schmelzsicherungen für isolierte Leitungen aus:

Querschnitte der Leitungen	Kupfer		Aluminium		Zink		Eisen	
	I.	II.	I.	II.	I.	II.	I.	II.
	Dauernd zulässige Stromstärke	Nennstromstärke der Schmelzsicher.	Dauernd zulässige Stromstärke	Nennstromstärke der Schmelzsicher.	Dauernd zulässige Stromstärke	Nennstromstärke der Schmelzsicher.	Dauernd zulässige Stromstärke	Nennstromstärke der Schmelzsicher.
mm²	Ampere							
0,5	7,5	6						
0,75	9	6						
1,0	11	6	8	6				
1,5	14	10	11	6	9	6		
2,5	20	15	16	10	11	8	8	6
4	25	20	20	15	13	10	10	6
6	31	25	24	20	16	10	12	10
10	43	35	34	25	23	20	17	15
16	75	60	60	35	40	35	30	25
25	100	80	80	60	52	35		
35	125	100	100	80	65	60		
50	160	125	125	100	83	60		
70	200	160	155	125	105	80		
95	240	200	190	160	125	100		
120	280	225	220	200	145	125		
150	325	260	255	225	170	125		
185	280	300						
240	450	350						
310	540	430						
400	640	500						
500	760	600						
625	880	700						
800	1050	850						
1000	1250	1000						

Unter II sind die Nennstromstärken der für die Leitungsquerschnitte zulässigen stärksten Schmelzsicherungen (vgl. 128 b) verzeichnet. Diese Stromstärken sind niedriger als die für Dauerbelastung der Leitungen unter I angegebenen Stromstärken, weil die üblichen Sicherungen bis zum $1^1/_4$fachen Nennstrom dauernd tragen können, bevor sie durchschmelzen.

Beim Anschließen von Stromverbrauchern, die wie Bogenlampen und Motoren kurzzeitige Stromstöße verursachen, muß die zugehörige Sicherung so bemessen werden, daß sie mindestens das $1\frac{1}{2}$fache des regelrechten Stromes der Stromverbraucher tragen kann. Der Leitungsquerschnitt muß mindestens so groß sein, daß er durch die Sicherung vor Überhitzung geschützt wird.

B l a n k e , in Gebäuden verlegte Kupferleitungen können bis 50 mm² Querschnitt nach den Angaben in der Tabelle belastet werden. Bei Querschnitten über 50 und unter 1000 mm² sind Belastungen bis 2 A auf 1 mm² zulässig. Ferner dürfen alle Freileitungen über die in der Tabelle unter I angegebenen Werte hinaus belastet werden.

Sammelschienen für Gleichstrom-Schaltanlagen sollten in der Regel nicht über 2—3 W auf 1 dm² ihrer Oberfläche belastet werden. Für Wechselstrom muß die Belastung wegen der Stromverdrängung von den inneren Schichten nach der Oberfläche des Leiters (Hautwirkung) niedriger genommen werden.

Für sehr hohe Spannungen, 60 000 V und darüber, sollen dünne Leitungen, etwa unter 16 mm² Querschnitt, der Strahlungsverluste wegen nicht benutzt werden. In Innenräumen verwendet man für so hohe Spannungen zweckmäßig Rohre zur Stromleitung unter Vermeidung scharfer Kanten und Spitzen.

b) M e c h a n i s c h e F e s t i g k e i t . Für isolierte Kupferleitungen, wenn sie in Rohr und auf Isolierkörpern (Abstand der letzteren nicht über 1 m) verlegt werden, ist der zulässig kleinste Querschnitt 1 mm². An und in Lampenträgern kann der Querschnitt bis auf 0,5 mm² verringert werden. Bei Leitungsschnüren für ortsveränderliche Stromverbraucher soll jede Drahtlitze nicht unter 1 mm² und bei einzelnen beweglichen Drahtlitzen nicht unter 2,5 mm² Querschnitt haben.

Blanke Kupferleitungen in Gebäuden sowie isolierte Leitungen in Gebäuden und im Freien, bei denen die

Befestigungspunkte mehr als 1 m Abstand haben, dürfen nicht unter 4 mm², Freileitungen nicht unter 10 mm² genommen werden.

c) Spannungsverlust. Der Spannungsverlust in den zum Anschluß von Lampen, Motoren usw. nicht bestimmten Speiseleitungen wird den jeweiligen Umständen entsprechend, selten höher als 10% der Netzspannung genommen. Dabei ist vorausgesetzt, daß die Spannung an den Speisepunkten angenähert gleichbleibend gehalten wird.

Im Stromverteilungsnetz darf der Spannungsverlust 2—3% der Netzspannung nicht übersteigen, wenn die Lampen nicht zu große Unterschiede in der Lichtstärke aufweisen sollen. Z. B. darf bei 110 V Spannung, wenn sämtliche Lampen eingeschaltet sind, der Unterschied zwischen den Spannungen an den am weitesten voneinander entfernten Stromentnahmestellen 3 V nicht übersteigen. Als Stromentnahmestellen für parallel geschaltete Bogenlampen (vgl. 159) gelten dabei die Abzweigpunkte der Leitungen für eine Lampe oder mehrere in Reihe geschaltete Lampen. In den Bogenlampenzuleitungen selbst, d. h. von den Abzweigstellen aus gerechnet, ist höherer Spannungsverlust zulässig, da hier den Lampen ohnedies Widerstand vorgeschaltet wird; demnach kann bei 110 V Netzspannung und bei zwei in Reihe geschalteten Gleichstromlampen, die zusammen 2 · 45 = 90 V Klemmenspannung erfordern, der Verlust in den Zuleitungen, einschließlich des Vorschaltwiderstandes, 110 — 90 = 20 V betragen. Auch in die Anschlußleitungen für Motoren darf etwas größerer Verlust gelegt werden als für Glühlampen, doch sollte damit nicht zu weit gegangen werden; durch zu großen Spannungsverlust in den Zuleitungen würden die Zugkraft und die Leistung der Motoren erheblich vermindert. Das Belasten der Leitungen über die unter a) und b) angegebenen Grenzen hinaus ist unzulässig.

Leitungen aus Ersatzmetall müssen der geringeren Leitfähigkeit (vgl. 185 Abs. 2) entsprechend mit größerem Querschnitt genommen werden, wenn gleicher Spannungsverlust wie bei Kupfer erzielt werden soll. Eine Aluminiumleitung muß dann den doppelten Querschnitt erhalten, eine Zinkleitung den vierfachen und eine Eisenleitung den achtfachen. Trotzdem kann man in nicht ausgedehnten Leitungsanlagen, bei denen unter Verwendung von Kupfer meist sehr geringe Spannungsverluste auftreten, noch mit Querschnitten von Ersatzleitungen auskommen, die zum Verlegen der Leitungen nicht zu groß sind, wenn man einen etwas höheren Spannungsverlust zuläßt, als sonst üblich ist. Die Leitungen müssen mindestens so stark bemessen werden, daß die in der Tabelle angegebenen höchsten Strombelastungen nicht überschritten werden.

187. Berechnen der Leitungen. Der zulässige Spannungsverlust in den zu den Stromverbrauchern, den Lampen, Motoren usw., führenden Leitungen bedingt meist g r ö ß e r e Drahtquerschnitte, als zum Verhüten übermäßiger Stromwärme (186a) und zur Erlangung genügender mechanischer Festigkeit (186 b) notwendig ist. Die Leitungsquerschnitte, soweit sie über die durch Erwärmung und Festigkeit der Leitungen gesteckten Grenzen hinausgehen müssen, ermittelt man durch Rechnung. Die dazu notwendigen Formeln sind für Kupferleitungen in der Tabelle A zusammengestellt. Für Leitungsnetze mit Phasenverschiebung ergeben die Formeln Näherungswerte, die für das Berechnen der kleinen Spannungsverluste in den Hausleitungen ausreichen; über die Bedeutung des in die Formeln eingeführten Wertes »cos φ« vgl. 12.

Zu Tabelle A.

Gleichstrom und Einphasenstrom

Drehstrom

Zu Tabelle B.

Zum Berechnen der Stromstärke, Spannung und Leistungsaufnahme an Widerständen, induktionsfrei (Anlaß- und Regulierwiderstände) und induktiv (Drosselspulen), für Gleich- und Wechselstrom dienen die Formeln der Tabelle B auf Grund der folgenden Leitungsschaltbilder.

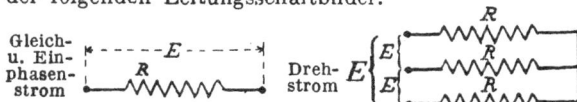

Tabelle A.

	I	II	III
	Spannungs-Unterschied (Verlust) zwischen Anfang und Ende der Leitungen	Mindestquerschn. q in mm² für Kupferleiter bei gegebenem höchstzulässigen Spannungsverlust „E_1-E_2"	Prozentsatz „p" des Leistungsverlustes in den Leitungen
Gleichstrom Einphasenstrom	$E_1-E_2 = I \cdot 2 R$	$q = \dfrac{I \cdot l}{30 (E_1 - E_2)}$	$q = \dfrac{I \cdot l}{0{,}3 \cdot p \cdot E_1}$
a) induktionsfreier Stromkreis . . .	$E_1-E_2 = I \cdot 2 R$	$q = \dfrac{I \cdot l}{30 (E_1-E_2)}$	$q = \dfrac{I \cdot l}{0{,}3 \cdot p \cdot E_1}$
b) induktiver Stromkreis .	$E_1-E_2 = I \cdot 2 R \cdot \cos \varphi$	$q = \dfrac{I \cdot l \cdot \cos \varphi}{30 (E_1-E_2)}$	$q = \dfrac{I \cdot l}{0{,}3 \cdot p \cdot E_1 \cdot \cos \varphi}$
Drehstrom a) induktionsfreier Stromkreis . . .	$E_1-E_2 = I \cdot R \cdot 1{,}73$	$q = \dfrac{I \cdot l \cdot 1{,}73}{60 (E_1-E_2)}$	$q = \dfrac{I \cdot l \cdot 1{,}73}{0{,}6 \cdot p \cdot E_1}$
b) induktiver Stromkreis .	$E_1-E_2 = I \cdot R \cdot 1{,}73 \cdot \cos \varphi$	$q = \dfrac{I \cdot l \cdot 1{,}73 \cdot \cos \varphi}{60 (E_1-E_2)}$	$q = \dfrac{I \cdot l \cdot 1{,}73}{0{,}6 \cdot p \cdot E_1 \cdot \cos \varphi}$

Tabelle B.

	Stromstärke	Spannung	Elektr. Leistung
1. Gleichstrom .	$I = \dfrac{E}{R}$	$E = I \cdot R$	$L = E \cdot I$
2. Einphasenstrom a) induktionsfreier Stromkreis . . .	$I = \dfrac{E}{R}$	$E = I \cdot R$	$L = E \cdot I$
b) induktiver Stromkreis .	$I = \dfrac{E \cdot \cos \varphi}{R}$	$E = \dfrac{I \cdot R}{\cos \varphi}$	$L = E \cdot I \cdot \cos \varphi$
3. Drehstrom a) induktionsfreier Stromkreis . . .	$I = \dfrac{E}{R \cdot 1{,}73}$	$E = I \cdot R \cdot 1.73$	$L = E \cdot I \cdot 1{,}73$
b) induktiver Stromkreis .	$I = \dfrac{E \cdot \cos \varphi}{R \cdot 1{,}73}$	$E = \dfrac{I \cdot R \cdot 1{,}73}{\cos \varphi}$	$L = E \cdot I \cdot 1{,}73 \cdot \cos \varphi$

$I =$ Strom in jeder Leitung, $E =$ Spannung, $R =$ Widerstand einer Leitung.

188. Beispiele für das Berechnen von Kupferleitungen. Von den Drehstromleitungen $r\,s\,t$ (Abb. 132) mit der Spannung $E_1 = 120$ V seien ein 7 kW (10 PS) Elektromotor und drei Lichtleitungen abgezweigt.

a) Die Leitungen für den Motor sollen behufs Erlangung genügender Zugkraft derart bemessen werden, daß die Spannung nicht unter 115 V sinkt. Der zulässige Spannungsverlust in den Leitungen ist demnach $E_1 - E_2 = 120 - 115 = 5$ V. Die Stromstärke des Motors, abgelesen am Leistungsschild, sei $I = 40$ A.

Der Mindestquerschnitt für die zum Motor führenden Leitungen ergibt sich, bei der Länge einer Leitung $l = 50$ m und unter Annahmen des Leistungsfaktors $\cos \varphi = 0,8$ (ein niedrig gewählter Wert) nach der Formel in Tabelle A unter II

$$q = \frac{I \cdot l \cdot 1,73 \cdot \cos\varphi}{60 \ (E_1 - E_2)} = \frac{40 \cdot 50 \cdot 1,73 \cdot 0,8}{60 \cdot 5} = \text{rd. } 9 \text{ mm}^2.$$

Zur Verfügung steht nach der Tabelle auf S. 211 $q = 10$ mm². Dieser Querschnitt genügt bis zu 43 A. Muß für den Motoranlauf mit erhöhter Stromstärke gerechnet werden, etwa mit der $1\frac{1}{2}$ fachen, so ergibt die Formel den Querschnitt $q = $ rd. 14 mm² und die Tabelle den zu wählenden nächst größeren Querschnitt $q = 16$ mm². Letzterer Querschnitt kann bis 75 A belastet werden.

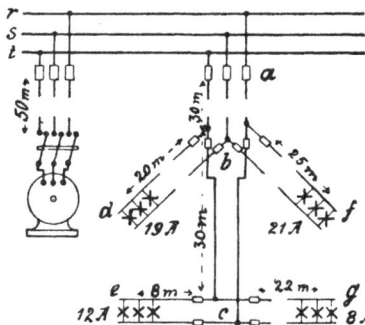

Abb. 132.

Ist statt obiger Annahme eines bestimmten Spannungsverlustes verlangt, daß der Wirkungsgrad durch den Verlust in den Leitungen um höchstens 6% verschlechtert werde, so rechnet man nach der zugehörigen Formel in Tabelle A unter III, indem $p = 6$ in Ansatz kommt:

$$q = \frac{I \cdot l \cdot 1,73}{0,6 \cdot p \cdot E_1 \cdot \cos\varphi} = \frac{40 \cdot 50 \cdot 1,73}{0,6 \cdot 6 \cdot 120 \cdot 0,8} = \text{rd. } 10 \text{ mm}^2.$$

b) Die Lichtleitungen seien auf der Strecke $a\,b$ als Drehstromleitungen gelegt. Von da ab sind Zweileiter abgezweigt, die belastet seien mit 19, 20 und 21 A, im Durchschnitt sonach mit 20 A. Der Strom in jeder der Drehstromleitungen ist daher im Mittel

$$20 \cdot 1,73 = \text{rd. } 35 \text{ A.}$$

Der bis zu den Lampen zulässige gesamte Spannungsverlust betrage 2 V, davon sei die Hälfte, also 1 V, für die 30 m langen Drehstromleitungen ab gerechnet. Ihr Querschnitt ergibt sich nach der Formel in Tabelle A unter II

$$q = \frac{I \cdot l \cdot 1{,}73}{60 \ (E_1 - E_2)} = \frac{35 \cdot 30 \cdot 1{,}73}{60 \cdot 1} = \text{rd. } 30 \text{ mm}^2$$

nach der Tabelle auf S. 211 ist der nächst verfügbare größere Querschnitt zu nehmen

$$q = 35 \text{ mm}^2.$$

Bei diesem größeren Querschnitt ist der Spannungsverlust nicht 1 V, sondern im Verhältnis der Querschnitte kleiner

$$\text{Strecke } ab : E_1 - E_2 = 1 \cdot \frac{30}{35} = \text{rd. } 0{,}9 \text{ V.}$$

Als Verlust in den Zweileiterzweigen (Einphasenleitungen) sind noch verfügbar

$$2 - 0{,}9 = 1{,}1 \text{ V.}$$

Die Zweigleitung bd, die 19 A führt, sei 20 m lang, daher

$$q = \frac{I \cdot l}{30 \ (E_1 - E_2)} = \frac{19 \cdot 20}{30 \cdot 1{,}1} = \text{rd. } 11 \text{ mm}^2;$$

nach der Tabelle auf S. 211 sind zu nehmen 16 mm². Der Spannungsverlust ist zufolge des letzteren größeren Querschnitts geringer, er beträgt für

$$\text{Strecke } b \ d : 1{,}1 \cdot \frac{11}{16} = \text{rd. } 0{,}8 \text{ V.}$$

Der Verlust in den Drehstromleitungen und Einphasenleitungen zusammen beträgt, wenn alle Lampen im Betrieb sind, für die

$$\text{Strecken } ab \text{ und } bd : 0{,}9 + 0{,}8 = 1{,}7 \text{ V.}$$

Gleicherweise wird der Querschnitt für die Leitungsstrecke bf berechnet.

Die Leitungsstrecke bc von 30 m Länge führt 20 A, die anschließende Zweigstrecke ce sei 8 m lang und führe 12 A, die Zweigstrecke cg von 22 m Länge führe 8 A. Für die Strecke bc sei die Hälfte des verfügbaren Spannungsverlustes „$\frac{1{,}1}{2} = \text{rd. } 0{,}6 \text{ V}$" gerechnet. Für die Zweigstrecken ce und cg bleiben sonach 1,1 — 0,6 = 0,5 V.

$$\text{Strecke } b \ c : \frac{I \cdot l}{30 \ (E_1 - E_2)} = \frac{20 \cdot 30}{30 \cdot 0{,}6} = \text{rd. } 33 \text{ mm}^2;$$

nach der Tabelle ist zu nehmen $q = 35$ mm², der tatsächliche Spannungsverlust beträgt daher für

$$\text{Strecke } bc : 0,6 \cdot \frac{33}{35} = 0,56 \text{ V.}$$

Für die Strecke ce ergibt sich nach der gleichen Formel, bei oben genanntem Spannungsverlust von 0,5 V, der Leitungsquerschnitt

$$q = \frac{12 \cdot 8}{30 \cdot 0,5} = \text{rd. 6 mm}^2$$

$$\text{und für } cg : q = \frac{8 \cdot 22}{30 \cdot 0,5} = \text{rd. 12 mm}^2.$$

In letzterem Falle ist nach der Tabelle auf S. 211 zu nehmen $q = 16$ mm², so daß der tatsächliche Spannungsverlust beträgt für

$$\text{Strecke } cg : 0,5 \cdot \frac{12}{16} = 0,37 \text{ V.}$$

Der Gesamtverlust für die von der Anschlußstelle a entferntesten Lampen setzt sich sonach zusammen aus den Verlusten auf den Strecken

$$ab, \ bc \text{ und } cg : 0,9 + 0,56 + 0,37 = 1,83 \text{ V.}$$

Verbinden der Leitungen.

Die nachstehenden Anleitungen für die Ausführung der Leitungsverbindungen werden ergänzt durch die Angaben über die Bauart der Verbindungen, Klemmen usw. für Freileitungen unter 198 und für Anlagen in Gebäuden unter 223 und 224.

189. Löten wird angewendet zum Verbinden der Leitungen untereinander und mit den zum Anschluß an Maschinen und Einrichtungsteile dienenden Kabelschuhen. Durch das Löten soll gute metallische, gegen Oxydation schützende Verbindung erzielt werden. Das Lot muß alle Drahtlagen der Verbindungsstellen durchdringen und jeden Draht mit einer dünnen Lotschicht überziehen. Vor dem Löten müssen die zu verbindenden Stellen metallisch rein gemacht werden.

Zum Löten dient im allgemeinen Weichlot, bestehend aus einer Legierung von Zinn und Blei, oder, wenn an Zinn gespart werden soll, aus 10 % Zinn, 10 % Kadmium und 80 % Blei. Als Flußmittel beim Löten verwendet man in Spiritus aufgelöstes Kolophonium oder Borax. Stark saure Lötmittel, z. B. Salzsäure sind verwerflich, weil die Drähte durch die Säure zerfressen werden. Lötpasten, wie Fludor und Tinol, enthalten Lot und Flußmittel in sich vereint.

Die Verbindungsstelle wird nach dem Auftragen des Flußmittels unter gleichzeitigem Aufbringen von Lot mit der Lötlampe oder dem Lötkolben erwärmt, oder man taucht die Verbindungsstelle in flüssig gemachtes Lot. Benutzt man eine das Lot enthaltende Paste, so erübrigt sich gesondertes Aufbringen von Flußmitteln. Der erhitzte Lötkolben wird mit Salmiak gereinigt, damit das Lot haftet. Die fertige Lötstelle muß gründlich gereinigt werden.

Bei schwachen Leitungsquerschnitten, beim Verlöten der dünnen Drähtchen der Litzenenden untereinander, muß vorsichtig verfahren werden, um die Drähte nicht zu beschädigen. Das von Isolation befreite, blank gemachte Litzenende wird nach dem Auftragen des Flußmittels in flüssig gemachtes Lot getaucht oder zum Verschmelzen mit dem Lot durch eine kleine Spiritusflamme angewärmt. Dabei achte man darauf, daß weder das Zinnbad zu sehr erhitzt wird (nicht über 200° C) noch Lötlampen mit großen Stichflammen verwendet werden. Andernfalls verlieren die Kupferdrähte durch Sprödewerden ihre Festigkeit.

Die Enden starker Drahtlitzen werden in Kabelschuhe eingelötet. Einem dabei möglichen Verbrennen benachbarter Isolierung wird vorgebeugt, indem man sie in erforderlicher Länge vom Litzenende ablöst. Das Ablösen der Isolierung geschieht durch Schaben mit dem Messer; fehlerhaft wäre es, das durch einen um den Drahtumfang geführten Schnitt zu bewirken, weil dabei der Draht selbst beschädigt und eine für Drahtbruch gefährliche Stelle geschaffen werden kann. Nach dem Löten und gründlichen Reinigen der Lötstelle werden die dabei etwa beschädigten Teile der Drahtisolierung beseitigt. Hierauf wird das Litzenende bis zum Kabelschuh mit neuer Isolierung versehen (vgl. 224).

Bei starken, mit hohen Stromstärken belasteten Leitungen können sich die Kabelschuhe infolge mangelhafter Kontaktverschraubung übermäßig erwärmen. Daher muß großer Wert auf nicht zu leicht flüssiges Lot gelegt werden.

190. Schraubklemmen. Die in Schraubklemmen einzulegenden Drahtenden müssen von Isolation befreit und gut gereinigt sein. Zum Herbeiführen guten Kontaktes sollen die Drahtenden von den Klemmen möglichst vollständig umfaßt werden. Für schwache Leitungen werden meistens Klemmen verwendet, in denen das in eine Bohrung eingeschobene Drahtende mit einer Druckschraube festgehalten wird. Dabei

achte man darauf, daß der Draht die Bohrung ausfüllt und nicht durch zu kräftiges Anziehen der
Schraube abgepreßt wird. Die Enden schwacher
Drahtlitzen müssen untereinander verlötet werden,
ehe man sie in die Klemme einführt. Beim Verbinden
von Leiterschienen müssen die Anschlußstellen eben-
flächig und blank gemacht werden. Das muß vor
allem auch geschehen, wenn sich die Verbindungsstellen
im Betriebe erwärmen.

**191. Verbinden der Leitungen aus Ersatzmetall
untereinander und mit Kupferleitungen.** Die geringe
Leitfähigkeit der Ersatzmetalle (Aluminium, Zink,
Eisen) im Vergleich zu Kupfer erfordert an den Verbindungsstellen große Kontaktflächen. An den Kontakten verschiedenartiger Metalle ist zum Hintanhalten elektrolytischer Zerstörung Schutz gegen Feuchtigkeit notwendig. Im übrigen beachte man beim
Herstellen von Kontaktkuppelungen die nachbezeichneten Eigenschaften der Metalle:

Aluminiumleitungen verbindet man vorwiegend durch Schraubkontakte, die wegen Oxydierens
des Aluminiums an der Luft vorausgehendes gründliches Reinigen der Kontaktflächen und, nach dem
Herstellen der Verbindung, Lackanstrich zum Hintanhalten von Luft- und Feuchtigkeitszutritt erfordern.
Das zum Verbinden von Aluminiumleitungen außerdem eingeführte Schweißverfahren erfordert gut ausgebildete Monteure.

Elektronleitungen, die ähnliche Eigenschaften haben wie Aluminiumleitungen, werden durch
Schraubkontakt verbunden.

Zink wird durch starkes Erhitzen brüchig, so daß
Lötverbindungen mit großer Vorsicht hergestellt werden
müssen. An Nietverbindungen kann der Kontakt
durch Lotgeben gesichert werden, dabei sollte aber
jedes Überhitzen des Zinks vermieden werden. Kontaktflächen macht man vor dem Verbinden mittels
Schaber blank und paßt sie gut auf. Vor dem Vernieten
oder Verschrauben sollten die Flächen zum Hintanhalten von Oxydation verzinnt werden, am besten
mit fertigem Lötmittel (Tinol od. dgl.). Zinnfolie
zwischen die zu verschraubenden Kontaktflächen
zu legen, wäre wegen der Erhöhung des Übergangs-
widerstandes verfehlt. Beim Herstellen der Kontaktverschraubung berücksichtige man die geringe Druck-
festigkeit des Zinks; am besten verwendet man an
den Kontaktverschraubungen federnde Zwischenlagen.

Häufiges Nachprüfen der Kontaktflächen auf Erwärmung und etwa erforderliches Nachziehen der Verschraubung ist dringend geboten. Zum Abtasten von spannungführenden Kontakten kann man Paraffinstreifen verwenden und durch ihr Schmelzen übermäßige Erwärmung feststellen.

Verzinkte Eisenleiter müssen sorgsam behandelt werden, damit die Verzinkung nicht beschädigt und dadurch Rostbildung hintangehalten wird.

a) Im Freien handelt es sich vornehmlich um das Verbinden verzinkter Eisenleiter untereinander und mit Kupferleitern. Das Verbinden massiver Eisenleiter untereinander und mit Kupferleitern geschieht durch Verlöten eines mit verzinktem Eisendraht hergestellten Drahtbundes (Abb. 144), wobei die Kupplung 7—10 cm lang genommen wird, oder mit Hilfe von Löt- oder Würghülsen aus verzinktem Eisen. Die Hülsen müssen dem Durchmesser der zu verbindenden Leitungen gut angepaßt sein. Zum Kuppeln von Leitungsseilen dienen Nietverbinder (Abb.145), Konusverbinder oder Abzweigklemmen. Der Konusverbinder besteht aus zwei durch Klemmschrauben verbundenen Kontaktklötzen mit konischen Bohrungen, in denen die Enden der Leitungsseile mit Hilfe eiserner Keile verspreizt und dann verlötet werden. Eine Abzweigklemme, die ebenfalls aus verzinktem Eisen bestehen muß, ist in Abb. 147 dargestellt.

Beim Verbinden von verzinkten Eisenleitern mit Kupferleitern müssen die Verbindungsstellen zum Hintanhalten elektrolytischer Zerstörung luft- und wasserdicht abgeschlossen werden, am besten durch Umgießen der Verbindungsstelle mit Isoliermasse in geeigneter Schutzhülle oder durch Auftragen von Cellonlack. Beim Abdichten von Abzweigklemmen (Abb. 147) mit Cellonlack füllt man die Fugen zwischen den Kontaktplatten mit dazu geeignetem Kitt aus; auf ölhaltigem Kitt haftet Cellonlack nicht. Verwendet man Farbanstrich, der im Freien wenig haltbar ist, so muß in geeigneten Zeitabschnitten für Erneuern des Anstrichs gesorgt werden.

b) In Gebäuden dienen zum Verbinden der Leitungen die Klemmen der Anschlußdosen, Schalter, Sicherungen u. dgl.; Lötverbindungen werden selten angewendet. Schutz der Verbindungsstellen gegen Feuchtigkeit ist auch hier notwendig. Das Herstellen der Verbindungen ist unter 223 beschrieben.

Freileitungen.

192. Freileitungen sind oberirdische Leitungen außerhalb von Gebäuden, die weder metallische Schutzhüllen, noch Schutzverkleidung haben. Als Freileitungen werden nicht behandelt alle Leitungen an Gebäuden, in Höfen und Gärten mit geringem Stützpunkt-Abstand (vgl. 209).

193. Leitungsmetall. Für Freileitungen dient unter regelrechten Verhältnissen vornehmlich blanker, hartgezogener Kupferdraht. Der geringste zulässige Drahtquerschnitt ist nach den Normalien für Freileitungen 10 mm².

Soll an Kupfer gespart werden, so nimmt man Aluminiumleitungen oder verzinkte Eisenleitungen oder Verbundleitungen, bestehend aus Eisen- oder Stahlseilen mit darüber gelagerten Aluminium- oder Zinkdrähten. Für Wechselstrom darf man Eisenleitungen wegen der Hautwirkung in nicht zu großen Querschnitten verwenden. Zink allein, d. h. abgesehen von den vorgenannten Verbundseilen, eignet sich wegen der geringen Festigkeit für Freileitungen nicht; die Zahl der Stützpunkte müßte erheblich vermehrt werden, dazu kommt die Nachgiebigkeit des Zinks und die damit verbundene Unsicherheit der Leitungsverbindungen, ferner die dem Zink bei Frost eigene Sprödigkeit.

194. Isolatoren. Für die Leitungsführung im Freien werden Porzellanisolatoren, und zwar mit ein-

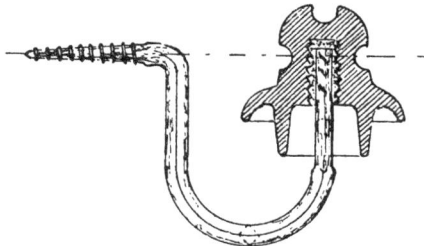

Abb. 133.

fachem, doppeltem oder mehrfachem Mantel verwendet. Für Anlagen bis zu 10 000 V Spannung sind Isolatoren mit doppeltem Mantel (Abb. 133) am gebräuchlichsten. Ein für höhere Spannung, 15 000 V und darüber geeigneter Isolator mit dreifachem Mantel ist in Abb. 134 dargestellt. Für die Isolationsfestigkeit ist nicht nur die Bauart der Isolatoren, Anzahl der Mantelflächen usw., sondern auch die Güte des Fabrikats maßgebend. Isolatoren, die auch nur geringfügige Fehler, kleine Risse in der Glasur, zeigen, müssen beseitigt werden.

Ein Isolator mit einer zum Befestigen an Holzmasten bestimmten Stütze ist in Abb. 133 dargestellt.

Die Stütze wird für kleine Isolatoren aus Rundeisen, für große aus Quadrateisen (Abb. 133) hergestellt, das man an dem den Isolator tragenden Ende zylindrisch ausschmiedet. Der Isolatorhals, an dem die Leitung festgebunden wird, muß mit der Befestigungsschraube in gleicher Horizontalebene liegen, wie in der Abbildung durch die punktierte Linie angegeben ist. Andernfalls würde der Isolator durch den seitlichen Zug der Leitung verdreht werden. Das Holzschraubengewinde der Stütze muß so tief in den Holzmast geschraubt werden, daß der nicht mit Gewinde versehene Bolzenteil noch etwas in das Holz eindringt. Stützen, die an der Mauer befestigt werden, erhalten Steinschrauben; sie werden mit Zementmörtel (1 Teil Portlandzement und 1 Teil feingesiebter Sand) in das Bohrloch eingesetzt. Gips, der nur in trockenen Mauern bindet, gibt geringe Festigkeit. Eine Isolatorbefestigung auf eisernem Träger zeigt Abb. 135.

Die Isolatorstützen müssen so geformt sein und so auf ihren Trägern sitzen, daß der Abstand des Isolators vom Träger an keiner Stelle kleiner ist als der Abstand des inneren Glockenrandes von der Stütze, d. h. der Abstand h (Abb. 135) darf nicht kleiner sein als der Abstand r.

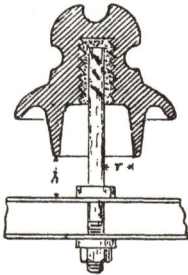

Abb. 134.

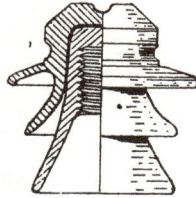

Abb. 135.

Zum Schutz gegen Rosten werden die Stützen asphaltiert oder verzinkt. Die in der Anschaffung teureren feuerverzinkten Stützen und Tragarme für Isolatoren sind wegen des Wegbleibens von Anstrich im Instandhalten wesentlich billiger als nicht verzinkte Isolatorträger.

Das Befestigen des Isolatorkopfes auf der eisernen Stütze geschieht gewöhnlich mit Hanf, den man, mit Schellack oder Leinöl getränkt, in nicht zu dicker Schicht um das durch Meißelhiebe aufgerauhte Ende der Stütze wickelt (Abb. 133), worauf man den innen mit Gewinde versehenen Isolatorkopf kräftig aufschraubt. Auf den Grund des Isolatorgewindes legt man ein nachgiebiges Polster von etwa 1 cm Höhe, aus einem Korkabschnitt oder Hanf- oder Papierpfropfen bestehend; dadurch wird unmittelbarem Druck der Stützenstirnfläche auf das Porzellan und einem Abspringen des Isolatorkopfes vorgebeugt. Außerdem sollte der obere Stützenrand abgerundet sein; durch scharfe Kanten könnte das Porzellan im Stützenloch beschädigt werden. Bei Spannungen über 15000 V muß die Hanfwickelung durch Zugabe von Mennig o. dgl. leitend gemacht werden, um dem Auftreten von Entladungen zwischen Porzellanwand und Stütze und damit einer Zerstörung der Isolatorbefestigung entgegenzuarbeiten.

Als Ersatz für Hanf beim Befestigen der Isolatoren auf den Stützen dienen feuchtigkeitsbeständig getränkte Papierhülsen, die man in so vielen Lagen über die aufgerauhte Isolatorstütze stülpt, daß sich der Isolator mit mäßigem Druck aufschrauben läßt. Das dabei auf der Papierhülse eingepreßte Isolatorgewinde ermöglicht späteres Abschrauben des Isolatorkopfes. Diese Befestigungsart, bei der die Papierhülsen zum Stützenkopfdurchmesser und Isolatorgewinde gut passen müssen, erfordert eingeübte Monteure, wenn mit genügender Haltbarkeit gerechnet werden soll.

Beim Einkitten der Stützen in die Isolatoren müssen die Kittstellen wenn nötig von Fett oder Öl gesäubert werden, weil der Kitt sonst nicht haftet. Treibende Kittmittel dürfen nicht verwendet werden, auch muß für guten Rostschutz an den Stützen gesorgt sein, damit die Isolatoren nicht durch Rostbildung gesprengt werden. Ein nachgiebiges elastisches Polster wird, wie oben beschrieben, auf den Boden des Isolatorgewindes gelegt. Bei Spannungen über 15 000 V macht man den Kitt durch Zusatz von Graphit leitend.

Die Isolatoren dürfen im allgemeinen nur in senkrechter Stellung angebracht werden, wenn sie nicht auch für das Befestigen in anderer Lage geeignet sind, wie es bei Rillenisolatoren zutrifft.

Belegen sich die Isolatoren im Laufe der Zeit mit Schmutz und Kohlestaub, so müssen sie gereinigt werden. Das geschieht äußerlich mit reinem Wasser mit einer Bürste und zwischen den Glockenwandungen, woselbst sich Staub und Spinnengewebe festsetzen, mittels über einen Stab gewickelter Lappen. Selbstverständlich darf das Reinigen der Isolatoren nur bei spannunglosem Zustand der Leitungen geschehen.

Hängeisolatoren werden außer den vorstehend beschriebenen Stützisolatoren für sehr hohe Spannungen, 20000 V und mehr, benutzt. Für ein einzelnes Isolatorglied kann man 25000 V rechnen, für jedes weitere Glied 15000 V, so daß der in Abb. 136 dargestellte, aus zwei Gliedern zusammengesetzte Isolator für eine Betriebsspannung von 40000 V ausreicht. Das Leitungsbefestigen unter den Hängeisolatoren geschieht mit Hilfe von Klemmbacken. Die Träger für Hängeisolatoren sind in der Bauart

Abb. 136.

weniger einfach als für Stützisolatoren, dagegen kann mit geringerer Mastbeanspruchung gerechnet werden, weil die Hängeisolatoren bei Leitungsbruch aus der lotrechten Lage ausschlagen und dadurch die einseitige Zugspannung verringern.

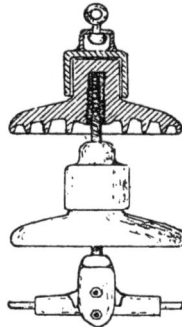

195. Befestigen der Leitungen auf den Isolatoren. Am gebräuchlichsten ist der Seitenbund, wobei die Leitung auf eine Seite des Isolatorhalses gelegt wird. Auf gerader Strecke legt man die Leitung auf die der Stütze zugewandte Seite des Isolatorhalses, so daß die Leitung beim Brechen des Bindedrahtes auf die Isolatorstütze fällt. In Kurven legt man die Leitung derart auf den Isolatorhals, daß der seitliche Leitungszug auf den Isolator wirkt und der Bindedraht entlastet bleibt. Auf gerader Strecke kann die Leitung auch auf den Kopf des Isolators gelegt werden.

Das Festbinden der Leitungen auf den Isolatoren geschieht bei Kupferleitungen mit Kupferdraht, der für Leiterquerschnitte von 10—16 mm² etwa 6 mm² stark und darüber 10 mm² stark genommen wird. Leitungen mit Querschnitten von mehr als 50 mm² erhalten zweckmäßig zwei Bunde auf jedem Isolator.

Für Eisenleitungen nimmt man zum Binden verzinkten Eisendraht von etwa 4 mm² Querschnitt.

Ein Beschädigen der Drahtverzinkung an den Befestigungsstellen auf den Isolatoren muß vermieden
werden, weil sich sonst Rost bildet, der bei Regen
über den Isolator herabtrieft und seine Oberfläche
leitend macht.

Zum Festbinden der Leitungen auf den Isolatoren
gebräuchliche Bundarten werden nachstehend beschrieben:

Seitenbund: Man legt die Mitte des ungefähr
70 cm langen Bindedrahtes auf die Leitung, schlingt
die Drahtenden beiderseits einmal um den Hals des
Isolators und kreuzt sie über der Leitung (Abb. 137 a).
Dann werden die Drahtenden um die Leitung gewunden, wie Abb. 137 b zeigt.

Abb. 137 a.   Abb. 137 b.

Ein einfacherer Seitenbund ist in Abb. 138 dargestellt. Der Bindedraht wird in seiner Mitte um die vom
Leitungsdraht abgewandte Seite des Isolatorhalses gelegt (Abb. 138 a), wobei man die Drahtenden über
die Leitung hinweg nach unten abbiegt. Hernach
schlingt man den Bindedraht beiderseits einmal
um die Leitung und führt die Drahtenden nach

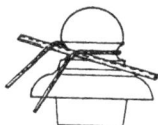      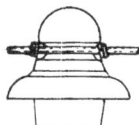

Abb. 138 a.   Abb. 138 b.   Abb. 138 c.

rückwärts, um sie durch Zusammenwürgen zu vereinigen. Zum Zusammenwürgen benutzt man eine Beißzange, die nicht zu stark zusammengepreßt wird,
so daß der Bindedraht während des Würgens durch die
Backen der Zange gleitet. Erst wenn die Würgestelle
vollendet ist, wird die Zange kräftig zusammengepreßt.
um die überstehenden Drahtenden abzuzwicken. Nach
dem Vollenden des Bundes wird die Würgestelle nach

abwärts gedrückt. Abb. 138b und c zeigen den fertigen Bund von der Seite und von vorne.

Scheitelbund: Zwei etwa 50 cm lange Bindedrähte werden mit ungleichen Überständen um den Isolatorhals

 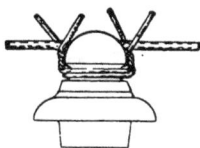

Abb. 139 a.   Abb. 139 b.

geschlungen (Abb. 139a) und in der durch Abb. 139b dargestellten Weise zusammengewürgt. Die kürzeren Drahtenden werden um die Leitung gewunden (Abb. 139c), die längeren kreuzt man über dem Isolatorkopf und windet sie dann um die Leitung (Abb. 139d).

 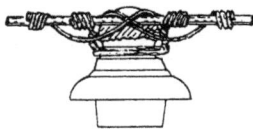

Abb. 139 c.   Abb. 139 d.

196. Leitungseinführen in Gebäude. Bei Spannungen bis etwa 1000 V verwendet man Einfüh-

 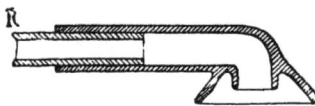

Abb. 140.   Abb. 141.

rungstrichter aus Porzellan (Abb. 140 u. 141). An das Trichterrohr wird in der Mauer ein Hartgummi- oder besser Porzellanrohr (R, Abb. 141) angeschlossen, dessen Stoßfuge zum Schutz gegen das Eindringen von Feuchtigkeit verkittet werden muß. Das andere Rohrende versieht man mit einer Porzellantülle, vgl. Abb. 208.

Die Leitung wird dem Trichter lose liegend zugeführt, es wäre fehlerhaft, sie gegen den oft feuch-

15*

ten Rand der Einführung zu pressen. Am besten setzt man neben den Einführungstrichter einen Isolator und führt die Leitung in kurzem Bogen in den Trichter. (vgl. Abb. 97), so daß Regenwasser abtropft, ohne sich an der Einführung oder am Isolator anzusammeln.

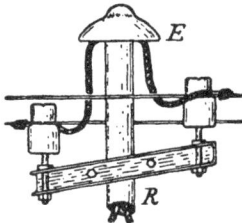

Leitungseinführungen in lotrecht stehende Schutzrohre (Abb. 142) kommen bei Freileitungsnetzen vor, wenn die Verteilungsleitungen über die Häuser hinweggeführt sind. Auf das Rohr R ist eine zwei- und erforderlichenfalls dreiteilige, aus Porzellan hergestellte Einführung E aufgesetzt. Das Rohr dient gleichzeitig als Leitungstragstange.

Abb. 142.

Für hohe Spannungen dienen die auch in Schaltanlagen verwendeten Wanddurchführungen (Abb. 102), die man beim Leitungszuführen aus dem Freien durch ein überragendes Dach oder durch Einbauen in eine Mauernische vor aufschlagendem Regen schützt.

Die gegenseitigen Abstände der Durchführungen dürfen nicht kleiner sein als die Abstände der zugeführten Leitungen.

Nicht empfehlenswert ist es, die Leitungen durch eine Öffnung in der Mauer frei zu spannen. Dabei könnten namentlich in Hochspannungsanlagen durch nistende Vögel oder anderweitige Ursachen Isolationsfehler entstehen.

Werden Wechselstromleitungen für hohe Stromstärken durch die Mauer oder Decke geführt, so muß die Nachbarschaft eiserner Träger vermieden werden, weil sie sich unter Einwirkung der Wechselströme erwärmen würden.

197. Mauerbohrer. Zum Herstellen der Bohrlöcher in den Mauern für die Leitungsdurchführungen werden aus Stahl gefertigte, am vorderen Ende mit Zähnen versehene und gehärtete Rohre (Abb. 143) gebraucht. Die Zähne erhalten eine Schärfung, die ungefähr dem beim Kreuzmeißel einzuhaltenden Winkel entspricht, sie werden etwas nach außen gebogen, so daß der Bohrer beim Tieferwerden des Loches Spielraum behält. Zur Schonung der Rohre

Abb. 143.

verstärkt man ihr hinteres Ende durch einen aus Rundeisen hergestellten Ansatz. Beim Bohren eines Loches
führt man gegen den
gleichzeitig zu dre-
henden Bohrer nicht
zu kräftige Hammer-
schläge und drückt
ihn zum Entfer-
nen des Bohrmehls
von Zeit zu Zeit
im Augenblick des
Schlagens gegen
den Hammer derart,
daß kein Vertiefen
des Loches, sondern
ein Prellen des Boh-
rers eintritt. Zum
Durchbohren dicker
Mauern verwendet
man nacheinander
verschieden lange
Bohrer.

198. **Drahtver-**
bindungen. Die Aus-
führung eines zu verlötenden Drahtbundes ist in
Abb. 144 dargestellt. Die Drahtenden sowie der rund
1 mm dicke Bindedraht, aus Kupfer bei Kupferleitungen, werden mit feinkörnigem Glaspapier blank gemacht. Den Bindedraht wickelt man auf einen Knebel,
um beim Umwickeln der Verbindungsstelle kräftigen
Zug ausüben zu können. Über das dann folgende
Löten vgl. 189. Hart gezogene Kupferdrähte werden
durch das Erhitzen beim Löten weich und verlieren
dabei an Zugfestigkeit. Löt-
stellen frei gespannter Kupferleitungen müssen daher
von Zug entlastet werden.

Für hart gezogene, auf
Zug beanspruchte Kupfer-
leitungen sind Kuppelungen
notwendig, die ohne Löten
eine gut leitende, kräftige Verbindung sichern. Diesem
Zweck dient unter anderem der Nietverbinder (Abb.
145). Er besteht aus einem flachgezogenen Rohr, in
dem die zu verbindenden Leitungen nebeneinander
Platz haben. Das Rohr ist mit drei Bohrungen versehen, durch die nach dem Einlegen der Leitungen in
das Rohr ein konischer Dorn mit Hilfe eines Ham-

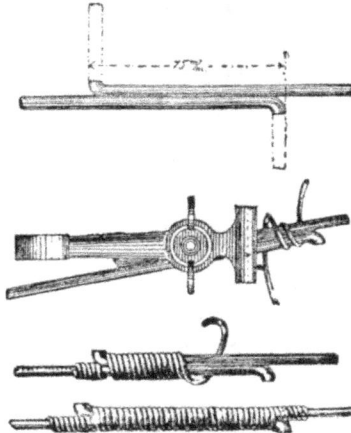

Abb. 144.

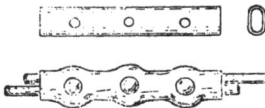

Abb. 145.

mers oder einer dazu bestimmten Presse getrieben
wird. Durch die aufgedornten Löcher zieht man zum
Festhalten der Leitungen Nieten oder Schraubenbolzen. In gleicher Weise werden die zum Leitungs-
abspannen notwendigen, den Isolatorkopf umfassen-
den Endschlaufen (Abb. 146) hergestellt. Eine andere,
insbesondere für Drahtseile geeignete Verbindung
besteht darin, daß das, wie für den Nietverbinder
(Abb. 145), flachgezogene Verbindungsrohr mit seitlichen Einkerbungen zum Festhalten der Leiterenden
versehen wird.

Abb. 146.   Abb. 147.

Für Leitungsabzweigungen verwendet man
Klemmen (Abb. 147), bei denen der Kontakt durch eine
zwischen die Leitungen gelegte Platte verbessert wird.

199. Leitungsmaste. Die Maste werden in ihrer
Stärke der Zahl und dem Querschnitt der aufzunehmen-
den Leitungen angepaßt. Als Mindestmaß für einfache
Holzmaste, die aus entrindeten Kiefern hergestellt werden, gilt für Niederspannung eine Zopfstärke von
13 cm, für Hochspannung von 15 cm. Zum Schutz
gegen Fäulnis werden die Holzmaste mit Teer, Teeröl
oder Karbolineum getränkt, von denen Teeröl die
größte Haltbarkeit gibt. Ferner empfiehlt es sich,
den dem Wechsel der Bodenfeuchtigkeit am meisten
ausgesetzten Teil des Mastes, d. i. etwa 25 cm unter
und ebensoviel über der Erde, mit Steinkohlenteer
oder Karbolineum anzustreichen. Längere Dauer
der Maste erreicht man durch Eisenbetonfüße, in
deren Eisengerüst der Holzmast oberhalb des Erdbodens eingesetzt wird. Am oberen Ende werden
die Maste zugespitzt oder mit sattelförmigen Schrä-
gungen versehen. Vor der Verwendung müssen die
Maste gut austrocknen. Das Holz darf nicht dreh-
wüchsig sein und soll auf trockenem Boden gewachsen
sein. Als geeignetste Fällzeit gelten die Monate Dezember und Januar.

Eiserne Maste erhalten Anstrich mit Rostschutz-
farbe, die in geeigneten Zeitabschnitten erneut werden
muß.

Unbefugtes Besteigen der Maste sollte bei gefährlichen Spannungen durch Stachelkränze verhindert
werden.

Die Maste werden je nach der Bodengattung
und ihrer Länge mehr oder weniger tief, im Durchschnitt mit $1/_6$ ihrer Länge, in die Erde gesetzt. Eiserne
Maste werden mit eingestampftem Beton umgeben;
bei Holzmasten geschieht das nur in weichem Boden,

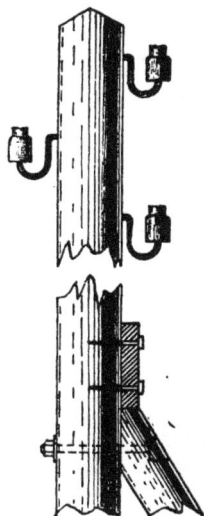

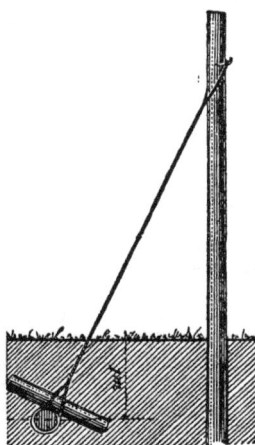

Abb. 150.

Abb. 148.   Abb. 149.

im übrigen genügt sorgfältiges Einstampfen der Erde.
Bei Leitungsführungen an Straßen wählt man, wenn
angängig, die der herrschenden Windrichtung abge-
wendete Straßenseite. Ist das nicht möglich, so verstärkt man auf Strecken, die starken Stürmen ausgesetzt sind, jeden fünften Mast durch einen Anker o. dgl.
Auf gerader Strecke erhalten die Maste eine kleine
Neigung gegen die herrschende Windrichtung, in Kurven wird Neigung nach auswärts gegeben. Bieten
einfache Maste dem Zuge in Kurven nicht genügend
Widerstand, so werden Streben (Abb. 148) oder
Verankerungen (Abb. 149) verwendet. Sie müssen in
der Halbierungslinie des durch die Leitungen ge-

bildeten Winkels stehen und den Mast in $^2/_3$ seiner Höhe stützen. Das etwa 1 m tief in den Boden einzulassende Ende der Strebe stützt man gegen einen flachen Stein oder einen Holzklotz. Verankerungen werden aus etwa 5 mm dicken verzinkten Eisendrähten hergestellt.

Über das bei Hochspannung erforderliche Erden der eisernen Maste, der Eisenbetonmaste und der Ankerdrähte an Holzmasten vgl. 150.

Maste und Schutzverkleidungen für Leitungen, die eine Spannung von über 750 V gegen Erde haben, müssen durch roten Blitzpfeil (Abb. 150) gekennzeichnet werden. Alle Leitungsmaste sollen Nummern erhalten, die zum Auffinden der Maste bei der Wartung dienen. Haltbare Farbe für die Mastbezeichnung wird zusammengesetzt aus Leinölfirnis, Bleimennige und Eisenoxyd (Berlinerrot).

200. Spannweite. Für Eisen- und Kupferleitungen nimmt man auf gerader Strecke für Holzmaste im allgemeinen bei einem Gesamtquerschnitt von Leitungsdrähten und Schutzdrähten

bis 110 mm²	80 m Spannweite
110—210 »	60 » »
210—300 »	50 » »
über 300 »	40 » »

In Kurven, bei Wegkreuzungen und Kreuzungen mit anderen Leitungen wählt man geringere Abstände. Bei eisernen Masten können größere Spannweiten, bis 150 m und mehr, genommen werden.

201. Abstand der Leitungen. Die gegenseitigen Abstände der parallel geführten Leitungen sind von den Spannweiten (vgl. 200) und von der Betriebsspannung abhängig. Für Spannweiten von 50—60 m können für Eisenleitungen und hartgezogene Kupferleitungen folgende M i n d e s t abstände genommen werden:

bis 500 V . . .	25 cm Leitungsabstand
500— 1 000 V . . .	30 » »
1000— 3 000 V . . .	40 » »
3000— 5 000 V . . .	50 » »
5000—10 000 V . . .	60 » »

Über die für Aluminiumleitungen zulässigen Abstände vgl. 203.

202. Verlegen der Leitungen. Die Leitungen müssen so geführt werden, daß sie ohne besondere Hilfsmittel weder vom Fußboden noch von Fenstern oder Dächern erreichbar sind. Die Entfernung ungeschützter Lei-

tungen vom Erdboden soll in ihrem tiefsten Punkt mindestens betragen: bei Niederspannung 5 m, bei Hochspannung im allgemeinen 6 m und für Überführungen
an Fahrwegen 7 m.

Der Durchhang (Pfeilhöhe) der Leitungen beträgt
bei den in der Tabelle unter 200 angegebenen Spannweiten für Eisen- und Kupferleitungen 50—100 cm;
er muß auf der ganzen Strecke gleichmäßig sein.
Um letzteres zu erreichen, läßt man (Abb. 151) eine
mit einer Marke, etwa einem Nagel, versehene Stange
in der Mitte der Spannweite unter die Leitung halten und
das Stangenende c auf die Sehlinie über die Befesti-

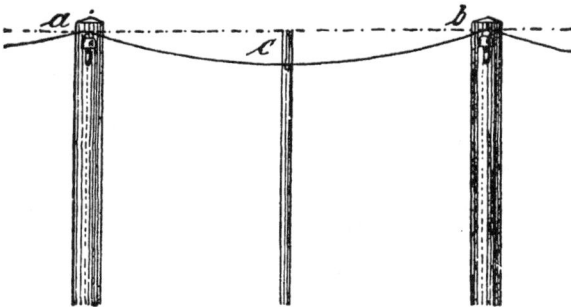

Abb. 151.

gungspunkte a und b einstellen. Auch kann die Größe
des Durchhangs an den Masten angezeichnet und über
diese Marken die Sehlinie genommen werden; der
tiefste Punkt der Leitung muß dabei in der Sehlinie
liegen. Das Spannen der Leitungen mit zu geringem
Durchhang, insbesondere in warmer Jahreszeit, gefährdet die Sicherheit der Anlage, weil das bei Kälte
eintretende Verkürzen der Leitungslänge so große
Zugspannung hervorrufen kann, daß die Leitungen
reißen.

Das Abnehmen der Leitung vom Drahtring zum
Zweck des Befestigens auf den Masten beginnt man
mit dem am äußeren Umfang des Ringes liegenden
Leitungsende, den Ring senkrecht haltend. Die Leitung wird dann abgerollt, indem man den Ring um
seine Achse dreht. Schwere Ringe oder die Trommeln
mit den aufgespulten Leitungen bringt man auf ein
mit Drehzapfen versehenes Gestell, das in der Richtung
des Verlegens verschoben oder verfahren wird. Es

wäre fehlerhaft, die Leitungswindungen vom festliegenden Ring abzuheben, weil dadurch die Leitung verwunden und demzufolge ihr Spannen erschwert würde. Knickstellen in den Leitungen müssen vermieden werden, weil sie zu Leitungsbruch führen.

Zum Spannen der Leitungen dient ein Flaschenzug mit einer den Draht ohne Beschädigung festhaltenden Froschklemme oder eine Schraubspindel, deren Muttern mit Drahtklemmen ausgerüstet sind (Drahtspanner System Ruppert). Scharfkantige Klemmvorrichtungen sind unzulässig, weil sie die Leitungen verletzen und dadurch die Bruchsicherheit vermindern. Die Klemmvorrichtungen müssen Backen mit Parallelführung und abgerundeten Enden haben.

Stehen in der Nähe der Leitungen Bäume, so ästet man sie so weit aus, daß auch bei starkem Wind das Zusammenschlagen der Zweige mit den Leitungen ausgeschlossen ist. Insbesondere muß das bei Hochspannungsleitungen in der Nähe der Stützpunkte beachtet werden, weil durch das Berühren der Äste mit den Leitungen Lichtbögen nach den Isolatorstützen eingeleitet werden können.

Leitungsverbindungen in den Spannfeldern zwischen den Masten, außer Reichweite von den Masten aus, sollten vermieden werden, weil sie später nicht nachgesehen werden können. Auf keinen Fall sind derart unzugängliche Verbindungen in Hochspannungsnetzen zulässig. Legt man die Verbindungen in die Nähe der Maste, so läßt sich weitere Sicherheit

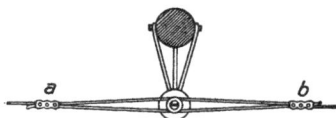

Abb. 152.

gegen Bruch beim Schadhaftwerden von Verbindungen erreichen, indem man zwei Leitungskupplungen (Abb. 152 a u. b) in Abständen von etwa 60 cm vom Isolator herstellt und die Leitungen durch einen verläßlich auszuführenden Drahtbund (vgl. 195) auf dem Isolator befestigt.

203. Verlegen von Aluminiumleitungen. Die Weichheit des Aluminiums erfordert sorgfältiges Behandeln der Leiter, um mechanischer Beschädigung vorzubeugen. Beim Strecken und Anfassen der Leitungen, beim Ziehen und Biegen vermeide man die sonst üblichen Froschklemmen u. dgl. Alle Werkzeuge mit denen die Leitungen gefaßt werden, sollten

mit Aluminium ausgekleidet sein. Das Schleifen der
Leitungen auf dem Boden ist unzulässig. Zum Verlegen läßt man die Leitung vorsichtig von der Trommel
ablaufen und durch die Hand gleiten, um Knickstellen
und andere Fehler zu finden und zu beseitigen. Die
Trommel sollte beim Ablaufenlassen der Leitung
abgebremst werden.

Der Leitungsdurchhang muß der Temperatur
genau angepaßt werden, wenn man Sicherheit gegen
Drahtbruch haben will. Wegen des großen Durchhangs der Aluminiumleitungen müssen auch die Abstände der nebeneinander geführten Leitungen groß
sein. Den Leitungsabstand nimmt man etwa gleich
1,5 % der Spannweite, so daß zu einer Spannweite
von z. B. 100 m Leitungsabstände von 1,5 m gehören.
Bei noch größeren Spannweiten kann man mit geringerem Prozentsatz für den Leitungsabstand auskommen.

Wegen der Gefahr des Zusammenschlagens ordnet man die Leitungen mit dem großen Durchhang
derart auf den Masten an, daß sie nicht in gleicher
Höhe liegen. Drei Leitungen, die bei Drehstrom in
den Ecken eines gleichseitigen Dreiecks liegen müssen,
werden also so angeordnet, daß die eine Seite des
Dreiecks senkrecht steht (Abb. 153a), nicht wie in
Abb. 153b gezeigt ist. — Das Anordnen der Leitungen
in den Ecken eines gleichseitigen
Dreieckes ist bei Drehstrom notwendig, weil ungleicher Leitungsabstand verschieden große
Spannungsverluste zufolge der
Selbstinduktion verursachen
würde.

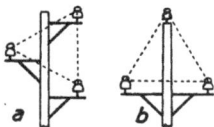

Abb. 153.

Zum Befestigen der Leiter
auf den Isolatoren (vgl. 195)
dient Aluminium-Bindedraht. Dabei müssen die zu
beiden Seiten des Bundes auf den Leiter gebrachten
Wickelungen länger sein als beim Befestigen von Kupferleitungen auf den Isolatoren.

Das Verbinden der Aluminiumleiter untereinander
geschieht mit Klemm-, Preß- und Würgverbindungen.
Kupplungen zwischen Aluminium und anderen Metallen müssen gegen Wasserzutritt geschützt werden,
etwa indem man ein Hartgummirohr überschiebt,
das dann mit Isoliermasse (Chatterton oder Asphalt)
ausgegossen wird. Auch kann man die Verbindungsstellen mit einem mehrfachen Asphalt- oder Cellon-
anstrich versehen.

204. Schutz gegen das Herabfallen unter Spannung stehender Leitungen. Bei Hochspannungsleitungen werden an den Winkelpunkten Fangbügel angebracht, die beim Brechen der Isolatoren oder der Drahtbunde das Herabfallen der Leitungen verhindern. Im übrigen sind vor allem an Wegübergängen Schutzmaßnahmen gegen das Herabfallen der Leitungen notwendig. Verzichtet man auf Schutznetze od. dgl., so werden die Leitungen zur größeren Sicherheit gegen Bruch als Seil ausgeführt, wenn sie im übrigen als Einzeldraht verlegt sein sollten. Eisen- und Kupferseile erhalten dabei einen Querschnitt von mindestens 16 mm², Aluminiumleitungen von 35 mm².

Die zu beiden Seiten von Wegen aufzustellenden Maste kann man so hoch nehmen, daß ein gerissener Draht außer Reichweite bleibt. Ist die Bruchfestigkeit der Leitungen reichlich bemessen und sind die Leitungen sicher auf den Isolatoren befestigt, so kann auf besondere Vorsichtsmaßnahmen verzichtet werden.

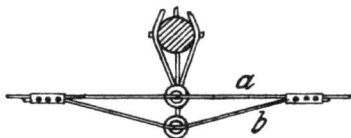

Abb. 154.

Die Leitungen brechen viel seltener in den frei gespannten Drähten als an den Isolatoren, wenn infolge von Isolatorbruch ein Lichtbogen zwischen der eisernen Stütze und der Leitung entsteht und diese abschmilzt. Guten Schutz gegen Herabfallen von Leitungen kann man daher durch mehrfache Leitungsaufhängung erreichen. Dop-

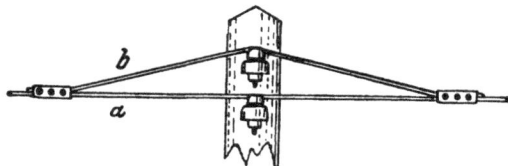

Abb. 155.

pelte Leitungsaufhängung zeigt Abb. 154. An die durchgehende Leitung *a* ist in rd. 1 m Abstand vom Isolator eine gleichstarke Hilfsleitung *b* mit kräftigen, gut leitenden Verbindungen, etwa mit Nietverbindern, angeschlossen und auf einem zweiten Isolator

befestigt. Gleichem Zweck dient die in Abb. 155 dargestellte Ausführung mit übereinander angeordneten
Isolatoren. Abb. 156 zeigt eine dreifache Leitungsaufhängung, wie sie zur Leitungsverstärkung an
Weg· und Eisenbahnkreuzungen oder an Kreuzungen
mit anderen darunter liegenden Leitungen verwendet
werden kann.

Weniger verläßlich wirken unter den Starkstromleitungen angebrachte Fangnetze. Zudem wird das
Instandhalten der Leitungsanlage durch Fangnetze
erschwert und dadurch in ge-
wissem Grade die Betriebssicherheit beeinträchtigt.

Werden Fangnetze ver-
wendet, so müssen sie so stark
sein, daß sie durch abfallende
Leitungen nicht reißen und
den zu erwartenden Kurz-
schlußstrom, ohne zu schmel-

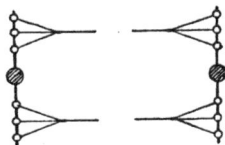

Abb. 156.

zen, aufnehmen. Die Fangnetze müssen gut geerdet
werden, indem man sie beim Vorhandensein eiserner
geerdeter Maste mit diesen verbindet oder bei Holzmasten mit eigener Erdleitung versieht. Die in letzterem Falle erforderlichen Verbindungsleitungen mit
den Erdplatten schütze man, soweit sie vom Fußboden
aus erreichbar sind, vor Berühren.

205. **Vogelschutz** wird nicht nur wegen der Schonung des Vogelbestandes, sondern auch wegen der
beim Verbrennen von Vögeln an den Leitungen meist
eintretenden Betriebsstörungen verlangt. Um die Vögel
vor gefährdendem Berühren der Hochspannungsleitungen zu schützen, dürfen die geerdeten Ausleger für
die Isolatorstützen keine Vogelsitzgelegenheit bieten,
von der aus die Leitungen von den Vögeln berührt
werden können. Soweit das bei sehr hohen Spannungen nicht schon durch die Größe der Isolatoren
und den dadurch bedingten Abstand der Leitungen
von den Isolatorträgern bedingt ist, kann man das
Niederlassen der Vögel an den gefährdeten Stellen
durch schräg gestellte Ausleger für die Isolatorstützen
o. dgl. verhindern. Auch Fangbügel gegen das Abfallen der Leitungen (vgl. 204 Abs. 1) müssen nach
den vorbezeichneten Grundsätzen ausgeführt oder in
genügendem Abstand von den Leitungen angebracht
werden. In den Freileitungsnormalien des Verbandes
Deutscher Elektrotechniker sind zum Zweck des Vogel-
schutzes als horizontaler Mindestabstand der Leitungen
von geerdeten Eisenteilen 30 cm verlangt.

**206. Schutz der Schwachstromleitungen an Kreu-
zungen mit Starkstromleitungen.** Der sicherste Schutz
gegen ein Berühren zwischen Schwach- und Starkstromleitungen an Kreuzungsstellen besteht im Verwenden von Erdkabeln für eines der beiden Leitungssysteme. Dieses Schutzmittel wird wegen der hohen
Kosten im allgemeinen nur an Kreuzungen mit Hochspannungsleitungen benutzt, wobei zweckmäßigerweise die Schwachstromleitungen unterirdisch verlegt
werden.

Soweit sich oberirdische Kreuzungen von Schwach-
und Starkstromleitungen nicht vermeiden lassen,
darf bei Hochspannung der Abstand der beiderseitigen Bauteile in senkrechter Richtung bei feh-
lendem Schutznetz nicht unter 2 m und unter Anwendung eines geerdeten Schutznetzes nicht unter
1 m betragen. Der letztere Mindestabstand muß
bei Niederspannung ohne Schutznetz eingehalten
werden. Beim Kreuzen der Leitungen, tunlichst unter
rechtem Winkel, werden die Starkstromleitungen besser
über die Schwachstromleitungen gelegt, weil die stärkeren Starkstromleitungen größere Bruchsicherheit
haben. Den Leitungsquerschnitt nimmt man zur
Erhöhung der Sicherheit genügend stark. Müssen
die Schwachstromleitungen über die Starkstromleitungen hinweggeführt werden, so läßt sich der
Schutz dadurch erreichen, daß man an der Kreu-
zungsstelle Schwach- und Starkstromleitungen in
der durch Abb. 157 angedeuteten Weise auf einem gemeinsamen Mast befestigt. Gegenseitiges Berühren beim
Bruch von Schwachstromdräh-
ten wird durch die über die
Starkstromleitungen hinweg-
ragende Befestigung der
Schwachstromleitungen auf je
zwei Isolatoren und durch die
in Abb. 157 ebenfalls angedeuteten Fangbügel verhindert.

Isolierende, wenn auch tunlichst wetterbeständige Hüllen
für die Starkstromleitungen
bieten keinen sicheren Schutz
gegen das Übertreten von Starkstrom in die Schwachstromleitungen. Berühren die letzteren die feuchte
Hülle einer Starkstromleitung, so wird namentlich
bei Wechselstrom ein für Menschenleben gefährlicher
Stromübertritt stattfinden können. Am gefährlichsten
ist der häufig eintretende Fall, daß durch einen auf

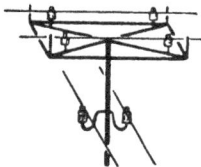

Abb. 157.

den herabhängenden Schwachstromdraht ausgeübten
Zug die Isolierhülle der Starkstromleitung beschädigt
wird.

Für die Ausführungen sind maßgebend die vom
Verband Deutscher Elektrotechniker festgesetzten
»Allgemeine Vorschriften für die Ausführung und den
Betrieb neuer elektrischer Starkstromanlagen (ausschließlich der elektrischen Bahnen) bei Kreuzungen
und Näherungen von Telegraphen- und Fernsprechleitungen«[1]).

**207. Verlegen von Fernsprechleitungen auf glei-
chem Gestänge mit Wechselstromleitungen.** Die Beeinflussung der Fernsprechleitungen durch Wechselströme läßt sich am sichersten durch Verwenden eines
Fernsprechkabels vermeiden. Das Kabel wird mittels
eines am Gestänge gespannten, etwa 5 mm dicken
Stahldrahtes aufgehängt.

Werden die Fernsprechleitungen frei gespannt,
so verlegt man Hin- und Rückleitung nebeneinander
und in der Isolierung gleichwertig mit den Starkstromleitungen. Der Abstand der unter den Starkstromleitungen und etwaigen Schutznetzen zu führenden
Fernsprechleitungen soll schon zwecks Erreichung
guter Sprechfähigkeit möglichst groß sein. Mit Drehstromleitungen parallel geführte Fernsprechleitungen
werden auf der Strecke in Abständen von rund
200 m derart verdrillt, daß sie ihre Lage zu den
Starkstromleitungen wechseln. Durch das Verdrillen
wird die Induktionswirkung des Drehstroms vermindert
und ein genügend störungsfreier Fernsprechbetrieb erreicht. Dagegen wird die Influenzwirkung der Hochspannungsleitungen auf die Fernsprechleitungen nicht
aufgehoben, so daß in den letzteren unter gewissen
Verhältnissen gefahrbringende Spannungen auftreten.
Um gegen die dadurch und durch anderweitige Stö=
rungen möglichen Gefahren zu schützen, werden die
Fernsprechleitungen mit Spannungssicherungen versehen und die Fernsprechapparate so eingerichtet,
daß selbst beim gegenseitigen Berühren der Fern-
sprech- und Hochspannungsleitungen keine Gefährdung
des Sprechenden entsteht.

Die Induktionswirkung der Drehstromleitungen auf
die Fernsprechleitungen läßt sich zwar durch geeignete
Verdrillung der Drehstromleitungen aufheben. Das
kommt aber selten in Anwendung, weil es die Ausfüh-

---

[1]) Verlag von Julius Springer, Berlin.

rung und vor allem die für gutes Instandhalten der
Einrichtungen notwendige Übersichtlichkeit der Leitungsanlage erschwert, weil ferner die Verdrillung nur
so lange wirksam bleibt, als die Symmetrie der Ströme
in den Drehstromleitungen durch Erdschlüsse u. dgl.
nicht gestört wird.

208. Überwachen der Freileitungen. Im Betrieb
befindliche Leitungen werden mit dem Fernglas besichtigt, wenn grobe Fehler an den Isolatoren, starke
Risse und gelöste Leitungsbunde festgestellt werden
sollen. Können Fehler, die auf schadhafte Isolatoren
schließen lassen, auf diese Weise nicht gefunden werden, so müssen die Maste in Betriebspausen, etwa an
Sonntagen, bestiegen werden. Dabei beklopft man
die Isolatoren, um Sprünge und Risse durch den sich
ergebenden dumpfen Ton zu finden. Bei starkem
Erdschluß kann man die Maste, auf denen Fehlerstellen
zu suchen sind, auch mit einem Telephon ermitteln,
das man zwischen den Mast oder eine Masterdung
und eine behelfsweise in der Nähe hergestellte Erdung
schaltet.

Freileitungsstrecken müssen mindestens jährlich
einmal gründlich nachgesehen werden, wobei vor
allem die Befestigung der Leitungen auf den Isolatoren
und die Festigkeit etwa vorhandener Holzmaste Beachtung verdient. Außerdem sollte die Strecke tunlichst bald nach jedem Sturm, im übrigen je nach
ihrer Bedeutung mehr oder weniger oft, mindestens
vierteljährlich begangen werden. Zeitweises Ausästen
von Bäumen, die neben den Starkstromleitungen
stehen, ist namentlich bei Hochspannungsanlagen
notwendig.

Die Festigkeit von Holzmasten muß in den ersten
10 Jahren alle 2 Jahre und von da ab mindestens
alljährlich, am besten im Herbst, geprüft werden;
vornehmlich gilt das für die Übergangsstellen aus
der Erde in die freie Luft. Zu dem Zweck wird der
Erdboden bis rd. 30 cm Tiefe in der Umgebung des
Mastes ausgehoben und die Festigkeit des Holzes
durch Einstoßen eines Stichels o. dgl. erprobt. Maste,
die beim Beklopfen mit einem harten Gegenstand
einen dumpfen Ton geben, untersucht man auf Kernfäule, indem man mit einem Bohrer von nicht über
5 mm Durchmesser ein Loch bohrt und das Bohr-
mehl besichtigt. Erweist sich ein Mast als gut, so
wird das Bohrloch mit einem Stift aus hartem Holz
verschlossen. Mit Kernfäule behaftete Maste lassen

leises Knistern hören, wenn man sie mit einer gegen
den höher gelegenen Schaftteil rechtwinklig zur Lei-
tungsrichtung gestützten Stange in Schwingung versetzt. Festgestellte Mängel buche man mit der Mast-
nummer behufs baldiger Abhilfe.

Leitungsanlagen im Freien.

209. Leitungsanlagen im Freien sind im Gegensatz
zu Freileitungen (vgl. 192) Leitungen an der Außenseite von Gebäuden, in Gärten und Höfen, wenn der
Stützpunktabstand nicht mehr als 20 m beträgt.

Diese Leitungsanlagen, für die Verlegen auf Isolierglocken notwendig ist, müssen vom Netz abschaltbar sein. Der kleinste zulässige Kupferdraht-
Querschnitt beträgt 4 mm². Leitungen, die gegen
Berühren nicht geschützt sind, müssen bei Niederspannung mindestens 2,5 m, bei Hochspannung 6 m
vom Erdboden entfernt sein. Wird der Schutz gegen
Berühren nicht durch die Höhenlage der Leitungen
erreicht, so sind Schutzvorkehrungen, z. B. Schutzgitter, die bei Hochspannung geerdet sein müssen,
notwendig; vor allem gilt das für Leitungen, die sich
von Fenstern und Dächern aus erreichen lassen.
Träger und Schutzverkleidungen für Leitungen, die
über 750 V führen, müssen mit dem roten Blitzpfeil
(Abb. 150) versehen werden.

Hochspannungsleitungen sollen grundsätzlich blank
verlegt werden. Durch isolierende Drahtumhüllung
würde bei der Bedienung der Anlagen unberechtigtes
Sicherheitsgefühl und dadurch gerade Gefahr entstehen.

Soweit Apparate im Freien untergebracht werden,
ist Schutz gegen Witterungseinflüsse, sei es durch
ihre Bauart oder durch besondere Vorkehrungen, notwendig.

210. Abstand der Leitungen. Für den gegenseitigen Abstand von nebeneinander verlegten Leitungen,
soweit es sich nicht um unausschaltbare, gleichem
Pol oder gleicher Phase angehörige Parallelzweige
handelt, ferner für den Abstand der Leitungen von
der Wand, der Schutzverkleidung usw. gelten die
in der Tabelle (S. 242) angegebenen Mindestmaße.

211. Anschluß isolierter Leitungen an blanke.
Das Ende der blanken Leitung wird zweimal um den
Isolatorhals geschlungen und mit dem gespannten Teil
der Leitung verlötet. Bei schwachen Leitungen windet man das Drahtende um den gespannten Teil der

Spannweite	Abstand	
	gegenseitig	von der Wand, von Gebäudeteilen und der Schutzverkleidung

Niederspannungsanlagen: blanke Leitungen

unter 4 m	10 cm	
4— 6 »	15 »	} 5 cm
6—10 »	20 »	

isolierte offen verlegte Leitungen

unter 4 m	5 cm	
4— 6 »	10 »	} 2 cm
6—10 »	15 »	

Hochspannungsanlagen: blanke Leitungen

	1 cm auf je 1000 V aber mindestens	
unter 4 m	15 cm	
4— 6 »	20 »	} 10 cm
6—10 »	30 »	

Leitung, wie in Abb. 158 bei *a* gezeigt ist; bei starken Leitungen, über 10 mm², wird ein Bund
mit dünnem Draht hergestellt, ähnlich wie in Abb. 144
angegeben. Das Ende der isolierten Leitung wird mit
der Freileitung verlötet (bei *b* Abb. 158) oder durch
eine Klemmenverbindung angeschlossen. Die isolierende Umhüllung am Leitungsende trennt man staffelförmig, so daß die zu Feuchtigkeitsaufnahme neigende
Umklöppelung vom Leiter ferngehalten wird. Zum

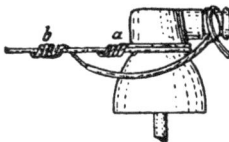

Abb. 158.

Abisolieren und um ein
Ausfasern der Baumwollum-
klöppelung zu verhindern,
dient am besten Chatterton-
Compound. Die abzweigen-
de isolierte Leitung wird
einem Einführungstrichter
zugeführt oder, beim An-
schluß der beweglichen Leitungen für Bogenlampen,
derart am Isolator befestigt, daß die Lötstelle beim
Bewegen der lose herabhängenden Leitung nicht beansprucht werden kann. Letzterer Bedingung entspricht die in Abb. 158 gezeigte Anordnung, wobei
die isolierte Leitung am Zapfen des Isolators mit
Bindedraht befestigt ist.

212. Leitungsanlagen für Zierbeleuchtungen. Zur Leitungsführung genügen im allgemeinen Doppelklemmen aus Porzellan (Abb. 159) oder gleichwertige Befestigungsmittel. Auf die derart verlegten blanken Leitungen werden mit Kontaktfedern ausgestattete Glühlampen (Abb. 159) oder Lampenfassungen (Abb. 160) geklemmt. Die letzteren, meist in einen Porzellankörper eingeschlossenen Fassungen sind zur Aufnahme von Lampen mit Gewindesockel bestimmt. Beide Anordnungen gewähren den Vorteil, daß sich die Lampenabstände nach vollendetem Leitungsverlegen regeln lassen.

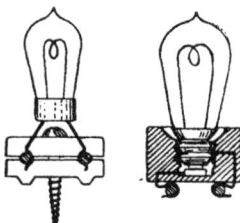

Abb. 159.   Abb. 160.

Leitungsanlagen in den Gebäuden.

213. Entwerfen der Leitungsanlagen. Vor allem müssen die Lichtstellen und die Plätze für erforderliche Motoren, Apparate usw. bestimmt werden. Durch einen Leitungsplan, der auf Grund der örtlichen Verhältnisse bearbeitet ist, bleiben eingehendere Untersuchungen beim Beginn des Leitungverlegens erspart.

Beim Entwerfen einer Anlage sorge man dafür, daß die von den Benutzern der. Anlagen zu bedienenden Teile, als Schalter, Anschlußdosen u. dgl. an leicht erreichbaren Stellen angeordnet werden, während für alle übrigen Teile, wie Zähler, Sicherungstafeln usw., sowie für die Leitungen selbst, anderweitig nicht oder möglichst wenig verwertbare Stellen gewählt werden können. Darunter darf die für Zähler und Sicherungstafeln beanspruchte Zugänglichkeit zum Zweck zeitweisen Nachsehens, nicht leiden. Es empfiehlt sich, diese Apparate in Mauernischen, die mit Türen abgeschlossen sind, unterzubringen.

Handelt es sich um eigene Stromerzeugung, so wird die Stromverteilung am besten von der Schalttafel im Maschinenraum aus bewirkt. Wird der Strom durch ein Elektrizitätswerk geliefert, so muß eine für den Hausanschluß, d. i. die Leitungseinführung in das Gebäude, geeignete Stelle gesucht werden, von der aus die Stromverteilung erfolgt. Ein Zentralisieren der Zähler, Hauptsicherungen usw. in der Stromerzeu-

16*

gungsanlage oder am Hausanschluß ist nur bei wenig umfangreichen Versorgungsnetzen möglich. In ausgedehnten Anlagen sind für die Abnahmestellen gemeinsame Versorgungsleitungen, Steigleitungen, notwendig, an die die Leitungsanlagen der Stromabnehmer angeschlossen werden. Dabei werden die Zähler in den einzelnen Wohnungen oder, soweit durchführbar, vor den Leitungseinführungen in die Wohnungen angebracht. Diese Anordnung erleichtert den Stromabnehmern ein zwecks sparsamer Stromentnahme unter Umständen erwünschtes Beobachten ihrer Zähler.

214. Leitungsplan. Zum Darstellen der Leitungs-, Apparat- und Lampen-Anordnung dienen die vom Verband Deutscher Elektrotechniker im Anhang zu den Vorschriften für die Errichtung elektrischer Starkstromanlagen festgesetzten Zeichen. In einen für das Leitungsverlegen bestimmten Plan muß das ganze Leitungsnetz bis zu den Lampen, Motoren usw. eingezeichnet werden. Zum Aufbewahren durch den Anlageninhaber genügt meistens ein Schaltbild, das über die Art der Stromverteilung und die Belastung der Stromkreise Aufschluß gibt. Ein auf dem laufenden gehaltenes Schaltbild erleichtert das Eingreifen bei Störungen in den Anlagen und ein Urteil über deren Erweiterungsfähigkeit bei verlangtem Anschluß weiterer Stromverbraucher. Das Schaltbild für ein gewerblichen Betrieben dienendes Gebäude ist in Abb. 161 mit den im vorgenannten Anhang zu den Verbandsvorschriften festgesetzten Zeichen dargestellt. Im Kellergrundriß ist bei A der Anschluß an ein Gleichstrom-Dreileiternetz. Nahe bei der Leitungseinführung in das Gebäude sind Zähler für die Stromentnahme nach dem Lichttarif (Dreileiterverteilung mit $2 \cdot 110$ V) und nach dem Krafttarif (Anschluß an die Außenleiter, 220 V) angegeben. Auf Zähler an der Leitungseinführung wird häufig verzichtet, wenn für die einzelnen Stromentnahmestellen Zähler verwendet sind, wie es im Schaltbild ebenfalls angedeutet ist. Die gedachte ausgedehnte Stromversorgung erfordert Steigleitungen an zwei Stellen des Gebäudes, bei B und C, ferner ist eine gesonderte Leitung für den Fahrstuhlmotor vorgesehen. Im Gebäudeaufriß sind die Verteilungstafeln für Licht- und Kraftbetrieb mit Angabe der Stromkreiszahl und des Anschlußwertes in Kilowatt verzeichnet. Die Übersicht wird erhöht, wenn die Anschlußwerte, wie in der Abbildung, tabellarisch zusammengestellt sind.

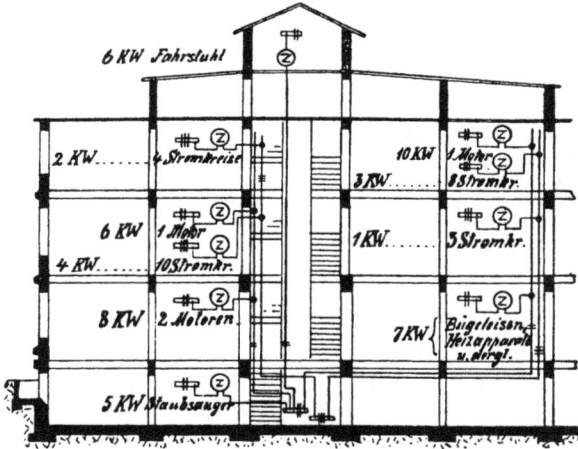

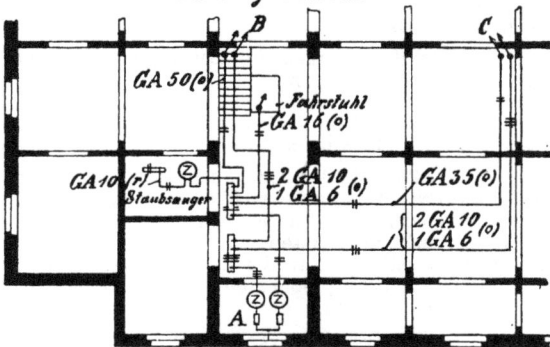

Abb. 161.

215. Allgemeine Regeln für das Leitungsverlegen. Gutes Instandhalten elektrischer Anlagen ist davon abhängig, daß die Leitungen nicht nur verlässig verlegt sind, sondern auch leicht untersucht und erforderlichenfalls ausgewechselt werden können. Offenes Verlegen ist daher dem Unterbringen der Leitungen in Decken und Wänden vorzuziehen. Wird verdecktes Verlegen der Leitungen notwendig, z. B. in besser ausgestatteten Räumen, so muß dafür gesorgt werden, daß die Leitungen in den verdeckt liegenden Rohren und Kanälen ohne ein Beschädigen der Decken und Wände ausgewechselt werden können.

Soweit frei liegende, fest verlegte Leitungen mechanischer Beschädigung ausgesetzt sind und soweit sie im Handbereich liegen, werden schützende Verkleidungen verlangt. Dazu dient das Einziehen der Leitungen in Rohre, das Verschalen der Leitungsführung u. dgl. Gepanzerte Leitungen und eisenbewehrte Kabel sind in sich genügend geschützt, sie erfordern keinen weiteren Schutz.

Die Verbindungsstellen der Leitungen untereinander müssen von Zug entlastet sein. Das geschieht beim Verlegen auf Isolierrollen durch geeignetes Anordnen der Rollen. In Rohre eingezogene Leitungen dürfen an den Enden nicht straff gespannt werden. Für das Leitungsverbinden bei Rohrverlegung dienen Abzweigklemmen auf isolierender Unterlage; Lötverbindungen werden nur für die Leitungen an und in Lampenträgern zugelassen. Leitungen für ortsveränderliche Stromverbraucher werden mittels lösbarer Kontakte abgezweigt.

An den Kreuzungen der Leitungen untereinander sowie mit anderweitigen leitenden Gegenständen, z. B. mit Gasrohren, sind dauerhafte Isolierungen notwendig, falls nicht so großer Abstand gewahrt werden kann, daß ein Berühren unmöglich ist.

Wechselstromleitungen dürfen einzeln nicht in unmittelbarer Nähe großer Eisenmassen verlegt oder durch Eisenteile hindurchgeführt werden, weil sonst Leistungsverluste entstehen. Bei Leitungsführungen durch Eisenteile ist für die zusammengehörigen zwei oder drei gegenseitig isolierten Leiter eine gemeinsame Bohrung erforderlich.

a) In **fertigen Bauten** herzustellende Leitungsanlagen sollte man unter tunlichster Vermeidung umfangreicher Stemmarbeiten ausführen, wenn auch in

besser ausgestatteten Räumen erstrebt werden muß,
die Leitungen wenig sichtbar anzuordnen. Nicht gut
aussehende Leitungen an der Decke solcher Räume
kann man vermeiden, wenn über dem Deckenver-
putz Hohlräume sind, in die sich biegsame Leitungsschutzrohre einziehen lassen. An den Wänden
können Leitungsschutzrohre oder besser Rohrdrähte
wenig auffällig verlegt werden. Für die Leitungsführung wähle man tunlichst die Fensterseite der
Räume, weil dort die Leitungen im Schatten liegen,
im Gegensatz zu der den Fenstern gegenüberliegenden,
gut beleuchteten Wandfläche; ferner muß man auf
ein Anschmiegen der Leitungsführung an die Architekturlinien der Räume, an Türrahmen usw. Bedacht
nehmen. Für Räume, bei denen auf die Ausstattung
wenig oder kein Wert gelegt wird, ist bei trockenem
Mauerputz in allen Teilen offenes Verlegen der Leitungsschutzrohre am zweckmäßigsten. Auch hier be-
vorzuge man für die Leitungsführung Stellen, an
denen die Rohre weniger beachtet werden. Diese
Stellen entsprechen meist der weiteren Bedingung,
daß einem Beschädigen der Rohre durch Anstoßen
usw. vorgebeugt wird. In feuchten Räumen ist
offenes Verlegen der Leitungen auf Isolierrollen, unter
Umständen auf Isolierglocken notwendig. Verlegen
auf Isolierrollen wird ferner angewendet, wenn die
Leitungen vom Fußboden aus nicht erreichbar sind
und der Kostenaufwand für die Anlage niedrig gehalten
oder ein Abzweigen von Lampenanschlüssen überall
leicht möglich sein soll, ferner wenn an Isolierrohren
gespart werden soll.

Das früher beliebt gewesene Verlegen von Leitungsschnüren · auf kleinen Isolierrollen wird wegen
zu geringer Dauerhaftigkeit nicht mehr angewendet.
Etwa noch vorhandene derartige Leitungsanlagen sollten durch zweckentsprechend verlegte Leitungen ersetzt werden.

b) Bei Neubauten können durch gutes Vorbereiten
der Leitungsverlegung während der Rohbauarbeit
Kosten gespart werden. Für Wohnhäuser, Ver-
sammlungsräume, Läden usw. werden verdeckte
Leitungen verlangt. Zu dem Zweck müssen die
Leitungsschutzrohre vor dem Mauerverputzen verlegt werden, um das kostspielige nachträgliche Einstemmen der Rohrwege in den Mauerverputz zu vermeiden. Auf Grund des an Hand der Bauzeichnungen
angefertigten Leitungsplanes werden die Stellen für
auszusparende Mauernischen zum Unterbringen von

Schalttafeln mit Zählern und Zubehör, ferner für die Steigleitungskanäle angegeben. Nach dem Fertigstellen des Rohbaus mit den Schalttafelnischen usw. verlegt man die Leitungsschutzrohre vor dem Verputzen der Decken und Wände. Dafür muß die Höhe des später aufzutragenden Mauerputzes angegeben werden, um die Abzweigdosen so einsetzen zu können, daß ihre Deckelflächen mit der Putzoberfläche zusammenfallen. Bekannt muß ferner sein, wie die Türen aufschlagen, damit die Rohrzuführungen nach den neben den Türen anzubringenden Schaltern auf die richtige Türseite gelegt werden. Das Einziehen der Leitungen ist erst nach dem Austrocknen des Baues zulässig, weil andernfalls die Leitungsisolierung Schaden leidet.

E i s e n b e t o n b a u t e n erfordern besonders sorgfältige Vorbereitung für das Leitungsverlegen, weil nachträgliches Einstemmen von Mauernischen und von Leitungsführungen durch die Mauer, ja selbst von größeren Dübellöchern später nicht mehr oder nur mit großem Kostenaufwand möglich ist. Mauernischen müssen beim Zimmern der Verschalung für das Aufführen der Betonwände hergestellt werden. Zur Leitungsführung durch die Mauer werden Eisenrohre, die Verschalungen durchquerend, eingelegt und einbetoniert. Diese Eisenrohre nehme man so weit, daß später die Isolierrohre für die Leitungsverlegung hindurchgeführt werden können. Handelt es sich um Einbetten der Leitungen in Decken und Wände, so werden kräftige Leitungsschutzrohre (Metallmantelrohre und Schlitzrohre sind dazu ungeeignet) einbetoniert, die zur Sicherung des bequemen Einziehens der Leitungen in geeigneten Abständen durch Dosen unterbrochen sein müssen. Sollen nur kurze Rohrstrecken in Decken oder Wände eingelegt werden, so kann die Innenseite der Verschalung mit einer Holzleiste versehen werden, damit nach dem Abnehmen der Verschalung die für das Rohrverlegen dienende Rinne im Beton ausgespart bleibt; nach dem Einlegen des Rohres wird die Rinne verputzt. Schwache und wenig umfangreiche Befestigungen für offene Leitungsverlegung können nachträglich, z. B. durch Eintreiben kleiner Stahldübel in den Beton, beschafft werden. Zum Befestigen größerer Installationsteile werden feuchtigkeitsbeständig getränkte Holzdübel u. dgl. auf der Verschalung für Decken und Wände befestigt und mit einbetoniert. Ohne diese Vorbereitungen sind die Schwierigkeiten für das Ausführen elektrischer Leitungsanlagen

in Eisenbetonbauten so groß, daß beim Errichten
der Gebäude Maßnahmen für das Leitungsverlegen
selbst dann getroffen werden sollten, wenn zunächst
die Ausführung elektrischer Anlagen nicht in Aus-
sicht genommen ist.

Für die bezeichneten Vorbereitungen zum Leitungsverlegen müssen beim Neu- und Umbau von Gebäuden
erfahrene Monteure dauernd zugegen sein, damit die
Leitungsschutzrohre usw. rechtzeitig und richtig eingebaut werden. Den Bauhandwerkern allein können
diese Arbeiten, selbst beim Vorhandensein genauer
Pläne, nicht anvertraut werden.

**216. Einfluß örtlicher Verhältnisse auf die Art
des Leitungsverlegens.**

a) Feuchte, durchtränkte und ähnlich ge-
artete Räume bedingen verläßlichste Isolierung und
Schutz gegen Berühren der nicht geerdeten Teile der
Leitungsanlage. Der Umfang der Schutzmaßnahmen
ist von dem Feuchtigkeitsgrad, von der Art vorhandener ätzender Dünste u. dgl. abhängig.

In feuchten Räumen werden Gummiaderleitungen
am besten auf Isolierrollen oder weitergehend auf
Isolatorglocken verlegt. Leitungsschutzrohre vermeide
man, wenn Ansammeln von Schwitzwasser in den
Rohren und damit zusammenhängende Zerstörung der
Drahtisolierung befürchtet werden muß. Tritt kein
Schwitzwasser auf, so leisten Schutzrohre gute Dienste,
sie müssen aber vor mechanischer Beschädigung und,
soweit nötig, gegen chemische Zerstörung geschützt
werden. In Räumen, die z. B. mit Ammoniakdünsten
erfüllt sind, in Stallungen u. dgl., ist für isolierte Leitungen schützender Ölfarb- oder Asphaltanstrich erforderlich; blanke Bleikabel würden hier zerstört werden. Blanke Leitungen, die sich mit gut instand-
gehaltenem Anstrich in manchen Fällen bewähren,
müssen gut isoliert und in erreichbarer Höhe mit
Schutz gegen Berühren, mindestens 5 cm voneinander
und von der Wand- oder Deckenfläche entfernt verlegt werden. Ortsveränderliche Leitungen verwende
man mit gut isolierenden widerstandsfähigen Hüllen.
Nicht feuchtigkeitssichere Isoliermittel, wie Preßspan
o. dgl., sind unzulässig. Für Spannungen über 1000 V
werden Kabel mit Eisenbandschutz verwendet. Die
Leitungen müssen außerhalb der gefährdenden Räume
allpolig abschaltbar sein.

Nulleiter und alle normalerweise nicht stromführenden Metallteile, wie Apparat- und\Motorgehäuse,

die bei Isolationsfehlern gefährliche Spannungen annehmen können, müssen gut geerdet werden (vgl. 150).

Für Glühlampen sind gegen Feuchtigkeit schützende Fassungen und Schirme, unter Umständen auch Schutzglocken nötig; Schaltfassungen sind unzulässig. Bogenlampen müssen zum Zweck des Bedienens zwangläufig vom Netz abgeschaltet werden, durch Leitungskuppelungen an den Aufhängungen o. dgl.

Sicherungen, Schalter u. dgl. bringt man am besten außerhalb der gefährdeten Räume an. Sind sie in den Räumen nicht entbehrlich, so versieht man sie mit Schutzgehäusen. Da zu den Schaltern herabgeführte Leitungen häufig Anlaß zu Isolationsfehlern geben, so nimmt man besser Schalter, die neben den Leitungen in der Nähe der Decke angebracht und durch eine Zugschnur oder eine bis zur Betätigungshöhe herabgeführte Achsverlängerung bedient werden.

In Wechselstrombetrieben empfiehlt sich Herabtransformieren auf eine für den jeweiligen Zweck ungefährliche Spannung, etwa auf 40 V (vgl. 67).

Warnungstafeln mit Hinweis auf die Gefahr des Berührens der Leitungen usw. müssen in gefährdenden Anlagen augenfällig angeheftet werden.

b) Räume mit feuergefährlichem Inhalt. Soweit die Leitungen die feuergefährlichen Gegenstände berühren könnten, werden sie geschützt verlegt. Lampen, Motoren und Apparate müssen in der Bauart so gewählt und derart angeordnet werden, daß an ihnen auftretende Funken oder sich erhitzende Teile von den entzündlichen Gegenständen ferngehalten bleiben.

c) Explosionsgefährliche Räume erfordern beste Gummiaderleitungen, die man in Schutzrohre einzieht, oder man verwendet Kabel. Die Leitungen müssen außerhalb der Räume allpolig abschaltbar sein. Die zur Beleuchtung ausschließlich statthaften, luftdicht abgeschlossenen Glühlampen erhalten starke Schutzglocken, die auch die Fassung einschließen. Elektrische Maschinen und Apparate, soweit ihr Aufstellen nicht außerhalb der Räume möglich ist, verwendet man in explosionssicherer Bauart.

Beim Vorkommen explosibler Gemische, die sich nahe über dem Fußboden ansammeln, also schwerer sind als Luft, bringt man die Apparate 1—1,5 m hoch an. Das gilt z. B. für die Steckkontakte in Autohallen für Benzinbetrieb. Die mit dieser Vorsicht zu montierenden Apparate wähle man außerdem in einer für explosionsgefährliche Räume geeigneten Bauart.

217. Gummiisolierte Leitungen können in den verfügbaren, verschieden starken Isolierumhüllungen dem jeweiligen Zweck weitgehend angepaßt werden. Die für diese Leitungen nachstehend angewendeten Bezeichnungen GA, SGA usw. sind durch die Normalien des Verbandes Deutscher Elektrotechniker festgelegt.

Über Ersatz für die mit Gummi isolierten Kupferleitungen vgl. 221.

I. Leitungen für festes Verlegen.

a) Gummiaderleitungen, GA, für Spannungen bis 750 V werden mit massiven Leitern in Querschnitten von 1—16 mm² und mit mehrdrähtigen Leitern von 1—1000 mm² hergestellt. Die feuerverzinnte Kupferseele ist mit einer wasserdichten, vulkanisierten Gummihülle umgeben. Darüber liegt eine Hülle aus gummiertem Band, hierauf folgt eine feuchtigkeitssichere Umklöppelung aus Baumwolle, Hanf o. dgl. Die letztere kann bei Mehrfachleitungen für die Leiter gemeinsam sein.

Wird bei Gummiaderleitungen Schutz gegen chemische Einwirkung verlangt, so kommen sie mit Hackethal- oder Lithin-Umhüllung (vgl. 218a und b) oder gleichwertigen Schutzhüllen in Anwendung.

b) Spezial-Gummiaderleitungen, SGA, sind je nach der Art der Gummihülle für alle Spannungen geeignet. Die Leitungsquerschnitte sind ebenfalls 1—1000 mm² (vgl. a). Das Anpassen der Leitungen an verschieden hohe Spannungen ist durch mehrere übereinander gelagerte Gummihüllen erreicht. Die darüber liegende Hülle aus gummiertem Band und die Umklöppelung sind den Schutzhüllen der GA-Leitungen gleich.

c) Rohrdrähte, RA, sind für Niederspannung zum erkennbaren Verlegen bestimmt, d. h. der Leitungsverlauf muß sich ohne Aufreißen der Wände verfolgen lassen. Die Rohrdrähte bestehen aus Gummiaderleitungen mit gefalztem, eng anliegenden Metallmantel; sie werden als Einfachleitungen in Querschnitten von 1—16 mm² und als Mehrfachleitungen in Querschnitten von 1—6 mm² hergestellt. Über das Verlegen der Rohrdrähte vgl. 230.

d) Panzeradern, PA, für Spannungen bis 1000 V, sind Spezial-Gummiaderleitungen (vgl. b), die als Einzel- und Mehrfachleitungen mit einem dichten, imprägnierten Geflecht und darüber mit

einer Metalldrahthülle (Geflecht oder Umwickelung)
versehen sind. Die Metalldrahthülle ist in der Regel
aus verzinktem Eisendraht hergestellt; aus Bronze-
draht wird sie verwendet, wenn es sich um den Schutz
gegen bestimmte chemische Einwirkungen handelt.
Panzeradern werden vornehmlich für trockene Räume
verwendet, wenn Schutz gegen mechanische Beschädigung notwendig ist. Für feuchte Räume sind
sie weniger geeignet.

II. Leitungen für Beleuchtungskörper.

a) Fassungsadern, FA, zur Verwendung in und
an Beleuchtungskörpern in Niederspannungsanlagen,
haben wegen des Einziehens in die meist engen Be-
leuchtungskörperrohre möglichst geringen Durchmesser. Sie bestehen aus einem massiven oder mehrdrähtigen feuerverzinnten Leiter von 0,5 oder 0,75 mm²
Kupferquerschnitt, der mit einer vulkanisierten Gummihülle umgeben ist. Über der letzteren befindet sich
eine schützende Umklöppelung aus Fasermaterial. Die
Adern können auch mehrfach verseilt sein.

Fassungsdoppeladern, FA₂, sind zwei nebeneinander liegende nackte Fassungsadern, mit gemeinsamer Umklöppelung.

b) Pendelschnüre, PL, für Schnurzugpendel in
Niederspannungsanlagen. Die Kupferseelen aus feuerverzinnten, verseilten Drähten, jede von 0,75 mm²
Querschnitt, sind mit Baumwolle umsponnen und
haben darüber eine vulkanisierte Gummihülle. Zwei
Adern und eine Tragschnur oder ein Tragseilchen liegen
in einer gemeinsamen Umklöppelung, oder es sind
unter Weglassen der Umklöppelung die mit der Tragschnur verseilten Adern einzeln umflochten. Besteht
das Tragseilchen aus Metall, so muß es umsponnen
oder umklöppelt sein.

III. Leitungen zum Anschließen ortsveränderlicher Stromverbraucher.

a) Gummiaderschnüre (Zimmerschnüre),
SA, für geringe mechanische Beanspruchung
in trockenen Wohnräumen für Niederspannungsanlagen
werden in Querschnitten von 1 und 1,5 mm² hergestellt. Die Kupferseele, aus verseilten, feuerverzinnten Drähten von höchstens 0,25 mm Durchmesser,
ist mit Baumwolle umsponnen und darüber mit einer
wasserdichten vulkanisierten Gummihülle versehen.
Über der Gummihülle hat jede Ader einen Schutz
aus Faserstoff, bei Einleiterschnüren oder verseilten

Mehrfachschnüren in Gestalt einer Umklöppelung. Runde oder ovale Mehrfachschnüre haben außerdem eine gemeinsame Umklöppelung.

b) Werkstattschnüre, WK, für mittlere mechanische Beanspruchung in Werkstätten u. dgl. in Niederspannungsanlagen, werden in Querschnitten von 1—16 mm² verwendet. Die Gummihülle jeder Ader ist mit gummiertem Band umwickelt; zwei oder mehr solche Adern sind verseilt und mit einer dichten Faserstoff-Umklöppelung versehen. Darüber liegt eine zweite Umklöppelung aus besonders widerstandsfähigem Stoff. Erdungsleiter aus verzinnten Kupferdrähten können innerhalb der inneren Umklöppelung angeordnet sein.

c) Spezialschnüre, SGK und SK, für rauhe Betriebe in Gewerbe, Industrie und Landwirtschaft in Niederspannungsanlagen haben die gleichen Querschnitte, 1—16 mm², wie die WK-Leitungen (vgl. b), sind aber mit stärkeren Isolierungen und Umklöppelungen versehen. An die Stelle der zweiten Umklöppelung kann eine gut biegsame Metallbewehrung (nicht Drahtbeklöppelung) treten. Erforderliche Erdungsleiter sind wie bei den WK-Leitungen eingebaut oder als ein die Leitung umgebendes Geflecht oder als Umwickelung unter der inneren Umklöppelung angebracht.

d) Hochspannungsschnüre, HK, für Spannungen bis 1000 V, sind ebenfalls in Querschnitten von 1—16 mm² verwendet. Die Gummihülle der einzelnen Adern ist mindestens ebenso stark wie bei den Spezial-Gummiaderleitungen (vgl. I b), im übrigen entspricht die Ausführung im allgemeinen derjenigen bei den zuletzt beschriebenen Spezialschnüren (vgl. c).

e) Leitungstrossen, LT, für Kran-, Abteuf-, Schießleitungen u. dgl., nicht aber für Pflugleitungen, werden aus mehrdrähtigen Kupferleitern hergestellt, in Querschnitten von 2,5—150 mm² verwendet. Die Isolierung der Adern entspricht bei Leitungstrossen für Spannungen bis 250 V den GA-Leitungen und für mehr als 250 V den SGA-Leitungen. Für die Bewehrung der Trossen sind der jeweiligen Beanspruchung angepaßte Bestimmungen des Verbandes Deutscher Elektrotechniker maßgebend.

218. In anderer Weise isolierte Leitungen, d. h. nicht mit Gummiaderisolierung, kommen in Sonderfällen vor.

a) Hackethaldraht ohne Gummiadereinlage hat eine vornehmlich gegen chemische Einwirkung schützende Umhüllung mit wenig isolierender Eigenschaft. Er ist nur zulässig, wenn auch blanke Leitungen gestattet sind. Die Drähte müssen daher, wie blanke Leitungen, auf Isolierglocken oder gleichwertigen Vorrichtungen verlegt werden.

Hackethaldraht in bester Ausführung oder gleichwertig umhüllter Draht ist zu empfehlen, wenn die Leitungen in chemischen Fabriken, Stallungen u. dgl. vor Zerstörung geschützt werden sollen.

Hackethaldrähte, die eine den Gummiaderleitungen gleichwertige Seele enthalten, sind in der Verwendung diesen gleich anzusehen.

b) Lithindraht. Der verzinnte Kupferleiter ist mit einem unter der Fabrikbezeichnung „Lithin" eingeführten Isolierstoff umpreßt und mit feuchtigkeits- und säurebeständig getränktem Faserstoff umflochten. In gleicher Weise isolierte Ersatzleitungen werden mit Zink- und Eisenleiter hergestellt.

Die Leitungen können in geschlossenen Räumen und im Freien, soweit das Verlegen isolierter Leitungen verlangt ist, verwendet werden.

c) Leitungen für Sonderzwecke. Wenn besondere Anforderungen gestellt werden, z. B. Dauerhaftigkeit der Drahtisolierung bei trockener Hitze verlangt ist, so beziehe man die Leitungen unter genauer Angabe des Zwecks von einer verläßlichen Fabrik.

d) Gummibandleitungen, bei denen die Kupferseele mit Baumwolle umgeben und darüber Paraband gewickelt ist mit folgender Baumwoll-Umklöppelung o. dgl., waren früher für allgemeine Benutzung zugelassen und werden jetzt nur noch als Ersatzleitung (vgl. 221) verwendet. Wegen ihrer geringen Isolationsfestigkeit müssen sie mit Vorsicht verlegt und vor Feuchtigkeit geschützt werden. Alte, mit solchen Leitungen ausgeführte Anlagen müssen behufs rechtzeitigen Feststellens von Fehlern zeitweise untersucht werden.

e) Leitungen ohne Gummieinlage, lediglich mit Umhüllung aus faserigem, imprägniertem Isolierstoff, die sich in alten Anlagen noch finden, erfordern ebenfalls (vgl. d) zeitweises Untersuchen. Sie sollten tunlichst durch andere, den bestehenden Vorschriften genügende Leitungen ersetzt werden.

219. **Blanke Leitungen,** Bezeichnung für Kupferleitungen B C, verwendet man in geschlossenen Räumen nur, wenn Isolierhüllen rascher Zerstörung durch chemische Einflüsse ausgesetzt sein würden, und für Kontaktleitungen. In beiden Fällen muß man

die Leitungen gegen zufälliges Berühren schützen. Ferner werden blanke Drähte für geerdete Leiter benutzt.

220. Leitungen aus anderen Metallen als Kupfer werden unter Umständen in feuchten und in Räumen verwendet, die ätzende Dämpfe enthalten. Z. B. hat in Brauereikellern und Stallungen verzinkter Eisendraht, mit Emaillelack angestrichen, größere Dauerhaftigkeit als Kupferdraht. Über die Verwendung von Eisendraht vgl. 221. In chemischen Fabriken ist unter Umständen stark verbleiter Kupferdraht als haltbar zu empfehlen.

221. Ersatzleitungen. Zufolge des großen Bedurfes von Kupfer und Gummi für dringendere Verwendung wurden die nachstehend beschriebenen Leitungen zum Ersatz eingeführt. Da im Betrieb mit diesen Leitungen Erfahrungen über Haltbarkeit fehlen und die Güte der Isolierung diejenige der regelrechten Leitungen im allgemeinen nicht erreicht, so ist sorgfältigstes Ausführen der Leitungsanlagen notwendig.

Bei den für die Leitungen in den Gebäuden vornehmlich verwendeten Zinkleitungen beachte man, daß sie weniger biegsam sind als Kupferleitungen und daher scharfes Biegen vermieden werden muß, wenn die Leiter nicht brechen sollen. Der Biegungshalbmesser muß bei Rundzink mindestens gleich dem fünffachen Durchmesser, bei Flachzink mindestens gleich der dreifachen Schienendicke sein; Zurückbiegen muß vermieden werden. Flachzink wärmt man vor dem Biegen auf etwa 70° C an, bei wesentlich höherer Temperatur würde das Zink brüchig werden. Aus dem gleichen Grunde müssen Zinkleitungen vor zu starkem Erwärmen durch den Strom geschützt werden. Auch bei großer Kälte wird Zink brüchig; Zinkleitungen sollten daher weder im Freien noch in Räumen verwendet werden, die gegen Kälte nicht geschützt sind. Das Zink wird zerstört, wenn es bei Temperaturen über 100° Wasserdämpfen ausgesetzt ist; seine Anwendung an solchen Stellen ist daher unzulässig. Die Stützpunktabstände müssen bei Zink kleiner genommen werden als bei Kupfer. Schienen stellt man hochkant. (vgl 140 Abs. 1).

Wegen der geringen Biegsamkeit des Zinks sollten zum Verbinden mit den Einrichtungsteilen und für Leitungskupplungen Schlitzklemmen (vgl. 223a) verwendet werden, so daß Anschlußösen u. dgl. entbehrlich sind. An Stellen, die dauernd Erschütterungen ausgesetzt sind, dürfen Zinkleitungen nicht verlegt werden.

Verwendet man E i s e n l e i t e r für Wechselstrom, so kommt bei größeren Querschnitten zu dem durch den Leitungswiderstand entstehenden Verlust ein zusätzlicher Verlust durch Ummagnetisieren und Hautwirkung. Die zulässige Belastung von Eisenschienen verhält sich zur zulässigen Belastung von Kupferschienen bei Gleichstrom wie 1:2,8; bei Wechselstrom müssen für Eisen die Querschnitte noch größer genommen werden.

Zink und Eisen werden nicht immer in gleicher Reinheit geliefert. Handelt es sich um besonders gewünschte elektrische Eigenschaften, so empfiehlt es sich, die Leitungen unter Angabe des Verwendungszwecks von einer verläßlichen Fabrik zu beziehen.

Über die Eigenschaften der Ersatzmetalle für das Leitungsverbinden ist unter 191 berichtet.

Für Leitungen, deren Schadhaftwerden die ganze Anlage gefährden kann, darf Ersatzmetall nicht verwendet werden; es müssen dafür Kupferleitungen verlangt werden. Unter anderem gilt das für die Erregerleitungen der Maschinen und die Leitungen für Phasenvergleicher zum Zweck einwandfreien Parallelschaltens von Maschinen. Am wenigsten ist für solche Leitungen Zink brauchbar.

Über das V e r b i n d e n d e r L e i t u n g e n, Löten und Verschrauben vgl. 191.

I. Leitungen für festes Verlegen.

a) G u m m i i s o l i e r t e K u p f e r l e i t u n g e n, die den Normalien des Verbandes Deutscher Elektrotechniker nicht entsprechen, werden zugelassen, wenn der Nachweis erbracht wird, daß sie den vom Verband Deutscher Elektrotechniker für diesen Zweck neu aufgestellten Bedingungen genügen.

b) G u m m i i s o l i e r t e Z i n k l e i t u n g e n, KGZ, gelten als Ersatz für die GA-Leitungen (vgl. 217 I). Sie werden mit massiven Leitern in Querschnitten von 1,5—6 mm² und mit mehrdrähtigen Leitern von 1—150 mm² hergestellt. Der Zinkleiter ist mit einer nahtlosen, feuchtigkeitssicheren Hülle aus Gummi oder Gummiersatz umgeben. Darüber befinden sich eine Bedeckung aus Papier und eine Umklöppelung aus Papiergarn, die in geeigneter Weise getränkt ist.

G u m m i i s o l i e r t e Z i n k l e i t u n g e n, KGZB, zum Verlegen auf Isolierrollen besonders geeignet, haben die gleiche Bauart wie die KGZ-Leitungen, jedoch an Stelle der Umklöppelung eine feuchtigkeitssicher getränkte zweite Bedeckung aus schraubenartig aufgewickeltem, von einer Fadenbindung gehaltenen Papierband. Die Leitungen werden bis zu 10 mm² Querschnitt hergestellt.

c) Gummiisolierte Aluminiumleitungen, KGA und KGAB. Die Bauart ist die gleiche wie bei den gummiisolierten Zinkleitungen (vgl. b). Als Mindestquerschnitt ist jedoch 1 mm² zulässig.

d) Manteldrähte mit Papierisolierung, MP und MS, mit Leitern aus Kupfer, Aluminium, Zink oder Eisen, dienen zum Ersatz der Rohrdrähte (vgl. 217 I c). Sie sind als Einfachleitungen in Querschnitten bis 16 mm², als Mehrfachleitungen bis 6 mm² angewendet. Der Leiter besteht aus Kupfer, Aluminium, Zink oder Eisen. Massive Leiter werden in Kupfer und Aluminium in Querschnitten von 1—16 mm², in Zink von 1,5—6 mm² und in Eisen von 2,5 mm² hergestellt. Mehrdrähtige Leiter enthalten mindestens 7 Drähte von höchstens je 1,4 mm Durchmesser. Der Leiter ist umgeben mit einer feuchtigkeitssicher getränkten Papierschicht (MP) oder von einer mit Papierband umwickelten Schicht aus Bitumen oder gleichwertigem Stoff (MS). Über dieser Isolierhülle folgt ein bei Mehrfachleitungen gemeinsamer Isolierschutz, der aus Papier oder aus einer mit Papierband umwickelten Schicht von Bitumen oder gleichwertigem Stoff besteht. Die äußere Deckung bildet ein gegen Rosten geschützter, eng anliegender gefalzter Metallmantel (nicht aus Blei).

e) Manteldrähte mit Bleiumpressung MPB und MSB, für feuchte Räume in Niederspannungsanlagen bestimmt. Die Bauart entspricht den MP-Drähten (vgl. d) mit dem Unterschied, daß zwischen der Isolierschutzhülle und dem äußeren gefalzten Metallmantel eine wasserdichte Bleiumpressung liegt. Der äußere Metallmantel ist verbleit.

Über das Verlegen der Manteldrähte vgl. 231.

f) Panzeradern mit Zinkleiter, KPZ, für Spannungen bis 1000 V, werden mit massiven Leitern in Querschnitten von 1,5—6 mm² und mit mehrdrähtigen Leitern in Querschnitten von 1,5—150 mm² hergestellt. Der Leiter ist von einer Gummihülle umgeben, die auch aus regeneriertem Kautschuk bestehen kann. Darüber liegen feuchtigkeitssicher getränkte Isolierschutzhüllen. Als äußere Umhüllung dient eine gegen Rosten geschützte Metalldrahtumflechtung oder Umwickelung, die bei Mehrfachleitungen gemeinsam ist.

g) Panzeradern mit Aluminiumleiter, KPA, für Spannungen bis 1000 V, werden mit einem Mindestquerschnitt von 1 mm² hergestellt. Die Bauart ist die gleiche wie bei den Panzeradern mit Zinkleiter (vgl. f).

II. Leitungen für Beleuchtungskörper.

a) Fassungsadern zur Verwendung in und an Beleuchtungskörpern mit Aluminiumleitern, AFA, und Zinkleitern, ZFA. Der Leiterquerschnitt beträgt bei Aluminium und Zink 0,75 mm². Die über dem Leiter liegende Gummihülle ist mit Faserstoff umklöppelt.

Fassungsdoppeladern, AFA₂ und ZFA₂, bestehen aus zwei nebeneinander liegenden nackten Fassungsadern mit gemeinsamer Umklöppelung.

b) Pendelschnüre werden nicht mehr hergestellt.

III. Leitungen zum Anschließen ortsveränderlicher Stromverbraucher.

a) Gummiaderschnüre (Zimmerschnüre) für geringe mechanische Beanspruchung in trockenen Wohnräumen in Niederspannungsanlagen, mit Aluminiumleitern, ASA, und mit Zinkleitern, ZSA. Sie werden mit Aluminiumleitern in Querschnitten von 1—2,5 mm² und mit Zinkleitern in Querschnitten von 1,5—4 mm² hergestellt. Der Leiter ist mit einer vulkanisierten Gummihülle umgeben, die auch aus regeneriertem Kautschuk bestehen kann. Darüber befindet sich eine Schutzhülle aus Faserstoff. Bei Einleiterschnüren und verseilten Mehrfachschnüren besteht dieser Schutz in einer Umklöppelung. Runde Mehrfachschnüre und solche mit flachem Querschnitt haben außerdem eine gemeinsame Umklöppelung.

b) Werkstattschnüre für mittlere mechanische Beanspruchung in Werkstätten u. dgl. in Niederspannungsanlagen mit Aluminiumleitern, AWK, und mit Zinkleitern, ZWK. Die Bauart des Leiters ist die gleiche wie bei den Zimmerschnüren (vgl. a); sie werden mit Leiterquerschnitten bis 16 mm² hergestellt. Die Gummihülle jeder Ader ist mit feuchtigkeitssicher getränktem Band oder mit einer Papierumwickelung bedeckt. Zwei oder mehr Adern haben eine gemeinsame Faserstoffumklöppelung, über der sich eine zweite Umklöppelung aus besonders widerstandsfähigem Stoff befindet. Etwa erforderliche Erdungsleiter sind aus verzinktem Eisen hergestellt, innerhalb der inneren Umklöppelung untergebracht.

**222. Kennzeichen für die nach den Normalien
isolierten Leitungen.** Die meisten Fabriken haben
sich verpflichtet, die den Normalien des Verbandes
Deutscher Elektrotechniker entsprechenden Leitungen
dadurch kenntlich zu machen, daß in die Isolierung
ein gefärbter Baumwollfaden, als Kennfaden, eingelegt
wird. Der Kennfaden ist grellrot bei den nach den alten
und weiß bei den nach den neuen Normalien hergestellten Gummiaderleitungen.

Wenn Papierisolierung zur Ersparung von Baumwolle verwendet ist, so geschieht die Kennzeichnung
durch ein Papierband, das auf einem Rande oder auf
beiden Rändern in bestimmter Weise gefärbt ist.

Die Kennzeichen-Mustersammlung kann von der
Vereinigung der Elektrizitätswerke bezogen werden.

223. Verbinden isolierter Leitungen.

a) Klemmverbindungen müssen für die Strombelastung ausreichende Kontaktflächen haben und damit sicheren Kontakt gewährleisten. Die zu verbin-

Abb. 162.

denden Leitungen werden in der für das Einlegen unter
die Klemmen nötigen Länge von Isolierstoff befreit,
wobei man das Ende der Umspinnung mit Isolierband
umwickelt, um das Auffasern zu verhüten. Sind die
auf den Leitungen liegenden Isolierschichten nicht
feuchtigkeitsbeständig, wie es für Papierisolierung zutrifft, so überdeckt man die Schnittstellen der Isolierung mit feuchtigkeitsbeständiger Masse (Cellonlack
od. dgl.). Die blank gemachten Leitungsenden legt man
in die Klemmen, deren Schrauben so stark angezogen
werden, daß sich sicherer Kontakt ergibt; bei schwachen Leitungen darf nicht zu kräftig angezogen werden, weil sie sonst abgepreßt würden.

Eine für das Verbinden durchgehender Leitungen
dienende Schlitzklemme ist in Abb. 162, im Längsschnitt und von der Seite gesehen, dargestellt. Der
Schlitz erleichtert das richtige Einlegen der Leitungsenden unter die Klemmschrauben. Weitergehenden
Zweck hat der Schlitz bei den Abzweigklemmen
Abb. 163, indem die durchgehende Leitung *a*, ohne
abgeschnitten zu werden, in die Klemme eingelegt
werden kann. Auf die in der Klemme unten liegende
Leitung *a* wird eine, den sich rechtwinklig kreuzenden

17*

Klemmenschlitzen angepaßte, kreuzförmige Metallplatte *P* gelegt, um mehr Berührungsfläche für die
Leitungen zu gewinnen. Auf die Platte *P* legt man

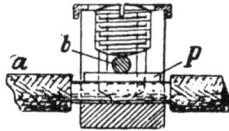

die abzweigende Leitung *b*, die
mit der Klemmschraube festgehalten wird. Die Klemmen
sind einzeln oder für bestimmte
Schaltungen in größerer Zahl
in isolierende Körper, Porzellan
oder dgl., eingebettet. Drei
Klemmen für das Abzweigen
von Dreileiter- oderDreiphasen-
leitungen in einem isolierenden
Sockel sind durch Abb. 164
im Schaltbild und durch Abb.
165 teils im Schnitt und teils
in der Ansicht gezeigt. Beim
Einbauen der Leitungen lege
man Gewicht darauf, daß sie

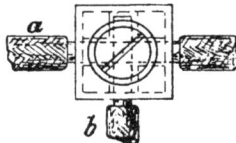

Abb. 163.

sich an den Kreuzungsstellen *x*
nicht berühren, um einem

Stromübergang etwa infolge von Feuchtigkeit vorzubeugen. Zufällige Berührung mit dén blanken Teilen
wird durch den nach dem Herstellen der Verbindung
aufzulegenden Dosendeckel verhindert. Beim Leitungsverlegen in Schutzrohren läßt man die Rohrenden
unter dem Dosendeckel ausmünden.

Besondere Beachtung verdienen die Schlitzklemmen für weniger gut biegsames Leitungsmetall,
vor allem für Zinkleitungen (vgl. 221).

Für das Verbinden von Leitungen großen Querschnitts werden die Leitungsseile in Kabelschuhe ein-

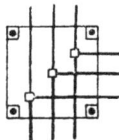

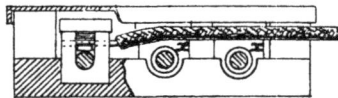

Abb. 164.   Abb. 165.

gelötet und diese mit den zugehörigen Kontaktplatten
verschraubt.

Sollen in Schaltanlagen, etwa für elektromotorischen Fahrstuhlbetrieb mit Druckknopfsteuerung, die
in großer Zahl in einem Kabel oder einem Schutz-

rohr vereinigten schwachen Leitungen mit den Enden
an eine Klemmleiste, Abb. 166, angeschlossen werden,
so führt man die Drahtenden am besten auf ge-
radem Wege zu den Klemmen. Bricht eine Leitung,
so wird ein Verlängerungsdraht
mit Hilfe einer isolierten
Klemme (x, Abb. 166) angeschlossen. Wenig zweckmäßig
wäre es, die Drahtenden
schraubenförmig gewickelt den
Klemmen zuzuführen; dabei
bleibt zwar Drahtlänge zum
Neuverbinden übrig, wenn ein
Draht abbricht, aber es entsteht der Nachteil, daß durch

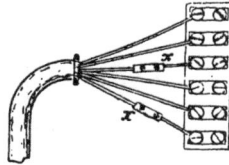

Abb. 166.

das leicht eintretende Verbiegen der Drahtwindungen
nicht nur das gute Aussehen der Einrichtung, sondern
auch die Betriebssicherheit leidet. Das die Leitungen
zuführende Kabel oder Schutzrohr wird mit Schellen
befestigt.

b) Abzweigdosen und -scheiben sind beim
Leitungsverlegen in Rohr (vgl. 229f) sowie für Rohr-
und Manteldrähte (vgl. 230 u. 231) notwendig. Das
Schaltbild einer Leitungsabzweigung zeigt Abb. 167,
die Abzweigdose ist mit x und die Stromentnahmestelle (Steckkontakt) mit y bezeichnet. Fehlerhaft wäre
es, die Abzweigdose weg-
zulassen und die nor-
malerweise durchgehenden
Verteilungsleitungen P u.
N (Abb. 167) zur Strom-
entnahmestelle hin- und
von ihr wieder zurückzu-
führen (Abb. 168). Dabei
müßten vier Leitungen
statt sonst zwei in das
zur Stromentnahmestelle
abgezweigte Schutzrohr
eingezogen werden und

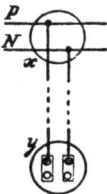

Abb. 167.   Abb. 168.

die Klemmen des Steckkontaktes y je zwei Leitungsenden statt sonst ein Leitungsende aufnehmen.

In die mit isolierendem Stoff ausgekleideten Dosen
(Abb. 191) werden die in der Regel aus Porzellan hergestellten Abzweigscheiben (Abb. 169) eingelegt. Die
letzteren sind derart gebaut, daß die zu verschiedenen
Polen oder Phasen gehörigen Leitungen voneinander
ferngehalten werden.

Die in Abb. 169 ohne Leitungen gezeigte Ab-
zweigscheibe ist in Abb. 170 mit den durchgehenden
Leitungen *a* und *b* und den abgezweigten Leitungen

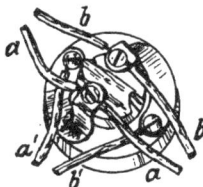

Abb. 169.   Abb. 170.

a′ und *b′* dargestellt. Eine Abzweigdose für Schalter-
anschluß zeigt Abb. 171; dabei wird eine der Leitungen,
etwa *a*, zum Zweck des Anschließens der zum Schalter
führenden Leitungen a_1
und a_2 unterbrochen.

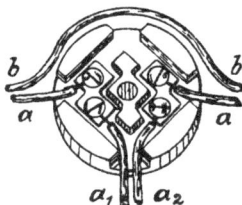

Abb. 171.

c) Lötverbindungen
werden selten gebraucht,
kommen aber beim Feh-
len von Klemmen und bei
dringenden Instandset-
zungen für Kupferleitun-
gen als Ersatz in Frage.
Leitungen bis 6 mm²
Querschnitt werden in der
Längsachse zusammen-
gewürgt (Abb. 172) und
verlötet. Die Verbindungen stärkerer Drähte werden,
wie Abb. 173 zeigt, durch Umwinden mit 1 mm
dickem Draht hergestellt (vgl. auch Abb. 144).

Beim Verbinden von Drahtlitzen verfährt man,
wie oben in bezug auf Abb. 173 angegeben, oder es
werden die Litzenenden ineinander verflochten
(Abb. 174). Für letzteren Fall gilt folgendes: Die Litzen
bestehen aus den Kerndrähten, die für sich wieder

Abb. 172.   Abb. 173.

eine Litze bilden, und aus den Deckdrähten. Die letzteren werden auf 6—10 cm Länge zurückgebogen,
worauf man die freigelegten Enden der Kerndrähte ab-

schneidet. Dann bringt man die Schnittflächen der
Kerndrähte in Kontakt und steckt die Deckdrähte
zwischen einander durch, so daß ein Draht des einen
Litzenendes zwischen zwei Drähte des anderen Litzen-

Abb. 174.

endes zu liegen kommt. Zum Schluß werden, wie
Abb. 174 zeigt, die Deckdrähte um die gegenüberliegenden Litzenenden gewunden. Beim Verlöten werden in
die Zwischenräume der Kuppelung kleine Zinnstück-
chen eingelegt und verschmolzen.

Abb. 175.

Abzweigungen mit schwachen Drähten werden
durch Umwinden der Hauptleitung mit dem Ende der
abzweigenden Leitung hergestellt, wie Abb. 175 zeigt.
Bei Abzweigungen mit stärkeren Drähten wird das recht-
winkelig, doch nicht zu scharfkantig umgebogene Ende
der abzweigenden Leitung an die Hauptleitung gelegt

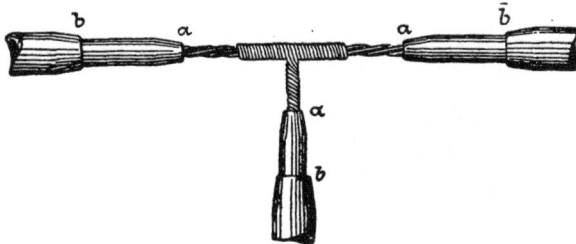

Abb. 176.

und mit Bindedraht verbunden, ähnlich wie in Abb. 173
angegeben. Besteht die abzweigende Leitung aus einer
Litze (Abb. 176), so wird ihr Ende geteilt und zur
einen Hälfte nach rechts, zur anderen nach links um
die Hauptleitung gewickelt. Bei den Abzweigungen

schwacher Leitungen von sehr starken Litzen (Abb. 177)
wird die abzweigende Leitung nur mit einem Teile der
starken Litze verlötet, indem man so viele Drähte an
der starken Litze herausbiegt, daß deren Querschnitt

mindestens gleich dem Querschnitt der abzweigenden
Leitung ist. Während des Lötens schützt man die starke
Litze durch Zwischenlegen eines Blechstreifens. Nach
dem Herstellen der Verbindung werden die abgebogenen
Litzendrähte in die frühere Lage zurückgedrückt.
    Über das Lötverfahren vgl. 189.
    224. Isolieren der Lötstellen. Die abgetrennte
Isolierung muß ersetzt werden. In trockenen Räumen
genügt ein Umwickeln der blanken Leitungteile mit
Isolierband.   In feuchten Räumen ist eine der Leitungsisolierung gleichwertige Umhüllung der Lötstelle
notwendig. Bei Gummiaderleitungen wird am besten
mit Chatterton isoliert.   Die Isoliermasse wird in erwärmtem Zustand auf die blanken Leitungteile und
die in 3—5 cm Länge freigelegte Gummiader $a\,b$
(Abb. 176) aufgetragen. Nachdem die Masse erkaltet
ist, wird das Ganze mit Isolierband umwickelt. Über
das Isolieren der Enden der Manteldrähte mit Papierisolierung vgl. 231.
    **225. Anschließen ortsveränderlicher Leitungen an
die Stecker und Stromverbraucher.** Beim Verbinden
der Leitungsschnüre mit dem Stecker und dem Stromverbraucher muß die mechanische Beanspruchung der
Anschlußstellen berücksichtigt werden. Während bei
den Zimmerschnüren (vgl. 217 III a und 221 III a) ein
mit Isolierband auszuführendes Verstärken der Leitungshülle genügt, werden bei den mehr beanspruchten,
derb behandelten Werkstattschnüren u. dgl. Leder-
hülsen oder gleichwertige Verstärkungen am Übergang
der Leitung zum Stecker nötig, wenn am Stecker
keine Vorrichtung zum Einspannen der Leitung
vorgesehen ist. An die Stromverbraucher werden

die Leiterenden mit Klemmschrauben angeschlossen, soweit nicht ebenfalls Steckvorrichtungen angewendet sind; dabei wird das Ende der Leitungsschnur mit einer Schelle am Stromverbraucher befestigt, indem man die Schelle zur Schonung der Leitungsisolierung mit Leder oder Gummi unterlegt. Metallhüllen der Leitungsschnüre müssen in feuchten und durchtränkten Räumen mit Hilfe eines am Stecker dafür vorhandenen Kontaktes gut geerdet werden (vgl. 135 letzt. Abs.).

226. Abstände der Leitungen. Werden die Leitungen nicht in Rohren oder als Kabel verlegt, so hält man im allgemeinen die in der folgenden Tabelle angegebenen Mindestabstände ein. Geringere Abstände sind zulässig, wenn bei Verbindungsleitungen zwischen Akkumulatoren, Maschinen und Schalttafeln sowie bei Steigleitungen usw. starke Leitungsdrähte oder Schienen verwendet werden, deren gegenseitiger Abstand durch Isolierkörper gewährleistet ist; dabei soll die Stützpunktentfernung für Kupferleiter nicht über 1 m betragen. Ferner können für unausschaltbare gleichpolige Parallelzweige geringere Abstände genommen werden.

Spannweite	Abstand	
	gegenseitig	von der Wand, von Gebäudeteilen und der Schutzverkleidung
Niederspannung:		
isolierte Einzel- und Mehrfachleitungen in trockenen Räumen		
auf Isolierrollen 80 cm	5 cm	1 cm
isolierte Einzelleitungen in feuchten Räumen		
auf Kellerisolatoren od. dgl. 80 cm	5 cm	5 cm
blanke Leitungen		
auf Isolatoren 4 m	10 cm	
4— 6 »	15 »	5 cm
6—10 »	20 »	
Hochspannung:		
blanke und isolierte Leitungen		
auf Isolatoren 1,5—2 m	1 cm auf je 1000 V aber mindestens 5 cm	5 cm

Hochspannungsleitungen werden blank verlegt und mit Schutzverkleidung umgeben, isolierte Leitungen erwecken unberechtigtes Sicherheitsgefühl.

227. Isolierrollen. Das Verlegen von Einzelleitungen auf Isolierrollen gewährt gute, auch noch in mäßig feuchten Räumen genügende Isolierung. Rollen sind für die Leitungsbefestigung zulässig, wenn die Leitungen der Berührung entzogen sind und der Anblick der offen verlegten Leitungen nicht stört. Dagegen ist diese Verlegung unzweckmäßig, wenn zu befürchten ist, daß die anfangs straff gespannten Leitungen durch Anstoßen, etwa beim Reinigen der Wände, verbogen werden.

Die Isolierrollen erfüllen ihren Zweck um so besser, je höher die Wulst ist, die den Abstand der Leitungen von der Wand festlegt und je größer dadurch der Weg für die Oberflächenleitung wird. Abb. 178 zeigt die für Niederspannung gebräuchliche Isolierrolle. Ihre untere Wulst muß so hoch sein, daß ein lichter Abstand der Leitungen von der Wand von mindestens 1 cm eingehalten wird. Zur Leitungsführung an der Decke feuchter Räume dient die nach den Grundsätzen der Isolierglocken gebaute Rolle Abb. 179, sie schützt bis zu gewissem Grade gegen Tropfwasser. Die Rolle ist an einer eisernen Schiene befestigt gedacht, ähnlich wie bei Abb. 180; der in die Rolle eingekittete Bolzen wird mit seinem vorstehenden Ende in die Gewindebohrung der Schiene geschraubt.

Auf Isolierrollen verlegte Leitungen sollte man nicht durch Verschalung schützen und dadurch un-

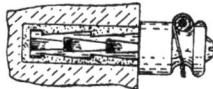
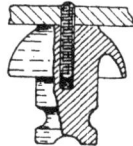

Abb. 178.   Abb. 179.

zugänglich machen; hinter den Verschalungen kann sich Schmutz ansammeln und zu Isolationsfehlern Veranlassung geben. Müssen die Leitungen in einer für die Berührung zugänglichen Höhe oder aus anderen Gründen geschützt werden, so verwendet man besser den jeweiligen Anforderungen genügende Schutzrohre (vgl. 228).

Der Abstand parallel laufender Leitungen soll bei Niederspannung nicht unter 5 cm betragen. Als Spannweiten nimmt man je nach dem größeren oder geringeren Abstand der Leitungen 50—80 cm. In besonderen Fällen, z. B. bei der Leitungsführung an Dachsparren, lassen sich größere Spannweiten nicht umgehen.

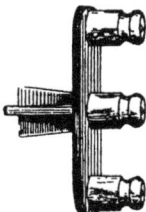 

Abb. 180.　　　　　Abb. 181.

Beim Überführen paralleler Leitungen aus einer Lage in eine andere, z. B. von der Deckenfläche in die Wandfläche, kommt es vor, daß man die Leitungen unnötig kreuzt. Dieser Fehler wird vermieden, wenn man sich zwischen den zu verlegenden Leitungen in bestimmter Richtung schwimmend denkt. Dabei muß ein und dieselbe Leitung stets auf der gleichen Seite liegen.

Das Festbinden der Leitungen auf den Rollen (Abb. 178) geschieht mit 1,5—2 mm dickem, verzinnten Kupferdraht, nötigenfalls mit verzinktem Eisendraht. Man legt den Bindedraht um die Leitung und die Rolle und würgt dessen Enden auf der von der Leitung abgewendeten Seite mittels einer Beißzange zusammen, die überstehenden Drahtenden werden abgezwickt. Ein Umschlingen der Isolierrollen mit den Leitungen ist unstatthaft. Zum Schutze der Leitungsisolierung gegen Beschädigen durch den Bindedraht wird die Leitung an der Bindestelle mit Isolierband umwickelt. Bei der Leitungsführung an Wänden wird der Leitungsdraht von oben auf die Rollen gelegt, so daß der Bindedraht entlastet ist (Abb. 178).

Zum Befestigen der Isolierrollen an Mauern dienen am besten eiserne Dübel, die mit Zementmörtel in die Mauer eingesetzt werden. Abb. 180 zeigt eine aus Gußeisen hergestellte Dübelbefestigung für drei Rollen. Beim Parallelführen einer größeren Anzahl von Leitungen werden in ähnlicher Weise Flacheisenschienen mit zwei bis drei Eisendübeln an der

Mauer befestigt. Holzleisten mit Holzdübelbefestigung
statt solcher Flacheisen zu verwenden, wäre unzweckmäßig. Unter eisernen Trägern werden zur Rollen-
befestigung Flacheisen festgeklemmt (Abb. 181).

Zum Führen der Leitungen um Mauerkanteń,
eiserne Träger usw. dienen Eckrollen (Abb. 182 und
183), die ein Berühren der Leitungen mit den Gebäudeteilen verhindern und den erforderlichen Abstand

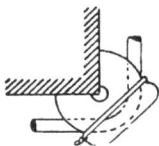
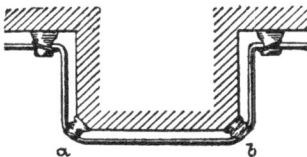

Abb. 182.   Abb. 183.

der Leitungen von der Unterlage wahren. Fehlerhaft
wäre es, die Eckrollen unbefestigt zwischen Leitung
und Mauer einzuklemmen, weil dann die Rollen beim
Nachgeben der Leitung abfallen; die Rollen müssen
an den zugehörigen Leitungen festgebunden (Abb. 182)
oder mittels Schraube und Dübel an der Mauer befestigt werden (Abb. 183).

Zur gegenseitigen Isolierung kreuzender Leitungen
kann man über die eine Leitung eine Isolierrolle
schieben (Abb. 184) und die andere Leitung auf der
Rolle festbinden.

228. Rohre ermöglichen Schutz der Leitungen in
ganzer Ausdehnung gegen mechanisches Beschädigen
und unauffälliges, daher fast überall durchführbares
Verlegen der Leitungen. Die Bauart der Rohre wähle
man so, daß sie den je nach Örtlichkeit verschieden
starken Beanspruchungen standhält. Andernfalls muß
man die Rohre besonders schützen (vgl. 229 k).

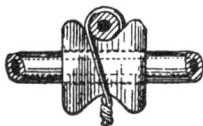

Abb. 184.

Für die verschiedenartigen
Leitungsschutzrohre gilt folgendes:

a) Hartgummirohre guter
Beschaffenheit schützen bei verläß-
lichem Abdichten der Stoßstellen
gegen Feuchtigkeit. Sie eignen sich
auch für das Verlegen in die Mauer,
soweit mechanische Beschädigung
durch Einschlagen von Nägeln ausgeschlossen ist. Die
Wandstärke der Rohre soll nicht unter 2 mm betragen.

b) Rohre mit gefalztem Metallmantel (Mes-
sing- oder Eisenblech) und Papiereinlage werden am

allgemeinsten gebraucht, insbesondere für das Verlegen in trockenen Räumen. Mit verzinktem Eisenmantel gewähren die Rohre etwas weitergehenden Schutz
als mit Messingmantel, insbesondere an feuchten Wänden. Der mit den Rohren erreichte mechanische Schutz
ist gering, so daß die Rohre, sobald Beschädigung zu
befürchten ist, besonders geschützt werden müssen.

Für das Verlegen einzelner Wechselstromleitungen,
einer Phase, ist nur Messingmantelrohr, nicht aber
Eisenmantelrohr geeignet.

c) Papierrohre ohne Metallmantel und
ebensolche Dosen geben keinen genügenden Schutz.
Finden sich Rohre dieser Art in alten Anlagen, so
ist zeitweises Untersuchen der Leitungsisolation und
im Falle einer Beschädigung Ersatz durch geeignetere
Leitungsausführung notwendig.

d) Rohre mit starkem Eisenmantel und
Papiereinlage, sog. Stahlpanzerrohre, gewähren mechanischen weitgehenden Schutz. Ihre Anwendung
ist wegen der höheren Kosten eingeschränkt. Unter
anderem kommen sie für das Verlegen an feuchten
Wänden und in die Mauer, ferner in Warenspeichern,
wenn schwache Rohre beschädigt würden, und für
Räume in Anwendung, in denen wegen Explosionsgefahr bester Leitungsschutz verlangt wird.

Sind die Rohre schwer zu beschaffen, so verlegt
man die Leitungen tunlichst außerhalb der gefährdeten
Räume und verwendet das Stahlpanzerrohr für kurze
in die Räume abgezweigte Leitungen, wenn es nicht
auch hier durch anderweitigen Leitungsschutz ersetzt werden muß.

e) Metallrohre ohne isolierende Einlage
gewähren guten mechanischen Leitungsschutz. Es
sollten aber nur für das Leitungsverlegen eigens bestimmte Rohre benutzt werden, weil im Innern anderer Rohre mitunter Metallspäne vorstehen und die
Leitungsisolierung beschädigen.

f) Stahlrohre mit Längsschlitz, System
Peschel, mit eingebranntem Lacküberzug, eignen sich
für das Verlegen in trockenen Räumen auf der Mauer.
Für das Einbetten in den Mauerputz werden über-
lappte Peschelrohre genommen, bei denen der Längsschlitz durch Übereinandergreifen der Rohrwände verdeckt ist. Hinsichtlich des mit den Rohren erreichten
mechanischen Schutzes gilt das gleiche wie unter e).

229. Leitungsverlegen in Rohr. Unter Hinweis auf
die für die verschiedenen Verlegungssysteme von den

Fabriken gegebenen Anleitungen sind nachstehend die
wesentlichen Ausführungsregeln zusammengestellt:

a) **Anzahl der Leitungen in einem Rohr**
ist durch Vorschriften nicht begrenzt, trotzdem sollten
nur in Ausnahmefällen mehr als drei Leitungen in
ein gemeinsames Rohr eingezogen werden. Im allgemeinen müssen die in ein und dasselbe Rohr einzuziehenden Leitungen dem gleichen Stromkreis ange-
hören. Nur für Schalt- und Signalanlagen dürfen
Leitungen verschiedener Stromkreise in einem Rohr
Aufnahme finden. Werden in diesem Fall viele Leitungen in e i n Rohr eingezogen, so versieht man die
einzelnen Leitungen mit schwachen Sicherungen, so daß
die Leitungen bei vorkommenden Schäden sicher abgeschaltet werden.

b) **Lichte Rohrweite.** Um bequemes Einziehen
und etwa späteres Auswechseln der Leitungsdrähte
zu ermöglichen, müssen die Rohre weit genug sein.
Die für verschiedene Querschnitte von Gummiaderleitungen zweckmäßigen Rohrweiten sind in nach-
stehender Tabelle angegeben.

Lichte Rohr- weite mm	Leitungsquerschnitte in mm²		
	1 Draht	2 Drähte	3 Drähte
	in einem Rohr		
9	1 1,5		
11	2,5	1	
13,5	4 6	1,5	1
16	10 16	2,5 4	1,5 2,5 4
23	25 35 50	6 10	6 10
29	70 95		
36	120		

Ein Verringern der in der Tabelle angegebenen
lichten Rohrweiten ist zulässig, wenn von der Forderung abgesehen werden kann, daß die Leitungen in
den fertig verlegten Rohrstrang sich bequem einziehen und ebenso auswechseln lassen sollen. Das
trifft zu, erstens für Leitungen von mehr als 16 mm²
Querschnitt, wenn die Rohre offen verlegt und samt
den eingezogenen Leitungen auswechselbar sind, zweitens unter letzterer Voraussetzung bei kurzen zu
Schaltern führenden Rohren. Unter Putz verlegte
Rohre für mehr als einen Draht müssen mindestens
11 mm weit sein.

Zum Verringern des erforderlichen Rohrvorrats
vermeide man zu viele verschiedenartige Rohrweiten,

indem man in geringen Mengen verwendete Draht-
sorten in weitere Rohre einzieht, als durch deren
Querschnitt bedingt ist.

    c) Rohrverbindungen. Die Rohrverbindungen
werden mit Muffen ausgeführt, die eine den Rohren
gleiche Widerstandsfähigkeit haben müssen.

    Bei den Hartgummirohren ist meist das eine Rohr-
ende mit dem Muffenansatz versehen. Das Abdichten

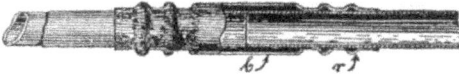

Abb. 185.

geschieht durch Anwärmen der übereinandergeschobe-
nen Rohrenden.

    Das Verbinden von Rohren mit dünnem Metall-
mantel durch eine gerillte Muffe ist in Abb. 185 dargestellt. Die Muffe enthält die Isolierhülse b und in
den Rillen r schmelzbaren Kitt. Vor dem Aufbringen
der Muffe werden die Rohrenden auf rd. 3 mm vom
Metallmantel befreit; einen durch das Abschneiden
des Rohres entstehenden Grat beseitigt man mit dem
Messer oder mit einem Krauskopf (Fräser). Nach dem

Abb. 186.

Überschieben der Muffe, in deren Mitte sich der Rohr-
stoß befinden soll, werden die Muffenenden zum
Zweck des Abdichtens mit Hilfe einer Lötlampe
schwach angewärmt. Wenig verläßlich sind glatte
Muffen ohne die in Abb. 185 dargestellten, mit
Isoliermasse ausgefüllten Rillen.

    Die Stahlpanzerrohre werden durch aufgeschraubte
Muffen verbunden, ähnlich wie beim Gasrohrver-
legen. Nach dem Abschneiden eines Rohres sorge
man für Beseitigen des entstandenen Grates.

    Von den Rohren ohne isolierende Einlage ist in
Abb. 186 die Muffenverbindung der mit Längsschlitz
versehenen Peschelrohre dargestellt. Die Enden der
in ihrem Umfang federnden Rohre werden in die Muffe
eingeschoben. In der Muffe befinden sich Schau-
löcher s, die nach dem Einschieben der Rohrenden

überdeckt sein müssen. Zum Abschneiden der Rohre
bedient man sich einer Säge. Der dabei sich bildende Grat wird mit einem Krauskopf beseitigt.
In Hochspannungsanlagen müssen die Stoßstellen
metallener Rohre leitend verbunden sein und die
Rohre geerdet werden. Leitende Stoßstellen sind
beim Stahlpanzer- und Peschelrohr
ohne weiteres vorhanden (vgl. l).

d) Biegungen lassen sich je nach
der Rohrart aus den geraden Rohren
herstellen, oder es werden gesonderte
Bogenstücke verwendet.

Die Rohre mit Metallmantel werden
mit einer dafür bestimmten Zange
gebogen, indem man den Rohrmantel
mit aufeinanderfolgenden Einkniffun-
gen x (Abb. 187) versieht. Dabei soll
der Falz des Metallmantels außen
oder auf der Seite, nicht im Innern des Bogens liegen.
Rohre auf Gehrung abzuschneiden und so aneinander
zu stoßen, ist verwerflich.

Abb. 187.

Die sog. Stahlpanzerrohre lassen sich mit dazu
bestimmten Vorrichtungen kalt biegen. Die Rohr-
naht muß dabei auf der Innen- oder Außenseite des
Rohrbogens liegen.

e) Verlegen und Befestigen der Rohre.
Ununterbrochene Rohrstrecken dürfen wegen des
nachträglichen Einziehens und etwa späteren Aus-
wechselns der Leitungen nicht zu lang sein, z. B. nicht
über 10 m, wenn die Rohrstrecke zwei Biegungen enthält, die das Einziehen der Leitungen erschweren.

Die Rohre müssen so verlegt werden, daß sich
in ihnen keine Wassersäcke bilden können. Nach
dem Verlegen jeder Rohrstrecke untersuche man, ob
sich das zum Einziehen der Leitungen bestimmte
Stahlband\unbehindert hindurchschieben läßt. Zum
Trockenhalten des Rohrinnern läßt man die Rohrstrecken an den Enden offen, es sei denn, daß
man unter bestimmten Voraussetzungen das Nieder-
schlagen von Feuchtigkeit befürchten muß. Letzteres
ist bei Rohren der Fall, die verschieden warme
Räume verbinden, namentlich bei Steigleitungsrohren.
Trifft es zu, so verschließt man zum Vermeiden
von Luftumlauf in den Rohren das höher gelegene
Rohrende alsbald nach dem Verlegen mit einem
Kork o. dgl. Nach dem Einziehen der Leitungen
benutzt man für diesen Rohrabschluß Chatterton-

Compound oder Isolierband, soweit die Rohre nicht ohnedies durch Dosen abgeschlossen sind. Bei Rohren mit Längsschlitz ist das Abschließen nicht notwendig. Für diese Rohre besteht bei Vertikalführung an der Austrittstelle über dem Fußboden die Gefahr, daß Wasser in die Rohre eindringt. Um das zu verhindern, werden an den Fußbodendurchführungen geschlossene Rohre verwendet.

Auf oder unter Koksschüttung zwischen Decke und Fußboden dürfen Rohrleitungen nicht verlegt werden.

An feuchten Wänden gebe man den Rohren Farbanstrich zum Schutz gegen Oxydation, der nach eingetretener Abnutzung erneut werden muß. In die Mauer zu verlegende Rohre, insbesondere Rohre mit dünnem Metallmantel, müssen zweimaligen Anstrich mit Asphaltlack oder Emaillefarbe erhalten.

Abb. 188.   Abb. 189.   Abb. 190.

Nach dem Verlegen der Rohre wird der Mauerschlitz mit Gips, nicht mit Zement- oder Kalkmörtel verputzt. Ein bei sorgfältigem Arbeiten für tapezierte Räume geeignetes Rohrverlegen ist durch Abb. 188 dargestellt. Dabei versieht man die Tapete mit einem Längsschnitt und biegt sie nach beiden Seiten zurück, um sie nach dem Verputzen des Mauerschlitzes wieder überzukleben.

Das Befestigen der Rohre geschieht bei offenem Verlegen in Abständen von 50—80 cm durch Rohrschellen aus verzinktem Eisen oder aus Messing (Abb. 189 und 190); dazu verwende man Schrauben, nicht Nägel. Die gleiche Befestigungsart dient für Rohr- und Manteldrähte (vgl. 230 u. 231). Zum Befestigen der unter Putz zu verlegenden Rohre kann man auch Bindedrähte verwenden. Dabei werden zwei zusammengewundene Drähte mit einem Nagel befestigt und über dem Rohr verwürgt.

Soll bei Neubauten die Möglichkeit gewahrt bleiben, später elektrische Beleuchtung einzurichten, so können zunächst nur die Rohre und erst im Bedarfsfalle die Leitungen verlegt werden. Dabei versäume man nicht, das ordnungsmäßige Verlegen der Rohre durch Ein-

schieben des zum Leitungseinziehen dienenden Stahl-
bandes nach erfolgtem Rohrverlegen zu prüfen. Die
Rohrenden werden wegen besseren Aussehens mit
Holzrosetten, Blechkappen o. dgl. abgedeckt.

f) Verbindungsdosen für die Leitungsabzweigungen sind nach Art der Metallmantelrohre (vgl.
228 b) aus Isoliermasse mit Metallumkleidung (Abb. 191)
oder aus Porzellan (Abb. 192) hergestellt.

Die an die Dosen anschließenden Isolierrohre
sollen in den Dosenhals (a Abb. 191), nicht aber in
die Dose selbst hineinragen. Sind die Räume nicht
genügend trocken, so werden die Rohreinführungen
in die Dosen (Abb. 191) mit einem durch Erwärmen
weich gemachten Kitt abgedichtet. Dosen ohne
Rohransätze, bei denen man die Rohre lediglich

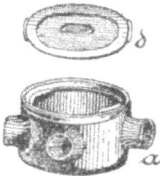

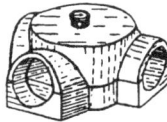

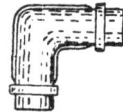

Abb. 191.   Abb. 192.   Abb. 193.

durch Öffnungen in der Dosenwand führt, müssen
hinreichende Wandstärke haben, damit sicheres Einführen der Rohre und Abdichten der Einführungs-
stellen möglich wird.

Beim Einbetten des Rohrsystems in den Mauerputz müssen die Dosendeckel d bündig mit der Mauer-
oberfläche liegen. Das erreicht man am sichersten,
wenn man einen Dosendeckel auf einem Brett befestigt, den Deckelgriff in das Brett einlassend, und
die in die Mauer einzubauende Dose mit Hilfe des
Deckelbajonetts auf dem Brett festklemmt. Die Dose
wird, mit angeschlossenen Rohren, in das mit weichem
Gips ausgeworfene Mauerloch gedrückt, soweit es die
überstehende Brettfläche zuläßt. Nach dem Erhärten
des Gipses wird das Brett mit dem Dosendeckel abgenommen und der endgültige Dosendeckel aufgesetzt,
der nun bündig mit der Mauer liegt.

Zum Leitungsabzweigen und -Verbinden werden
Abzweigscheiben (Abb. 169—171) in die Dosen eingesetzt. Lötverbindungen in den Dosen sind unzulässig. In lange Rohrstrecken legt man zum Zweck

des Nachschiebens der Leitungen beim Einziehen Dosen ohne Abzweigscheiben.

Liegen Rohre in großer Zahl nebeneinander, so kann man statt einzelner Rohrdosen isolierend ausgekleidete Kästchen aus Eisenblech verwenden, in die sämtliche Rohre einmünden. Auf übersichtliche Anordnung der Leitungen und Abzweigklemmen muß dabei Gewicht gelegt werden.

Die Verbindungsdosen aus Porzellan (Abb. 192) vereinigen in sich Abzweigdose und -Scheibe und erleichtern dadurch das Montieren; sie sind aber nur für das Rohrverlegen auf der Mauer geeignet.

g) Winkelstücke (Abb. 193), die aufklappbar sein

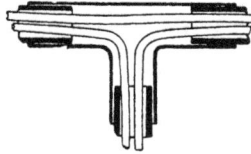

Abb. 194.

müssen, ersetzen die Rohrbögen, wenn die Rohre bei offenem Verlegen rechtwinklig um Balken und Mauerkanten geführt werden müssen.

h) T-Stücke, die mit Deckel versehen bei verschiedenen Rohrsystemen verwendet werden, erleichtern u. a. das Herstellen der Abzweigungen zu den Schaltern (Abb. 194).

Haben die Rohre eine isolierende Einlage, so muß das auch für die T- und Winkelstücke verlangt werden.

i) Tüllen an den Rohrenden. Soweit die Rohre nicht in Dosen einmünden, müssen ihre Enden mit Tüllen (Abb. 208) versehen werden, um einem Beschädigen der Leitungen durch scharfe Kanten vorzubeugen. Für Rohre mit isolierender Einlage sind Tüllen aus Isolierstoff, Porzellantüllen oder dgl. verlangt, bei Rohren ohne isolierende Einlage können die Tüllen aus Metall bestehen.

k) Schutz der Rohre. Besonderer Beanspruchung ausgesetzte Rohre müssen, wenn nötig, eigens geschützt werden. Das gilt unter anderem für Steigleitungsrohre bis zu einer Höhe von 10 cm über dem Fußboden. Der Schutz wird durch Verschalung oder dadurch erreicht, daß man Gasrohre über die Isolierrohre schiebt.

Zum Schutz der in die Mauer verlegten Rohre und zugehörigen Leitungen gegen das Einschlagen von Nägeln können rd. 2 mm dicke Flacheisen dienen, die man zur Erschwerung des Nageleinschlagens unter eine möglichst dünne Putzschicht legt. Als Schutz für einzelne oder wenige in ein Bündel zusammengelegte Rohre eignen sich Winkeleisen, durch deren schrägliegende Flächen eingeschlagene Nägel zur Seite gedrängt werden (Abb. 195 u. 196). Derartiger Rohrschutz wird entbehrlich, wenn man für das Rohrlegen Stellen wählt, an denen das Einschlagen von Nägeln unwahrscheinlich ist, das sind z. B. die zunächst den Zimmerecken gelegenen Wandflächen.

l) **Verwenden der Rohre als geerdete Leiter.** Metallrohre genügenden Querschnitts, deren Stoßverbindungen guten Kontakt geben, können als neutrale oder Nulleiter dienen. Das ist der Fall bei den mit Muffenverschraubungen versehenen Stahlpanzerrohren und den in die Muffen federnd eingeschobenen Peschelrohren, bei den letzteren, wenn

Abb. 195.   Abb. 196.

dafür gesorgt wird, daß die in die Muffen eingeschobenen Rohrenden nach etwa notwendigem Beseitigen der Emaillierung guten Kontakt geben. Handelt es sich um höhere Stromstärken, so wird wegen der Übergangswiderstände an den Rohrstößen blanker Draht in die Rohre eingezogen oder daneben verlegt. Verwendet man zum Durchführen der Leitungen durch Fußböden geschlossene Rohre (vgl. e, Schluß v. Abs. 2), so fehlt die kontaktgebende Federung der Rohre; nötigenfalls müssen dann Überbrückungsleiter durch Klemmschellen mit den Schlitzrohren verbunden werden.

m) **Einziehen der Leitung in den fertigen Rohrstrang** geschieht mit einem am einen Ende mit einer Kugel, am anderen Ende mit einer Öse versehenen Stahlband oder biegsamen Wellendraht. Das federnde Band wird mit der Kugel voran durch die Rohrstrecke geschoben, worauf man das Ende des einzuziehenden Drahtes oder die zusammengewürgten Enden der gleichzeitig einzuziehenden Drähte in die Bandöse hakt und nachzieht. Auch ein 0,8—1 mm dicker Eisendraht kann zum Einziehen benutzt werden, wenn man ihm durch vorausgegangenes straffes Spannen die zum Einschieben in den Rohrstrang nötige Federkraft verleiht. Das geschieht,

indem der Monteur und sein Gehilfe die Drahtenden
mit Flachzangen fassen und kräftig anziehen. Vor
dem Einschieben in das Rohr muß man das vordere
Drahtende umbiegen, damit es nicht festhakt. In
lange Rohrstrecken wird zum Erleichtern des Draht-
einziehens Specksteinpulver geblasen. Fehlt dazu ein
Blasebalg, so genügt ein etwa 20 cm langer Gummi-
schlauch, dessen eines Ende man in das Specksteinpulver taucht. Das auf diese Weise mit Pulver gefüllte
Schlauchende hält man an die Rohrmündung, am anderen Schlauchende mit dem Mund kräftig einblasend.
Beim Leitungseinziehen achte man darauf, daß die
Drahtumspinnung durch scharfe Kanten an der Rohrmündung nicht beschädigt wird, vorsichtiges Führen
der einzuziehenden Leitungen an der Rohrmündung
ist nötig.

Bei Leitungen über 6 mm² Querschnitt nimmt
man im allgemeinen für jeden Draht einen geson-

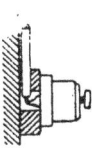 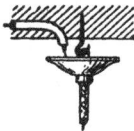 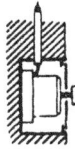 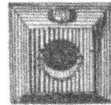

Abb. 197. Abb. 198. Abb. 199. Abb. 200.

derten Rohrstrang. Sollen Wechselstromleitungen in
Eisenrohre oder in Rohre mit Eisenmantel eingezogen
werden, so müssen sie ohne Rücksicht auf Querschnitt
und Zahl so zusammengelegt werden, daß die zu den
gleichen Stromkreisen gehörigen Leitungen in einem
Rohr vereint sind. In Rohre mit Messingmantel
können auch Wechselstromleitungen einzeln verlegt
werden; bei Eisenrohren ist das nur zulässig, wenn bei
Einphasenstrom das Rohr als geerdeter Nulleiter dient.

In den Rohren dürfen die Leitungen keine Lötstellen haben. Für Leitungsverbindungen und Abzweigungen werden Dosen (Abb. 191 u. 192) mit Abzweigscheiben (vgl. 223b) in den Rohrstrang eingefügt.

n) Anschluß der Rohre an Apparate und
Lampenträger. Zum Anschluß von Wandarmen,
Ausschaltern usw. dienen bei offenem Verlegen der
Rohre Unterlagscheiben aus Holz oder besser aus
Porzellan, die Auskehlungen zur Aufnahme des Rohr-
endes haben (Abb. 197). Fehlerhaft wäre es, das Rohr

vor der Unterlagscheibe aufhören und die Leitungen
vor der Einführung in den Schalter offen liegen zu
lassen.

Zum Anschluß der in Wänden und Decken verlegten Leitungen an Lampenträger u. dgl. läßt man
das in einem Bogen endigende Rohr aus dem Ver-
putz heraustreten (Abb. 198), oder man führt das
Rohrende in eine Dose ein. Letzteres ist für einen
Schalter-Anschluß in Abb. 199 gezeigt; es ragt nur
der Schaltgriff aus dem bündig mit der Mauer ab-
schließenden Dosendeckel oder aus einer über den
Schalter gelegten Glasplatte hervor. Werden die
Schalter auf der Wand angebracht, so verwendet
man Dübel aus feuchtigkeitsbeständig getränktem
Holz (Abb. 200), die mit einer seitlichen Aussparung
für die Aufnahme des Rohres und in der Achsen-
richtung mit einer das Einführen der Leitungen in
den Schalter zulassenden Aussparung versehen sind.
Das Rohr muß so weit in den Dübel eingeführt
werden, daß die Leitungen das Holz nicht berühren.

Die Leitungen dürfen erst nach dem Befestigen
der Apparate auf der Wand oder in der Maueraus-
sparung angeschlossen werden. Gegen diese Regel
wird beim Einbauen der kleinen Schalter und Anschlußdosen häufig verstoßen, indem zuvor die Leitungen
an die Apparate angeschlossen und diese dann befestigt
werden. Dadurch entsteht ein den Bestand der Leitungsanlage gefährdendes Zusammenpressen der Leitungen hinter den Apparaten.

230. **Verlegen der Rohrdrähte.** Die Rohrdrähte
werden nach ähnlichen Grundsätzen wie Metallmantel-
rohre (vgl. 229) behandelt. Ihre Anwendung beschränkt
sich auf trockene Räume und das Verlegen auf
dem Mauerputz. Beim Durchqueren von Mauern
sind gesonderte Durchführungsrohre notwendig, so
daß die Leitungen, den Vorschriften des Verbandes
Deutscher Elektrotechniker entsprechend, in der
ganzen Länge auswechselbar bleiben.

Das Geraderichten des Rohrdrahtes geschieht mit
einem dafür gebauten Geraderichter, nachdem der
Rohrdraht in der zu verlegenden Länge vom Versand-
ring abgewickelt ist. Den Rohrdraht führt man
derart zwischen die Rollen des Geraderichters, daß
sein Falz seitlich liegt, somit durch die Rollen nicht
aufgedrückt wird. Zum Freilegen des Leitungsdraht-
endes, bei Mehrfachleitungen der Drahtenden, wird der
Falz mit der Dreikantfeile angefeilt, dann der Rohrdraht hinter dieser Stelle mit der Abmantelungszange

umfaßt, der Falz mit der Beißzange eingekniffen und
abgerissen. Der übrige Teil des Metallmantels läßt
sich leicht abziehen, worauf man die Drahtisolierung
in erforderlicher Länge beseitigt und
am Rohrende mit Isolierbandabschluß
versieht. Krümmungen werden bei
schwachen Rohrdrähten durch Biegen
mit der Hand, bei starken mit der
Biegezange, wie bei den Isolierrohren
(Abb. 187), hergestellt.

Abb. 201.

Die Rohrdrähte lassen sich den
Architekturlinien der Wände und
Decken anschmiegen und eignen sich
demzufolge gut zum nachträglichen
Leitungsverlegen in Wohnräumen. Zum Befestigen der
Rohrdrähte dienen Schellen aus Messing oder verzinktem Eisenblech (Abb. 189) oder die für die Rohrdrähte
eigens bestimmten Bandschellendübel (Abb. 201). Bei
den letzteren wird nach dem Einschlagen des Dübels
das aus Messing oder verzinktem Eisenblech hergestellte Band *b* (Abb. 201) um den Rohrdraht gebogen. Diese Befestigungsart bietet den Vorteil, daß
die Befestigungsstelle durch den Rohrdraht überdeckt
wird. Als Abstand der Befestigungsstellen nimmt man
50—80 cm.

In Anlagen mit geerdetem Nulleiter kann der
Rohrdrahtmantel für geringe Stromstärken als Leiter
benutzt werden, eine zu weiterer Vereinfachung der
Leitungsverlegung führende Maßnahme. Die dabei
erforderliche gut leitende Verbindung der Metallmäntel der einzelnen Leitungsstrecken wird durch
Klemmringe erreicht, die den Kontakt zwischen Rohr-
und Dosenmantel herstellen, oder man verwendet
an den Dosen Überbrückungsstege, deren Klemmschellen die Mäntel der in die Dose eingeführten Rohrdrähte leitend verbinden.

**231. Verlegen der Manteldrähte mit Papierisolie-
rung** (vgl. 221 I d und e). Außer den unter 230 für die
Rohrdrähte gegebenen Regeln muß folgendes beachtet
werden: Beim Abbiegen nehme man nicht zu kleinen
Krümmungshalbmesser, nicht unter 3 cm. Vor allem
gilt das für die Manteldrähte mit Eisenleiter, wegen der
Steifigkeit des Eisenleiters und der darüber liegenden
Papierhülle. Das Isolieren der freigelegten Mantel-
drahtenden erfordert große Pünktlichkeit, wenn die
Isolierung der zu Feuchtigkeitsaufnahme neigenden
Papierhülle bestehen bleiben soll. Die Papierisolierung
trennt man staffelförmig ab und umwickelt die Isolie-

rung nebst den angrenzenden Enden des Leiters und des Metallmantels mit Isolierband. Bei Mehrfachleitungen muß die Isolierbandwicklung auch zwischen den Leitern an ihrem Austritt aus der gemeinsamen Papierhülle gut abdichten. Die fertige Isolierbandwickelung wird mit zähem, gegen Feuchtigkeit schützenden Lack, z. B. Cellonlack, überdeckt. Löten an den Drahtenden muß wegen leicht eintretender Beschädigung der Papier-isolierung unterbleiben; zum Leitungsverbinden benutzt man Abzweigscheiben (vgl. 223 b) oder ähnliche Hilfs-mittel. Dabei dürfen die Enden von Litzenleitern nicht zu Ösen gebogen, unter Klemmschrauben gelegt werden, weil die nicht verlöteten Litzendrähte aus-weichen und ungenügenden Kontakt geben würden; es sind daher Büchsen- oder Schlitzkontakte notwendig.

232. **Genutete Holzleisten** sind für das Leitungs-verlegen unzulässig, weil durch Stromübergang in feucht liegenden Holzleisten Brandschäden entstehen können. Von früher her in Holzleisten verlegte Lei-tungen untersuche man zeitweise, um sie an feuchten Stellen besser zu verlegen.

233. **Drahtkrampen** dienen nur für das Verlegen geerdeter blanker Drähte. Die Krampen müssen ver-zinnt oder verzinkt sein.

234. **Isolierglocken** sind in Gebäuden unter Um-ständen notwendig, wenn die Räume feucht sind oder Schadhaftwerden der Leitungsisolierung durch chemi-sche Einflüsse zu befürchten ist. Blanker Draht wird verwendet, wenn die Räume feuersicher und die Lei-tungen vom Fußboden aus nicht erreichbar sind. Werden isolierte Leitungen notwendig, so nimmt man Gummiaderdrähte oder Leitungen mit gleich guter Isolierhülle und versieht diese mit Öl- oder Emaille-farbeanstrich, der zeitweise erneut werden muß. In Abb. 202 ist eine an Kellerdecken benutzbare Isolator-anordnung angegeben. Die Isolator-stützen müssen verzinkt sein. Die Lampen werden am zweckmäßigsten unmittelbar unter den Leitungen an-gebracht.

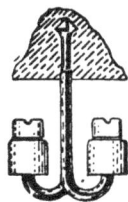

Abb. 202.

235. **Befestigen der Isoliervor-richtungen und Apparate.** Das Befestigen der Isolier-vorrichtungen und Apparate geschieht durch Schrauben. Nägel zu verwenden, ist bei offenem Leitungsverlegen verwerflich. Für genaues Ausrichten der Befestigungs-

stellen, z. B. für Isolierrollen, trage man Sorge. Gebräuchliche Befestigungsmittel an Mauern sind:

a) Stahldübel. Die in die Mauer einzuschlagenden Stahldübel haben entweder (Abb. 203) im Kopf eine Gewindebohrung zur Aufnahme einer Schraube *s* für das Befestigen der Apparate, Isolierrollen u. dgl., oder (Abb. 204) einen gleichen Zwecken dienenden Bolzenansatz. Das Einschlagen der Dübel in die Mauer geschieht, nachdem das Loch etwas vorgebohrt ist, bei

Abb. 203.

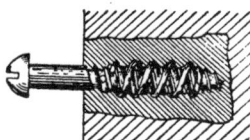

Abb. 204.   Abb. 205.

den ersteren Dübeln unmittelbar mit dem Hammer und bei den letzteren mit einem Setzeisen. Das Setzeisen hat eine Bohrung zur Aufnahme des Bolzens, so daß die Hammerschläge auf die Stirnfläche des Dübels übertragen werden. Das Eintreiben der Dübel in die Mauer wird beim Verwenden der .von Hartmann & Braun eingeführten Stahldübel mit abgestumpfter Spitze (Stahldübel »System Peschel«) erleichtert. Die Dübel sollen nur so weit in die Mauer eingetrieben werden, daß ihr Vierkantschaft noch etwas über die Mauerfläche hervorragt.

b) Spiraldübel. Der Spiraldübel (Abb. 205) wird samt der zuvor eingefetteten Schraube eingegipst. Das Bohrloch muß den Maßen des Spiraldübels tunlichst angepaßt und vor dem Dübeleingipsen angefeuchtet werden. Nach dem Erhärten des Gipses kann man die Schraube ohne Beschädigen der Mauer herausdrehen.

c) Bleidübel. Dieser in Abb. 178 in Verbindung mit einer Isolierrolle dargestellte Dübel enthält in einem kleinen Bleiklotz die Gewindebohrung für die Schraube. Er wird in ein seiner Größe angepaßtes Dübelloch eingegipst.

d) Keilverschraubung. Die Keilverschraubung (Abb. 206) eignet sich zum Befestigen von Bolzen, die auf starken Zug beansprucht werden, und gewährt den Vorteil, daß Bindemittel, Zement oder Gips, nicht notwendig sind. Nachdem die Keilverschraubung in

das ihr angepaßte Bohrloch eingesetzt ist, wird der
in dem vierkantigen Keil *k* sitzende Schraubenbolzen
angezogen. Dabei pressen sich die Seitenteile *l* mit
ihren Einkerbungen gegen die Wand der Bohrung und
halten den Bolzen fest. Der Bund *b* des Bolzens legt
sich gegen die das Bohrloch abschließende Unterlege-
scheibe *u*.

e) Holzdübel. Abb. 207 zeigt die übliche Form
für einen aus trockenem Langholz hergestellten Dübel-
klotz. Bei frischem Mauerwerk nimmt man feuchtigkeitsbeständig getränkte Dübel. Die Dübel werden
in das vierkantige Mauerloch, mit dem breiteren

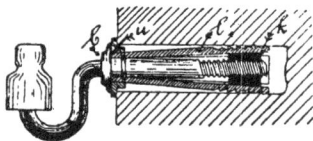

Abb. 206.

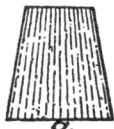

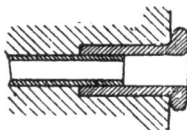

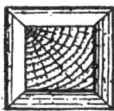

Abb. 207.   Abb. 208.

Teil *a* dem Innern des Loches zugekehrt, mit Gips
oder Zement eingesetzt.

236. **Leitungsdurchführung in Mauern und Decken.**
Sollen Leitungen durch die Mauer geführt werden,
so setzt man Porzellan- oder Hartgummirohre in
die Mauerbohrung ein, die so weit sind, daß sich
die Leitungen leicht hindurchschieben lassen. Für
getrennt verlegte Leitungen müssen auch gesonderte
Rohre benutzt werden. Unstatthaft ist es, aus Sparsamkeitsrücksichten in ein Rohr mehrere im übrigen
getrennte Leitungen einzuziehen. Die Enden der Rohre
versieht man mit Tüllen aus feuersicherem Isolierstoff (Abb. 208). Die Tüllen werden so weit genommen, daß sie sich abdichtend über die Rohre
schieben lassen, erforderlichenfalls verwendet man zum
Abdichten Kitt. In feuchten Räumen werden aus Porzellan hergestellte Einführungstrichter (Abb. 140 und
141) verwendet.

Bei Leitungsführungen durch Fußböden müssen die zum Schutze der Leitungen dienenden Rohre einige Zentimeter über den Fußboden vorstehen, damit beim Fußbodenscheuern kein Wasser in die Rohre eindringt. Sind die über den Fußboden vorstehenden Rohren nicht genügend widerstandsfähig, so schützt man sie durch übergeschobene Gasrohre oder durch Verschalung. Das ist bei den mit dünnem Metallmantel versehenen Papierrohren, nicht aber bei Stahlrohren notwendig. Werden für das Durchführen einer größeren Anzahl von Leitungen durch Wände oder Decken Aussparungen hergestellt, so dürfen sie nicht weiter sein, als für freies Durchführen der Leitungen gerade erforderlich ist, weil zu große Öffnungen, namentlich in Decken, das Verbreiten eines entstandenen Schadenfeuers begünstigen.

Beim Herstellen von Leitungsführungen durch fertig getünchte Wände und Decken verfahre man sorgfältig, damit die Putzfläche wenig beschädigt wird.

237. Maßnahmen gegen Stromschluß mit Schwachstromleitungen. Stromübergang von Starkstromleitungen auf Fernsprech- und Klingelleitungen ist wegen deren schwacher Isolierung und wegen der oft bestehenden Erdung des einen Poles des Schwachstromnetzes feuergefährlich. Daher sorge man dafür, daß sich die beiderseitigen Leitungen nicht berühren. Der Abstand beim Parallelführen beider Leitungssysteme soll nicht unter 10 cm betragen. An Kreuzungen der beiderseitigen Leitungen läßt sich durch Zwischenlegen von Isolierrollen, durch Isolierrohre u. dgl. eine sichere Trennung erreichen. Bei Wand- und Deckendurchführungen dürfen nie gemeinsame Rohre für beide Leitungssysteme dienen. Besondere Beachtung schenke man den an Glühlichtkronen herabhängenden Klingelleitungsschnüren. Dabei bediene man sich für Stark- und Schwachstrom bester Gummiaderleitungen oder guter Ersatzleitungen. Die in der Regel frei herabhängende Klingelleitungsschnur muß an der Decke oder an der Glühlichtkrone isolierend befestigt werden, so daß dem Beschädigen der auf Zug beanspruchten Befestigungsstelle vorgebeugt wird. Gute Erdung des Metallkörpers der Glühlichtkronen sollte man anstreben, damit bei Isolationsfehlern in den Starkstromleitungen die zugehörigen Sicherungen durchschmelzen und dadurch das Schwachstromnetz schützen.

238. Vermeiden des Berührens der elektrischen Einrichtungen mit anderweitigen Leitersystemen. Die Leitungsdrähte und alle sie umgebenden metallenen

Schutzrohre, sowie Apparate und deren metallene Schutzkästen, dürfen Gas-, Wasserleitungen u. dgl. nicht berühren, wenn die Metallhüllen nicht gut geerdet sind. Das bezweckt, Stromübergang auf die anderweitigen Leitersysteme zu verhüten, wie er bei Isolationsfehlern in den elektrischen Leitungen und damit zusammenhängendem Körperschluß mit den metallenen Schutzrohren und Schutzkästen auftreten würde. Stromübergang auf Gas- und Wasserrohre kann das Einschmelzen eines Loches in das Rohr und damit Gas- oder Wasseraustritt zur Folge haben, wenn nicht zuvor durch die zugehörige Sicherung Stromunterbrechung eintritt. Als Abstand zwischen den elektrischen Einrichtungen und anderweitigen Leitersystemen genügen bei Niederspannungsanlagen in trockenen Räumen 1—2 cm. In feuchten Räumen, woselbst die leitende Eigenschaft der feuchten Wand zu berücksichtigen ist, sollte wegen möglicher elektrolytischer Zerstörung der Abstand wenn angängig nicht unter 1 m betragen.

Lassen sich elektrische Leitungen und zugehörige metallene Schutzrohre von anderweitigen Leitersystemen nicht fernhalten, wie es zutrifft, wenn die Glühlichtkronen auch Gasanschluß haben, so verbindet man am besten das metallene Leitungsschutzrohr und das Gasrohr leitend, indem man die meist nebeneinander liegenden Rohre mit Bindedraht umwickelt. Dadurch wird Lichtbogenbildung zwischen den benachbarten Leitersystemen verhindert und das Wirken der Schmelzsicherungen beim Auftreten von Isolationsfehlern gefördert.

Bleikabel.

239. **Allgemeines.** Die Metallseele des Kabels ist von feuchtigkeitsbeständig getränktem Papier in mehreren Lagen umgeben, darauf folgt der die Isolation vor Feuchtigkeit schützende Bleimantel und darüber Eisenbandbewehrung mit Juteumwickelung. Die Eisenbewehrung bezweckt Schutz des Kabels insbesondere beim Versand und Verlegen; gegen Pickenhiebe und harte Stöße schützt die Eisenbewehrung nicht, auch starken Zug halten die Kabel nicht aus. Kabel ohne Eisenbewehrung, sog. blanke Bleikabel, dürfen nicht unmittelbar in die Erde oder in die Mauer eingebettet werden.

Kabel mit Zink- und Aluminiumleiter sind als Ersatz für Kupferleiterkabel eingeführt. Da

die Ersatzleiter geringere Zugfestigkeit haben und
weniger biegsam sind als Kupferleiter, so müssen
die Kabel beim Verlegen besonders vorsichtig behandelt werden; namentlich vermeide man das Abbiegen
der Kabel mit zu kleinem Krümmungshalbmesser.
Die Sicherungen für Zinkkabel müssen so bemessen
werden, daß der Leiter vor zu starker Erwärmung
geschützt bleibt. Das Herstellen der Leitungsverbindungen. ist unter 191 beschrieben.

In Wechselstrombetrieben sind Kabel, die nur
einen Leiter enthalten, sogen. Einleiterkabel, mit
Eisenbewehrung nicht verwendbar; es werden verseilte, selten konzentrische Kabel benutzt. Bei den
ersteren sind zwei, drei oder vier gegeneinander isolierte
Leiterseelen verdrillt, bei den konzentrischen Kabeln
liegen um die innere Leiterseele abwechselnd die
Isolationen und die übrigen Leiter. Verseilte Kabel
haben den konzentrischen gegenüber den Vorzug,
daß die Kapazität der einzelnen Leitungen gegen
Erde gleich ist, was bei Isolationsprüfungen ins Gewicht fällt. Bei verseilten Kabeln müssen alle Leiter
möglichst gleichzeitig ein- und ausgeschaltet werden,
weil andernfalls Überspannungen auftreten können.

Für die Arbeiten an Kabeln sollten tunlichst in
den Kabelfabriken ausgebildete Monteure herangezogen werden. Da aber auch die übrigen Leitungsmonteure in einzelnen Fällen Bleikabel zu verlegen
haben, so folgen nachstehend die wesentlichsten Regeln
für diese Arbeiten.

240. **Kabelverlegung.** Der Bleimantel ist gegen
Stoffe, die in Fäulnis sind, sowie gegen Kalk- und
Zementmörtel empfindlich, er muß daher vor Berührung mit diesen Stoffen geschützt werden. Einbetten der
Kabel in Holzkanäle ist nur zulässig, wenn man die Kanäle mit
Asphalt ausgießt oder in anderer
Weise gegen das Faulen des
Holzes schützt.

Beim Abladen werden die
Kabeltrommeln auf der Verladerampe heruntergerollt oder mit
einem Kran herabgehoben. Abwerfen der Kabeltrommel vom

Abb. 209.

Wagen ist unzulässig. Die Trommeln müssen in der
Richtung gerollt werden, die auf der Trommel durch
Pfeile angegeben ist. Das Abbiegen der Kabel mit
zu geringem Krümmungshalbmesser vermeide man.

Der Krümmungshalbmesser soll bei Kupferkabeln mindestens das 15fache der Kabeldurchmesser betragen (Abb. 209), bei Zinkkabeln mindestens das 25fache des Kabeldurchmessers. Kabel, die großer Kälte ausgesetzt waren, dürfen wegen der dabei bestehenden Sprödigkeit des Bleimantels und der Isoliermasse nicht verlegt werden. Muß man Kabel bei Frostwetter verlegen, so lagert man die Kabelrollen zuvor etwa zwei Tage lang in einem erwärmten Raum.

Nach dem Kabelverlegen sind Isolationsmessungen und bei Hochspannung Prüfung auf Durchschlagfestigkeit notwendig. In letzterem Fall geht man mit der Spannung langsam hoch. Das geschieht mit Hilfe eines Transformators mit veränderlichem Übersetzungsverhältnis, oder es werden, ähnlich wie beim Motoranlassen, zuerst Widerstände in den Prüfstromkreis geschaltet. Falsch würde es sein, das Erhöhen der Prüfspannung dadurch zu erreichen, daß man bei eingeschaltetem Kabel die Maschine allmählich auf höhere Drehzahl und Spannung bringt. Derartige Prüfungen müssen erfahrenen Ingenieuren überlassen werden.

a) Offenes Verlegen. Die mit Eisenband bewehrten Kabel schützen gegen mechanische Beschädigung, so daß weiterer Schutz der Kabel nur in besonderen Fällen, z. B. beim Vertikalführen unmittelbar über dem Fußboden, notwendig ist. Werden Kabel horizontal verlegt, so sollte das mindestens 30 cm über dem Fußboden geschehen, so daß ein beim Fußbodenscheuern in Mitleidenschaft gezogener Mauerstreifen frei bleibt. Für das Befestigen der Kabel sowohl auf Holzunterlagen wie auf Mauern verwende man eiserne, dem Kabeldurchmesser angepaßte, keinenfalls zu enge Schellen, die in Abständen von 1—2 m mittels Schrauben befestigt werden. Rohrhaken für das Kabelbefestigen zu nehmen, ist wegen der Gefahr der Kabelbeschädigung verwerflich. Blanke Bleikabel sollten behufs Vermeidung einer Zerstörung des Bleimantels nicht an feuchten Mauern, zum wenigsten mit eisernen Rohrhaken befestigt werden. Für die in geringen Stärken verwendeten blanken Kabel dienen zum Befestigen die auch bei Isolierrohren üblichen Schellen (vgl. Abb. 189).

Die Hülle offen verlegter Hochspannungskabel muß gut geerdet werden, so daß sie auch bei Isolationsfehlern im Kabel keine gefährliche Spannung annehmen kann. Dabei wird der Kabelbleimantel mit den Verbindungsmuffen, Endverschlüssen und

Kabelkästen gut leitend verbunden (vgl. 243 Abs. 2)
und an Erdleitungen angeschlossen.

b) Verlegen durch Mauern, wie es beim Einführen von Kabeln in Gebäude vorkommt, erfordert
Schutzmaßnahmen gegen die zerstörende Einwirkung
von Kalk- und Zementmörtel. Zu dem Zweck zieht
man die Kabel durch Schutzrohre oder man umwickelt
sie mit Dachpappe. Einbetten von Kabelstrecken in
die Mauer ist unstatthaft, weil sich alle Leitungen nachsehen und auswechseln lassen sollen.

c) Verlegen in die Erde. Das Abnehmen des
Kabels von der Trommel sollte durch Ziehen am Kabel,
nicht durch Drehen der Trommel geschehen. Dabei muß die Trommel durch Anhalten eines Brettes
gegen den Trommelrand nötigenfalls abgebremst
werden. Mit Eisenband bewehrte Kabel legt man in
60—80 cm tiefe Gräben, deren Sohle keine Unebenheiten haben darf. Handelt es sich um steiniges Erdreich, so muß die Grabensohle mit Sand ausgeglichen
werden. Das Einbetten der Kabel in frisch aufgefüllten
Boden sollte wegen der Senkung des Erdreichs, und
der damit verbundenen Beanspruchung der Kabel auf
Zug, tunlichst vermieden werden. Ist das nicht möglich, so legt man die Kabel in schwachen Wellenlinien,
so daß es etwas nachgeben kann. Im Erdreich, das
chemisch angreifende Stoffe, Abwässer von Stallungen
u. dgl. enthält, vermeide man das Einbetten von Kabeln.

Die in den Graben eingelegten Kabel bedeckt man
mit einer 10 cm hohen Sand- oder Erdschicht. Darüber werden zum Schutz der Kabel zum mindesten
nebeneinander gereihte Ziegelsteine gelegt, die die
Kabellage etwas überragen müssen. Dadurch soll bei
späteren Erdarbeiten auf das Vorhandensein der Kabel
aufmerksam gemacht und zur Vorsicht gemahnt werden.
Verläßlicheres Abdecken läßt sich durch Zement-
platten, Eisendeckel u. dgl. erreichen. Das Abdecken
der Kabel mit mindestens 3 mm dicken Eisendeckeln
oder das Einziehen in eiserne Rohre wird bei geringer Tiefenlage der Kabel, z. B. auf Brücken, notwendig. Annäherung der Kabel an Gas- und Wasserrohre vermeide man wegen des bei Kabelfehlern zu
befürchtenden Stromüberganges und des dabei möglichen Einbrennens von Löchern in die Rohre. An
Kreuzungsstellen der Kabel und Rohre werden die
Kabel am besten tiefer gelegt als die Rohre. Läßt
sich ein Annähern der Kabel an die Rohre auf weniger
als 30 cm nicht vermeiden, so muß der Zwischenraum
durch nichtleitende Zwischenlagen, Ziegelsteine o. dgl.,

gesichert werden. Ferner achte man darauf, daß die Mauerdurchführungen von Kabeln und Rohren nicht zu benachbart liegen, weil die hier meist vorhandene Mauerfeuchtigkeit geeignet ist, elektrolytische Zerstörungen an den Kabelhüllen oder Rohren durch Stromübergang hervorzurufen.

d) Verlegen der Kabel in Schächten sollte tunlichst durch eigens dafür ausgebildete Monteure geschehen. Für den Fall, daß das nicht möglich ist, werden nachstehend einige Anhalte gegeben: Die Kabeltrommel wird auf die Schachtsohle gebracht und das an einem Zugseil sicher befestigte Kabel hochgezogen. Dabei verfahre man mit großer Vorsicht, weil das Kabel durch Abstürzen in den Schacht nicht nur unbrauchbar würde, sondern auch Menschenleben gefährden könnte. Fehlerhaft wäre es, die Kabeltrommel oberhalb des Schachtes aufzustellen, weil dann das in den Schacht einlaufende Kabel durch das eigene Gewicht abrollen und abstürzen kann. Nach dem Hochziehen wird das Kabel mit Schellen befestigt, bevor das Zugseil abgekuppelt ist. Mit dem Anbringen der Schellen beginne man am unteren Kabelende, um tunlichst gleichmäßig Beanspruchung der Schellenbefestigung zu erzielen.

241. Kabelendverschluß. Zum Anschluß an Sammelschienen, Maschinen und Apparate wird das Ende der Kabelseele mit einem für den jeweiligen Zweck geeigneten Kabelschuh versehen und die Kabelhülle durch Isoliermasse vor dem Eindringen von Feuchtigkeit in die Kabelisolation geschützt. Nachstehend werden insbesondere die Arbeiten an Niederspannungskabeln beschrieben.

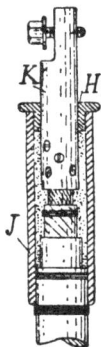

Abb. 210.

Um einen Endverschluß aufzubringen, werden Isolationsschicht, Bleimantel und Kabelbewehrung staffelförmig freigelegt (Abb. 210). Beim Abschneiden der Eisenbandbewehrung darf der darunter liegende Bleimantel und beim Abschneiden des Bleimantels die Isolationsschicht nicht verletzt werden. Vor dem Abschneiden des Bleimantels oder dem Abbiegen eines in der Kabelseele enthaltenen Prüfdrahtes erwärmt man das Kabelende. Dem Aufspleißen der Isolationsschicht wird durch eine hinter der Schnittstelle angebrachte Bindfadenumschnürung vorgebeugt, ebenso verfährt

man mit der auf der Eisenbewehrung liegenden Jute-
umspinnung. Das Ende der Kupferseele und eines
etwa vorhandenen Prüfdrahtes werden vor dem Einführen in den Kabelschuh (*K* Abb. 210) mit Benzin
gereinigt. Die Kabelschuhbohrung muß dem Durchmesser der Kupferseele angepaßt sein, zur Kontakt-
verbindung dienen Spitzschrauben. Bevor das Isolierrohr *J* übergeschoben wird, empfiehlt es sich, die Kabelisolation zu prüfen, um entstandene Schäden rechtzeitig zu erkennen. Das Ende des Isolierrohres muß
den Anfang der Kabelbewehrung überdecken und
gegen Ausfließen der einzugießenden Isoliermasse mit
Isolierband oder Bindfadenumschnürung abgedichtet
werden. Der Endverschluß wird mit der durch Erwärmen dünnflüssig gemachten Isoliermasse ausgegossen und mit der isolierenden Hülse *H* abgedeckt. Bei

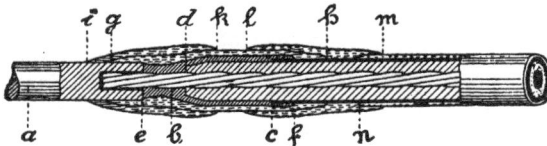

Abb. 211.

diesen Arbeiten achte man darauf, daß weder Feuchtigkeit noch Staub in den Endverschluß gelangt. Die
Isoliermasse soll bei 80—90° schmelzen, dauernd zähe
bleiben, gut an Metall und Porzellan haften und hohe
elektrische Durchschlagfestigkeit besitzen.

Ein ohne vorbezeichnetes Isolierrohr hergestellter
Kabelendverschluß ist in Abb. 211 dargestellt. Um die
Kabelseele in den Kabelschuh *a* einzulöten, legt man
die Kupferseele zuerst nur bis *b* (Abb. 211), d. h. so weit
frei, daß die Kabelisolierung beim Löten (vgl. 189) nicht
beschädigt wird. Nach dem Erkalten muß die Lötstelle sorgfältig gereinigt werden; dazu darf man kein
Wasser verwenden, um nicht die Kabelisolierung zu
gefährden. Zum Zweck der dann auszuführenden
Isolierung verfährt man sowohl bei Schrauben- wie
Lötverbindung wie folgt: Der Bleimantel wird bis *c*
(Abb. 211) 3—5 cm hinter *e* abgetrennt. 3—4 cm
weiter rückwärts wird die asphaltierte Juteumwickelung durch einen Bund aus verzinktem Eisendraht
vor dem Aufgehen geschützt und vor dem Bund abgeschnitten. Die Isolationsschicht wird dann bis *d*,
1—2 cm hinter *e*, abgetrennt und zugespitzt, wobei

die beim Löten etwa beschädigten Teile entfernt
werden. Die nun aufzutragende, etwa 2 mm dicke
Schicht *ef* von Chatterton-Compound soll die freigelegte Isolationsschicht, die blanke Kupfer-
drahtlitze und auf 1—2 cm den blank
gemachten Bleimantel überdecken. Zum
gleichmäßigen Auftragen des Chatterton-
Compound verwendet man Streicheisen
(einem Schraubenzieher ähnliche Werkzeuge), die man an einer·Spiritusflamme
anwärmt. Über die erkaltete Masse
wickelt man Gummiband *g—h*, auf beiden
Seiten 2—3 cm über die Chatterton-
Compoundlage greifend. Dann kommt
Bewickelung mit gummiertem Band *i—k*
und *l—m*, die noch über die bei *n* etwa
beginnende Juteumwickelung greift. Ein

Abb. 212.   Ring *k—l* von etwa 2 cm Länge bleibt
von gummiertem Band frei. Zum Schluß
wird die aufgebrachte Wickelung mit flüssig gemachtem Paraffin überstrichen. Bei schwachen Kabeln,
etwa unter 16 mm² Querschnitt, ist ein Kabelschuh
(*a* Abb. 211) nicht erforderlich, wenn am Ende der
Drahtlitze die Drähte durch Löten vereinigt werden.

Der Endverschluß für ein Dreileiterkabel, der
nach dem für Abb. 210 beschriebenen Verfahren

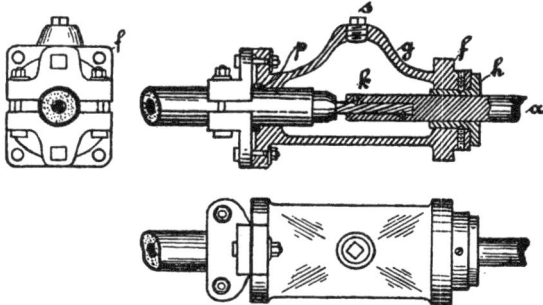

Abb. 213.

hergestellt wird, ist in Abb. 212 mit gußeiserner Muffe
dargestellt. Die Muffe wird über das Kabelende
hinweg nach unten geschoben, bis die drei Kabelschuhe aufgebracht sind. Dann bringt man die Muffe
in die endgültige Lage zurück und befestigt sie mit

ihren beiden Flanschen an der Schaltwand. Das Abdichten des unteren Teils der Muffe gegen das Ausfließen der Isoliermasse geschieht mit Isolierband.
Vor dem Eingießen der Isoliermasse muß die Muffe
angewärmt werden. Der Muffendeckel ist aus isolierendem Stoff hergestellt oder, wenn er aus Metall besteht, mit Porzellanhülsen für die drei Leitungsdurchführungen versehen.

In Hochspannungsanlagen müssen die Metallhüllen
der Kabelendverschlüsse geerdet werden.

Bei Einfachkabeln für Wechselstrombetriebe dürfen
die Endverschlüsse nicht aus Eisen bestehen, weil
sie bei hoher Stromstärke unzulässig erwärmt würden.
Blei, Zink und Messing sind hierfür verwendbar.

242. **Kabelkasten.** Die Enden der in der Erde
verlegten Kabel werden zum Zweck der Kabelver-
zweigung in dicht schließende gußeiserne Kästen eingeführt. Ein nach Abb. 211 hergestellter Endverschluß muß in seiner ganzen Länge, bis hinter m, in
den Kasten hineinragen. Abb. 213 zeigt eine zum Anschließen an einen Kabelkasten bestimmte gußeiserne
Muffe mit Kabelendverschluß. Die Muffe wird auf der
einen Seite durch eine den Bolzen des Kabelschuhs um-
fassende isolierende Hülse h und auf der anderen Seite
durch die Gummipackung p abgedichtet. Die Stirnfläche der Gußeisenmuffe ist zum Zweck luftdichten
Anschlusses an den Verteilungskasten mit Flanschen f
versehen.

Nach dem Aufbringen des Endverschlusses wird
die angewärmte Muffe durch die Füllöffnung bei
s mit erwärmter Isoliermasse ausgegossen. Die sich
allmählich setzende Masse muß nachgefüllt werden,
um Hohlräume zu vermeiden. Ist das geschehen, so
wird die Muffe durch die Schraube s verschlossen.

243. **Verbinden von Bleikabeln.** Die Kabelseelen
werden durch Klemmen (k Abb. 214) oder durch
Löten verbunden (vgl. 189 und 223).

Die Verbindungsstelle wird, wie in Abb. 214
angegeben, von einer zweiteiligen, mit Isoliermasse
auszugießenden Gußeisenmuffe g umschlossen, wobei
man die Kabel zum Abdichten der Einführungs-
stellen mit Isolierband - Bunden b umwickelt. Bei
Niederspannung empfiehlt es sich, die Kabelhüllen
durch die vorbezeichnete Isolierbandumwickelung b
gegen die Muffen und Kabelkästen zu isolieren, um
einen bei Kabelfehlern auftretenden Stromübergang
örtlich einzuschränken und dem Verbreiten von
Fremdströmen (Erdströme der Straßenbahnen), die

auf die Kabelhüllen zerstörend einwirken, vorzubeugen. In Hochspannungsanlagen muß man die Kabel-
bleimäntel und die Eisenbewehrungen unter sich und
mit den Muffen gut leitend verbinden und erden, um
zu verhüten, daß in den Kabelhüllen gefährliche Spannungen auftreten. Zu dem Zweck werden ver-

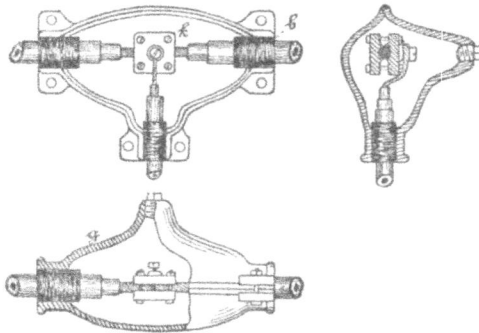

Abb. 214.

zinnte Kupferdrähte um die Bleimäntel der Kabel
gewickelt und mit diesen verlötet. Die Drähte führt
man von einem Kabelende zum andern an den Muffen-
wandungen entlang. Der Kontakt mit den eisernen
Muffen wird durch Einklemmen der Drähte unter
einige Muffenschrauben erreicht.

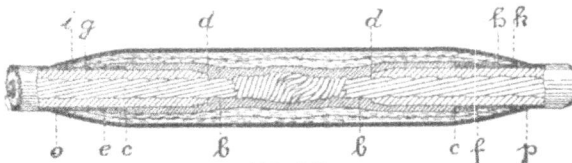

Abb. 215.

Umschließt man die Verbindungsstellen mit Blei-
muffen (Abb. 215), so wird nach dem Verlöten der Lei-
tungskuppelung der Bleimantel zu beiden Seiten auf
eine Länge von 3—5 cm, b—c, abgetrennt, ebenso entfernt man zu beiden Seiten ein etwa 1 cm langes Stück
der Isolationsschicht b—d, die zugespitzt wird. Dann
folgt das Aufbringen der Chatterton-Compoundschicht

$e-f$, der Gummibandwickelung $g-h$ und der Wickelung mit gummiertem Band $i-k$. Die Isolierung umschließt man mit einer Bleimuffe $o-p$, die vorsichtshalber von einer zweiten, mit versetzter Naht aufzubringenden Muffe umgeben werden kann. Die Bleimuffe wird an ihrer Längsnat und an den Anschlüssen an den Kabelbleimantel verlötet, dann mit der vom Kabelende zuvor abgetrennten asphaltierten Jute und mit asphaltiertem Band umwickelt und mit flüssig gemachtem Asphalt überstrichen. Bei eisenbewehrten Kabeln wird verzinntes Eisenband in zwei sich gegenseitig überdeckenden Lagen aufgewickelt.

Sind Erdbewegungen in der Nähe der Kabel zu befürchten, so daß die Kabel Zugkräften ausgesetzt werden, dann muß dem Befestigen der Kabel an den Muffen größte Sorgfalt geschenkt werden, um ein Herausziehen der Kabel aus den Muffen zu verhindern.

Leitungsanlagen für besondere Zwecke.

244. Gebäude-Anschlußleitungen der Straßenkabelnetze. Die in die Gebäude eingeführten, bei unterirdischen Leitungsnetzen aus Bleikabeln bestehenden Anschlußleitungen werden möglichst nahe an der Einführungsstelle mit Hauptsicherungen versehen. Hinter diesen wird in der Regel der Elektrizitätszähler eingebaut, dessen Zuleitungen man so anordnet, daß sich widerrechtliche Stromabzweigung vor dem Zähler bei Gelegenheit des Zählerablesens leicht entdecken läßt. Zu dem Zweck werden die Anschlußleitungen übersichtlich verlegt und wenn nötig mit auffallendem Farbeanstrich (rot) versehen. Begnügt man sich in Miethäusern mit Zählern für die einzelnen Wohnungen, unter Weglassen des Zählers an der Anschlußstelle, so erstreckt sich die Forderung übersichtlichen Verlegens auch auf die Steigleitungen bis zu den Zählern. Die Steigleitungen sollten dabei nicht abgedeckt oder in die Mauer verlegt werden.

Die in das Gebäude einmündenden Leitungen sollten, soweit sie nicht geerdet sind, für den Fall vorkommender Störungen allpolig abschaltbar sein. In kleinen Anlagen genügen dafür die ohnedies vorhandenen Patronensicherungen, in größeren Anlagen sind gesonderte Schalter notwendig.

245. Anlagen im Anschluß an Elektrizitätswerke und Blockstationen. Die Leitungsquerschnitte müssen mit Rücksicht auf den schon in den Straßenleitungen oder in den Zuleitungen aus Blockstationen auftretenden Spannungsverlust reichlicher bemessen werden

als in Einzelanlagen. In der Regel werden die Hausleitungen für 1,5 % Spannungsverlust berechnet, so
daß bei 110 V Leitungsspannung der höchste Verlust
in den voll belasteten Leitungen rund 1,5 V beträgt.

246. Anlagen in Theatern. Die Lampen für die
allgemeine n i c h t r e g e l b a r e Beleuchtung in den
Treppenhäusern, Umgängen hinter dem Zuschauer-
raum, Ankleideräumen usw. müssen derart auf die
Stromkreise verteilt werden, daß sie in Räumen mit
mehreren Lampen an zwei oder mehrere getrennt
gesicherte Stromkreise angeschlossen sind. Handelt
es sich um ein Dreileiter- oder um ein Drehstromnetz,
so teilt man die Leitungen von den Hauptschalttafeln
oder Verteilungstafeln ab in Zweileiterzweige. Die
Schalttafeln sollen bequem erreichbar und für Unberufene abgeschlossen sein. In Räumen, die dem allgemeinen Verkehr geöffnet sind, werden dafür am besten
Mauernischen mit verschließbaren Türen vorgesehen.

Alle Einrichtungen für die r e g e l b a r e Beleuch-
t u n g der Rampen, Oberlichter und des Zuschauerraums
werden beim Dreileitersystem möglichst gleichmäßig
auf die beiden Netzhälften und beim Drehstromsystem auf die drei Phasen verteilt. Dagegen sollten
die V e r s a t z s t r o m k r e i s e beim Dreileiternetz möglichst nur auf eine der beiden Netzhälften
gelegt werden, um zu verhüten, daß die beiden Außenleiter, wenn umfangreiche ortsveränderliche Beleuch-
tungseinrichtungen notwendig sind, in gefährliche Nähe
kommen und damit Anlagenteile der doppelten Spannung ausgesetzt werden; bei einer Netzspannung
von 2 · 220 V käme dann eine Beanspruchung auf
440 V in Frage. Ist eine solche Anordnung wegen der
zu ungleichen Belastung der beiden Dreileiterseiten
nicht angängig, so muß die Teilung mindestens derart vorgenommen werden, daß alle Versatzanschlüsse
der linken Bühnenseite auf die eine, und der rechten
Bühnenseite auf die andere Dreileiterhälfte geschaltet sind.

Der Bühnenregulator und Zubehör, namentlich die
Sicherungen und Schalter für die Bühnenbeleuchtung,
werden in einem nur dem Theaterbeleuchter zugänglichen Raum, in der Regel neben der Proszeniumswand
untergebracht. Im Dreileitersystem wird der Bühnenregulator an die Außenleiter angeschlossen. Auf der
Bühnenschalttafel müssen die sämtlichen Stromkreise
der Bühnenbeleuchtung allpolig abschaltbar sein, soweit es sich nicht um geerdete oder Nulleiter handelt.
Mittels dieser Schalter muß man die Stromkreise

auf der Bühne spannunglos halten können, so lange
die Beleuchtung nicht im Betrieb ist.
Die elektrischen Einrichtungen auf der Bühne
müssen unter Berücksichtigung der dort unvermeid-
lichen derben Behandlung aller Teile ausgeführt
werden. Die Leitungen werden daher in Rohren
verlegt, die man besonders schützt oder genügend
widerstandsfähig nimmt. Am besten legt man die Rohre
in abgedeckte Mauerkanäle. Steckkontakte müssen
widerstandsfähige Schutzgehäuse haben und zufälliges
Berühren der unter Spannung stehenden Teile ausschließen. Gleiches gilt für die blanken Teile an den
Lampenträgern und den zugehörigen Kontaktverbindungen. Bewegliche und ortsveränderliche Leitungen
müssen aus best isolierten und geschützten Leitungen
(vgl. 217 III u. 221 III) bestehen und an den Anschlußstellen von Zugübertragung auf die Leitungskontakte
entlastet sein (vgl. 225). Auf gutes Instandhalten dieser
in b e s c h ä d i g t e m Zustand feuergefährlichen Leitungen
lege man größtes Gewicht. Ungeerdete blanke Leitungen sind im allgemeinen unzulässig. Flugdrähte u. dgl.
dürfen nicht als Stromleitungen dienen. Sind offen
liegende Kontakte für Aufführungen notwendig, so
dürfen sie nur unter dauernder sachverständiger Überwachung eingeschaltet und benutzt werden. In gleichem
Sinne ist für vorübergehende Bühneneinrichtungen
das Verlegen von Gummiaderleitungen ohne Rohrschutz unter Befestigung von Einzelleitungen mit
Drahtschellen und ohne Verwenden von Durchfüh-
rungstüllen statthaft. Holz ist an Beleuchtungskörpern nur für solch vorübergehenden Gebrauch zulässig.
Die Bühnenbeleuchtungskörper, Oberlichter, Kulis-
sen usw. müssen gegen die Aufhängeseile isoliert werden.
Spannungen über 250 V darf man in die Lampenträger
nicht einführen. Sicherungen an den Lampenträgern
sind unzulässig. Zur Erhaltung der Feuersicherheit
muß streng darauf geachtet werden, daß die Lampenträger in ihren Umhüllungen, Blechbekleidungen u. dgl.,
nicht unter Spannung stehen. Alle Glühlampen im
Bühnenhaus (abgesehen von den zur Aufführung auf
der Bühne gehörigen Lampen), also auch die Lampen
in den Werkstätten und Garderoben, müssen kräftige
Schutzkörbe oder Schutzgläser erhalten. Scheinwerfer
und Bogenlampen müssen gegen das Herausfallen
glühender Kohleteilchen geschützt werden.
Elektrische Notbeleuchtung muß während der
Benutzung von der übrigen Theaterbeleuchtung un-

abhängig sein. Zu dem Zweck verwendet man eine für alle Notlampen gemeinsame Akkumulatorenbatterie oder kleine Akkumulatoren für die einzelnen Lampen. Das Laden der Akkumulatoren kann im Anschluß an die Leitungsanlage des Theaters geschehen (vgl. 104), wenn die Schaltung derart getroffen ist, daß die Akkumulatoren beim Beleuchtungsbetrieb von der übrigen Theateranlage vollständig getrennt sind. Notlampen sind an allen Ausgängen und außerdem in solcher Zahl notwendig, daß sie allein für unbehinderten Verkehr im Theater ausreichen. Die an den Ausgängen befindlichen und auf sie hinweisenden Lampen erhalten zweckmäßig rote Abzeichen.

Während des Theaterbetriebs müssen in allen Teilen des Hauses Notlampen und an das allgemeine Leitungsnetz angeschlossene Lampen in Betrieb sein, damit beim Versagen der einen Beleuchtung die andere im Betrieb ist.

Alle elektrischen Einrichtungen im Theater, namentlich aber die Anlagen auf der Bühne, müssen regelmäßig gereinigt und instandgehalten werden. Staubansammlung auf Widerständen und Reguliereinrichtungen muß peinlichst vermieden werden. Beschädigungen an Schnurleitungen und andern Einrichtungsteilen erfordern ungesäumtes Ausbessern oder Ersatz durch neue Teile. Mangelhaftes Instandhalten hat ernste Gefahren für den Theaterbetrieb zur Folge.

247. Leitungsanlagen für landwirtschaftliche Betriebe erfordern wegen der derben Behandlung und meist fehlenden fachkundigen Überwachung sorgfältigste Ausführung. Ferner ist in Anbetracht der großen Empfindlichkeit der Tiere gegen elektrische Schläge weitgehender Schutz gegen Erdströme notwendig. Verlangt wird demnach beste Isolierung aller spannungführenden Teile und ihr Fernhalten von Eisenteilen des Gebäudes, desgleichen gutes Erden der Nulleiter und der eisernen Gebäudeteile, um zu verhindern, daß gefährliche Spannungen in ihnen auftreten.

In trockenen Räumen sollten die Leitungen nicht offen, sondern durchweg in Rohren geführt werden. Sind die Rohre Beschädigungen ausgesetzt, wie es unter anderem in Scheunen zutrifft, so sind kräftige Eisenrohre, Stahlpanzerrohre, notwendig.

In feuchten Räumen und im Freien werden die Leitungen offen auf Isolatoren verlegt. Dabei muß der gegenseitige Abstand der Leitungen und der

Abstand von Gebäudeteilen größer genommen werden als unter 201 und 210 angegeben ist, damit auch beim Durchbiegen der Leitungen durch Anstoßen mit Leitern u. dgl. ein gegenseitiges Berühren der Leitungen und der Leitungen mit Gebäudeteilen sicher vermieden wird. An allen Stellen, wo Leitungsbeschädigung möglich ist, nehme man den gegenseitigen Abstand der Leitungen nicht unter 40 cm und der Leitungen von Gebäudeteilen nicht unter 30 cm. Leitungsführungen quer über Hofräume müssen wegen der dort möglichen Leitungsbeschädigung vermieden werden.

Ortsveränderliche Leitungen müssen in dauerhafter Ausführung mit geerdeten metallischen Umhüllungen genommen werden. Für die zugehörigen Steckkontakte sind Sperrschalter notwendig, so daß das Herausziehen der Stecker, so lange die Leitungen unter Strom stehen, verhindert wird.

Die Apparate sollten tunlichst in trockenen Räumen untergebracht oder, soweit das nicht möglich ist, gegen Feuchtigkeit geschützt werden, andernfalls ist eine für feuchte Räume geeignete Apparatbauart notwendig.

In Stallungen oder ähnlichen die Leitungsisolierung gefährdenden Räumen, die so hoch sind, daß an der Decke geführte Leitungen sich vom Fußboden aus nicht erreichen lassen, führt man die Leitungen auf Glockenisolatoren. Die Schalter werden am besten außerhalb der Ställe in Schutzkästen od. dgl. eingebaut. Ist das nicht möglich, so bringt man gut isolierte, für feuchte Räume geeignete Schalter unter der Decke an, für Betätigung durch Zugschnur oder Schaltstange. Zur Leitungseinführung sind Mauerschlitze oder Tonrohre notwendig, die so weit sind, daß sich die Leitungen frei hindurchspannen lassen. Soll vermieden werden, daß der Durchführungsschlitz als Dunstabzug dient, so kann eine Glasplatte mit Löchern für die frei durchzuspannenden Leitungen eingesetzt werden. Ungenügend sind für diesen Zweck die sonst durch die Mauer gelegten Schutzrohre mit Einführungspfeifen, weil sie keine Gewähr für dauernd gute Leitungsisolation bieten. Streng achte man darauf, daß Eisenteile des Gebäudes von den Leitungen und von ungeerdeten Schutzrohren fern bleiben. Zu weiterer Sicherheit sollten die Eisenteile des Gebäudes gut geerdet werden. Die Glühlampen müssen für feuchte Räume geeignete, kräftige Schutzglocken erhalten.

In niedrigen Ställen, in denen Leitungen an der Decke vom Fußboden aus erreichbar sein würden, führt man die Leitungen außerhalb, indem man sie in kräftigen Rohren auf den Fußboden eines etwa über dem Stall befindlichen Heubodens oder auf Isolatoren an den die Ställe umgebenden Mauern verlegt. Auch die Schalter können dann außerhalb der Ställe in wasserdichter Bauart oder gegen Feuchtigkeit geschützt angebracht werden. Die zu den Lampen führenden Leitungen werden dabei in feuerverzinkte, die Stalldecke oder die Umfassungsmauer durchdringende starke Schutzrohre eingezogen, die unmittelbar an die Lampenschutzglocken angeschlossen werden, so daß die Stalldünste von den Leitungen und Lampen ferngehalten bleiben. Zum Schutz gegen Wasseransammlung in den Rohren empfiehlt es sich, die Rohre nach dem Einziehen der Leitungen mit Isoliermasse auszugießen.

Die Leitungshülle muß das Leitermetall gegen die ätzenden Stalldünste schützen, namentlich gilt das auch für 'die auf Isolatoren geführten Leitungen; am zweckmäßigsten wird Hackethaldraht od. dgl. (vgl. 218) verwendet. Mantelrohre sind wegen ihrer geringen Haltbarkeit beim Vorhandensein ätzender Dünste vom Verlegen in Ställen ausgeschlossen; auch schon wegen der Ansammlung von Niederschlagwasser in den Rohren verbietet sich das Verwenden langer Rohrstrecken.

Die Betriebssicherheit in allen für den Bestand der Leitungsanlage derart gefährlichen Anlagen wird durch zeitweises Reinigen der Isolatoren, der Lampenschutzglocken usw. wesentlich gefördert, indem dadurch das Entstehen von Kriechströmen über die auf den Isolatoren und den übrigen Zubehörteilen lagernden feuchten Schmutzschichten verhindert wird.

248. Anlagen auf Schiffen. Auf Schiffen ist das Gleichstrom-Zweileitersystem mit 110 und 220 V Leitungsspannung üblich. Dabei wird auf deutschen Reedereischiffen meistens der eiserne Schiffskörper als Rückleitung benutzt und nur eine Leitung isoliert verlegt. Der negative Maschinenpol und die Rückleitungen der Lampen und Motoren werden durch blanke Leitungen auf kürzestem Wege mittels Klemmschrauben mit dem Schiffskörper verbunden. Nur in der Nähe des Kompasses, in einem Umkreis von rd. 10 m, müssen die Leitungen in beiden Polen isoliert, dicht nebeneinander oder als Zwillingsleiter verlegt werden. Das Einleitersystem zeichnet sich durch Einfachheit der Leitungsanordnung und dadurch aus, daß die Sicherungen pünktlich wirken.

Die Maschinen werden in der Regel nicht parallel geschaltet, sie sind mit Umschaltern versehen, die es ermöglichen, daß man die in geeignete Gruppen verteilten Stromkreise je nach Bedarf auf die einzelnen Maschinen schalten kann.

Für die Hauptleitungen werden am besten eisenbewehrte Kabel und für die Zweigleitungen Gummiaderdrähte mit starker äußerer Umhüllung (Panzeradern) verwendet. Das Befestigen der bewehrten Leitungen geschieht mit verzinkten, auf den Schiffswänden und -decken festzuschraubenden Eisenschellen. Die Schellenabstände betragen für schwache Leitungen rd. 30 cm und für starke Kabel bis 80 cm. In gleicher Weise werden zum Teil die nicht bewehrten Leitungen befestigt, wobei man die Schellen zum Schutz der Drahtumspinnung mit Gummi unterlegt. Sind Leitungen an einzelnen Stellen der Beschädigung besonders ausgesetzt, so zieht man sie in Eisenrohre ein; das muß wegen der in den Rohren sich leicht niederschlagenden Feuchtigkeit mit Vorsicht geschehen, keinesfalls dürfen die Rohrstrecken Wassersäcke bilden, sie dürfen auch nicht zu lang sein. An Deckenbalken, die senkrecht zum Leitungsweg verlaufen, befestigt man Flacheisen, um auf ihnen die Leitungen zu verlegen. Die Leitungsabzweigungen werden am besten in wasserdichten Kästen hergestellt, die auch die Sicherungen enthalten. Desgleichen sind für die Schalter, soweit sie sich nicht in den Wohnräumen befinden, wasserdichte Apparate erforderlich. Die Leitungsführungen durch wasserdichte Schiffswände werden mit Stopfbüchsen abgedichtet. Für die Schalttafel eignet sich nur feuchtigkeitsbeständiger Baustoff (vgl. 143). Wert muß darauf gelegt werden, daß alle Kontaktverschraubungen behufs zeitweiser Nachprüfung zugänglich sind, so daß Verschraubungen, die sich infolge der Erschütterungen des Schiffes gelockert haben, nachgezogen werden können.

Die den Witterungseinflüssen und der Feuchtigkeit ausgesetzten Lampen erhalten Schutzglocken und Schirme. Die Glühlampenfassungen müssen ein Lockern der Lampen bei den stattfindenden Erschütterungen verhindern.

Die Leitungsanlagen auf Kriegsschiffen werden nach Sondervorschriften mit allpolig isolierten Leitungen ausgeführt.

249. Schwachstromeinrichtungen an Starkstromnetze angeschlossen. Schwachstromeinrichtungen, die in beliebiger Weise mit Starkstromanlagen verbunden werden sollen, müssen in allen Teilen den Vorschriften des Verbandes Deutscher Elektrotechniker für die Errichtung elektrischer Starkstromanlagen genügen. Eine derart auszuführende elektrische Klingelanlage im Anschluß an ein Dreileiternetz ist in Abb. 216 dargestellt. Hinter die Abzweigung von dem einen Außenleiter wird eine schwache Sicherung s, etwa für 2 A, und eine der Netzspannung angepaßte Glühlampe G oder ein anderer Widerstand geschaltet. Dahinter folgen der Druckknopf y und die Klingel, deren Verbindung mit dem Mittelleiter bei z ohne Sicherung abgezweigt wird, wenn der Mittelleiter geerdet ist.

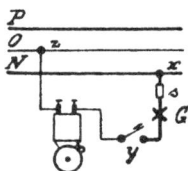

Abb. 216.

Zum Anschluß an Wechselstromnetze dienen kleine Transformatoren mit getrennter Ober- und Unterspannungswickelung (vgl. 67), die Strom von wenigen Volt liefern. Die Oberspannungsseite muß dabei nach den Regeln für Starkstromleitungen montiert, die Unterspannungsseite geerdet und in ihren Leitungen von der Oberspannungsseite ferngehalten werden.

250. Gebäudeblitzableiter.[1]) Blitzschläge verlaufen im allgemeinen unschädlich, wenn sie gute Ableitung nach der Erde treffen. Daher sollten alle hochgelegenen Gebäudeteile, Giebel, Dachfirste, Schornsteine, Turmspitzen usw., die den Blitzschlägen am meisten ausgesetzt sind, mit metallischen Ableitungen nach der Erde versehen sein. Neben den eigens dafür hergestellten Blitzableitern müssen diesem Zweck alle an und in den Gebäuden vorhandenen größeren Leitermassen dienstbar gemacht werden, vornehmlich, wenn sie mit der Erde großflächige Berührung haben, wie die Gas- und Wasserleitungen, ferner Dachrinnen, metallene Firstverkleidungen u. dgl. Unterläßt man es, diese Teile mit den Blitzableitern zu verbinden, so besteht die Gefahr, daß ein einschlagender Blitz auf die anderweitigen Leiter überspringt und dazwischenliegende Gebäudeteile zertrümmert.

---

[1]) Vgl. Leitsätze über den Schutz der Gebäude gegen den Blitz. Aufgestellt vom Elektrotechnischen Verein und angenommen vom Verband Deutscher Elektrotechniker. Verlag von Julius Springer, Berlin.

Ausgenommen vom Anschluß der Leiternetze an die Blitzableiter sind ungeerdete elektrische Leitungsanlagen für Stark- und Schwachstrom. Von diesen Leitungsanlagen müssen die Blitzableiter in mindestens 5 m Abstand gehalten werden, um dem Überspringen einer Blitzentladung vorzubeugen.

Die üblichen Blitzableiter bestehen aus den Auffangvorrichtungen, den Gebäudeleitungen und den Erdleitungen.

a) Auffangvorrichtungen sind Leiter, die über die hochgelegenen Gebäudeteile hinwegragend einen einschlagenden Blitz aufnehmen sollen. Sie werden an den erfahrungsgemäßen Blitzeinschlagstellen, an Turm- und Giebelspitzen (a Abb. 217), Schornsteinen, Firstkanten und auf langen Firsten in Abständen von 15—20 m angebracht. Es genügt, wenn sie diese Teile um 0,3 m überragen; ihr Querschnitt wird mindestens gleich dem Querschnitt der Gebäudeleitungen genommen. Befinden sich an den hochgelegenen Gebäudeteilen andere metallische Leiter, Windfahnen u. dgl., so werden sie als Auffangvorrichtungen mit verwertet. Nicht erforderlich ist es, die Enden der Auffangvorrichtungen zuzuspitzen oder gar mit Spitzen aus Edelmetall zu versehen.

b) Die Gebäudeleitungen sollen auf dem Wege von den Auffangvorrichtungen zu den Erdleitungen das Gebäude möglichst allseitig umspannen. Sie werden, als Dachleitungen (b Abb. 217), den First- und Giebelkanten entlang und von diesen aus, als Ableitungen, zu den Erdleitungen (e Abb. 217) herabgeführt. Abgesehen von kleinen Bauten, werden wenigstens zwei Ableitungen an entgegengesetzten Seiten des Gebäudes hergestellt. Zum Befestigen der Gebäudeleitungen dienen in der Regel 3—5 cm hohe verzinkte eiserne Stützen in Abständen von etwa 1 m. Bandförmige Leiter können bei hartgedeckten Gebäuden auch unmittelbar auf die Dachfläche gelegt, mit Klammern

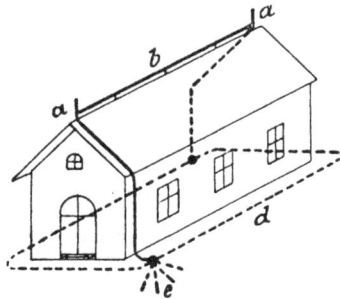

Abb. 217.

aus verzinktem Bandeisen befestigt werden. Bei
weichgedeckten Gebäuden (mit Stroh-, Schindel-
dächern o. dgl.) nimmt man Holzstützen für einen
Abstand der Leitungen über dem First von etwa 40 cm
und über der Dachfläche von 20 cm. Scharfe Krümmungen der Leitungen müssen vermieden werden;
Richtungswechsel der Leitungen werden in Bogen von
nicht unter 20 cm Halbmesser ausgeführt.

   c) Erdleitungen. Die in die Erde führenden und
in der Erde zu verlegenden Leiter werden am besten
von gleichem Metall und mindestens in gleicher Stärke
wie die Gebäudeleitungen genommen. Liegen in
der Nähe des Gebäudes metallische Leiter, Gas-
oder Wasserrohrnetze, in der Erde, so können diese
zur Blitzableitererdung dienen; gesonderte Blitzableitererdungen sind dann überflüssig. Fehlerhaft
wäre es, gesonderte Blitzableitererdungen ohne Mitverwerten benachbarter Rohrnetze herzustellen, weil
dann das Überspringen einer Blitzentladung auf die
Rohrleitungen und damit ein Beschädigen der Rohre
zu befürchten sein würde. Rohrnetze, die durchweg
mit asphaltiertem Band umwickelt und auf diese
Weise gegen Erde isoliert sind, sollten nicht als einzige Erdung benutzt werden. Es empfiehlt sich, die
mit asphaltiertem Band umwickelten Rohre an die
Blitzableiter anzuschließen und daneben anderweitige
Erdungen auszuführen.

   Vor dem Herstellen eines Blitzableiteranschlusses
an Gas- und Wasserrohre muß die Einwilligung der
Verwaltung, der die Rohrnetze unterstehen, eingeholt
werden.

   Das Anschließen der Blitzableiter an die Rohre
geschieht mit eisernen Schellen, nachdem die Rohre an
diesen Stellen blank gemacht sind. Die Blitzableiter-
leitung wird dabei entweder unter der Schelle um das
Rohr gelegt oder unter die Schellenschrauben geklemmt.
Die fertige Verbindung schützt man durch mehrfachen
Teeranstrich vor Rost. Den ersten Anstrich nehme
man nicht zu dünnflüssig, weil sonst die Flüssigkeit
zwischen die Kontaktflächen eindringt. Liegen Gas-
und Wasserrohre benachbart, so werden sie durch ebensolche Schellenanschlüsse leitend verbunden.

   Beim Fehlen von Rohrnetzen sorgt man für gesonderte Erdleitungen in Gestalt von Erdplatten oder
langgestreckten, in die Erde gelegten Leitern. Erdplatten sind nur zu empfehlen, wenn man sie in den
vom Grundwasser dauernd durchfeuchteten Boden
legen kann. Ist das nicht möglich, so legt man Leiter

von flachem oder kreisförmigem Querschnitt etwa 0,5 m tief in 1—1,5 m Abstand von der Grundmauer rings um das Gebäude (*d* Abb. 216), oder man breitet, von der Einmündung in die Erde ausgehend, mehrere Leiterstränge von etwa 20 m Gesamtlänge strahlenförmig im Erdboden aus (*e* Abb. 217).

Am Übergang zur Erde muß die Ableitung nachgeben können, wenn sich der frisch aufgegrabene Erdboden senkt; sie wird daher in einer Wellenlinie geführt, so daß auch die an dieser Stelle meist vorhandene Kuppelung keinen übermäßigen Zug aufzunehmen hat.

Sind die Metallteile eines Gebäudes mit dem Nulleiter eines Starkstromnetzes verbunden und soll dabei gute Erdung der Gebäudeteile zum Hintanhalten abirrender Ströme vermieden werden, so darf man die mit den metallischen Gebäudeteilen verbundenen Blitzableiter nicht unmittelbar erden. Man schaltet dann Spannungssicherungen (Durchschlagsicherungen vgl. 147) in die Blitzableiter-Erdleitung. Damit sich diese Sicherungen auch für starke Entladungen eignen, müssen sie große Durchschlagflächen haben.

d) Als Metall für die Blitzableiter eignet sich stark verzinktes Eisen oder verzinntes Kupfer. Verzweigte Leitungen, d. h. wenn dem Blitzstrahl mindestens zwei Wege nach der Erde geboten werden, sollen aus Eisen einen Querschnitt von nicht unter 50 mm², unverzweigte Leitungen von 100 mm² (etwa 12 Drähte mit rd. 3,5 mm Durchmesser) haben. Bei Leitungen aus Kupfer genügen halb so starke Querschnitte. Für Eisenleitungen, die wegen der größeren Widerstandsfähigkeit und als dem Diebstahl weniger ausgesetzt den Vorzug verdienen, ist bandförmiger Querschnitt zweckmäßiger, etwa in Abmessungen von 3 · 35 mm, keinesfalls unter 2 · 25 mm. Kupferleitungen sollten als Draht etwa 8 mm, aber nie unter 7 mm dick genommen werden. Weniger zu empfehlen sind die nicht so widerstandsfähigen Drahtseile aus Kupfer.

Erdplatten nimmt man mit 1 m² einseitiger Fläche aus verzinktem Eisen rd. 3 mm und aus verzinntem Kupfer 2 mm dick. Für langgestreckte Erdleitungen (vgl. *c* vierter Abs.) dienen am einfachsten die gleichen Leiter wie für die Gebäudeleitungen.

e) Leitungsverbindungen untereinander und mit Metallteilen des Gebäudes müssen gutleitend, großflächig und mechanisch widerstandsfähig sein. Bei bandförmigen Leitern verbindet man die in einer Länge von 10—15 cm überlappenden Bänder durch Mutter-

schrauben oder Nieten. Drähte und Seile werden in
Metallhülsen eingelötet oder eingeklemmt, oder man
macht Lötbunde (vgl. Abb. 144). Verbindungsstellen
verschiedenartiger Metalle erfordern gründlichen Farbanstrich zum Schutz gegen Feuchtigkeit.

Zum Anschluß an die Erdplatten verwendet man
bandförmige Leiter, die mit den Platten großflächig
vernietet und zweckmäßig auch noch verlötet werden.

f) Trennstellen zum Öffnen der Ableitungen
beim Messen des Erdleitungswiderstandes müssen vom
Erdboden aus bequem erreichbar sein. Das Verbinden
der Leitungen an den Trennstellen geschieht bei bandförmigen Leitern durch Aufeinanderpressen der Bänder in 10—15 cm Länge mit großflächigen Mutterschrauben. Für Drahtverbindungen dienen meist
konische Schraubkuppelungen, in deren Hülsen die
Drähte eingelötet werden.

Die Verbindungsstellen schützt man gegen das
Eindringen von Feuchtigkeit durch Tropfbleche o. dgl.

g) Schutz der Ableitungen gegen mechanisches Beschädigen in Reichhöhe wird durch
übergelegte 2—2,5 m lange Winkel- oder U-Eisen, die
20—30 cm in den Erdboden eingelassen werden, oder
durch Holzverschalung erreicht. Metallene Schutzrohre müssen zum Verhüten von Drosselwirkung
oben und unten mit der Blitzableitung leitend verbunden werden oder mit Längsschlitz versehen sein.

h) Der Anschluß anderweitiger Leiter an
die Blitzableiter geschieht durch Leitungen, die
in der unter e) beschriebenen Weise vom Blitzableiter
abgezweigt und mit den Leiterteilen des Gebäudes
durch Schellen, Verschraubung oder Nietung verbunden werden. Leiter von großer Höhenausdehnung, wie
Rohrnetze in den Gebäuden, Gas-, Wasser- und Zen-
tralheizungsrohre, müssen oben und unten angeschlossen
werden, soweit nicht der untere Anschluß durch das
Verbinden der Blitzableiter-Erdleitung mit den Rohrnetzen erreicht ist. Das Anschließen der Gasleitungen
in den Gebäuden erfordert das Überbrücken der Gas-
uhr durch einen Leiter, der vor und hinter der Uhr
durch Schellen mit den Rohren verbunden wird. Bei
Dachrinnen ist das Verbinden im oberen und unteren
Teil mit dem Blitzableiter leicht durchführbar, wenn
man die Ableitung neben das Dachrinnen-Abfallrohr
legt; soll das Dachrinnen-Abfallrohr allein als Ableiter
dienen, so müssen die sich in der Regel leicht lösenden
Rohrstücke verläßlich verbunden werden. Leiter von
geringer Höhenausdehnung werden im unteren Teil

angeschlossen, wenn sie nicht an einer anderen Stelle
besonders nahe am Blitzableiter liegen und dann dort
verbunden werden müssen.

Eisenbauteile an Gebäuden können die Blitzableiter ganz oder teilweise ersetzen, es erfordern z. B.
Gebäude mit Wellblechdach nur gutes Erden der Dach-
deckung.

i) Auswechseln der Kupferleiter gegen
Eisenleiter[1]). Sollen Kupferleiter für andere Zwecke
frei gemacht werden, so ersetzt man sie durch verzinktes Eisendrahtseil mit einem Querschnitt von rd. 50 mm² (Seildurchmesser
rd. 10 mm) für verzweigte Leiter und rd.
100 mm² (Seildurchmesser 13 mm) für unverzweigte Leiter rd. (vgl. d). Zum Befestigen des Eisendrahtseils verwendet man
tunlichst die vorhandenen Stützen der
Kupferleiter. Lassen sich die Schellen-
deckel der Stützen infolge Einrostens der
Schrauben nicht lösen, so schneidet
man den Kupferleiter zu beiden Seiten
der Schelle ab und begnügt sich damit,
das Eisendrahtseil mit etwa 1,5 mm
dickem verzinktem Eisendraht auf dem
Querstab der Stütze festzubinden. An
Auffangstangen, Schutzrohren u. dgl.
läßt man die Kupferleiter beim Abschneiden etwa 20 cm lang überstehen und benutzt
zum Verbinden des verbleibenden Kupferleiterendes
mit dem Eisendrahtseil zwei mit Schrauben zusammen-
gepreßte Klemmplatten (Abb. 218). Sind die Nuten
der Klemmplatten für den schwächeren Kupferleiter
zu weit, so umwickelt man ihn zur Sicherung des
Kontaktes mit Bleiblech. Die Verbindungen mit den
Leiterteilen des Gebäudes, Dachrinnen u. dgl., werden
ähnlich ausgeführt, indem man dann nach dem Beseitigen der übrigen Kupferleiter verbleibenden Verbin-
dungsdraht an das Eisendrahtseil anschließt. Ebenso
wird der Anschluß des Eisenleiters an den Kupferleiter
der meist zu belassenden Erdleitung durch eine Klemm-
verbindung hergestellt. Die Verbindungsstellen zwischen Kupfer- und Eisenleiter müssen mehrfachen
Asphaltlackanstrich erhalten.

An Auffangstangen etwa vorhandene Platin-
spitzen werden nebst einem anschließenden kurzen

Abb. 218.

---

[1]) Vgl. Richtlinien für das Auswechseln der Blitzableiter,
zu beziehen von der Geschäftsstelle des Elektrotechn. Vereins,
Berlin SW 11, Königgrätzerstr. 106. Preis 10 Pf.

Leiterende abgeschnitten. Bleiben dabei Rohrstangen nach oben offen, so schließt man sie durch eine eiserne Kappe.

k) Das Verwerten geerdeter Starkstromleitungen als Blitzableiter ist bei Drehstrom-Freileitungsnetzen in Ortschaften möglich, wenn der geerdete vierte Leiter annähernd den für Blitzableiter erforderlichen Querschnitt (vgl. d) hat. Zu schwache Leitungen würden die Gefahr einschließen, daß sie bei einem Blitzschlag abschmelzen und damit. die Starkstromversorgung gefährden. Bei den hier in Frage kommenden ländlichen Anlagen kann man den Nulleiter des auf die Ortschaft beschränkten Unterspannungsnetzes über die Gebäudefirste hinwegführen und mit Auffangvorrichtungen versehen. Die Firstleitungen benachbarter Gebäude werden dann an den Nulleiter angeschlossen. Die Erdungen, die gleicherweise für die Starkstrom- und die Blitzableiteranlage dienen, müssen besonders sorgfältig hergestellt werden.

Gegen das Mitverwerten der geerdeten Leiter weitverzweigter Überlandnetze (Oberspannungsnetze) als Blitzableiter bestehen Bedenken.

l) Gemeinsame Blitzableiter für benachbarte Gebäude. Wie beim Mitverwerten des Starkstrom-Nulleiters als Blitzableiter können mehrere Gebäude für diesen Zweck eigens hergestellte gemeinsame Blitzableiteranlagen erhalten. Damit erreicht man, neben der Kostenersparnis im Vergleich zu gesonderten Blitzableitern für die einzelnen Gebäude, bessere Erdung, weil. das Parallelschalten aller anzulegenden Erdleitungen den gesamten Übergangswiderstand nach der Erde vermindert.

Anlagen dieser Art kommen hauptsächlich für ländliche Gebäude wegen der zu erstrebenden niedrigen Anlagekosten in Frage.

m) Prüfen der Blitzableiter in Zeitabschnitten von 2—5 Jahren ist dringend zu empfehlen. Dabei muß der Hauptwert auf fachkundiges Besichtigen aller Teile der Anlage gelegt werden, um danach etwa nötige Instandsetzungen vorzunehmen. Die Ergebnisse der Widerstandsmessungen an den Erdleitungen müssen gebucht werden, weil nur dadurch eine Erhöhung des Widerstandes im Vergleich zu früheren Messungen festgestellt werden kann. Bei wesentlichen Änderungen im Widerstandswert ist Instandsetzen der Erdung notwendig.

n) Behördliche Vorschriften für das Herstellen von Blitzableitern bestehen für Gebäude
mit hohem Schutzanspruch, wie Pulverfabriken, Maga-
zine für Explosivstoffe u. dgl.

Untersuchung der Leitungsanlagen.

251. Allgemeines. Die Untersuchung der Anlagen
ist nach ihrer Fertigstellung und an bestehenden Einrichtungen in bestimmten Zeitabschnitten notwendig.
Dabei lege man auf eingehendes Besichtigen der Leitungsanlage nebst allem Zubehör mindestens ebenso
großes Gewicht wie auf das Messen der Isolation. Die
Untersuchungen sollten in besonders gefährdeten Anlagen und wenn an die Betriebssicherheit erhöhte
Anforderungen gestellt werden, z. B. in Theatern
alljährlich, in Läden und Bureaus alle drei Jahre und
in Wohnungen etwa alle fünf Jahre vorgenommen
werden.   Über das Überwachen von Freileitungs-
anlagen vgl. 208.

Die Grundsätze für das Prüfen durch Besichtigen
der Einrichtungen ergeben sich aus den vorhergehen-
den Abhandlungen.   Die Untersuchung der Isolation
und das Verfahren bei der Fehlerbestimmung werden
im folgenden erläutert.

252. Maße für die Isolation. Über den Isolationszustand einer Anlage gibt die Größe der aus den Leitungen auf Nebenwegen entweichenden Ströme unmittelbaren Anhalt.

a) Niederspannung.   In den vom Verband
Deutscher Elektrotechniker angenommenen Ausführungsregeln ist zunächst der zulässige Stromverlust
festgesetzt und daraus der zu verlangende Isolationswiderstand abgeleitet. Verlangt wird, daß der Stromverlust auf jeder Teilstrecke einer Leitungsanlage
zwischen zwei Sicherungen oder hinter der letzten
Sicherung, bei der Betriebsspannung gemessen, 1 Milliampere nicht überschreitet. Wird mit anderer Spannung gemessen, so rechnet man auf die Betriebsspannung um unter der Annahme, daß der Stromverlust
proportional der Spannung ist.

Der Isolationswert einer von einer Sicherungs-
tafel ausgehenden Teilstrecke muß hiernach wenigstens betragen: 1000 Ohm multipliziert mit der Betriebsspannung in Volt, z. B. bei 220 V 220000 Ohm.

Nicht gemeint ist, daß jede Teilstrecke für sich
gemessen werden soll, vielmehr können Gruppen zu-
sammenliegender Teilstrecken gemeinsam geprüft wer-

den. Beim Beurteilen der an einer solchen Gruppe gemessenen Isolation berücksichtige man, daß sich die Isolation nicht gleichmäßig auf die Leitungsstrecken verteilt, sondern daß an einzelnen Stellen geringere Isolation besteht. Nähert sich die gefundene Isolation dem für eine Teilstrecke zulässigen Wert, so muß man die Teilstrecken gesondert untersuchen, um festzustellen, ob kein Teil zu geringe Isolation hat.

In feuchten Räumen, z. B. in Teilen von Brauereien, woselbst die oben angegebene Isolation nicht erreicht werden kann, muß die Isolierung der Leitungsanlage mit möglichster Sorgfalt durchgeführt und außerdem dahin gewirkt werden, daß durch auftretende Stromübergänge keine Feuersgefahr möglich ist.

Freileitungen können ebenso behandelt werden wie die Anlagen in feuchten Räumen. Im allgemeinen läßt sich bei feuchtem Wetter ein Isolationswiderstand von 20000 Ohm für das Kilometer Drahtlänge, also für 2 km Drahtlänge von 10000 Ohm, fordern.

b) Hochspannung. In Hochspannungsanlagen ist die Durchschlagfestigkeit in der Regel wichtiger als der Isolationswert. Die Prüfung solcher Anlagen überlasse man erfahrenen Ingenieuren.

253. **Isolationsprüfung.** Die Isolationsprüfung sollte tunlichst mit der Betriebsspannung ausgeführt werden, bei Niederspannung genügt indes ein Messen mit rd. 100 V. Messungen mit Gleichstrom werden, weil bequemer ausführbar, meistens auch in Wechselstromanlagen angewendet. Bei den Isolationsmessungen gegen Erde legt man den negativen Pol der Meßbatterie an die zu untersuchende Leitung, weil sich im Anschluß an den positiven Pol schlechtleitende Salze bilden können, die den Fehler verdecken, wogegen im anderen Fall der Fehler vergrößert und dadurch leichter aufgefunden wird. Das Ablesen des Meßinstrumentes soll erst erfolgen, nachdem die Leitung zwei Minuten lang der Spannung ausgesetzt war.

Die Isolationsprüfungen erstrecken sich auf das Untersuchen des Isolationszustandes der Leitungen gegen Erde sowie der gegenseitigen Isolation der verschiedenen Polen oder Phasen angehörigen Leitungen. Beim Messen der Isolation eines Stromkreises gegen Erde müssen zur Verbindung der Leitungen untereinander einige Lampen eingeschaltet sein und im übrigen alle Stromverbraucher wenigstens einseitig an das Leitungsnetz angeschlossen werden. Beim Prüfen der gegenseitigen Isolation müssen alle Stromverbraucher und Apparate, die die Leitungen untereinander verbinden, abgetrennt werden; Glühlampen schraubt man aus den Fassungen und Reihenkreise öffnet man an einer tunlichst in der Mitte gelegenen Stelle. Die Sicherungen müssen eingesetzt und die Schalter geschlossen sein. Alle Verbindungen mit der Stromerzeugungsanlage müssen dabei unterbrochen werden.

Bei Anlagen mit geerdetem Leiter müssen alle isolierten Teile der Leitungsanlage und Lampen in die Isolationsmessung eingeschlossen werden. Sind an ein im Mittelleiter geerdetes Dreileitersystem in beiden Polen isolierte Zweileitersysteme angeschlossen und in den mit dem Mittelleiter verbundenen Abzweigen keine Sicherungen und Schalter enthalten, so ist es zum Erleichtern des Isolationmessens notwendig, daß sich die Leitungen an den Sammelschienen bequem abklemmen lassen. Derartige Zweileiterabzweige müssen auf gegenseitige Isolation und Isolation gegen Erde geprüft werden.

Die Leitungen können geprüft werden, wenn sie vom Netz abgeschaltet sind, also nicht unter Netzspannung stehen (vgl. nachstehend I u. II), und bei allpolig isolierten Anlagen auch im Betrieb (vgl. III). Einfacher und daher zu bevorzugen ist die erstere Art der Untersuchung.

In Hochspannungsanlagen sind Einrichtungen notwendig, die das Beobachten des Isolationszustandes jederzeit während des Betriebes ermöglichen.

Für die bei Isolationsmessungen herzustellenden Verbindungen verwende man best isolierte Leitungen.

I. Untersuchung mit Hilfe einer Meßbatterie.

Die nachstehenden Meßmethoden beruhen auf dem Messen des Stromverlustes, wenn auch je nach der Einrichtung des Meßgeräts entweder der Stromverlust oder der Isolationswiderstand oder die zum Berechnen des letzteren dienende Spannung gemessen wird.

a) Messen des Stromverlustes. Dazu dienen ein Milliampere anzeigendes Meßgerät J (Abb. 219) und eine dahinter geschaltete Batterie. Die freibleibenden Klemmen a und b werden zum Messen des z. B. aus den Leitungen AB in die Erde abfließenden Stromes einerseits mit den zu untersuchenden Leitungen und anderseits mit einer Erdleitung verbunden. Sollen die Leitungen A und B auf gegenseitige Isolation geprüft werden, so schraubt man die Glühlampen g heraus und verbindet die Klemmen a und b der Meßschaltung mit den Netz-

leitungen *A* und *B*. In beiden Fällen zeigt das Meßgerät *J* den Stromverlust in Milliampere an (vgl. 252 a
Abs. 1).

b) Messen des Isolationswiderstandes. Ist
das Meßgerät *J* (Abb. 219) mit Ohmteilung versehen, so werden bei obiger Schaltung die Isolationswiderstände abgelesen. Da-

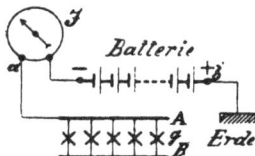
Abb. 219.

bei muß das Meßgerät der
Spannung der Meßbatterie
angepaßt oder so eingerichtet sein, daß sich seine Empfindlichkeit verstellen läßt,
um auch bei Änderungen in
der Spannung eine unmittelbare Widerstandsablesung zu
ermöglichen.

c) Isolationsprüfung durch Spannungsmessung. Steht als Prüfapparat ein Spannungszeiger zur Verfügung, so berechnet man den Isolationswiderstand aus den abgelesenen Spannungen
auf Grund der Regel, daß bei gleichbleibender Spannung der Ausschlag des Spannungszeigers im umgekehrten Verhältnis zu den eingeschalteten Widerständen steht. Der Meßbereich des Spannungszeigers
muß mindestens gleich der Meßspannung sein. Für
die anzuwendende Schaltung ist ebenfalls Abb. 219
maßgebend.

Bezeichnet:

R den Widerstand des Spannungszeigers,
E die Spannung der Meßbatterie,
r den unbekannten Isolationswiderstand,
e die bei Ausführung der Isolationsmessung —
d. h. bei Hintereinanderschaltung von Spannungszeiger, Batterie und Isolationsstrecke
(vgl. Abb. 219) — abgelesene Spannung, so
besteht die Gleichung:

$$r = R \cdot \frac{E - e}{e}.$$

Ist z. B. der Widerstand des Spannungszeigers
R = 14 000 Ohm, die Spannung der Meßbatterie
E = 120 V und hat die Isolationsmessung eine Spannung *e* = 20 V ergeben, so folgt für den Isolationswiderstand:

$$r = 14\,000 \cdot \frac{120 - 20}{20} = 14\,000 \cdot 5 = 70\,000 \text{ Ohm}.$$

II. Untersuchung mit Hilfe von Strom aus einem Leitungsnetz.

Zur Erdschlußprüfung wird eine der spannung-führenden Leitungen x oder y (Abb. 220) an Erde gelegt, falls sie nicht ohnedies guten Erdschluß hat.

Um das zu untersuchen, verbindet man den Isolationsprüfer V einerseits mit Erde und anderseits nacheinander mit den Leitungen x und y; diejenige Leitung, die mehr an Erde liegt, gibt den geringeren Ausschlag. Besteht kein wesentlicher Unterschied, so verbindet man die $+$ Leitung mit der Erde, sonst die Leitung, die mehr Erdschluß aufweist. In die

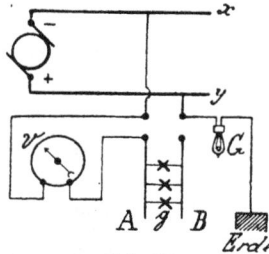

Abb. 220.

Erdverbindung schaltet man zur Vermeidung von Kurzschluß einen Widerstand, z. B. eine Glühlampe. Den entgegengesetzten Leitungspol verbindet man mit dem Isolationsprüfer V, dessen andere Klemme an die zu prüfende Leitung gelegt wird.

Der Isolationsprüfer (V Abb. 220, wie auch V Abb. 221) muß zwischen die Stromquelle und die zu untersuchenden Leitungen geschaltet werden, dabei mißt man den aus der Fehlerstelle x zur Erde übertretenden Strom. Fehlerhaft wäre es, den Isolations-prüfer bei V' (Abb. 221)

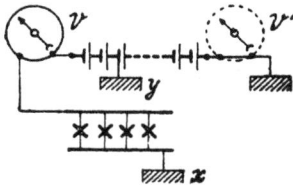

Abb. 221.

einzuschalten und dadurch den Strom mitzumessen, der von einer etwaigen Fehlerstelle der Stromquelle bei y zur Erde übertritt.

Zum Berechnen des Isolationswiderstandes bei Vornahme von Spannungsmessungen dient die obige Formel, in die für E die Meßspannung, d. h. die Spannung zwischen der nicht an Erde gelegten Leitung (x Abb. 220) und einer guten Erdverbindung, ferner für e die bei der Isolationsmessung sich ergebende Spannung eingesetzt wird.

Bei der Stromentnahme aus Dreileiteranlagen erdet man den Mittelleiter des unter Spannung stehenden Netzes, falls er keine gute Erdverbindung hat. Der Isolationsprüfer wird mit der einen Klemme an den negativen Außenleiter oder, wenn die Polzeichen nicht bekannt sind, nacheinander an die beiden Außenleiter und mit der anderen Klemme an die zu prüfende Leitung gelegt.

III. Untersuchung unter Betriebsspannung.

a) **Gleichstromanlagen.** Unter Umständen bietet es Interesse, die Gesamtisolation einer Anlage einschließlich der Isolation der Stromquelle während des regelrechten Betriebes festzustellen.

Bezeichnet:

R den Widerstand des Spannungszeigers,

E die Betriebsspannung,

e_1 und e_2 die Spannungen, die sich ergeben, wenn man den Spannungszeiger einerseits mit der Erde und anderseits nacheinander mit den beiden Leitungspolen verbindet,

r_1 und r_2 die entsprechenden Isolationswiderstände der beiden Leitungspole, so ergeben sich die Widerstände aus den Gleichungen:

$$r_1 = R \cdot \frac{E - (e_1 + e_2)}{e_2} \qquad r_2 = R \cdot \frac{E - (e_1 + e_2)}{e_1}$$

und der Isolationswiderstand der Gesamtanlage:

$$r_\mathrm{x} = R \cdot \frac{E - (e_1 + e_2)}{e_1 + e_2}.$$

b) **Wechselstromanlagen.** Bei Wechselstrom fließt infolge der Kapazität der Leitungen auch bei bester Isolation Kapazitätsstrom zur Erde. Der Kapazitätsstrom ist der Leitungslänge und Spannung proportional, er beträgt bei 50 Pulsen für 1 kV (1000 Volt) annähernd bei

Freileitungen 0,002—0,0025 A für 1 km Leiterlänge,
Kabeln 0,03—0,06 » » 1 » Kabellänge.

254. Aufsuchen eines Isolationsfehlers in Hausleitungen. Beim Aufsuchen eines Isolationsfehlers zerlegt man die Leitungen in einzelne Teile, um den Fehler auf eine kurze Leitungsstrecke einzugrenzen und diese dann eingehend zu prüfen. Nachdem der Isolationsprüfer derart an eine Verteilungsschiene oder an die Hauptleitung angelegt ist, daß sein Ausschlag den Fehler anzeigt, werden die Zweigleitungen

nacheinander mit vorhandenen Schaltern oder durch
Herausnehmen der Schmelzsicherungen abgeschaltet.
Nach dem Lösen jeder Verbindung beobachtet man
den Isolationsprüfer. Verschwindet dessen Ausschlag,
so liegt der Fehler in der zuletzt geöffneten Zweigleitung, an der man die Untersuchung wiederholt.
Sind in der fehlerhaften Zweigleitung keine Schalter
oder Sicherungen enthalten, so muß man die Leitung
erforderlichenfalls an leicht zugänglichen Stellen durchschneiden, bis der Fehler auf eine so kurze Strecke
eingegrenzt ist, daß er durch Besichtigen der Leitungen, Auseinandernehmen von Lampenträgern u. dgl.
gefunden werden kann. Verschwindet der Ausschlag
im Isolationsprüfer nicht, nachdem alle Zweigleitungen
abgeschaltet sind, so muß die Hauptleitung in kürzere
Strecken zerlegt werden.

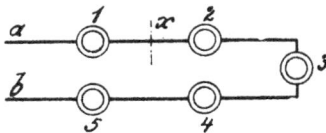

Abb. 222.

Als Beispiel für das Aufsuchen eines Fehlers in
einer einzelnen Leitungsstrecke diene der in Abb. 222
dargestellte Stromkreis, der bei x Erdschluß besitze.
Zuerst wird die Leitung durch Öffnen des Stromkreises
bei Dose 3 in zwei Teile getrennt, die für sich
untersucht werden. Die dabei als fehlerhaft befundene
Strecke 3a wird abermals unterteilt, bis der Fehler auf
die Strecke 1—2 eingegrenzt ist.

Bei kleinen Leitungsnetzen mit eigener Stromerzeugung kann man starken Erdschluß auch in folgender Weise mit Hilfe von Betriebsstrom aufsuchen:
Man schaltet eine Glühlampe zwischen Erde und den
Leitungspol, an den angeschlossen die Lampe aufleuch-
tet, und trennt dann die Zweigleitungen nacheinander
vom Netz, bis die Lampe erlischt und dadurch die zuletzt abgeschaltete Leitung als fehlerhaft erkannt wird.
Bei einem Zweileiternetz, in dem zu Beginn der Untersuchung die sämtlichen Zweigleitungen eingeschaltet
waren, braucht man die Zweigleitungen nur von dem
Leitungspol abzuschalten, an den die Hilfsglühlampe
nicht angeschlossen ist.

255. **Aufsuchen eines Isolationsfehlers in Ver-
teilungsnetzen.** Zum Ermitteln von Erdschluß ge-

ringen Widerstands in einem mit mehreren Speiseleitungen versehenen Netz (vgl. Abb. 128) sucht man,
falls sich die Fehlerstelle mit Hilfe der Prüfdrähte
nicht finden läßt, durch Stromstärkemessungen während des Betriebes die Gegend des Fehlers zu bestimmen. Dazu mißt man zur Zeit geringer Stromabgabe im Netz die Stromstärken in den Speiseleitungen
auf der an Erde liegenden Netzseite. Ist das geschehen, so schaltet man zwischen die fehlerfreie
Sammelschiene, also den Pol, der bei künstlicher
Erdung die höhere Spannung zeigt, und Erde einen
passenden Widerstand für hohe Stromstärke, so
daß ein für die Messungen genügend starker Strom
durch die Hilfsleitung nach der Erde und durch die
mit Erdschluß behafteten Leitungen zur anderen
Sammelschiene zurückfließt. Nun werden die Stromstärken in den vorbezeichneten Speiseleitungen nochmals gemessen und mit den zuerst gefundenen Stromstärken verglichen. Die Speiseleitung, die der Fehlerstelle am nächsten liegt, ergibt die höchste Strom-
zunahme. Für die Strommessung verwendet man,
falls die Speiseleitungen keine Stromzeiger enthalten,
einen Stromzeiger von geringem Widerstand, der an
passender Stelle durch Öffnen der Ausschalter, Herausnehmen von Sicherungen o. dgl. nacheinander in die
einzelnen Leitungen geschaltet wird. Die Dauer der
Stromsendung durch die Fehlerstelle muß möglichst
kurz bemessen werden, um Schäden durch den Stromübergang zwischen Fehlerstelle und Erde vorzubeugen.

Hat man durch obiges Verfahren die Gegend der
Fehlerstelle annähernd gefunden, so werden die dort
abzweigenden Verteilungsleitungen nacheinander vom
Netz getrennt, wobei man gleichzeitig den Erdschlußprüfer (vgl. 121) beobachtet. Da der Nadelausschlag
am Erdschlußprüfer beim Abschalten der Fehlerstelle
verschwindet, so findet man damit die an Erde liegende Leitung. Diese wird, wenn sie zugänglich ist, wie
vorstehend (253 u. 254) beschrieben, untersucht. Bei
unterirdischen Leitungen muß die Lage der Fehlerstelle
durch ein Meßverfahren (vgl. 256) ermittelt werden.

**256. Bestimmen einer Erdschlußstelle in unter-
irdischen Leitungen.** Alle Abzweigungen von der
Leitung, in der ein Fehler vermutet wird, schaltet
man tunlichst ab. Stehen zum Bestimmen der Fehlerstelle geeignete Meßeinrichtungen nicht zur Verfügung,
so kann man das in Abb. 223 dargestellte Verfahren
einschlagen: Liegt der Erdschluß in der Leitung *a b*,
so benutzt man die parallel liegende Leitung *d c* als

Hilfsleitung, nachdem man sich überzeugt hat, daß
sie von Erdschluß frei ist. Vorausgesetzt sei, daß die
Leitungen ab und cd gleich lang und dick sind, sonach
gleichen Widerstand haben. Bei bc werden die Leitungen durch einen starken Leiterbügel verbunden.
Zwischen a und d schaltet man einen auf eine
Latte gespannten blanken Draht a' b' c' d', dessen
Querschnitt tunlichst so gewählt wird, daß die Widerstände der Schleifen $abcd$ und $a'b'c'd'$ annähernd
gleich sind und der Draht eine für das Handhaben
geeignete Länge von 2—3 m erhält. Der Hilfsdraht
soll möglichst gleichmäßigen Querschnitt haben,
ein verzinkter Eisendraht ist daher nicht brauchbar.
Durch die so gebildete Doppelschleife wird der Strom
einer Batterie B geschickt, indem man die Batterie-

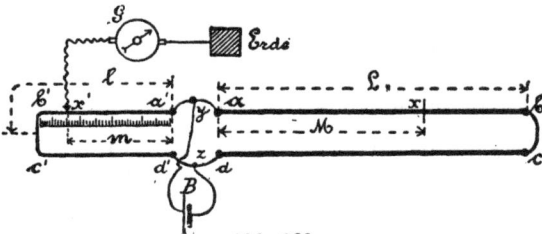

Abb. 223.

pole bei y und z, zwischen aa' und dd' anlegt. Als
Batterie dienen kleine Akkumulatoren oder einige
parallel geschaltete Leclanché-Elemente. Ein emp-
findliches Galvanometer G wird mit der einen Klemme
an Erde gelegt und mit der anderen Klemme mit
einem messerartigen Schleifkontakt verbunden. Diesen
verschiebt man auf dem mit einem Maßstab unterlegten
Hilfsdraht a' b' so lange, bis der Ausschlag im
Galvanometer verschwindet. Genauer mißt man, wenn
man auf dem Hilfsdraht zwei Punkte bestimmt,
die gleich große, aber entgegengesetzte Galvanometer-
Ausschläge geben; der gesuchte Punkt liegt in der
Mitte zwischen den beiden Punkten. Angenommen,
es sei der Punkt x' gefunden, so läßt sich die Lage
der Fehlerstelle x durch nachstehende Gleichung bestimmen, in der L, l, M und m die zugehörigen Längen
(Abb. 223) bezeichnen, von denen M unbekannt ist:

$$M = \frac{L}{l} \cdot m.$$

Zum Ausgleich von Meßfehlern kann man die Messung von bc (Abb. 223) aus wiederholen und aus beiden Messungen das Mittel nehmen.

Finden sich in der Leitung ab zwei oder mehrere Fehler, so ergibt die Rechnung einen zwischen den Fehlerstellen gelegenen Punkt x. Kann demzufolge nach dem Freilegen der durch Rechnung gefundenen Stelle x kein Fehler entdeckt werden, so muß das Kabel an der errechneten Stelle x durchschnitten und die Untersuchung an den beiden Teilstrecken wiederholt werden.

Vorsichtsmaßnahmen.

257. Schutz gegen Berühren. In Niederspannungsanlagen müssen alle blanken, Spannung gegen Erde führenden Teile von Maschinen und Apparaten vor zufälligem Berühren geschützt werden. Bei Schaltern, Anlassern u. dgl. erhalten die Kontakte Abdeckungen. Ob bei Maschinen der Kommutator nebst Bürsten oder die Schleifringe besser durch Kapselung abgeschlossen oder durch Schranken dem Berühren entzogen werden, entscheide man auf Grund der jeweiligen Verhältnisse; dabei berücksichtige man, daß Kapselung das Bedienen und Instandhalten der Bürsten und des Kommutators erschwert und daher nur angewendet werden sollte, wenn andere Schutzmittel gegen Berühren ungeeignet sind. In elektrischen Betriebsräumen, in die nur unterwiesene Maschinenwärter Zutritt haben, ist das Abdecken der spannungführenden blanken Teile nicht nötig.

In feuchten und durchtränkten Räumen oder im Freien, woselbst Stromübergang durch den Körper auch bei Niederspannung gefährlich werden kann, ist besondere Sorgfalt geboten. Wenn in Wechselstromanlagen nur einzelne Teile weitergehenden Schutz erfordern, so empfiehlt sich Herabtransformieren auf niedrigere Spannung durch Kleintransformatoren (vgl. 67). Dafür kommen in feuchten Räumen alle derber Behandlung ausgesetzten Einrichtungsgegenstände in Betracht, namentlich ortsveränderliche Lampen und Motoren in Fabriken, Handbohrmaschinen u. dgl.

Bei Hochspannung wird der Schutz gegen Berühren für die blanken und die mit Isolierstoff bedeckten Teile verlangt. Der Schutz durch Schranken wird zweckmäßig so eingerichtet, daß die Schranken zwangläufig geschlossen bleiben, so lange die dahinter liegenden Teile unter Spannung stehen.

258. Warnungstafeln haben den Zweck, in der Nähe von elektrischen Starkstromeinrichtungen, soweit sie gefährlich sind, zur Vorsicht zu mahnen und Unberufene fernzuhalten. Warnungstafeln sind in Hochspannungsanlagen ausnahmslos, in Niederspannungsanlagen in besonderen Fällen notwendig, namentlich in feuchten und mit ätzenden Stoffen durchtränkten Räumen. Die Tafeln werden in augenfälliger Weise am Eingang in die Räume, an Leitungsmasten für Spannungen über 750 V, in der Nähe von Schalttafeln, Elektromotoren usw. angebracht. Ferner müssen Warnungstafeln in der Nähe von Starkstromleitungen, die über Dächer führen und von Dachdeckern, Schornsteinfegern usw. erreicht werden können, verlangt werden.

Für die gebräuchlichen Warnungstafeln sind Wortlaut und Größe vom Verband Deutscher Elektrotechniker durch Normalien festgesetzt. Im allgemeinen werden aus Eisenblech hergestellte Tafeln und für Sonderzwecke, z. B. zum Anhängen an behelfsweise gebaute Schalteinrichtungen, Tafeln aus Isolierstoff verwendet. Zum Befestigen der Warnungstafeln im Freien und in feuchten Räumen benutze man Messingschrauben.

259. Arbeitskleidung. Die Arbeitskleider sollen am Körper eng anliegen, weil lose herabhängende Kleidungsstücke von umlaufenden Maschinenteilen ergriffen werden können. Metallgegenstände, wie Uhrketten und Metallknöpfe, auch wenn die letzteren umsponnen sind, müssen an Arbeitskleidern vermieden werden, um einer beim Arbeiten an spannungführenden Einrichtungen möglichen Kurzschlußgefahr vorzubeugen. Wegen der Kleidung für Akkumulatorenbedienung vgl. 110.

260. Arbeiten an Niederspannungsanlagen. An Wechselstromanlagen darf auf keinen Fall gearbeitet werden, so lange sie unter Spannung stehen; es muß zuvor allpolig abgeschaltet sein. In Gleichstromanlagen sollte man an Leitungen, die unter Spannung stehen, nur in dringenden Fällen arbeiten, nachdem alle gegen die Gefahr von elektrischen Schlägen und von Kurzschluß nötigen Maßnahmen getroffen sind.

261. Arbeiten an Hochspannungsanlagen. Die Gestelle der elektrischen Maschinen und Transformatoren,

.die Apparatgehäuse und Armaturen der Hochspannungsleitungen dürfen im Betrieb nur berührt werden, wenn sie gut geerdet sind, es sei denn, daß man sich auf gut isolierte Unterlagen stellt, z. B. .auf Bretter mit Porzellanfüßen. Als Schutzmittel verwendete Gummischuhe und -handschuhe müssen in bestem Zustand sein. Im Betrieb befindliche Hochspannungsleitungen dürfen selbst von isoliert stehenden Personen nicht berührt werden. Die Maschinen können auch nach dem Unterbrechen des Erregerstroms gefahrbringend sein, solange sie in Bewegung sind. Das Reinigen von Hochspannungsmaschinen und Apparaten darf erst geschehen, wenn sie vom Netz abgeschaltet und in den Leitungsteilen geerdet sind. Das Aufbewahren von Gegenständen, namentlich großer Metallteile, im Hochspannungsraum ist streng verboten, weil beim Handhaben dieser Teile die Hochspannungsleiter berührt werden könnten.

Zum Auswechseln der Hochspannungssicherungen verwende man Isolierzangen oder andere hierfür bestimmte Vorrichtungen. Nie dürfen Behelfssicherungen, namentlich nur für Niederspannung geeignete, eingesetzt werden.

Während aller Arbeiten an Hochspannungsleitungen, in- oder außerhalb des Kraftwerks, müssen die Leitungen vom Netz abgeschaltet und durch einen starken Draht (mindestens 16 mm² Kupferquerschnitt) geerdet werden. Hochspannungskabel muß man nach dem Abschalten vor Arbeitsbeginn entladen. Kann das Abschalten der Leitungen von der Arbeitsstelle aus nicht unmittelbar überwacht werden, so begnüge man sich im allgemeinen nicht damit, mit dem Kraftwerk oder der Schaltstelle lediglich zu vereinbaren, wie lange die Leitungen abgeschaltet, d. h. spannunglos gemacht werden müssen. Der Betriebsleiter oder dessen Stellvertreter überzeuge sich vielmehr, wenn irgend angängig, persönlich davon, daß die Leitungen abgeschaltet sind, ehe mit den Arbeiten begonnen wird, und daß erst wieder eingeschaltet wird, nachdem alle Personen von der Arbeitsstelle zurückgezogen sind. Fernsprechmeldungen kann man zu Hilfe nehmen, wenn auf Bestätigung der Verabredung durch den Angerufenen gehalten wird. Vereinbart man lediglich die Arbeitsdauer, so muß es schriftlich geschehen; die Leitungen müssen mindestens eine halbe Stunde vor der verabredeten Zeit abgeschaltet und dürfen erst eine halbe Stunde nach der für den Arbeitsschluß festgesetzten Zeit wieder eingeschaltet werden.

Nie sollten einzelne Personen in Hochspannungsanlagen beschäftigt werden; zur Hilfeleistung für das
Vorkommen eines Unfalls muß eine zweite Person
bereit sein.

Soll an Transformatoren gearbeitet werden, die
mit anderen an ein sekundäres Netz angeschlossen
sind, so müssen sie zuvor primär und sekundär abgeschaltet werden.

Wenn Arbeiten an Kabeln notwendig sind, in
deren Nähe Hochspannungskabel liegen, und ein
Verwechseln möglich ist, so muß mit größter Vorsicht verfahren werden. Die Kabelarbeiter sollten
dabei Gummihandschuhe und Schutzbrille tragen. In
ein zu durchschneidendes Kabel treibe man vorsichtshalber einen mit einem starken Erdungsdraht verbundenen eisernen Dorn. Der letztere muß einen isolierten Griff haben oder mit geeigneter Isolationsvor-
richtung angefaßt werden.

Arbeiten in unmittelbarer Nähe von Leiterteilen, die
unter Hochspannung stehen, dürfen nur in Ausnahmefällen und nur von gut unterwiesenen Personen vorgenommen werden. Handwerker dürfen nur unter
dauernder elektrotechnisch-fachkundiger Aufsicht beschäftigt werden.

Läßt es sich nicht vermeiden, eine Anlage in
Betrieb zu nehmen, ehe sie in allen Teilen ganz fertig
ist, so dürfen Nacharbeiten, Anpassen von Meßgeräten,
Anstreichen von Transformatorhäusern u. dgl., nur
ausgeführt werden, nachdem man die Anlage spannunglos gemacht hat.

262. Einschalten von Hochspannungskabeln. Werden längere Hochspannungskabel ohne geeignete An-
laßvorrichtungen (vgl. 131) unter Spannung gesetzt,
so können Überspannungen auftreten, die Durch-
schläge verursachen. Überspannungen werden vermieden, wenn man die Kabel bei unveränderter Frequenz
allmählich auf Spannung bringt.

In Hochspannungsanlagen vermeide man alles nicht
unbedingt notwendige Schalten, da jede Änderung
des magnetischen oder elektrischen Zustandes Überspannungen zur Folge haben kann.

263. Hilfe bei Unfällen durch Stromwirkung. Bei
Brandwunden, die durch Stromwirkung entstanden
sind, wird die gewöhnliche Wundbehandlung angewendet. Durch Stromwirkung Betäubte werden
nach dem unter 264 beschriebenen Verfahren behandelt.

Bei Unfällen durch elektrischen Schlag kann das Eingreifen durch nicht Sachverständige für sie selbst die schwersten Folgen haben, so lange der Verunglückte die Leitungen berührt. Man beschränke sich in diesem Falle auf das Herbeirufen eines Fachkundigen. Das Berühren von Leitungen, die unter hoher Spannung stehen, ist mit großen Gefahren für die Gesundheit und das Leben verbunden. Für den Beginn der Gefährlichkeit wird bei Gleichstrom eine doppelt so hohe Spannung als bei Wechselstrom angenommen. Unter bestimmten Voraussetzungen kann aber schon Gleichstrom bei 110 V gefahrbringend sein, namentlich wenn Fußbekleidung und Hände der in Frage kommenden Personen feucht sind. Bei Wechselstrom hat das Berühren der Leitungsdrähte krampfartige Zustände zur Folge, so daß ein Loslassen der Drähte unmöglich wird. Um einen Verunglückten der Einwirkung des elektrischen Stromes zu entziehen, verfahre man wie folgt:

a) Wenn tunlich, trennt man die Leitungen in allen Polen oder Phasen von der Stromquelle, oder man stellt die Maschinen ab.

b) Ist das zu zeitraubend, so suche man die Leitungen zum Herbeiführen des Durchschmelzens der Sicherungen kurz zu schließen und zu erden oder mit einem gut isolierten Werkzeug zu durchschneiden und zwar vor und hinter der Unfallstelle. Zum Abschneiden der Leitungen kann ein Beil mit langem, trockenen Holzstiel dienen. Das Kurzschließen und Erden der Leitungen geschieht durch Überwerfen eines blanken Drahtes oder einer Kette, die am einen Ende geerdet sind. Die Erdung erreicht man durch Anschluß an Metallteile, die leitende Verbindung mit der Erde haben, z. B. Wasserleitungen, im Notfalle auch nur durch Eintreiben einer Eisenstange in die feuchte Erde, am besten in einen Wassergraben.

c) Berührt der Verunglückte nur einen Leitungsdraht, so genügt es meistens, diesen zu erden oder den Verunglückten vom Boden abzuheben.

d) Zum eigenen Schutz beachte der Helfende folgendes: Die vorbezeichneten Eingriffe sind am sichersten durchführbar, wenn man sich auf eine Metallplatte (Blechtafel) stellt, die durch ihre Größe sicheren Stand gewährt und mit einem Drahtseil gut leitend verbunden ist. Mit dem Drahtseil oder einem Werkzeug, das man mit dem Drahtseil verbindet, ist ungefährliches Berühren der Hochspannung führenden Teile möglich. Eine zu rettende Person

kann von dem Helfenden auf die Metallplatte gezogen werden, dabei muß er das Drahtseil mit der
Hand umfassen, wenn es nicht auf die Hochspannungsleitungen gelegt ist. Vor dem Verlassen der Metallplatte muß das Drahtseil von den Hochspannungsleitungen abgenommen sein.

Ohne diese Vorsichtsmaßnahmen ist jedes Berühren
der Leitungen, auch der kurz geschlossenen, gefährlich, solange die Leitungen nicht geerdet sind. Läßt
sich das Erden nicht rasch genug ausführen, so iso-
liere sich der Helfende möglichst gut von der Erde,
indem er sich auf Glas, trockenes Holz oder zusammengelegte Kleidungsstücke stellt oder Gummihandschuhe anzieht. Er fasse den Verunglückten nur
an der Kleidung oder bediene sich, um ihn von der
Leitung zu entfernen, eines trockenen Tuches, Holzes
o. dgl.

Die angegebenen Hilfeleistungen, die große Vorsicht erfordern, sind nur möglich, wenn der Helfende
mit den Arbeiten an Hochspannungsanlagen gut ver-
traut ist; andernfalls müssen sie unterbleiben.

264. Behandeln Bewußtloser. Ist der von einem
elektrischen Schlag Getroffene scheinbar leblos, so
schicke man ungesäumt nach einem Arzt und schlage
bis zu dessen Ankunft das im nachstehenden beschriebene Silvestersche Wiederbelebungsverfahren ein. Da
bei dem in solchen Fällen häufig vorkommenden
Scheintod schon kurze Versäumnis zum wirklichen
Tode führen und die Hilfe nutzlos machen kann, so
muß die Wiederbelebung mit größter Beschleunigung
aufgenommen werden. Auch im Fortsetzen des Ver-
fahrens darf man nicht erlahmen, indem oft erst lange
Bemühungen von Erfolg begleitet waren.

Dringend muß empfohlen werden, daß die in
Hochspannungsanlagen beschäftigten Personen das
Wiederbelebungsverfahren einüben und dadurch jeder-
zeit hilfebereit sind.

a) Alle den Körper des Verunglückten beengenden
Kleidungsstücke, Hemdkragen, Gürtel usw. werden
geöffnet. Der Raum, in dem sich der Verunglückte befindet, wird gut gelüftet.

b) Man legt den Verunglückten auf den Rücken
und beobachtet, ob Atmung vorhanden ist. Zutreffen-
den Falles bringt man den Kopf in etwas erhöhte Lage
und macht Umschläge mit kaltem Wasser oder Eis auf
die Stirne. Bis zum Eintreffen des Arztes darf man
den Verunglückten nicht unbeaufsichtigt lassen.

c) Ist Atmung nicht nachweisbar, oder ist sie nur schwach, so muß künstliche Atmung eingeleitet werden. Zuvor untersuche man, ob sich im Mund des Verunglückten Fremdkörper, künstliche Zähne, Kautabak o. dgl. befinden. Diese müssen entfernt werden. Den Mund öffnet man mit einem Holzkeil, den man von der Seite zwischen die Zahnreihen schiebt. Durch Einlegen eines Holzes oder besser eines Korkes zwischen die Zahnreihen kann man den Mund offen halten. Man erfaßt dann die Zunge, zieht sie über die Vorderzähne heraus und bindet sie mit einem unter dem Kinn zusammengeschlungenen Taschentuch fest, um ihr Zurückfallen und damit ein Verschließen des Kehlkopfeingangs zu verhüten.

Zum Einleiten der Atmungshilfen schiebt man ein Polster aus zusammengefalteten Kleidungsstücken unter die Schulter und den Kopf des auf den Rücken gelegten Verunglückten, so daß der Kopf in Schulterhöhe liegt, ohne herabzuhängen. Dann kniet man am Kopf des Verunglückten nieder, das Gesicht ihm zugewandt, ergreift seine Arme in der Ellenbeuge und zieht sie im Bogen über den Kopf, sie hinter diesem 1—2 Sekunden lang auf den Fußboden drückend (Ausdehnen des Brustkorbes, Eintritt der Luft). Hierauf führt man die Arme auf dem gleichen Wege zurück und legt sie, im Ellbogen gebeugt, auf die Mitte des Brustkorbes, so daß die Ellbogen übereinander liegen, der rechte Ellbogen unter dem linken. Letztere Maßnahme bezweckt ein Verhüten gefährlicher Pressung auf den Magen. Die so gekreuzten Arme drückt der Helfende mit seiner eigenen Körperlast gegen den Brustkorb des Verunglückten (Austreiben der Luft aus den Lungen). Das wird etwa 15 mal in der Minute wiederholt. Die richtige Zeiteinteilung bei diesen Bewegungen ergibt sich von selbst, wenn der Helfende beim ersten Emporziehen der Arme langsam tief einatmet und beim Austreiben der Luft ausatmet.

Außerdem versetzt man dem Verunglückten zeitweise einige Schläge mit dem Ballen der Hand gegen die linke Brustseite, etwa 5 cm unterhalb der Brustwarze. Das dadurch bewirkte Erschüttern der Brust bezweckt Anregen der Herztätigkeit.

Den Körper des Verunglückten erwärme man durch kräftiges Reiben der Brust, Schenkel und Beine mit einem rauhen Handtuch o. dgl. Getränke dürfen dem Verunglückten nicht eingeflößt werden. Die künstliche Atmung muß bis zur Ankunft des Arztes oder min-

destens zwei Stunden lang fortgesetzt werden, ehe man
den Wiederbelebungsversuch aufgibt.

265. **Maßnahmen bei Bränden.** Elektrische Strom-
erzeugungsanlagen, die vom Feuer betroffen oder be-
droht sind, dürfen nur im Notfall und nur durch die
mit den Einrichtungen vertrauten Maschinisten abgestellt werden. Vorkommenden Falles schalte man
die Lampen auch bei Tage ein, um verqualmte Räume
zu erhellen. Maschinen und Apparate müssen vor
Löschwasser möglichst geschützt werden. Als Löschmittel für Maschinen und Apparate verwendet man
Kohlensäure oder ähnliche nicht leitende und nicht
brennbare Stoffe; Sand ist zum Löschen brauchbar,
wenn er nicht in Maschinenlager gelangen kann. Ist
es unbedingt notwendig, unter Spannung stehende
Leitungen und Apparate anzuspritzen, so soll das
Spritzenmundstück nicht zu nahe an diese Teile heran-
gebracht werden. Gefährlich ist unter Umständen
das Anwenden einer H a n d spritze, weil dabei die Strom-
ableitung lediglich durch die Spritze und den Körper
des die Spritze bedienenden Mannes dargestellt wird.
Schutz gegen elektrische Schläge wird erreicht, wenn
sich der die Spritze bedienende Mann auf eine Metallplatte stellt und sie durch einen Draht mit dem
Spritzenmundstück leitend verbindet. Müssen Leitungen
durchhauen werden, bevor sie von dem unter Spannung stehenden Netz abgeschaltet werden können,
so empfiehlt es sich, die Leitungen zu erden oder
kurz zu schließen, um die Sicherungen zum Schmelzen
zu bringen. Bei Hochspannung beachte man die unter
263 d angegebenen Vorsichtsmaßnahmen.

Die Löschmittel müssen an geeigneten Stellen
in gutem Zustand bereit stehen. Gefährdete Stellen
versieht man zweckmäßig mit selbstwirkenden Lösch-
einrichtungen, die durch Temperatursicherungen (vgl.
129) in Tätigkeit gesetzt werden.

Nach beendigter Löscharbeit sollten in den betroffenen Räumen die Leitungsanlagen abgeschaltet
werden. Das Wiederinbetriebnehmen ist erst nach
bewirkter Untersuchung und Instandsetzung zulässig.

266. **Vorkehrungen gegen Ölbrände.** Wird die
Ölfüllung der Transformatoren, Schalter oder Wider-
standskessel überhitzt, so brennt es nach dem Entzünden durch eine Flamme. Bei noch höherer Temperatur erzeugt das Öl Gase, die, mit Luft gemischt, ex-
plosionsgefährlich sein können. Offene Flammen
müssen daher von der Ölfüllung ferngehalten werden.

Das Löschen eines Ölbrandes ist durch Aufwerfen von trockenem Sand oder kristallisierter Soda möglich. Eines dieser Mittel sollte in der Nähe der Ölkessel bereitgehalten werden. Wasser ist zum Löschen von Ölbränden ungeeignet, weil das in brennendes Öl gespritzte Wasser durch Zersetzung die Explosionsgefahr ꞌsteigern kann und das Öl leichter ist als Wasser, so daß das auf dem Wasser schwimmende Öl das Feuer weiter verbreitet.

Vorbereiten und Beendigen der Arbeiten.

267. Verpacken der elektrischen Maschinen. Vor dem Verpacken muß die Maschine in allen Teilen untersucht werden. Namentlich prüfe man die Maschinenschaltung auf die Richtigkeit der Verbindungen. In den Ölbehältern etwa vorhandenes Öl muß abgelassen werden. Besitzt die Maschine Ringschmierung, so schließt man die Deckel der Ringkanäle staubdicht; die Ringe werden durch geeignete Packung festgelegt und die Schmierlöcher mit Holzpfropfen abgedichtet. Die Bürsten hebt man ab oder man bindet zwischen den Bürsten und der zugehörigen Gleitfläche Pappestücke fest, um einem Beschädigen der Bürsten beim Drehen der Maschinenwelle vorzubeugen. Alle blanken Eisenteile fettet man mit Öl oder Talg ein.

Maschinen bis zu etwa 2500 kg Gewicht werden in Kisten verpackt. Zum Schutz gegen Feuchtigkeit umhüllt man die Maschine für Eisenbahn- und kurzen Wassertransport mit Wachsleinen oder Öltuch. Für längeren Transport über See und auf Landwegen erhalten die Kisten einen durch Verlöten abzuschließenden Blecheinsatz. Um in der Kiste vorhandene oder durch Undichtigkeiten eindringende Feuchtigkeit zu beseitigen, befestigt man in der Kiste ein Säckchen mit ungelöschtem Kalk, der die Feuchtigkeit aufnimmt, so daß dem Rosten der Eisenteile vorgebeugt wird. Beim Verpacken der Maschine werden eine Breitseite und der Deckel der Kiste abgenommen. Die Maschine wird mittels Kran so in die Kiste gestellt, daß ihre Achse an der einen Schmalseite anstößt, worauf man die Maschine mit Mutterschrauben auf dem Kistenboden befestigt. Dann wird die dritte Seitenwand festgeschraubt und der noch freie Spiel-

raum zwischen dem einen Achsenende und der Kisten-
wand mit einem genau angepaßten und festzuschraubenden Holzklotz ausgefüllt, um seitliches Hinundher-
stoßen der Achse zu verhindern. Zum Schluß wird
der Kistendeckel aufgeschraubt. Vertragen die Apparate und Maschinen das Stürzen oder Kanten der Kiste
nicht, so versieht man die Kiste mit entsprechendem
Vermerk oder man verhindert das Kanten der Kiste
durch geeignete Verstrebungen.

Maschinen, die für das Verpacken in Kisten
zu groß sind, sich aber zum Versand im fertigen
Zustand noch eignen, schraubt man auf Balkenrahmen.
An die Ecken des Rahmens gesetzte Pfosten stützen
eine Bretterverschalung. Alle Maschinenteile müssen
mit Wachsleinwand oder Öltuch umhüllt werden, so
daß Wasser, das durch die Bretterverschalung eindringt, von der Maschine ferngehalten wird.

Maschinen, die sich fertig für den Versand nicht
mehr eignen, werden in ihre Teile zerlegt. Den
Fundamentrahmen und die übrigen der Beschädigung
wenig ausgesetzten Teile versendet man dann offen.

268. **Beginn der Arbeiten.** Durch Einsicht in
den Lieferungsvertrag muß der Monteur Kenntnis
davon haben, welche Lieferungen und Leistungen
die Fabrik und welche der Auftraggeber zu übernehmen
hat. Die vom Auftraggeber zu gewährende Hilfe muß
erforderlichenfalls zum Beginn der Arbeiten erbeten
werden. Im übrigen beginnt die Tätigkeit am Aufstellungsort mit dem Untersuchen der einzubauenden
Teile, die vor Arbeitsbeginn vollzählig eingetroffen
sein sollten. Für das Aufbewahren der Einrichtungsgegenstände verschaffe man sich einen verschließbaren,
tunlichst trockenen Raum. Ist der Lagerraum nicht
genügend trocken, so läßt man die Gegenstände bis
zur Ingebrauchnahme in ihren Umhüllungen. Alle
Teile werden beim Auspacken auf ihren Zustand
untersucht, geordnet gelagert und an der Hand der
meist beigegebenen Liste nachgezählt. Zweckmäßig
ist es, wenn sich der Monteur ein Verzeichnis der
gewöhnlich bei seinen Arbeiten vorkommenden Gegenstände anfertigt, so daß er in den Stand gesetzt wird,
rasch und sicher das Fehlen von Gegenständen zu
entdecken. Fehlendes muß umgehend schriftlich
von der Fabrik eingefordert werden.

Vor Beginn der Arbeiten begeht man die mit
elektrischen Einrichtungen auszustattenden Räume am
besten in Begleitung des Bestellers oder dessen Ver-
treters, um Wünsche an Hand des Leitungsplanes

21**

entgegenzunehmen und erforderlichenfalls über die Art der Ausführung Aufklärung zu geben.

269. **Hilfsarbeiter.** Dem Monteur werden in der Regel an Ort und Stelle Hilfsarbeiter zugeteilt. Je nach Umständen sind Schlosser, Maurer, Zimmerleute und Tischler notwendig. Zur persönlichen Unterstützung des Monteurs dient am besten ein Schlosser, dem der Betrieb der elektrischen Anlage anvertraut werden soll. Er hat dadurch Gelegenheit, die Leitungsanlage kennen zu lernen, um später notwendige Instandsetzungen oder kleine Erweiterungen ausführen zu können. Es liegt im Interesse des Monteurs, einem solchen Hilfsarbeiter alle praktischen Handgriffe zu zeigen und ihn im Behandeln der Maschinen und Apparate zu unterrichten, um zu verhüten, daß schon bei kleinen Mängeln Hilfe von der Fabrik verlangt und dadurch eine ungünstige Beurteilung seiner Arbeiten veranlaßt wird.

Großer Wert muß auf richtiges Einteilen der Arbeit und Anweisen der Hilfskräfte gelegt werden, so daß ungestörtes Weiterarbeiten möglich ist. Hauptsächlich müssen Durchstemmungen in Mauern, das Einsetzen von Rohren, Dübeln usw. so rechtzeitig vorgenommen werden, daß sie die übrigen Arbeiten nicht aufhalten. Gute Arbeitseinteilung fördert das rasche Fertigstellen einer Anlage.

270. **Prüfen der fertiggestellten Anlage.** Nach beendigter Arbeit müssen die Maschinen, Apparate und Leitungen vor der Inbetriebnahme eingehend besichtigt werden, um etwa noch nötige Instandsetzungen und Schaltungen vorzunehmen. Ferner muß die Isolation der einzelnen Teile der Anlage gemessen werden (vgl. 252 u. 253).

In Hochspannungsanlagen empfiehlt es sich, die Leitungen allein mehrere Stunden lang unter die regelrechte oder eine vertraglich bestimmte Spannung zu setzen. Eine für die Prüfung erforderliche Überspannung wird nach Angabe der Fabrik durch Transformatoren erzeugt. Beim Prüfen von Hochspannungskabeln auf Durchschlagfestigkeit muß berücksichtigt werden, daß die Kabel Kapazitätsstrom aufnehmen (vgl. 253 III b).

Maschinen, die längere Zeit lagern, zeigen zuweilen einen nicht hohen Isolationswiderstand bei trotzdem hoher Durchschlagfestigkeit der Isolation. Der Isolationswiderstand erhöht sich dann durch das Austrocknen der Maschinen im Betrieb. Umgekehrt kann bei Öltransformatoren der Isolationswiderstand infolge

der Erwärmung des Öls im Betriebe abnehmen; mit
der Temperaturerhöhung erhöht sich aber die Durchschlagfestigkeit des Öls. Eine Abnahme des Isolationswiderstandes gibt demnach keinen Anlaß zu Be-
fürchtungen, solange sich die Öltemperatur in zulässigen Grenzen hält.

Hochspannungseinrichtungen werden bei der ersten
Inbetriebnahme zweckmäßig abends beobachtet, um
etwaige Glimmentladungen, die insbesondere an Kanten
und Spitzen auftreten können, festzustellen.

271. Abnahmeprüfung an Maschinen. Die Prüfung
erstreckt sich in der Regel auf einen Dauerversuch
zum Feststellen der vertraglichen Leistung, auf Messen der Isolation und der Erwärmung der Maschinen.
Das unter Umständen verlangte Bestimmen des Wirkungsgrades der Maschinen sollte einem erfahrenen
Ingenieur überlassen werden.

Die Isolation muß vor und nach dem Dauerversuch gemessen werden. Die Belastungsprobe, wobei
man Stromstärke, Spannung und Drehzahl viertel-
stündlich aufschreibt und möglichst auf der dem
regelrechten Betrieb entsprechenden Höhe hält, soll
mehrere Stunden, je nach der Größe der Maschine
kürzer oder länger dauern. Für die Messungen genügen die Schalttafel-Meßgeräte. Soll auch der
Wirkungsgrad bestimmt werden, so sind Präzisions-
instrumente erforderlich. Während des Versuches
wird die Erwärmung der Wickelung und der Lager
(vgl. 84), ferner bei Gleichstrommaschinen das Verhalten des Kommutators und der Bürsten beobachtet.

Für Belastungsproben werden am besten die Lampen im Leitungsnetz eingeschaltet. Ist das nicht möglich,
so nimmt man Belastungswiderstände (vgl. 138).

272. Probebetrieb. Der erste Probebetrieb wird
während mehrerer Stunden am besten bei Tage ausgeführt. Dabei prüft man alle Verbindungsstellen
an den Maschinen und die Hauptverbindungen auch
in den Leitungen sowie die größeren Schalter und
Sicherungen auf Erwärmung. Die Erwärmung der
Maschinenlager muß beobachtet werden. Treibseile
und Riemen müssen richtig gespannt sein. Erst wenn
eine Anlage während entsprechender Zeit, bei umfangreichen Einrichtungen mehrere Tage lang, anstands-
los gearbeitet hat, kann der regelrechte Betrieb aufgenommen werden.

273. Übergabe der fertigen Anlage. Nachdem
die ordnungsmäßige Fertigstellung der Anlage in vor-
bezeichneter Weise nachgewiesen ist, wird der Auftrag-

geber oder dessen Stellvertreter über die Einzelheiten der Anlage, namentlich auch über die Bedienung der Schaltapparate und Sicherungen unterrichtet, soweit es nicht schon beim Probebetrieb geschehen ist. Handelt es sich um Eigenbetrieb, so muß der Maschinist, der den Betrieb der Anlage zu übernehmen hat, an Hand der im Maschinenraum aufzuhängenden, in der Regel in Plakatform gedruckten Bedienungsvorschriften angeleitet werden.

Für Stromerzeugungs- und Leitungsanlagen müssen der tatsächlichen Ausführung entsprechende Schaltbilder abgegeben werden. Auf dem Schaltbild für die Leitungsanlage sollen insbesondere die Hauptleitungen und die Stromverteilungstafeln ersichtlich sein (vgl. Abb. 161).

Nicht versäumt sollte werden, den Auftraggeber auf die Notwendigkeit des Bereithaltens und der zweckentsprechenden Lagerung von Reserveteilen aufmerksam zu machen.

Über die ordnungsmäßige Übergabe der Anlage erbitte sich der Monteur von dem Auftraggeber oder dessen Vertreter eine Bescheinigung. Nach beendeter Übergabe besorgt er das Verpacken und Zurücksenden der bei der Ausführung der Anlage übriggebliebenen Teile.

274. Gerätekasten für Monteure. Der Monteur fertige sich ein Verzeichnis der für seine Arbeiten nötigen Geräte und mache es sich zur Aufgabe, vor jeder Reise nachzusehen, ob alles Erforderliche im Gerätekasten vorhanden und brauchbar ist.

Es folgt ein Verzeichnis der für den Werkzeugkasten im allgemeinen notwendigen Gegenstände:

Hämmer mit Stiel:

1 Handhammer 0,5 kg schwer.
1 Bankhammer 1   »   »
1 Schlägel   1,5 »   »
1 Kupferhammer 3   »   »
1 Niethammer   0,15»   »
1 Patentbolzhammer.

Meißel usw.:

2 Steinmeißel 300 u. 400 mm lang.
1 Hartmeißel 200 mm lang.
1 Kreuzmeißel 200 »   »
1 Setzeisen für Stahldübel.
2 Stechbeitel mit Heften 6, 13 u. 26 mm breit.

Bohrer und Zubehör:

3 Kronen- u. Rohrbohrer 10, 13 u. 17 mm Durchmesser, 250 mm lang.
2 Kronen- u. Rohrbohrer 23 u. 26 mm Durchmesser, 400 mm lang.
6 Knarrenbohrer 7, 10, 13, 16, 20 u. 26 mm Durchmesser,
6 Zentrumbohrer 7, 10, 13, 16, 20 u. 26 mm Durchmesser,
6 Schlangenbohrer 7, 10, 13, 16, 20 und 26 mm Durchmesser,
6 verschieden starke Spiralbohrer für Metall,

14 Marmorbohrer 6 bis 20 mm Durchmesser,
1 eiserne Brustleier,
1 Bohrknarre,
1 verstellbarer Bohrwinkel aus Schmiedeeisen,
1 Bohrmaschine für Handbetrieb mit Brustschild,
2 Reibahlen,
1 Krauskopf für Metall 16 mm Durchmesser,
1 Körner,
1 Durchschlag,
2 schmiedeeiserne Schraubzwingen 200 mm Spannweite,
5 Nagelbohrer 2, 3, 4, 5 und 6 mm Durchmesser,
3 Lattenbohrer 10, 13 und 16 mm Durchmesser.

Zangen:

1 Kneif- oder Nagelzange 210 mm lang,
2 Zwickzangen 160 u. 310 mm lang,
2 Flachzangen mit Seitenschneiden 105 und 160 mm lang,
1 Gasbrennerzange 235 mm lang.

Schraubenzieher:

5 Schraubenzieher mit Heften 2, 6, 8, 10 u. 12 mm breit,
2 Schraubenzieher für Brustleier 6 u. 8, 10 u. 12 mm breit,
2 Winkelschraubenzieher 6 u. 8, 10 u. 12 mm breit,
2 Stellstifte für Kreuzlochschrauben.

Schraubenschlüssel:

5 Mutterschlüssel mit Maulweiten von 8/11, 12/14, 18/22, 28/32 und 38/42 mm,
2 verstellbare Schraubenschlüssel 200 u. 275 mm lang,
3 Steckschlüssel für Mutterschrauben $^5/_{16}$, $^3/_8$, $^1/_2''$.

Feilen mit Heft:

4 Vorfeilen 250 mm lang, flach, rund, halbrund u. dreikantig,
2 Schlichtfeilen 250 mm lang, flach u. halbrund,
1 Sägenfeile 130 mm lang,
3 Holzraspeln 250 mm lang, flach, rund u. halbrund,
1 Feilenbürste,
1 Feilkloben.

Sägen:

1 Fuchsschwanzsäge 360 mm Blattlänge,
1 Stichsäge,
1 Metallsägebogen mit 2 Sägeblättern 275 mm lang.

Gewindeschneid-Werkzeug:

1 Whitworthkluppe mit Gewinde-Schneidbacken,-Bohrern, Windeeisen und Stellstift für Gewinde von $^1/_4$, $^5/_{16}$, $^3/_8$, $^1/_2''$, $^5/_8''$.
1 Gasrohrkluppe mit Gewinde-Schneidbacken,-Bohrern, Windeeisen und Stellstift für Gewinde von $^1/_4$, $^3/_8$, $^1/_2''$.

Werkzeug für Rohrinstallation:

5 Biegezangen für Metallmantel-Rohre von 9, 11, 13.5, 16 u. 23 mm Weite,
1 Wellendraht 10 m lang zum Einziehen der Leitungen in die Rohre.

Geräte für das Spannen von Freileitungen:

1 vollständiger Flaschenzug, bestehend aus 2 eisernen Flaschenzugkloben mit je 3 Rollen von 50 mm Durchmesser,
2 Froschklemmen für Leitungen bis 35 mm² Querschnitt,
1 Hanfleine, 25 m lang, 8 mm Durchmesser.

Lötwerkzeug:

2 Lötkolben mit Stiel und Heft 0,25 u. 1 kg schwer,
1 Benzinlötlampe,
1 Blechkanne, explosionssicher, für 1 Liter Benzin,
1 Spirituslämpchen zum Löten schwacher Drahtlitzen,
1 Blechkanne, explosionssicher, für $^1/_2$ Liter Spiritus,
3 Stücke Salmiak, Lötzinn, Lötmittel, Corubinleinen und Glaspapier, fein und grobkörnig, Isolierband.

Verschiedenes:

1 Kabelmesser,
1 Borstenpinsel 35 mm Durchmesser,

1 Stielbürste,
1 Ölspritzkanne,
1 Ölstein 50·150 mm Schleiffläche in Schutzkasten,
1 Winkel aus Stahl, Schenkellänge 200 u. 300 mm,
1 Anschlagwinkel aus Stahl,
   Schenkellänge 200 u. 300 mm,
1 Federzirkel 130 mm lang,
1 Federtaster 130 »   »
1 Schublehre,
1 Drahtlehre für Normalleitun-
   gen,
1 Gliedermaßstab,
1 Bandmaß 15 m lang,
1 eiserne Wasserwage 250 mm
   lang in Kasten,
1 Senklot 0.5 kg schwer mit
   10 m Hanfschnur,
1 Umdrehungszähler,
1 Schutzbrille in Futteral,
1 dunkles Glas zum Beobachten des Bogenlampen-Licht-
   bogens,

1 Meßgerät für Isolationsprüfungen (Galvanoskop),
1 Paar Gummihandschuhe.

Verbandkasten, enthaltend:

$\frac{1}{2}$ l Sublimatlösung 1 $^o/_{oo}$,
10 g Salmiakgeist,
10 g Hoffmannstropfen,
50 g Verbandwatte,
1 Cambricbinde, 5 m lang,
   4 cm breit,
1 Cambricbinde, 8 m lang,
   8 cm breit,
1 Verbandschere,
1 Drainagerohr zum Blut-
   stillen.

Vorschriften des Verbandes
   Deutscher Elektrotechniker
   für die Errichtung und den
   Betrieb elektrischer Starkstromanlagen.

Verlag R. Oldenbourg, München u. Berlin

Jahrbuch
der Elektrotechnik

Übersicht über die wichtigeren Erscheinungen auf dem Gesamtgebiete der Elektrotechnik

Unter Mitwirkung zahlreicher Fachgenossen

herausgegeben von

Dr. KARL STRECKER

Geh. Ober-Postrat und Professor an der
Königl. Techn. Hochschule Charlottenburg

Fünfter Jahrgang / Das Jahr 1916

VIII u. 220 S. mit 6 Abbild.   Preis geb. M. 16.50

Das Jahrbuch der Elektrotechnik stellt sich die Aufgabe, über die wichtigeren Ergebnisse und Vorkommnisse des abgelaufenen Jahres zusammenhängend in knapper Form zu berichten. Für das große Gebiet, welches die ganze Elektrotechnik, Stark- und Schwachstrom, Elektrochemie und Elektrophysik des In- und Auslandes umfaßt, ist ein zahlreicher Stab von Mitarbeitern gewonnen worden, deren jeder ein mit seiner Berufstätigkeit eng zusammenhängendes Feld zur Bearbeitung übernommen hat. Jedem Praktiker und Theoretiker wird das Jahrbuch ein wertvoller Berater sein und ihm durch die gegebenen Übersichten gute Dienste leisten.

Der vorliegende Jahrgang umfaßt die Literatur vom 1. Januar bis 31. Dezember 1916

Über den 1. Jahrgang berichtete neben den anerkennenden Besprechungen vieler anderer Fachorgane die „Zeitschrift des Vereins deutscher Ingenieure" wie folgt:

„Das Jahrbuch ist eine Fortsetzung der seit dem Jahre 1887 regelmäßig erscheinenden „Fortschritte der Elektrotechnik", die wegen der hohen Herstellungskosten in der ursprünglichen Form nicht weitergeführt werden konnten. Es behandelt dasselbe Gebiet wie jene „Fortschritte", jedoch in etwas knapperer Form. Die Anzahl der Mitarbeiter ist so groß (rd. 40), daß jedes Sondergebiet für sich bearbeitet ist, wodurch ein sachgemäßer Überblick über die Fortschritte eines Jahres gewährleistet ist."

EINGETR.
WARENZEICHEN

PORZELLANFABRIK
HERMSDORF
S.-A.

423

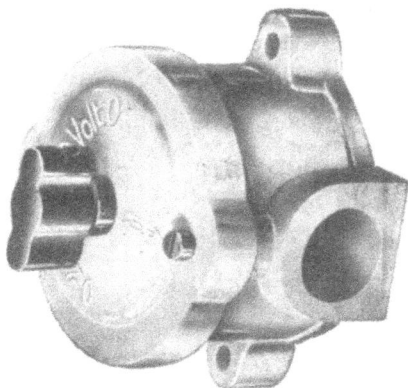

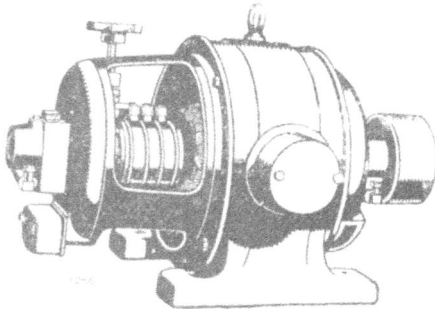

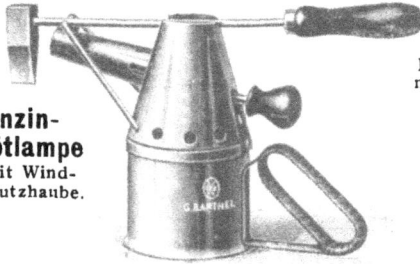

JNSTALLATIONS-MATERIAL

Glühlampen=

für Jnnen
u. Aussen=
Beleuchtung

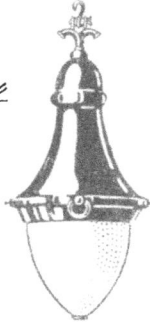

Halbwatt=

Armaturen

Fassungen
Pendel u.
Handlampen

Armaturen

Diazed-Sicherungen

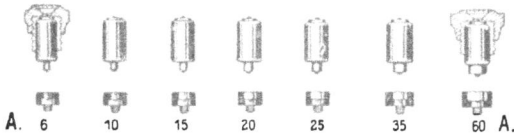

A. 6   10   15   20   25   35   60 A.

Uzed
Zähler-Tafeln

Tezed-Elemente

Zeta-Schalter
N-Schalter
Pacco-Schalter

Material für Leitungen

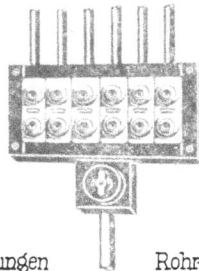

Uzed
Verteilungs-Tafeln

Uzed-Elemente

Zeta-Steckdosen
Rohr-Dosen
Flur-Dosen

Rohrdraht, Peschelrohr

SIEMENS-SCHUCKERTWERKE

Stromersparnis
durch „Horax-Arbeitslampe“!
mit Metallfadenlampe von 10 HK.
Dr. Ing. Schneider & Co. Frankfurt-M-4
Spezialfabrik für Elektrolichttechnik.

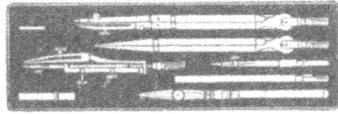

DEUTZ
Motoren aller Art
Dieselmotoren
Sauggasmotoren
Motorlokomotiven
Lokomobilen
Schiffsmotoren
Pumpen
Kompressoren
GASMOTOREN-FABRIK DEUTZ CÖLN-DEUTZ

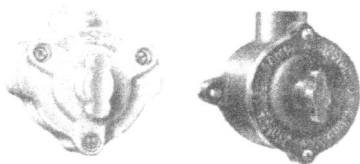

Den kgl. Vereinigten Maschinenbauschulen zu Köln a. Rh. sind angegliedert:

1. Eine Fachschule für Installations- und Betriebstechnik.
Abt. a: für Gas-, Wasser-, Heizungs- und Lüftungsanlagen; Abt. b: für elektrische Anlagen (elektrotechn. Lehranstalt). (Unterrichtsdauer 3 Semester.)

2. Kurse für Gasmeister (Gasmeisterschule). Beginn Mitte April jeden Jahres. (Dauer 12 Wochen.)

3. Kurse für Gas- und Wasser-Installateure. Beginn im Januar und September jeden Jahres. (Dauer 12 Wochen.)

4. Kurse für Elektro-Monteure und Wärter elektrischer Anlagen. Beginn im September jeden Jahres. (Dauer 12 Wochen.)

5. Kurse für Elektro-Installateure. Beginn im Januar jeden Jahres. (Dauer 12 Wochen.) (5)

Programme und jede weitere Auskunft kostenlos durch den Unterzeichneten. **Professor Titz, Direktor.**

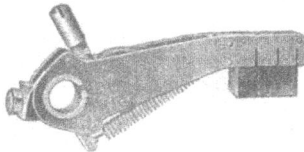

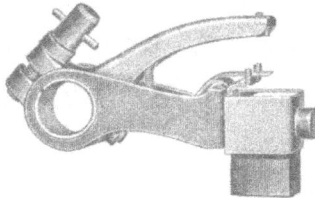

Elektrotechnischer Anzeiger

Einzige wöchentlich zweimal erscheinende Fachschrift der Elektrotechnik mit vielen Originalartikeln und zahlreichen Illustrationen.

Jährlich 104 Nummern :-: :-: :-: XXXV. Jahrgang.

Ausgedehnte Verbreitung im In- und Auslande — Hervorragendes Insertionsorgan

Insertionspreis: 50 Pfg. pro fünfgespaltene Zeile

Stellensuchenden Monteuren, Elektrotechnikern etc.

wird die Benutzung des darin veröffentlichten **Arbeitsmarktes** bestens empfohlen.

Stellegesuche 40 Pfg. pro 3 mm Höhe.

Abonnementspreis direkt per Streifband M. 5.50 pro Quartal, wofür bei Domizilwechsel keine Mehrkosten entstehen. Für Deutschland und Österreich-Ungarn durch die Post bezogen pro Quartal M.3.

Für das Ausland 36. – M. pro Jahr.

(7) Probenummer und Prospekt gratis.

F. A. Günther & Sohn, Akt.-Ges.
BERLIN S.W. 11, Schönebergerstraße 9/10.

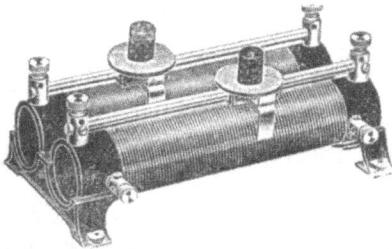

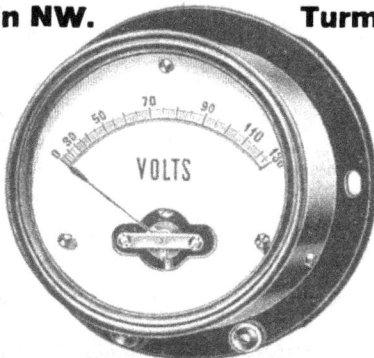

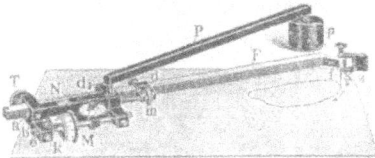

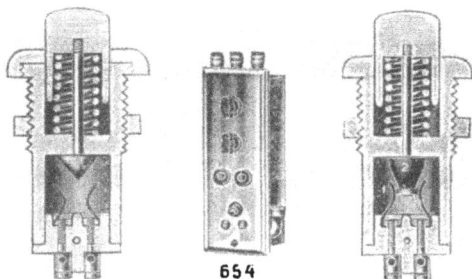

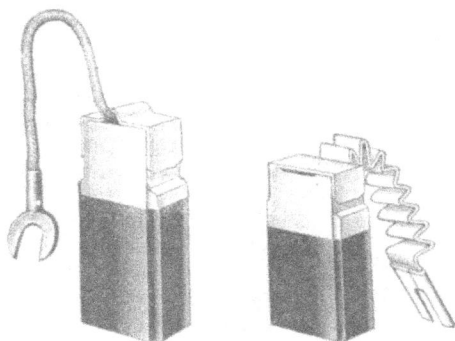

Chemnitz.

Königliche Gewerbe-Akademie,
Abteilung für Elektro-Ingenieure.

Aufnahmebedingung: Wissenschaftliche Befähigung zum Einj.-Freiw.-Militärdienst und mindestens 18 Monate Praxis in elektrotechnischen Betrieben.

Schulgeld: M. 120 für Sachsen, M. 180 für Reichsdeutsche, M. 300 für Ausländer fürs Halbjahr. — Das Reifezeugnis der Gewerbe-Akademie berechtigt zum Eintritt als ordentlicher Studierender in alle deutschen technischen Hochschulen

Beginn: Herbst.

Unterrichtsdauer: 7 Halbjahre.

Chemnitz.

Königliche Maschinenbauschule,
Abteilung für Elektrotechnik.

Aufnahmebedingung: Volkschulbildung u. mindestens 3jährige Werkstattpraxis.

Schulgeld: M. 50 für Sachsen, M. 100 für Reichsdeutsche und M. 200 für Ausländer fürs Halbjahr.

Beginn: Herbst. (63)

Unterrichtsdauer: 4 Halbjahre.

Verzeichnis der Inserenten.

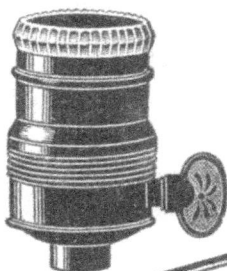

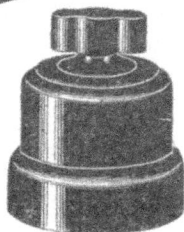

www.ingramcontent.com/pod-product-compliance
Lightning Source LLC
Chambersburg PA
CBHW031412180326
41458CB00002B/337